최신 출제기준에 맞춘 |최|고|의|수|험|서|

컴퓨터응용 선반기능사

국가기술자격시험 한 권으로 끝내기!

정연택 · 조영배 · 유판열 · 정병길
김석운 · 최영호 · 서동원 · 고강호
이현철 · 오원석 공저

필기 실기

 이 책의 특징

- 다년간 실무 및 강의 경험이 풍부한 최상급 저자
- 정확한 답과 명쾌한 해설
- 각 과목 단원별 요점 수록
- 최근 기출문제까지 수록
- 국가기술자격 [실기] 시험문제 수록
- SI 단위 적용
- 질의응답 카페 운영

 질의응답 카페 운영
cafe.daum.net/JYT114(컴퓨터응용 선반기능사)

본서로 공부하면서 내용에 의문점이나 이해가 되지 않는 부분에 관하여 질의응답을 원하는 분은 위 사이트로 문의하시면 항상 감사하는 마음으로 정성껏 답하여 드리겠습니다.

도서출판 건기원

머리말

컴퓨터 산업의 발달로 CAD(Computer Aided Design)/CAM(Computer Aided Manufacturing)의 응용 범위가 더욱 확대되어 CAE(Computer Aided Engineering) 등으로 발전하고 있으며, 기계 분야의 주요 부분을 차지하였다.

본서는 수년간의 실무 경험과 강의 경험을 통해 열악한 환경과 모자라는 시간 속에서 컴퓨터응용선반기능사를 준비하는 수험생들에게 단기간에 가장 효율적인 학습이 되도록 구성하였고, 수험자가 반드시 알아야 할 중요한 내용을 요약 정리하여 컴퓨터응용선반기능사 자격시험에 대비할 수 있도록 최선을 다하였다.

[본 교재의 특징]
- 최신 출제 기준에 의한 새로운 구성
- 수험자가 단기간에 완성할 수 있도록 한국산업인력공단의 출제 기준안에 의하여 각 과목별로 체계적인 단원 분류 및 요약·정리하였다.
- 국제적으로 일반화된 SI 단위를 적용하였다.
- 최근 과년도 출제 문제를 수록하여 학습에 도움을 주고자 하였다.

본 교재를 충분히 공부하여 컴퓨터응용선반기능사 자격시험에 합격되시기를 기원하며 차후 변경되는 출제 경향 및 과년도 문제 등을 수록하여 계속 보완할 예정이다.

끝으로 본서를 출간함에 있어 도움을 주시고 지도하여 주신 모든 선·후배님들께 감사를 드리며, 도서출판 건기원 직원 여러분에게 진심으로 감사를 드린다.

저 자 씀

NCS(국가직무능력표준) 가이드

01 국가직무능력표준(NCS)이란?

국가직무능력표준(NCS, National Competency standards)이란 산업현장에서 직무를 수행하기 위하여 요구되는 지식·기술·소양 등의 내용을 국가가 산업부문별·수준별로 체계화한 것을 말한다.[자격기본법 제2조 제2호]

(한국직업능력개발원, 2013, p.6)

【 국가직무능력표준 개념도 】

02 국가직무능력표준(NCS)의 정의와 기능

국가직무능력표준(NCS)은 근로자 1명이 일터인 산업체 현장에서 자신의 직무를 제대로 수행하기 위해서 반드시 필요한 지식이나 기술, 태도나 소양에 관해 국가가 표준을 정해 놓은 것이다.

(한국산업인력공단, 2014a, p.4)

【 NCS의 기능 】

03 국가직무능력표준(NCS)이 왜 필요한가?

능력 있는 인재를 개발해 핵심 인프라를 구축하고, 나아가 국가경쟁력을 향상시키기 위해 국가직무능력표준이 필요하다.

■ 지금은,
- 직업교육·훈련 및 자격제도가 산업현장과 불일치
- 인적자원의 비효율적 관리 운용

→ 국가직무능력표준 →

✚ 앞으로는 …
- 각각 따로 운영됐던 교육훈련, 국가직무능력표준 중심 시스템으로 전환(일-교육-훈련-자격 연계)
- 산업현장 직무 중심의 인적자원 개발
- 능력중심사회 구현을 위한 핵심 인프라 구축
- 고용과 평생 직업능력개발 연계를 통한 국가경쟁력 향상

04 국가직무능력표준(NCS) 활용범위

국가직무능력표준은 기업체, 직업교육훈련기관, 자격시험기관에서 활용할 수 있다.

【 국가직무능력표준 활용범위 】

05 국가직무능력표준(NCS) 분류체계

(1) 국가직무능력표준의 분류체계는 직무의 유형(Type)을 중심으로 국가직무능력표준의 단계적 구성을 나타내는 것으로, 국가직무능력표준 개발의 전체적인 로드맵을 제시하고 있다.

(2) 한국고용직업분류(KECO, Korean Employment Classification of Occupations)를 중심으로, 한국표준직업분류, 한국표준산업분류 등을 참고하여 분류하였으며 '대분류(24) → 중분류(80) → 소분류(238) → 세분류(887개)'의 순으로 구성되어 있다.

06 국가직무능력표준(NCS) 학습모듈

1 개념
국가직무능력표준(NCS, National Competency Standards)이 현장의 '직무 요구서'라고 한다면, NCS 학습모듈은 NCS의 능력단위를 교육훈련에서 학습할 수 있도록 구성한 '교수·학습 자료'입니다. NCS학습모듈은 구체적 직무를 학습할 수 있도록 이론 및 실습과 관련된 내용을 상세하게 제시하고 있다.

2 특징
(1) NCS학습모듈은 산업계에서 요구하는 직무능력을 교육훈련 현장에 활용할 수 있도록 성취목표와 학습의 방향을 명확히 제시하는 가이드라인의 역할을 한다.

(2) NCS학습모듈은 특성화고, 마이스터고, 전문대학, 4년제 대학교의 교육기관 및 훈련기관, 직장교육기관 등에서 표준교재로 활용할 수 있으며 교육과정 개편 시에도 유용하게 참고할 수 있다.

07 과정평가형 자격취득안내

1 정의
국가직무능력표준(NCS)에 따라 편성·운영되는 교육·훈련과정을 일정수준 이상 이수하고 평가를 거쳐 합격기준을 통과한 사람에게 국가기술자격을 부여하는 제도이다.

2 시행대상
「국가기술자격법 제10조 제1항」의 과정평가형 자격 신청자격에 충족한 기관 중 공모를 통하여 지정된 교육·훈련기관의 단위과정별 교육·훈련을 이수하고 내부평가에 합격한 자

3 국가기술자격의 과정평가형 자격 적용 종목
기계설계산업기사 등 61개 종목
※ NCS 홈페이지 / 자료실 / 과정평가형 자격참조(고용노동부공고 제2016-231호 참조)

4 교육 · 훈련생 평가

(1) 내부평가(지정 교육 · 훈련기관)
   ① 평가대상 : 능력단위별 교육 · 훈련과정의 75% 이상 출석한 교육 · 훈련생
   ② 평가방법 : 지정받은 교육 · 훈련과정의 능력단위별로 평가
      ▶ 능력단위별 내부평가 계획에 따라 자체 시설 · 장비를 활용하여 실시
   ③ 평가시기 : 해당 능력단위에 대한 교육 · 훈련이 종료된 시점에서 실시하고 공정성과 투명성이 확보되어야 함.
      ▶ 내부평가 결과 평가점수가 일정수준(40%) 미만인 경우에는 교육 · 훈련기관 자체적으로 재교육 후 능력단위별 1회에 한해 재평가 실시

(2) 외부평가(한국산업인력공단)
   ① 평가대상 : 단위과정별 모든 능력단위의 내부평가 합격자
      수험원서는 교육 · 훈련 시작일로부터 15일 이내에 우리 공단 소재 해당 지역 시험센터에 접수
   ② 평가방법 : 1 · 2차 시험으로 구분 실시
      ▶ 1차 시험 : 지필평가(주관식 및 객관식 시험)
      ▶ 2차 시험 : 실무평가(작업형 및 면접 등)

5 합격자 결정 및 자격증 교부

(1) 합격자 결정 기준
   내부평가 및 외부평가 결과를 각각 100점을 만점으로 하여 평균 80점 이상 득점한 자

(2) 기업 등 산업현장에서 필요로 하는 능력보유 여부를 판단할 수 있도록 교육 · 훈련 기관명 · 기간 · 시간 및 NCS 능력단위 등을 기재하여 발급

   ※ NCS에 대한 자세한 사항은 NCS 국가직무능력표준 홈페이지 (http://www.ncs.go.kr)에서 확인해주시기 바랍니다.

CBT(컴퓨터 시험) 가이드

한국산업인력공단에서 2016년 5회 기능사 필기 시험부터 자격검정 CBT(컴퓨터 시험)으로 시행됩니다. CBT의 진행 과정과 메뉴의 기능을 미리 알고 연습하여 새로운 시험 방법인 CBT에 대비하시기 바랍니다.

다음과 같이 순서대로 따라해 보고 CBT 메뉴의 기능을 익혀 실전처럼 연습해 봅시다.

STEP 1 : 자격검정 CBT 들어가기

◎ 큐넷(http://www.q-net.or.kr)에서 표시된 부분을 클릭하면 '웹체험 자격검정 CBT'를 할 수 있습니다.

◎ 'CBT 필기 자격시험 체험하기'를 클릭하면 시작됩니다.

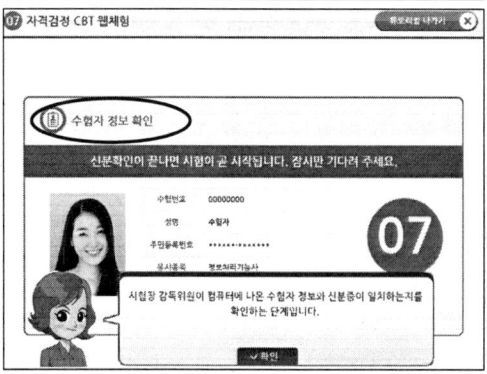

◎ 시험 시작 전 배정된 좌석에 앉으면 수험자 정보를 확인합니다. 시험장 감독위원이 컴퓨터에 표시된 수험자 정보와 신분증의 일치여부를 확인합니다.

8 • 컴퓨터응용선반기능사 필기 · 실기

CBT guide

STEP 2 : 자격검정 CBT 둘러보기

◎ 수험자 정보 확인이 끝난 후 시험 시작 전 'CBT 안내사항'을 확인합니다.

◎ 'CBT 유의사항'을 확인합니다. '다음 유의사항 보기'를 클릭하면 전체 유의사항을 확인할 수 있으며 보지 못한 유의사항이 있으면 '이전 유의사항 보기'를 클릭하여 다시 볼 수 있습니다.

◎ '문제풀이 메뉴 설명'을 확인합니다.
  ↳ '자격검정 CBT 메뉴 미리 알아두기'에서 자세히 살펴보기

◎ '자격검정 CBT 문제풀이 연습'을 클릭하면 실제 시험과 동일한 방식으로 진행됩니다.

CBT guide

STEP 3 자격검정 CBT 연습하기

⊂ 자격검정 CBT 문제풀이 연습을 시작합니다. 총 3문제로 구성되어 있습니다.

⊂ 시험문제를 다 푼 후 답안 제출을 하거나 시험 시간이 경과되었을 경우 시험이 종료됩니다.

⊂ 답안 제출은 실수 방지를 위해 두 번의 확인 과정을 거칩니다. 시험 종료 후 시험 결과를 바로 확인할 수 있습니다.

⊂ 시험 안내 · 유의사항, 메뉴 설명 및 문제풀이 연습까지 모두 마친 수험자는 '시험준비완료'를 클릭합니다. 클릭 후 '자격검정 CBT 웹체험 문제풀이' 단계로 넘어갑니다.

CBT guide

◐ 자격검정 CBT 웹체험 문제풀이를 시작합니다. 총 5문제로 구성되어 있습니다.

◐ 답안을 제출하면 점수와 합격여부를 바로 알 수 있습니다.

자격검정 CBT 메뉴 미리 알아두기

❶ 글자크기 & 화면배치 : 글자 크기(100%, 150%, 200%)와 화면 배치(1단, 2단, 한 문제씩 보기)가 선택 가능함.

❷ 전체 안 푼 문제 수 조회 : 전체 문제 수와 안 푼 문제 수 확인 가능함.

❸ 계산기도구 : 응시 종목에 계산 문제가 있을 경우 좌측 하단의 계산기 기능을 이용함.

❹ 안 푼 문제 번호 보기 & 답안 제출 : '안 푼 문항'을 클릭하면 현재까지 안 푼 문제 목록을 확인할 수 있으며, '답안 제출'을 클릭하면 답안 제출 승인 알림 창이 나옴.

❺ 페이지 이동 : 화면 아래 버튼을 이용해서 페이지를 이동하고 중앙에 현재 페이지를 표시함.

❻ 답안 표기 영역 : 문제 번호를 클릭하면 해당 문제로 이동하고 선택지 번호를 클릭하면 답안이 표시됨.

❼ 남은 시간 표시 : 남은 시간 표시 및 제한 시간이 없을 경우 시계 아이콘과 시간이 붉은색으로 표시됨.

컴퓨터응용선반기능사 출제기준

필기과목명	주요항목	세부항목	세세항목	
기계재료 및 요소, 기계제도 (절삭부분), 기계공작법, CNC공작법 및 안전관리	1. 기계재료	1. 재료의 성질	1. 탄성과 소성	2. 산화와 부식
		2. 철강재료	1. 탄소강 3. 주철 5. 특수강	2. 합금강 4. 주강 6. 열처리
		3. 비철금속재료	1. 알루미늄과 그 합금 3. 베어링 합금 및 기타 비철금속재료	2. 구리와 그 합금
		4. 비금속 재료	1. 합성수지재료	2. 기타비금속재료
		5. 신소재 및 공구재료	1. 신소재	2. 공구재료
	2. 기계요소	1. 기계설계기초	1. 기계설계기초	
		2. 재료의 강도와 변형	1. 응력과 안전율 3. 변형	2. 재료의 강도
		3. 결합용 요소	1. 나사 3. 핀	2. 키 4. 리벳
		4. 전달용 기계요소	1. 축 3. 베어링	2. 기어 4. 벨트
		5. 제어용 기계요소	1. 스프링	2. 브레이크
	3. 기계제도 (절삭부분)	1. 제도통칙 등	1. 일반사항(양식, 척도, 선, 문자 등) 3. 치수의 표시방법 5. 최대 실체 공차방식 7. 표면의 결 도시방법	2. 투상법 및 도형의 표시방법 4. 허용한계치수 기입방법 6. 기하공차 도시방식 8. 가공기호 등 표시방법
		2. 기계요소제도	1. 운동용 기계요소(베어링, 기어, 풀리 등) 2. 체결용 기계요소(나사, 리벳, 키 등) 3. 제어용 기계요소(스프링, 유공압 기호 등)	
		3. 도면해독	1. 투상도면해독 3. 비절삭가공도면 5. 재료기호 및 중량산출	2. 기계가공도면 4. 기계조립도면
	4. 공작기계 일반	1. 기계공작과 공작기계	1. 공작기계의 개요 3. 공작기계의 구성요소와 구동장치	2. 공작기계의 정의 및 분류
		2. 칩의 생성과 구성인선	1. 칩의 종류 및 특성	2. 구성인선의 발생 및 방지법
		3. 절삭공구 및 공구수명	1. 절삭공구의 종류 및 특성 3. 공구 수명	2. 절삭저항 4. 공구의 파손
		4. 절삭온도 및 절삭유제	1. 절삭온도	2. 절삭유제의 종류 및 특성
	5. 기계가공	1. 선반의 개요 및 구조	1. 선반가공의 종류 2. 선반의 분류 및 크기 표시방법 3. 선반의 주요부분 및 각부 명칭 등	
		2. 선반용 절삭공구, 부속품 및 부속장치	1. 바이트와 칩 브레이커 2. 가공면의 표면거칠기 등 3. 부속품 및 부속장치 　가. 센터　　나. 센터드릴　　다. 면판 　라. 돌림판　　마. 방진구　　바. 척 등	

출제기준

필기과목명	주요항목	세부항목	세세항목

기계재료 및 요소, 기계제도 (절삭부분), 기계공작법, CNC공작법 및 안전관리	5. 기계가공	3. 선반가공	1. 선반의 절삭조건
			   가. 절삭속도 나. 절삭깊이
			   다. 이송 라. 절삭동력 등
			2. 원통가공 3. 단면가공
			4. 홈 가공 5. 내경 가공
			6. 널링 가공 및 테이퍼 가공 7. 편심 및 나사 가공
			8. 가공시간 및 기타 가공

		4. 밀링의 종류 및 부속품	1. 밀링의 종류 및 구조
			2. 부속품 및 부속장치
			   가. 밀링바이스 나. 분할대 다. 원형테이블
			   라. 슬로팅장치 마. 래크 절삭장치 등

		5. 밀링 절삭 공구 및 절삭이론	1. 밀링 커터의 분류와 공구각
			2. 밀링 절삭이론
			   가. 절삭속도 나. 이송
			   다. 절삭저항 라. 절삭동력 등

		6. 밀링 절삭가공	1. 상향절삭 및 하향절삭 2. 표면거칠기 3. 분할법 4. 밀링에 의한 가공방법

		7. 연삭기의 구조와 종류	1. 연삭기의 개요 및 구조
			2. 연삭기의 종류
			   가. 외경연삭기 나. 내면연삭기 다. 평면연삭기
			   라. 공구연삭기 마. 센터리스 연삭기 등

		8. 연삭숫돌 및 연삭 작업	1. 연삭숫돌의 구성요소 2. 연삭숫돌의 모양과 표시 3. 연삭조건 4. 연삭 가공 5. 연삭숫돌의 수정과 검사
		9. 기타 기계 가공	1. 드릴링 머신 2. 보링 머신 3. 기어가공기 4. 브로칭 머신 5. 고속가공기 6. 셰이퍼 및 플레이너 등
		10. 정밀입자 가공 및 특수 가공	1. 래핑 2. 호닝 3. 슈퍼피니싱 4. 방전가공 5. 레이저 가공 6. 초음파 가공 7. 화학적 가공 등
		11. 손다듬질 가공	1. 줄작업 2. 리머작업 3. 드릴, 탭, 다이스 작업 등

	6. 측정	1. 측정의 개요 및 길이 측정	1. 측정 기초 2. 측정단위 및 오차
			3. 길이 측정
			   가. 버니어캘리퍼스 나. 하이트게이지
			   다. 마이크로미터 라. 한계게이지 등

		2. 기타 측정	1. 각도 측정 가. 사인바 나. 수준기 등 2. 표면거칠기 및 윤곽 측정 3. 나사 및 기어측정 4. 3차원 측정기

출제기준

필기과목명	주요항목	세부항목	세세항목	
기계재료 및 요소, 기계제도 (절삭부분), 기계공작법, CNC공작법 및 안전관리	7. CNC공작기계	1. CNC의 개요	1. NC의 정의 2. CNC공작기계의 개요 가. 필요성 나. 정보흐름 다. 경제성 등 3. CNC공작기계의 구성 4. 자동화 설비 및 발전 방향	
		2. CNC공작기계 제어 방식	1. 제어방식 2. 서보기구 3. 이송기구 등	
		3. CNC공작기계에 의한 절삭가공 및 절삭공구	1. 기계 조작반 사용법 2. 좌표계 및 가공조건 설정 3. 절삭공구의 종류와 표기법 4. 공구선정 및 세팅 방법	

		4. CNC프로그래밍 기초	1. 프로그램의 기초
			   가. 좌표계 종류 및 좌표축 나. 지령방법의 종류
			2. 프로그램의 정의 및 구성
			   가. 주소 나. 지령절
			   다. 단어 라. 전개번호 등	

		5. 프로그램(준비기능1)	1. 급속위치결정(G00) 2. 직선보간(G01), 휴지(G04)	
		6. 프로그램(준비기능2)	1. 원호보간(G02, G03)	
		7. 프로그램(주축기능)	1. 주축속도제어(G96, G97) 2. 주축최고회전수지정(G50, G92)	
		8. 프로그램(이송기능, 공구날끝반경보정기능)	1. 분당 이송(G94, G98) 2. 회전당 이송(G95, G99) 3. 공구날끝반경 보정(G40, G41, G42)	
		9. 프로그램(공구기능, 보조기능)	1. 공구기능 2. 공구교환 3. 보조기능	
		10. 원점 및 좌표계 설정	1. 기계원점 2. 프로그램 원점 3. 공작물 좌표계 설정	
		11. CNC선반프로그램1	1. 나사가공프로그램 2. 기타가공프로그램	
		12. CNC선반프로그램2	1. 단일형 고정 사이클 2. 복합형 고정 사이클	
		13. 머시닝센터 프로그램	1. 초기점 및 R점 복귀 2. 고정사이클의 동작 3. 고정사이클의 종류 4. 기타 가공 프로그램	
		14. 보정기능	1. 공구지름보정(G40, G41, G42) 2. 공구길이보정(G43, G44, G49)	
		15. CAD/CAM	1. 입력장치 2. 출력장치 3. CAD/CAM 일반 4. 공장자동화	
	8. 작업안전	1. 기계가공시 안전사항	1. 선반작업시 안전사항 2. 밀링작업시 안전사항 3. 기타 기계가공시 안전사항	
		2. CNC기계가공시 안전사항	1. CNC선반 작업시 안전사항 2. 머시닝센터 작업시 안전사항 3. 기타 CNC기계가공시 안전사항	
		3. CNC장비 유지관리	1. 일상점검 2. 장비의 유지 및 관리 3. 경보의 종류와 해제	

※ 자세한 출제기준은 한국산업인력공단(http://www.q-net.or.kr/)에서 확인하실 수 있습니다.

출제기준

필기과목명	주요항목	세부항목	세세항목
기계재료 및 요소, 기계제도 (절삭부분), 기계공작법, CNC공작법 및 안전관리	5. 기계가공	3. 선반가공	1. 선반의 절삭조건 　가. 절삭속도　　　나. 절삭깊이 　다. 이송　　　　　라. 절삭동력 등 2. 원통가공　　　　　　3. 단면가공 4. 홈 가공　　　　　　5. 내경 가공 6. 널링 가공 및 테이퍼 가공　7. 편심 및 나사 가공 8. 가공시간 및 기타 가공
		4. 밀링의 종류 및 부속품	1. 밀링의 종류 및 구조 2. 부속품 및 부속장치 　가. 밀링바이스　나. 분할대　　다. 원형테이블 　라. 슬로팅장치　마. 래크 절삭장치 등
		5. 밀링 절삭 공구 및 절삭이론	1. 밀링 커터의 분류와 공구각 2. 밀링 절삭이론 　가. 절삭속도　　　나. 이송 　다. 절삭저항　　　라. 절삭동력 등
		6. 밀링 절삭가공	1. 상향절삭 및 하향절삭　　2. 표면거칠기 3. 분할법　　　　　　　　4. 밀링에 의한 가공방법
		7. 연삭기의 구조와 종류	1. 연삭기의 개요 및 구조 2. 연삭기의 종류 　가. 외경연삭기　나. 내면연삭기　다. 평면연삭기 　라. 공구연삭기　마. 센터리스 연삭기 등
		8. 연삭숫돌 및 연삭작업	1. 연삭숫돌의 구성요소　　2. 연삭숫돌의 모양과 표시 3. 연삭조건　　　　　　　4. 연삭 가공 5. 연삭숫돌의 수정과 검사
		9. 기타 기계 가공	1. 드릴링 머신　　　　　2. 보링 머신 3. 기어가공기　　　　　4. 브로칭 머신 5. 고속가공기　　　　　6. 셰이퍼 및 플레이너 등
		10. 정밀입자 가공 및 특수 가공	1. 래핑　　　　　　　　2. 호닝 3. 슈퍼피니싱　　　　　4. 방전가공 5. 레이저 가공　　　　　6. 초음파 가공 7. 화학적 가공 등
		11. 손다듬질 가공	1. 줄작업　　　　　　　2. 리머작업 3. 드릴, 탭, 다이스 작업 등
	6. 측정	1. 측정의 개요 및 길이 측정	1. 측정 기초　　　　　　2. 측정단위 및 오차 3. 길이 측정 　가. 버니어캘리퍼스　나. 하이트게이지 　다. 마이크로미터　　라. 한계게이지 등
		2. 기타 측정	1. 각도 측정 　가. 사인바　　　　나. 수준기 등 2. 표면거칠기 및 윤곽 측정　3. 나사 및 기어측정 4. 3차원 측정기

출제기준

필기과목명	주요항목	세부항목	세세항목	
기계재료 및 요소, 기계제도 (절삭부분), 기계공작법, CNC공작법 및 안전관리	7. CNC공작기계	1. CNC의 개요	1. NC의 정의 2. CNC공작기계의 개요 　가. 필요성　　나. 정보흐름　　다. 경제성 등 3. CNC공작기계의 구성　　4. 자동화 설비 및 발전 방향	
		2. CNC공작기계 제어 방식	1. 제어방식 3. 이송기구 등	2. 서보기구
		3. CNC공작기계에 의한 절삭가공 및 절삭공구	1. 기계 조작반 사용법 3. 절삭공구의 종류와 표기법	2. 좌표계 및 가공조건 설정 4. 공구선정 및 세팅 방법
		4. CNC프로그래밍 기초	1. 프로그램의 기초 　가. 좌표계 종류 및 좌표축　나. 지령방법의 종류 2. 프로그램의 정의 및 구성 　가. 주소　　나. 지령절 　다. 단어　　라. 전개번호 등	
		5. 프로그램(준비기능1)	1. 급속위치결정(G00)	2. 직선보간(G01), 휴지(G04)
		6. 프로그램(준비기능2)	1. 원호보간(G02, G03)	
		7. 프로그램(주축기능)	1. 주축속도제어(G96, G97) 2. 주축최고회전수지정(G50, G92)	
		8. 프로그램(이송기능, 공구날끝반경보정기능)	1. 분당 이송(G94, G98) 3. 공구날끝반경 보정(G40, G41, G42)	2. 회전당 이송(G95, G99)
		9. 프로그램(공구기능, 보조기능)	1. 공구기능 3. 보조기능	2. 공구교환
		10. 원점 및 좌표계 설정	1. 기계원점 3. 공작물 좌표계 설정	2. 프로그램 원점
		11. CNC선반프로그램1	1. 나사가공프로그램	2. 기타가공프로그램
		12. CNC선반프로그램2	1. 단일형 고정 사이클	2. 복합형 고정 사이클
		13. 머시닝센터 프로그램	1. 초기점 및 R점 복귀 3. 고정사이클의 종류	2. 고정사이클의 동작 4. 기타 가공 프로그램
		14. 보정기능	1. 공구지름보정(G40, G41, G42)	2. 공구길이보정(G43, G44, G49)
		15. CAD/CAM	1. 입력장치 3. CAD/CAM 일반	2. 출력장치 4. 공장자동화
	8. 작업안전	1. 기계가공시 안전사항	1. 선반작업시 안전사항 3. 기타 기계가공시 안전사항	2. 밀링작업시 안전사항
		2. CNC기계가공시 안전사항	1. CNC선반 작업시 안전사항 3. 기타 CNC기계가공시 안전사항	2. 머시닝센터 작업시 안전사항
		3. CNC장비 유지관리	1. 일상점검 3. 경보의 종류와 해제	2. 장비의 유지 및 관리

※ 자세한 출제기준은 한국산업인력공단(http://www.q-net.or.kr/)에서 확인하실 수 있습니다.

차 례

제 1 편　기계재료

제 1 장　철강재료 및 탄소강

1-1　금속의 특성과 합금 …………………………………… 1-3
1-2　금속재료의 성질 ………………………………………… 1-4
1-3　금속의 결정 ……………………………………………… 1-6
1-4　금속 가공 ………………………………………………… 1-7
1-5　철강 재료의 개요 ……………………………………… 1-8
1-6　강괴의 종류 및 특징 ………………………………… 1-9
1-7　순　철 …………………………………………………… 1-10
1-8　Fe-C계 평형상태도 …………………………………… 1-11
1-9　탄소강의 표준조직 …………………………………… 1-12
1-10　탄소강의 온도에 따른 여러 가지 취성 ………… 1-13
1-11　탄소강 중의 타 원소의 영향 ……………………… 1-14
1-12　탄소강과 그 용도 …………………………………… 1-15
1-13　탄소함량에 따른 분류 ……………………………… 1-16
1-14　주　강 ………………………………………………… 1-16
1-15　강의 열처리 …………………………………………… 1-16

제 2 장　합금강(특수강)

2-1　강에서 합금원소의 영향 …………………………… 1-21
2-2　구조용 합금강 ………………………………………… 1-23
2-3　공구용 합금강 ………………………………………… 1-24
2-4　특수용도용 합금강 …………………………………… 1-26

제3장 주 철

- 3-1 주철의 특성 ··· 1-29
- 3-2 주철의 종류 ··· 1-32

제4장 비철금속재료

- 4-1 알루미늄과 그 합금 ································· 1-36
- 4-2 황동(Brass) ··· 1-38
- 4-3 청동(bronze) ······································· 1-40
- 4-4 구리와 그 합금 ····································· 1-41
- 4-5 신소재 ··· 1-41
- 4-6 합성수지 ··· 1-43

제2편 기계요소

제1장 기계설계의 기초

- 1-1 기계요소의 종류 ···································· 2-3
- 1-2 기계설계에 사용되는 SI 단위 ···················· 2-3
- 1-3 하 중 ··· 2-5
- 1-4 응력(Stress) ··· 2-7
- 1-5 변형률(Strain) ······································ 2-7
- 1-6 훅의 법칙과 푸와송의 비 ·························· 2-8
- 1-7 허용응력과 안전율 ································· 2-8

제2장 결합용 기계요소

- 2-1 나 사 ··· 2-10
- 2-2 키, 핀, 코터 ··· 2-17
- 2-3 리벳(Rivet) ·· 2-19

제3장　축계 기계요소

3-1　축(Shaft) ··· 2-21
3-2　축이음(Shaft Joint) ·· 2-23
3-3　베어링(Bearing) ··· 2-27

제4장　전동용 기계요소

4-1　마 찰 차 ··· 2-29
4-2　기　　어 ··· 2-30
4-3　벨　　트 ··· 2-34

제5장　제동용 기계요소

5-1　브레이크 ··· 2-37
5-2　스프링(Spring) ··· 2-37

제3편　기계제도

제1장　기제제도 기본

1-1　제도의 통칙 ··· 3-3
1-2　문자와 선 ··· 3-6

제2장　투상법 및 도형표시방법

2-1　투상법 ··· 3-9
2-2　도형의 표시방법 ··· 3-11

Contents

제3장 치수기입법 및 재료표시법
- 3-1 치수기입법 ··· 3-17
- 3-2 기계재료 표시법 ··· 3-22

제4장 표면 거칠기 및 치수 공차
- 4-1 표면 거칠기 표시 ··· 3-25
- 4-2 치수 공차 ·· 3-30
- 4-3 끼워 맞춤 ·· 3-31
- 4-4 기하 공차 ·· 3-35

제5장 기계요소제도
- 5-1 체결용 기계요소 ··· 3-37
- 5-2 축용 기계요소 ··· 3-41
- 5-3 전동용 기계요소 ··· 3-44
- 5-4 제어용 기계요소 ··· 3-48

제4편 기계가공법 및 안전관리

제1장 공작기계 및 절삭제
- 1-1 공작기계의 분류 ··· 4-3
- 1-2 공작기계의 구비조건 ··· 4-4
- 1-3 공작기계의 기본운동 ··· 4-4
- 1-4 절삭저항의 요소 ··· 4-4
- 1-5 절삭저항의 3분력 ··· 4-4
- 1-6 절삭동력 ·· 4-5
- 1-7 절삭조건 ·· 4-5
- 1-8 공구인선과 이송이 표면거칠기에 미치는 영향 ················· 4-6
- 1-9 칩의 생성 ·· 4-6
- 1-10 구성인선(built-up edge) ··· 4-7

1-11 공구의 수명 판정방법 ·· 4-8
    1-12 공구의 수명식 ·· 4-8
    1-13 공구인선의 파손 ·· 4-9
    1-14 절삭 온도 ·· 4-10
    1-15 절삭유 ·· 4-11
    1-16 윤활제 ·· 4-12
    1-17 절삭공구재료의 구비조건 ·· 4-13
    1-18 공구재료의 종류 ·· 4-13

제 2 장 선반가공

    2-1   선반의 크기 표시 ·· 4-16
    2-2   선반의 종류 ·· 4-17
    2-3   선반의 구조 ·· 4-17
    2-4   선반의 부속장치 ·· 4-19
    2-5   선반작업 ·· 4-21
    2-6   나사 절삭작업 ·· 4-21
    2-7   선반의 가공시간 ·· 4-23

제 3 장 밀링가공

    3-1   밀링머신의 가공 분야 ·· 4-24
    3-2   밀링머신의 크기 표시 ·· 4-25
    3-3   밀링머신의 종류 ·· 4-25
    3-4   밀링머신의 구조 ·· 4-27
    3-5   밀링머신의 부속장치 ·· 4-28
    3-6   밀링머신의 절삭공구 ·· 4-29
    3-7   밀링 절삭 이론 ·· 4-30
    3-8   상향 절삭과 하향 절삭 ·· 4-31
    3-9   분할 작업(법) ·· 4-31

제 4 장 연삭가공

    4-1   외경 연삭기 ·· 4-33
    4-2   내경 연삭기 ·· 4-34

Contents

　　　4-3　연삭숫돌 ·· 4-35
　　　4-4　연삭숫돌의 입자 ·· 4-36
　　　4-5　입　도 ·· 4-36
　　　4-6　숫돌의 결합도(경도) ·································· 4-37
　　　4-7　연삭숫돌의 조직 ······································· 4-37
　　　4-8　결합제 ·· 4-38
　　　4-9　숫돌의 원주속도 ······································· 4-38
　　　4-10 연삭숫돌의 수정 ······································· 4-39

제5장　드릴링, 보링머신 가공, 슬로터

　　　5-1　드릴링머신(drilling machine) ····················· 4-40
　　　5-2　드릴링머신의 크기 ···································· 4-41
　　　5-3　절삭공구와 절삭조건 ································· 4-42
　　　5-4　보링머신(boring machine) ························· 4-44
　　　5-5　슬로터(slotter) ·· 4-45

제6장　기어가공

　　　6-1　기어 절삭법 ··· 4-46
　　　6-2　기어절삭 기계의 종류 ································ 4-47
　　　6-3　브로칭 머신 ··· 4-47

제7장　정밀입자 및 특수가공

　　　7-1　래　핑 ·· 4-49
　　　7-2　호닝(마찰작업) ··· 4-50
　　　7-3　액체호닝(분사가공) ··································· 4-51
　　　7-4　슈퍼 피니싱 ··· 4-52
　　　7-5　폴리싱과 버핑 ·· 4-52
　　　7-6　배럴 다듬질 ··· 4-53
　　　7-7　버니싱 다듬질 ·· 4-53
　　　7-8　롤러 다듬질 ··· 4-53
　　　7-9　쇼트 피이닝 ··· 4-54
　　　7-10 초음파 가공 ··· 4-54

7-11 전해 가공	4-55
7-12 전해 연마	4-55
7-13 전해 연삭	4-56
7-14 화학 연마	4-56
7-15 화학 밀링	4-56
7-16 화학 연산	4-57
7-17 방전 가공(E.D.M)	4-57
7-18 레이저 가공	4-58
7-19 전자 빔 가공	4-58

제8장 측 정

8-1 측정기의 선택시 고려사항	4-59
8-2 측정의 종류	4-59
8-3 굽힘에 의한 변형	4-61
8-4 아베의 원리	4-61
8-5 측정 오차	4-61
8-6 버니어 캘리퍼스	4-62
8-7 마이크로미터	4-63
8-8 다이얼 게이지	4-64
8-9 하이트 게이지	4-65
8-10 블록 게이지의 용도	4-65
8-11 한계 게이지	4-65
8-12 공기 마이크로미터	4-67
8-13 사인 바	4-67
8-14 수사나 측정	4-68

제9장 수기가공(손 다듬질)

9-1 줄의 종류	4-69
9-2 줄 작업의 종류	4-70
9-3 리머 가공(reaming)	4-70
9-4 탭 및 다이스 가공	4-71

제10장 기계안전

- 10-1 일반 공구류 작업의 안전수칙 ·· 4-73
- 10-2 해머 작업의 안전 ·· 4-73
- 10-3 공작 기계의 안전 ·· 4-74
- 10-4 선반 작업의 안전 ·· 4-74
- 10-5 드릴 머신의 작업안전 ·· 4-75
- 10-6 밀링 작업의 안전 ·· 4-75
- 10-7 연삭 작업의 안전 ·· 4-75
- 10-8 기계의 안전 점검 검사 ·· 4-76
- 10-9 산업안전 ·· 4-77
- 10-10 산업 재해율 ·· 4-77
- 10-11 안전표지와 색채 사용도 ·· 4-78
- 10-12 작업별 조명도 ·· 4-78
- 10-13 소 음 ·· 4-78
- 10-14 화 상 ·· 4-79
- 10-15 감 전 ·· 4-79
- 10-16 소화기의 용도 ·· 4-79

제 5 편 CNC 공작법

제1장 CNC 공작기계의 개요

- 1-1 CNC의 개요 ·· 5-3
- 1-2 CNC 공작기계에 의한 절삭가공 ···································· 5-9

제2장 CNC 선반

- 2-1 CNC 선반의 개요 ·· 5-11
- 2-2 CNC의 표준규격 ·· 5-14
- 2-3 CNC 선반 프로그래밍 ·· 5-17

Contents

제3장 CNC 머시닝센터
- 3-1 머시닝센터(Machining Center)의 개요 ···················· 5-33
- 3-2 머시닝센터 프로그래밍 ································· 5-35

제 6 편 최근 기출문제

2013년 기출문제
- 2013년 1월 27일 ···················· 6-3
- 2013년 4월 14일 ···················· 6-14
- 2013년 7월 21일 ···················· 6-25
- 2013년 10월 12일 ···················· 6-38

2014년 기출문제
- 2014년 1월 26일 ···················· 6-3
- 2014년 4월 6일 ···················· 6-14
- 2014년 7월 20일 ···················· 6-25
- 2014년 10월 11일 ···················· 6-36

2015년 기출문제
- 2015년 1월 25일 ···················· 6-3
- 2015년 4월 4일 ···················· 6-13
- 2015년 7월 19일 ···················· 6-22
- 2015년 10월 10일 ···················· 6-32

2016년 기출문제
- 2016년 1월 24일 ···················· 6-3
- 2016년 4월 2일 ···················· 6-14
- 2016년 7월 10일 ···················· 6-24

CBT 모의고사
- 제1회 CBT 모의고사 ···················· 6-3
- 제2회 CBT 모의고사 ···················· 6-13
- 제3회 CBT 모의고사 ···················· 6-24

제 7 편　국가기술자격 [실기] 시험문제

- 컴퓨터응용선반기능사 실기 시험문제 ·················· 7-2
  1. 컴퓨터응용선반기능사 과제: CNC선반 따라하기 ·············· 7-8

컴/퓨/터/응/용/선/반/기/능/사

제 1 편
기계재료

제 1 장 철강재료 및 탄소강
제 2 장 합 금 강(특수강)
제 3 장 주   철
제 4 장 비철금속재료

철강재료 및 탄소강

1-1 금속의 특성과 합금

(1) 금속의 공통적 성질

① 실온에서 고체이며, 결정체이다.(단, Hg제외)
② 가공이 용이하고, 연성과 전성이 풍부하고 강도, 경도, 비중이 비교적 크다.
③ 불투명하고 고유의 색상이 있으며, 빛을 반사한다.
④ 전자, 중성자의 배열에 의하여 결정되는 내부구조이고 결정의 내부구조를 변경할 수 있다.
⑤ 비중이 크고, 경도 및 용융점이 높으며 순금속 융점은 그 금속의 고유의 온도이다.
⑥ 열 및 전기의 양도체이다.
⑦ 생성된 결정핵이 성장하여 수지상 결정을 만든다.

(2) 금속의 분류

비중 4.5를 기준으로 경금속과 중금속을 구분한다.
① 경금속 : Al(2.7), Mg(1.74), Na(0.97), Si(2.33), Li(0.53)
② 중금속 : Fe(7.87), Cu(8.96), Ni(8.85), Au(19.32), Ag(10.5), Sn(7.3), Pb(11.34), Ir(22.5)

(3) 합금의 특성

① 강도와 경도가 커지고 전성과 연성이 작아진다.
② 전기전도율 및 열전도율, 융해점이 낮아진다.
③ 두 종류 이상의 결정 입자가 혼합할 때는 내식성이 나빠진다.
④ 담금질 효과가 크다.

1-2 금속재료의 성질

(1) 기계적 성질

① 연성 : 길고 가늘게 늘어나는 성질(연성순서 : Au > Ag > Al > Cu > Pt)
② 전성 : 얇은 판을 넓게 펼칠 수 있는 성질(전성순서 : Au > Ag > Pt > Al > Fe)
③ 인성 : 외력(굽힘, 비틀림, 인장, 압축 등)에 저항하는 질긴 성질
④ 취성(메짐) : 잘 깨지고 부서지는 성질로 인성의 반대
⑤ 소성 : 외력을 가한 후 제거해도 변형이 그대로 유지되는 성질
⑥ 탄성 : 외력을 제거해도 원래대로 돌아오는 성질
⑦ 경도 : 재료의 단단한(무르고 굳은) 정도
⑧ 강도 : 단위 면적당 작용하는 힘. 외력(굽힘, 비틀림, 인장, 압축 등)에 견디는 힘
⑨ 피로 : 작은 힘의 반복 작용에 의해 재료가 파괴되는 현상
⑩ 크리프(Creep) : 재료를 고온으로 가열했을 때 인장강도, 경도 등을 말한다.
⑪ 인장 강도 : 재료의 인장 시험에 있어서 시험편이 파단할 때까지의 최대 인장 하중(W_{max})을, 시험 전 시험편의 단면적(A_o)으로 나눈 값(σ_B). 극한 강도라고도 불리며 재료의 강도 기준의 하나이다.

$$\sigma_B = \frac{W_{max}}{A_o} [N/mm^2, \ MPa]$$

여기서 σ_B : 인장강도
W_{max} : 최대하중(N)
A_o : 원래의 단면적(mm^2)

⑫ 연신율 : 재료는 인장 하중을 걸면 늘어난다. 이 늘어난 길이의 최초의 길이에 대한 백분율을 연신율이라고 한다.

$$\varepsilon = \frac{L_1 - L}{L} \times 100 (\%)$$

여기서 L : 처음의 표점 거리(mm)
L_1 : 파단되었을 때의 표점 거리(mm)

⑬ 단면수축률 : 인장 시험에 있어서 시험편 절단 후에 생기는 최소 단면적(S_1)과 그의 원단면적(S)과의 차와 원단면적에 대한 백분율을 말한다.

$$\Psi = \frac{S - S_1}{S} \times 100 (\%)$$

여기서 S : 처음 단면적(mm^2)
S_1 : 파단되었을 때의 수축된 최소 단면적(mm^2)

(2) 물리적 성질

① 비열 : 어떤 물질 1g의 온도를 1℃만큼 올리는 데 필요한 열량이다.
② 용융점 : 금속을 가열하면 녹아서 액체로 되는데, 액체로 되는 온도점을 말한다.
③ 비중 : 물(4℃)과 똑같은 부피를 갖는 물체와의 무게의 비를 말한다.
   ⊙ 실용금속가장 가벼운 금속 : Mg(1.74)
   ⓒ 비중이 가장 무거운 금속 : Ir(22.5)
   ⓒ 비중이 가장 가벼운 금속 : Li(0.53)
④ 선팽창 계수 : 어느 길이의 물체가 1℃ 상승할 때 그 길이의 증가와 늘어나기 전 길이와의 비를 말한다.
   ⊙ 선팽창계수가 큰 것 : Pb, Mg, Sn
   ⓒ 선팽창계수가 작은 것 : Ir, Mo, W
⑤ 열전도율 및 전기전도율 : Ag-Cu-Au-Pt-Al-Mg-Zn-Ni-Fe-Pb-Sb
⑥ 금속의 탈색 : Sn-Ni-Al-Mg-Fe-Cu-Zn-Pt-Ag
⑦ 자성
   ⊙ 강자성체 : Fe, Ni, Co
   ⓒ 상자성체 : Al, Pt, Sn, Mn
   ⓒ 반자성체 : Cu, Zn, Sb, Ag, Au
⑧ 융해잠열 : 어떤 금속 1g을 용해시키는 데 필요한 열량을 융해잠열이라 한다.

(3) 화학적 성질

① 부식 : 금속은 접하고 있는 주위 환경의 화학적, 전기화학적인 작용에 의해 비금속성 화합물을 만들어 점차적으로 손실되어가는데 이 현상을 부식이라 한다.
② 내식성 : 금속의 부식에 대한 저항력으로 견디는 성질이다. Cr, Ni 등이 우수하다.
③ 내산성 : 기타 산에 견디는 성질, 염기에 견디는 성질로 내염기성이라 한다.
④ 내열성 : 금속의 열에 대한 저항력으로 견디는 성질이다.

(4) 가공상의 성질

① 주조성 : 금속이나 합금을 녹여 기계 부품인 주물을 만들 수 있는 성질
② 소성 가공성 : 재료에 외력을 가하여 원하는 모양으로 만드는 작업
③ 접합성 : 재료의 용융성을 이용하여 두 부품을 접합하는 성질
④ 절삭성 : 절삭공구에 의해서 금속재료가 절삭되는 성질

1-3 금속의 결정

(1) 금속 원자 결정

　① 체심입방격자(BCC) : 융점 높고 강도 크다.(소속 원자수 : 2개, 배위수 < 인접 원자수 > : 8개)
　　• Cr, W, Mo, V, Li, Na, Ta, K, α-Fe, δ-Fe
　② 면심입방격자(FCC) : 전연성, 전기전도율 크다. 가공성 우수(소속 원자수 : 4개, 배위수 : 12개)
　　• Al, Ag, Au, Cu, Ni, Pb, Ca, Co, γ-Fe
　③ 조밀 육방 격자(HCP) : 전연성, 접착성, 가공성 불량(소속 원자수 : 2개, 배위수 : 12개)
　　• Mg, Zn, Cd, Ti, Be, Zr, Ce

(2) 금속의 변태

　• 변태(Transformation) : 고체 → 액체(액체 → 고체)로 결정격자의 변화가 생기는 것
　• 변태점 측정법 : 열분석법, 시차열분석법, 비열법, 전기저항법, 열팽창법, 자기분석법, X선분석법
　• 동소체(Allotropy) : 상이 같은 물질이지만 결정격자가 다른 것. α, γ, δ고용체
　① 동소변태
　　㉠ 고체 내에서 원자 배열이 변화로 생긴 것(결정격자 모양이 바뀜)
　　㉡ 성질이 일정한 온도에서 급격히 비연속적으로 변화가 생긴 것.
　　㉢ 동소변태 금속은 Fe(A_3 : 912℃, A_4 : 1400℃), Co(480℃), Ti(883℃), Sn(18℃)
　　㉣ α-Fe(BCC) : 910℃ 이하에서 체심입방격자 γ-Fe(FCC)
　　㉤ 910~1400℃에서 면심입방격자
　　㉥ δ-Fe(BCC) : 1400~1538℃에서 체심입방격자
　　㉦ A_3 변태 : α-Fe ⇔ γ-Fe
　　㉧ A_4 변태 : γ-Fe ⇔ δ-Fe
　② 자기변태(curie point)
　　㉠ 원자배열에 변화가 생기지 않고 원자내부에 어떤 변화를 일으킨 것이다.
　　㉡ 점진적이고 연속적으로 변화가 생기며, 자기의 세기가 768℃(A_2점) 부근에서 급격히 변화한다.
　　㉢ 자기변태를 일으키는 금속으로 Fe : 768℃, Ni : 360℃, Co : 1120℃ 등이 있다.

(3) 합금의 상태도

　① 상률 : 계중의 상이 평형을 유지하기 위한 자유도를 규정한 법칙이다.
　　㉠ 상(相) : 어느 부분이나 균일하고 불연속적이며, 명확히 경계된 부분으로 되어 있는 분자와 원자의 집합 상태를 말한다.

ⓒ 계(系) : 집합의 물체를 외계와 차단하여 그 물질 이외의 것은 물리적 교섭이 없는 상태로 있다고 생각할 때 계라고 한다.

> **참고** $F = n + 2 - P$ (F : 자유도, n : 성분수, P : 상의 수)
> 압력을 무시하면(응고계 상률) : $F = n + 1 - P$

② 공정(eutectic) : 2개 성분(成分)의 금속이 용해된 상태에서는 균일한 용액으로 되나 응고 후에는 금속 성분이 각각 결정이 되어 분리되며 전연 고용체를 만들지 않고 기계적으로 혼합된 조직으로 되는 반응을 말하며, 이때의 결정을 공정(eutectic)이라 한다. 액체 ↔ 고체A + 고체B(기계적 혼합)

③ 고용체 : 금속원자가 서로 녹아서 고체를 이룬 것으로서 용매금속의 결정 중에 용질금속의 원자나 분자가 녹아 들어가 응고된 고용체라 한다. 고체A + 고체B ↔ 고체C(기계적 방법 구분 不可)
  ㉠ 침입형 고용체 : Fe-C
  ㉡ 치환형 고용체 : Ag-Cu, Cu-Zn
  ㉢ 규칙격자형 : Ni_3-Fe, Cu_3-Au, Fe_3-Al

④ 포정 : 하나의 고체에 다른 융체가 작용하여 다른 고체를 형성하는 반응을 말하며, 이때의 고체를 포정(peritectic)이라 한다. 고체A + 액체 ↔ 고체B

⑤ 편정 : 일종의 융액에서 고상과 다른 종류의 융액을 동시에 생성하는 반응을 말하며, 이때의 결정을 편정(monotectic)이라 한다. 고체 + 액체A ↔ 액체B

⑥ 공석 : 하나의 고용체로부터 2종의 고체가 일정한 비율로 동시에 석출하는 반응이다. α(페라이트) + Fe_3C(시멘타이트) = $\alpha + Fe_3C$(펄라이트)

⑦ 금속간 화합물 : 2종 이상의 금속 원소가 간단한 원자비로 결합되어 본래의 성분 금속과는 다른 새로운 성질을 가진 물질이 형성되며 그 원자도 규칙적으로 결정 격자점을 보유하는 화합물을 금속간 화합물(예 : Fe_3C, WC, $CuAl_2$)이라 한다.

1-4 금속 가공

(1) 소성 변형

금속에 외력을 가하였다가 외력을 제거하여도 원상태로 되돌아오지 않고 영구변형을 일으키는 것을 말한다.

(2) 단결정과 소성 변형

① 미끄럼(slip) : 재료에 외력이 작용할 때 어떤 방향으로 미끄러져 이동하는 현상
② 쌍정(twin) : 변형 전과 후의 위치가 경계로 하여 대칭의 관계를 가진 원자배열의 결정부분

③ 전위(dislocation) : 금속의 결정격자가 불안전하거나 결함이 있을 때 외력을 작용하면 이곳으로 이동이 생기는 현상

(3) 가공경화

① 재료에 외력을 가하여 변형시키면 굳어지는 현상
② 보통 냉간가공으로 경도가 크고 강해진 현상

(4) 냉간(상온) 가공시 기계적 성질

- 냉간(상온) 가공의 장점 : 제품의 치수 정확, 가공면이 아름답고, 기계적 성질 개선, 강도 및 경도 증가, 연신율 감소
- 냉간(상온) 가공의 단점 : 가공방향으로 섬유조직이 되어 방향에 따라 강도가 다르다.

① 시효 경화(Age hardening) : 냉간 가공시 시간 경과로 경화되는 현상으로 기계적 성질은 변화하나 나중에는 일정한 값을 나타내는 현상으로 황동, 두랄루민, 강철 등이 잘 일어나며, 인공적으로 100~200℃높여 시효경화를 촉진시키는 것을 인공시효라 한다.(100~200℃ 높여준다.)

② 바우싱거 효과 : 동일방향에서의 소성변형에 대하여 전에 받던 방향과 반대의 변형을 부여하면 탄성한도가 낮아지는 현상을 말한다.

③ 회복 : 냉간(상온) 가공에 의해서 내부응력을 일으킨 결정입자가 가열에 의해서 그 모양은 바뀌지 않고 내부응력이 감소하는 현상이다.

④ 재결정 : 가공 경화된 재료를 가열시 결정 핵이 성장하여 전체가 새로운 결정으로 변화

㉠ 가공도 작을수록 크고, 가열시간은 길수록 크고, 가열온도가 높을수록 크다.
㉡ 재결정 온도 : 열간(고온) 가공과 냉간(상온) 가공이 구분되는 온도
- Fe : 350~500℃
- W : 1200℃
- Mo : 900℃
- Ni : 600℃
- Pt : 450℃
- Au, Ag, Cu : 200℃

1-5 철강 재료의 개요

(1) 철강의 분류

① 철강 재료는 일반적으로 순철, 강 주철의 세 종류로 구분한다. 이 중에서 순철은 공업용으로 사용 빈도가 적으며, 탄소가 적당히 함유된 강과 주철이 주로 사용된다.

② 보통 강과 주철은 탄소 함유량으로 구분하는데, 학술상 분류는 강은 아공석강(0.025~0.77%C), 공석강(0.77%C), 과공석강(0.77~2.11%C)으로 되어 있고, 주철은 아공정 주철(2.11~4.3%C), 공정 주철(4.3%C), 과공정 주철(4.3~6.68%C)로 되어 있다.

③ 강을 탄소강과 합금강으로 분류하는 경우도 있는데, 탄소강은 탄소(C) 이외에 규소(Si), 망간(Mn), 인(P), 황(S) 등의 5대 원소가 분순물의 성격으로 약간 포함한 것이고, 합금강은 탄소강에 특수한 성질을 부여하기 위해 니켈(Ni), 크롬(Cr), 망간(Mn), 규소(Si), 몰리브덴(MO), 텅스텐(W), 바나듐(V) 등의 합금 원소를 한 가지 또는 그 이상 첨가한 것이다.

(2) 철강 재료의 5대 원소

C(강에 가장 큰 영향), S < 0.05%, P < 0.04%, Si < 0.1~0.4%, Mn < 0.2~0.8%

(3) 제철법

① 철광석 : 적·자·갈·능철광 → Fe 40~60% 이상
② 선철(pig iron) : 철광석을 용광로에 넣어서 정련하여 만든 철
③ 용제 : 석회석, 형석, 백운석 등이 있으며, 철과 불순물을 분리시킨다.

(4) 제강법

① 평로 제강법 : 바닥이 낮고 넓은 반사로
    ㉠ 산성법 : 규소 내화물(저P, 고Si)
    ㉡ 염기성법 : 돌로마이트 또는 마그네시아(고P, 저Si)
② 전로 제강법 : 노안에 용선 장입 후 공기를 불어넣어 불순물을 산화시켜 제강
    ㉠ 베세머법(산성법) : 규소 내화물(저P, 고Si)
    ㉡ 토머스법(염기성법) : 돌로마이트 또는 마그네시아(고P, 저Si)
③ 전기로 제강법 : 전열을 이용하여 강을 제련한다. 온도조절이 용이, 제품이 고가
    ㉠ 종류 : 아아크식, 유도식, 저항식

> **참고**   **용량** : 1회에 생산되는 용강의 무게

1-6 강괴의 종류 및 특징

(1) 킬드강

완전히 탈산한 강으로 강괴의 중앙 상부에 큰 수축관이 생긴다.

(2) 세미 킬드강

킬드강과 림드강의 중간 정도로 탈산한 강

(3) 림드강

탈산 및 기타 가스 처리가 불충분한 상태의 강으로 주형의 외벽으로 림(rim)을 형성한다.

(4) 캡드강

림드강을 변형시킨 강으로 비등을 억제시켜 림 부분을 얇게 한 강이며 탈산제로 Fe-Si, Al, Fe-Mn 등이 쓰인다.

(5) 강괴의 결함

① 비등작용 : 산소(O_2)와 탄소(C)가 반응한 코발트(Co)의 생성 가스가 대기 중으로 빠져나가는 현상으로 끓는 것처럼 보인다. 림드강에서 발생한다.
② 헤어크랙(Hair Crack) : 수소(H_2)가스에 의해 머리칼 모양으로 미세하게 갈라지는 균열하는 것으로 킬드강에서 발생한다.
③ 백점 : 수소의 압력이나 열응력, 변태응력 등에 의해 생긴 균열이 생긴다. 이 외에 수축관, 수축공, 기포, 편석 등이 있으며 킬드강에서 발생한다.

1-7 순철

(1) 순철의 용도

탄소의 함유량이 0~0.025% 정도이므로 연하고 전연성이 풍부하고, 기계 재료로는 거의 쓰이지 않으나 항장력이 낮고 투자율이 높기 때문에 변압기 및 발전기용 발철판의 전기 재료로 많이 사용된다.

(2) 순철의 변태

① 순철의 변태점에는 동소변태 $A_2(768℃)$, $A_3(910℃)$이고, 자기변태 $A_4(1400℃)$ 점이 있다.
② 순철에는 $α$철, $γ$철, $δ$철의 3개 동소체가 있으며 910℃ 이하에서는 $α$철로 체심입방격자, 910~1400℃에서는 $γ$철로 안정한 면심입방격자로 되며, 1400℃ 이상에서는 $δ$철로 체심입방격자이다.
③ 강은 강자성체이나 가열하면 자성이 점점 약해져서 768℃부근에서는 급격히 상자성체가 되는데 이러한 변태를 자기변태(A_2)라 하고, 앞에서 말한 격자 변화를 동소변태(A_3, A_4)라 한다. 또한 변태가 일어나는 온도를 변태점이라 하다.
④ 동소변태는 원자배열의 변화가 생기므로 상당한 시간을 요한다.
⑤ 자기변태는 원자배열의 변화가 없으므로 가열, 냉각시 온도변화가 없다.

(3) 순철의 성질

① 순철의 종류로는 아암코철, 전해철, 카보닐철 등이 있으며 카보닐철이 가장 순수하다.
② 항자력이 낮고 투자율이 높아 전기재료(변압기, 발전기용 박판)로 사용
③ 단접성, 용접성 양호하나 유동성 및 열처리성 불량
④ 상온에서 전연성 풍부하며 항복점·인장강도 낮고, 연신율·단면수축률·충격값·인성은 높다.
⑤ 순철의 물리적 성질은 비중(7.87), 용융점(1,538℃), 열전도율이 0.18, 인장강도 177~245MPa(18~25N/mm^2), 브리넬경도 586~687MPa(60~70N/mm^2)

1-8 Fe-C계 평형상태도

720℃에서 A_1변태, 768℃에서 A_2변태, 910℃에서 A_3변태, 1400℃에서 A_4변태가 일어난다. A_2변태점 이하의 온도의 것을 α철, A_2변태점에서 A_3변태점까지의 온도의 것을 β철이라 한다. 또 A_3변태점 온도에서 A_4변태점 온도까지의 것을 γ철이라 하고 A_4로부터 용융점에 1536.5℃까지의 것을 δ철이라 한다.

(1) 변태점

① A_0(210℃) : 시멘타이트의 자기 변태점
② A_1(723℃) : 순철에는 없고 강에서만 일어나는 특유한 변태
③ A_2(768℃) : 자기변태(Fe, Ni, Co)
④ A_3(912℃) : 동소변태
⑤ A_4(1,400℃) : 동소변태

(2) 강의 표준조직(Normal Structure)

① α고용체 : Ferrite(강자성체로 극히 연하고 전성과 연성이 크다. H_B=90)
② γ고용체 : Austenite(A_1점에서 안정된 조직으로 상자성체이고 인성이 크다. H_B=155)
③ Fe_3C : Cementite(경도가 높고 취성이 크며 백색으로 상온에서 강자성체. H_B=820)
④ $\alpha + Fe_3C$: Pearlite(오스테나이트가 페라이트와 시멘타이트의 층상으로 된 조직. 강도는 크고 어느 정도 연성이 있다. H_B=225)
⑤ $\gamma + Fe_3C$: Ledeburite(상온에서 불안정하고 Fe_3C는 흑연과 지철(地鐵)로 분해한다.)

(3) 탄소함량에 따른 분류

① 강
  ㉠ 공석강 : 0.77%C(펄라이트)
  ㉡ 아공석강 : 0.025~0.77%C(페라이트+펄라이트)
  ㉢ 과공석강 : 0.77~2.0%C(펄라이트+시멘타이트)
② 주 철
  ㉠ 공정주철 : 4.3%C(레데뷰라이트)
  ㉡ 아공정주철 : 2.0~4.3%C(오스테나이트+레데뷰라이트)
  ㉢ 과공정주철 : 4.3~6.67%C(레데뷰라이트+시멘타이트)
   - 포정점 : 0.18%C, 1,492℃
   - 공석점 : 0.77%C, 723℃
   - 공정점 : 4.3%C, 1,147℃(상온 표준조직 : 퍼얼라이트)

1-9 탄소강의 표준조직

강을 단련하여 불림(normalizing)처리, 즉 표준화 처리한 것을 말하며 조직에는 다음과 같은 용어가 있다.

(1) 오스테나이트(austenite)

γ철에 탄소가 1.7% 이하로 고용된 고용체로서 페라이트보다 굳고 인성이 크다. 그러나 이것은 비자성이다. A_1점(723℃) 이상에서 안정된 조직을 갖는다.

(2) 페라이트(ferrite)

α(BCC)철에 극히 소량(상온에서 0.006%, 721℃에서 최대 0.03%)까지 탄소가 고용된 고용체이며, α고용체라고도 한다. 이것은 극히 연하고 연성이 크나 인장 강도는 작고 상온에서 강자성체이다. 파면의 백색을 띠며 순철의 바탕 조직이다.

(3) 펄라이트(pearlite)

A_1변태점에서 오스테나이트의 분열에 의하여 생기는 것으로 탄소 0.85%C의 함유하며 γ고용체가 723℃에서 분열하여 생긴 페라이트와 시멘타이트의 공석정으로 페라이트와 시멘타이트가 층으로 나타나며 앞에서 설명한 페라이트보다 경도가 크고 강하며 자성이 있다. 탄소강의 기본조직이다.

(4) 시멘타이트(cementite)

시멘타이트는 철(Fe)과 탄소(C)의 화합물인 탄화철(Fe_3C)로서 탄소를 6.68%의 탄소를 함유한 탄화철로 경도와 취성이 커서 잘 부스러지는 성질, 즉 메짐성이 크며 백색이다. 상온에서 강자성체이며, 담금질을 해도 경화되지 않고 화학식으로는 Fe_3C로 표시한다.

(5) 레데부라이트(ledeburite)

γ고용체와 시멘타이트의 공정조직으로 주철에 나타난다.

> **참고** 조직의 경도순서
> 시멘타이트 > 마텐자이트 > 트루스타이트 > 베이나이트 > 솔바이트 > 펄라이트 > 오스테나이트 > 페라이트

1-10 탄소강의 온도에 따른 여러 가지 취성

(1) 청열 취성

강은 온도가 높아지면 전연성이 커지나, 200~300℃에서는 강도는 크지만, 연신율은 대단히 작아져서 결국 메짐성을 증가한다. 이때의 강은 청색의 산화피막을 형성하는데, 이것을 청열 취성(메짐성)이라고 한다.

(2) 적열 취성

강이 900℃ 이상에서 황이나 산소가 철과 화합하여 산화철이나 황화철을 만든다. 황(S)이 많은 강은 고온에 있어서 여린 성질을 나타내는데 이것을 적열 취성이라고 한다.

(3) 상온 취성

인(P)은 강의 결정 입자를 조대화시켜서 강을 여리게 만들며, 특히 상온 또는 그 이하의 저온에 있어서는 특별히 현저해 진다. 인(P)은 상온 메짐성 또는 냉간 메짐성의 원인이 된다.

(4) 고온 취성

강은 구리(Cu)의 함유량이 0.2% 이상(일반적으로 Cu 1.0% 이하)으로 되면 고온에 있어서 현저히 여리게 되며, 결국 고온 메짐성을 일으킨다.

(5) 냉간(저온) 취성

강은 일반적으로 충격값은 100℃ 부근에서 최대이며, 상온 이하에 있어서는 현저히 여리게 된다. 이것을 냉간 메짐성이라고 한다.

1-11 탄소강 중의 타 원소의 영향

(1) 규소(Si)

강의 경도, 탄성 한계, 인장 강도를 증가시키며, 연신율, 충격값, 전성, 가공성은 감소시키고 단접성을 해치고 주조성(유동성)을 좋게 하며 결정입자의 크기를 증대시켜 거칠어진다. 탄소함량은 0.10~0.35%이다.

(2) 망간(Mn)

황과 화합하여 적열취성방지(MnS)하게 되어 황의 해를 제거하며, 고온 가공을 용이하게 한다. 강도, 경도, 인성을 증가시키며, 고온에 있어서는 결정 입자의 성장을 방해한다. 소성을 증가시키고 주조성을 좋게 한다. 담금질 효과를 크게 하며 탈산제로도 사용되며, 강중의 탄소함량은 0.20~0.80%이다.

(3) 인(P)

경도와 강도를 증가시키고, 연신율이 감소하며 가공 시 편석 및 균열을 일으킨다. 상온메짐성의 원인이 된다. 기포가 없는 주물을 만들 수 있고, 절삭성이 좋아진다.

(4) 황(S)

적열 상태에서는 메짐성이 커 적열취성의 원인이 되며, 인장강도, 연신율, 충격값을 감소시킨다. 강의 용접성을 나쁘게 하며, 강의 유동성을 해치고 기포를 발생시킨다. 망간과 화합하여 절삭성이 좋아진다.

(5) 구리(Cu)

인장 강도, 탄성 한도를 증가시키고 내식성을 증가시킨다. 압연시 균열의 원인이 된다.

(6) 가스(O_2, N_2, H_2)

산소는 적열 메짐성의 원인이 되며, 질소는 경도와 강도를 증가시키고, 수소는 백점(flake)이나 헤어 크랙(hair crack)의 원인이 된다.

1-12 탄소강과 그 용도

(1) 0.15%C 이하의 저탄소강

탄소량이 적어 담금질 뜨임에 의한 개선이 어려워 냉간가공을 하여 강도를 높여 사용할 때가 많다. 대상강, 박강판, 강선 등에는 냉간 가공성이 좋으며 규소 함유량이 적은 저탄소강이 사용된다. 보일러용 강판 및 강관은 냉간 가공성, 용접성, 내식성이 좋아야 하므로 저탄소강이 가장 적당하다.

(2) 0.16~0.25%C 탄소강

강도에 대한 요구보다도 절삭 가공성을 중요시하는 것으로 0.15%C 부근의 것은 침탄용강 또는 냉간 가공용 강으로 널리 사용된다. 0.25%C 부근의 것은 볼트, 너트, 핀, 등 용도는 극히 넓다. 엷은 탄소강 관재로는 0.15~0.25%C 정도가 많이 사용된다. 강주물도 이 범위의 탄소량의 것이 주조가 가장 쉽다.

(3) 0.25~0.35%C 탄소강

이 범위의 탄소강은 단조, 주조, 절삭가공, 용접 등 어떠한 경우에도 쉽다. 또한 조질에 의해서 재질을 개선할 수도 있다. 담금질, 뜨임을 실시하면 대단히 강인해 지며 차축기타 일반 기계 부품에서는 압연 또는 단조 후 풀림이나 불림을 행하므로 열간가공에 의해서 조대화 또는 불균일하게 된 결정입자를 균일 미세화해서 그대로 절삭 가공만을 하여 사용한다.

(4) 0.35~0.60%C 탄소강

취성이 있고 담금질성은 크나 담금질 균열이 생기기 쉽다. 열균열이 생기기 쉽고 인성도 불충분하기 때문에 크랭크축, 기어 등에 사용할 때는 설계상 충분히 주의해야 하며, 이 범위의 탄소강은 비교적 용도가 적다.

(5) 0.65%C 이상의 고탄소강

구조용재로서 0.6%C 이상의 고탄소강을 사용하는 일은 거의 없으나 공구강, 핀, 차륜, 레일(rail), 스프링 등과 같은 내마모성, 고항복점을 요구하는 물품에 사용된다.

1-13 탄소함량에 따른 분류

① 가공성만을 요구하는 경우 : 0.05~0.3% C
② 가공성과 강인성을 동시에 요구하는 경우 : 0.3~0.45% C
③ 가공성과 내마모성을 동시에 요구하는 경우 : 0.45~0.65% C
④ 내마모성과 경도를 동시에 요구하는 경우 : 0.65~1.2% C

1-14 주 강

주철은 주물을 만들기 쉽지만 종래의 편상 흑연 주철로는 강도가 부족하고 취성이 있는 결점이 있어 보다 강인한 주물이 필요한 시에 주강 주물이 사용된다.

(1) 주강의 성질

① 주강은 단조강 보다 가공 공정을 줄일 수 있고 균일한 재질을 얻을 수 있다.
② 대량생산에도 적합하다. 하지만 용융점이 높아 주조하기가 힘든 단점이 있다.
③ 수축률은 주철의 2배이며 주조시 응력이 크고 기포가 발생되기 쉽다.
④ 주조시에는 조직이 억세고 메지기 때문에 주조 후 반드시 열처리해야 한다.

(2) 주강의 종류

종류에는 0.3%C 이하의 저탄소 주조강, 0.2~0.5%C의 중탄소강 0.5%C 이상의 고탄소 주강이 있으며, C, Si, Mn의 %는 규정하지 않고 P, S만 규정하고 있다. 또 강도, 내식, 내열, 내마모성 등이 요구되는 경우 Ni, Mn, Cu, Mo 등이 첨가 된 특수 주강을 사용한다.

1-15 강의 열처리

1. 담금질(quenching)

담금질은 강을 강도 및 경도를 증가시킬 목적으로 아공석강인 경우 $A_3+50℃$, 공석강과 과공석강인 경우는 $A_1+50℃$의 높은 온도로 일정 시간 가열한 후 물 또는 기름과 같은 담금질제 중에서 급랭시키는 조작이다. 즉 오스테나이트 조직에서 급랭함에 따라 강의 변태를 정지시키고 마텐자이트 조직을 얻는 방법이다.

제1장 철강재료 및 탄소강

담금질 조직의 경한 순으로 나열하면 다음과 같다.
시멘타이트(HB850) > 마텐자이트(HB650) > 트루스타이트(HB430) > 소르바이트(HB270) > 펄라이트(HB200) > 오스테나이트(HB130) > 페라이트(HB100)

냉각속도가 클수록 오른쪽 조직이 얻어지며, 경도는 이 순서대로 높아지며 냉각방법 다음과 같다.
- 급랭 : 소금물, 물, 기름에서 급속히 냉각
- 노냉 : 노내에서 서서히 냉각
- 공랭 : 공기 중에서 자연냉각
- 항온냉각 : 급랭 후 일정 온도 유지한 다음 냉각

(1) 질량효과(mass effect)

재료를 담금질할 때 질량이 작은 재료는 내·외부에 온도차가 없으나 질량이 큰 재료는 열의 전도에 시간이 길게 소요되어 내·외부에 온도차가 생겨 외부는 경화되어도 내부는 경화되지 않는 현상이다. 질량이 큰 재료일수록 질량효과가 크며 담금질 효과가 감소한다.

2. 뜨임(tempering)

담금질한 강은 경도는 크나 반면 취성을 가지게 되므로 경도는 약간 낮추고 인성을 증가시키기 위해 재가열하여 서냉하는 열처리이며, 불안정한 조직을 안정화하는 것으로 재결정온도 이하에서 행한다. 재결정온도 이상으로 가열 유지시키면 담금질 전의 상태로 되돌아가게 된다.
담금질한 강을 재가열하면 마텐자이트 → 트루스타이트 → 소르바이트 → 펄라이트로 변화한다.

(1) 뜨임 방법

① 저온뜨임 : 주로 150~200℃ 가열 후 공랭시키며 내부응력을 제거하고 경도를 유지하면서 변형 방지, 내마모성 향상과 고속도강, 합금강 등의 잔류 오스테나이트를 안정화시키기 위해서 한다. 주로 절삭공구, 게이지, 공구 등이 뜨임에 사용한다.
② 고온뜨임 : 주로 500~600℃ 가열 후 급랭시키며 뜨임 취성이 발생한다. 솔바이트 조직을 얻기 위해서 강도와 인성이 풍부한 조직으로 만들기 위해서는 고온에서 뜨임을 하는데 이것을 고온뜨임이라 한다. 따라서 구조용 강과 같이 높은 강도와 풍부한 인성이 요구되고 좋은 절삭성이 요구되는 것은 열처리를 한 후 고온뜨임을 하여 사용한다.

③ 뜨임은 담금질 후 뜨임처리를 실시하는데 이와 같이 담금질과 뜨임을 같이 실시하는 조작을 조질이라 하며, 상온가공한 강을 탄성한계를 향상시키기 위해 250~370℃로 가열하는 작업을 블루잉(bluing)이라 한다.

(2) 뜨임 균열

① 발생 원인 : 탈탄층이 있을 때, 급히 가열하였을 때, 급히 냉각하였을 때
② 방지책 : 뜨임 전에 탈탄층을 제거하고, 급가열을 피하며 서냉한다.

3. 불림(normalizing)

불림은 내부응력을 제거하면서 기계적, 물리적 성질을 표준화하는 것으로 단조, 압연 등의 소성가공이나 주조로 거칠어진 조직을 미세화하고, 편석이나 잔류응력을 제거하기 위해 A_3변태점보다 약 30~50℃ 높게 가열하여 대기 중에서 공랭하는 조작을 불림이라 한다.

불림처리한 강의 성질은 결정입자와 조직이 미세하게 되어 경도, 강도가 크게 증가하고 연신율과 인성도 다소 증가한다.

4. 풀림(annealing)

재료를 단조, 주조 및 기계 가공을 하면 조직이 불균일하며 거칠어지고 가공경화나 내부응력이 생기게 되는데 이를 제거하기 위해 변태점 이상의 적당한 온도로 가열하여 서서히 냉각시키는 작업을 풀림이라 한다.

(1) 풀림의 목적

① 기계적 성질 및 피절삭성의 개선이 개선되며 조직이 균일화된다.
② 내부응력 및 재료의 불균일을 제거시킨다.
③ 인성의 증가 및 조직을 개선하고 담금질 효과를 향상시킨다.

(2) 풀림의 종류

① 완전풀림 : 일반적으로 풀림이라면 완전풀림을 말하며, 탄소강을 고온으로 가열하면 결정입자가 커지고, 재질이 약해진다. 이 결점을 제거하기 위하여 A_3~A_1 변태점보다 30~50℃ 높은 온도에서 풀림을 한다.
② 구상화 풀림 : 펄라이트 중에 시멘타이트가 망상으로 존재하면 가공성이 나쁘고 여리고 약해지며 담금질할 때 변형이나 균열이 생기기 쉽다. 이것을 방지하기 위해 AC_3~Acm ±(20~30℃)에서 가열과 냉각을 반복하던가 장시간 가열 후 서냉하여 망상조직을 구상화시킨다. 공구강과 같은 고탄소강은 담금질하기 전에 반드시 시멘타이트를 구상화하여야 한다.

③ 저온풀림 : 응력을 제거하는 목적으로 500~600℃로 가열 후 서냉하는 응력제거풀림이다.

5. 심냉처리(sub zero-treatment)

담금질 후 경도 증가, 시효변형 방지하기 위하여 0℃ 이하의 온도로 냉각하면 잔류 오스테나이트를 마텐자이트로 만드는 처리를 심냉처리라 한다. 특히, 스테인리스강에서의 기계적 성질 개선과 조직 안정화와 게이지강에서의 자연시효 및 경도 증대를 위해 실시한다.

(1) 심냉처리의 목적

　① 공구강의 경도 증대 및 성능이 향상되고 강을 강인하게 만든다.
　② 게이지 등 정밀기계부품의 조직을 안정화시키고, 형상 및 치수의 변형을 방지한다.
　③ 스테인리스강에서의 기계적 성질을 개선시킨다.

6. 항온 열처리(Isothermal Heat Treatment)

변태점 이상으로 가열한 강을 보통의 열처리와 같이 연속적으로 냉각하지 않고 염욕 중에 담금질하여 그 온도로 일정한 시간 동안 항온 유지하였다가 냉각하는 열처리를 항온 열처리라 하다. 담금질과 뜨임을 같이 할 수 있고, 담금질의 균열을 방지할 수 있어 경도와 인성이 동시에 요구되는 공구강, 합금강의 열처리에 사용된다.

(1) 강의 항온냉각변태곡선

강을 오스테나이트 상태에서 A_1점 이하의 항온까지 급랭하여 이 온도에 그대로 항온 유지했을 때 일어나는 변태를 항온변태(isothermaltrans-formation)라 하고, 이 항온변태 및 조직의 변화를 시간에 대하여 그림으로 나타낸 것을 항온변태곡선(time-temperatrue transformation ; TTT curve) 또는 그 모양이 S자이므로 S곡선이라고도 한다. 베이나이트(bainite)는 마텐자이트와 트루스타이트의 중간상태의 조직이다.

(2) 연속냉각변태곡선

강재를 오스테나이트 상태에서 급랭 또는 서냉 할 때의 냉각곡선을 연속냉각변태곡선(continuous cooling transformationcurve ; CCT curve)이라 한다.

(3) 항온 열처리 종류

　① 등온풀림(Isothermal annealing)
　　풀림온도로 가열한 강재를 S곡선의 코(nose) 부근의 온도(600~650℃)에서 항온

변태시킨 후 공랭한다. 공구강, 특수강, 기타 자경성이 강한 특수강의 풀림에 적합하다.

② 항온 담금질(Isothermal quenching)
　㉠ 오스템퍼(austemper) : 오스테나이트 상태에서 Ar'와 Ar"(Ms점) 변태점 사이의 온도에서 염욕에 담금질한 후 과냉한 오스테나이트가 변태 완료할 때까지 항온으로 유지하여 베이나이트를 충분히 석출시킨 후 공랭하는 열처리로서 베이나이트 조직이 되며 뜨임이 필요 없고 담금질 균열이나 변형이 잘 생기지 않는다.
　㉡ 마템퍼(martemper) : 담금질 온도로 가열한 강재를 Ms와 Mf점 사이의 열욕(100~200℃)에 담금질하여 과냉 오스테나이트의 변태가 거의 완료할 때까지 항온 유지한 후에 꺼내어 공랭하는 열처리로서 마텐자이트와 베이나이트의 혼합조직이며, 경도와 인성이 크다.
　㉢ 마퀜칭(marquenching) : 담금질 온도까지 가열된 강을 Ar"(Ms)점보다 다소 높은 온도의 열욕에 담금질한 후 마텐자이트로 변태를 시켜서 담금질 균열과 변형을 방지하는 방법으로 복잡하고, 변형이 많은 강재에 적합하다.
　㉣ MS 퀜칭(MS quenching) : 담금질 온도로 가열한 강재를 MS점보다 약간 낮은 온도의 열욕에 넣어 강의 내외부가 동일 온도로 될 때까지 항온 유지한 후 꺼내어 물 또는 기름 중에 급랭하는 방법이다.
　㉤ 패턴팅 : 패턴팅은 시간 담금질을 응용한 방법이며 피아노선 등을 냉간가공 할 때 이 방법이 쓰인다. 패턴팅은 재료의 조직을 소르바이트 모양의 펄라이트 조직으로 만들어 인장강도를 부여하기 위한 것으로서 냉간가공 전에 한다. 고탄소강의 경우에는 900~950℃의 오스테나이트 조직으로 만든 후 400~550℃의 염욕 속에 넣어 담금질한다.

③ 항온 뜨임(isothermal tempering)
　MS점(약 250℃) 부근의 열욕에 넣어 유지시킨 후 공냉하여 마텐자이트와 베이나이트의 혼합된 조직을 얻는다. 고속도강이나 다이스(dies)강 등의 뜨임에 이용되는 방법으로 뜨임온도로부터 항온 유지시켜 2차 베이나이트가 생기지 않는다.

제 2 장 합 금 강 (특수강)

2-1 강에서 합금원소의 영향

탄소강에서 얻을 수 없는 특별한 성질을 얻기 위해서 양질의 강괴를 선정하여 여기에 탄소 이외의 Mn, Si, Ni, Cr, Mo, V 등의 합금원소를 첨가하면 목적하는 강도가 증가됨에 따라 인성도 좋아져서 경량화에 유리한 특수 재료를 얻을 수 있다. 이러한 강을 합금강 또는 특수강이라 한다. 합금강은 용도에 따라 구조용, 공구용, 특수 용도용으로 구분한다.

(1) 합금강의 목적

① 강의 경화능 증가로 기계적 성질의 향상(강도, 경도, 인성, 내피로성)
② 고온 및 저온에서의 기계적 성질의 저하 방지
③ 높은 뜨임온도에서 강도 및 연성유지
④ 담금질성의 향상
⑤ 단접 및 용접의 용이
⑥ 전자기적 성질의 개선
⑦ 결정 입도의 성장방지

(2) 일반적인 합금 원소의 영향

① 탄소 : 주된 경화 원소
② 유황 : 기계가공성 향상
③ 인 : 기계가공성 향상
④ 망간 : 경도의 증대, 내마멸성 증가, 황의 메짐 방지, 탈황제

⑤ 니켈 : 강인성, 내식성, 내마멸성의 증대, 저온 충격 저항 증가
⑥ 크롬 : 내식성(15%크롬보다 많은 경우), 경도 깊이(15%크롬보다 낮은 경우), 내마모성 증가
⑦ 규소 : 전자기 특성, 내식성, 내열성 우수
⑧ 몰리브덴 : 경도 깊이증가, 고온에서의 강도, 인성 증대, 뜨임 메짐 방지, 텅스텐 효과의 2배
⑨ 바나듐, 티탄, 이리륨 : 입자 미세화, 결정 입자의 조절, 경화성은 증가하나 단독사용 안 됨
⑩ 텅스텐 : 경화능, 고온에 있어서의 경도와 인장 강도 증가
⑪ 실리콘 : 유동성, 탈산제
⑫ 실리콘과 망간 : 작업 경화능력 향상
⑬ 알미늄 : 탈산제
⑭ 붕소(boron) : 경화능력 향상
⑮ 납 : 기계가공성 향상
⑯ 구리 : 공기 중 내산화성 증가
⑰ 코발트 : 고온경도 및 인장 강도 증대, 단독사용 불가
⑱ 티탄 : 입자사이의 부식에 대한 저항을 증가시켜 탄화물을 만들기 쉽다.

(3) 합금원소의 공통된 특성

① P, Si, Mo, Ni, Cr, W, Mn : 페라이트 강화성
② V, Mo, Mn, Cr, Ni, W, Cu, Si : 담금질 효과, 침투성 향상
③ Al, V, Ti, Zr, Mo, Cr, Si, Mn : 오스테나이트 결정 입자의 성장 방지
④ V, Mo, W, Cr, Si, Mn, Ni : 뜨임 저항성 향상
⑤ Ti, V, Cr, Mo, W : 탄화물 생성성 향상

(4) 보통 특수강의 탄소함유량은 0.25~0.55%가 많이 사용되며 다음과 같은 성질의 개선을 위하여 제조한다.

① 기계적 성질의 개선 및 고온에서 저하방지
② 내식성, 내마멸성의 증가
③ 담금질성의 향상과 단조 및 용접의 용이 등이다.

2-2 구조용 합금강

(1) 강인강

탄소강으로 얻기 어려운 강인성을 가져야 하기 때문에 탄소강에 Ni, Cr, Mo, W, V, Ti, Zr, Co, B, Si 등을 적당량 첨가한 것으로서 Ni-Cr강, Ni-Cr-Mo강, Ni-Mo강, Cr강, Cr-Mo강, Mn강(저망간강, 고망간강), 고장력강 등이 있다.

① Ni강(1.5~5% Ni첨가) : 표준상태에서 펄라이트 조직, 질량효과가 적고 자경성, 강인성이 목적
② Cr강(1~2% Cr첨가) : 상온에서 펄라이트 조직, 자경성, 내마모성이 목적
③ Ni-Cr강(SNC)
  ㉠ 수지상 조직이 피기 쉽고 냉각 중 헤어크랙, 백점 등을 발생시키며 뜨임 메짐이 있다.
  ㉡ 강인하고 점성이 크며 담금질성이 높다.
  ㉢ 850℃ 담금질, 550~680℃에서 뜨임하여 소르바이트 조직을 얻는다.
  ㉣ 가장 널리 쓰이는 구조용강으로 Ni강에 Cr 1% 이하의 첨가로 경도 보충한 강
② Ni-Cr-Mo강(SNCM)
  ㉠ Mo첨가로 뜨임 취성이 방지
  ㉡ 고급내연기관의 크랭크축, 기어, 축 등에 쓰인다.
③ Cr-Mo강(SCM)
  ㉠ 펄라이트 조직의 강으로 뜨임 취성이 없고 용접성 우수
  ㉡ 인장강도 충격저항이 증가하고 Ni-Cr강의 대용으로 사용
④ Mn강
  ㉠ 저망간강(듀콜강) : 펄라이트 조직의 Mn 1~2% 함유한 강
  ㉡ 고망간강(하드필드강) : 오스테나이트 조직의 Mn 10~14% 함유한 강. 고온취성이 생기므로 1000~1100℃에서 수중 담금질(수인법)하여 인성을 부여한다.
    ※ 수인법 : 고 Mn강이나 18-8 스테인리스강 등과 같이 첨가 원소량이 많은 것은 변태온도가 있으므로 서냉하여도 오스테나이트 조직으로 된다. 이것은 1,000~1,200℃에서 수중에 급냉시켜 완전히 오스테나이트로 만든 것이 오히려 연하고 인성이 증가되어 가공이 용이한 방법을 말한다.
⑤ 고장력강 : 인장강도 491MPa(50kgf/mm^2) 이상, 항복강도 314MPa(32kgf/mm^2) 이상의 강으로 인장강도 1962MPa(200kgf/mm^2) 이상의 것은 초고장력강이라 한다.
⑥ Cr-Mn-Si강 : 구조용 강으로 값이 싸고 기계적 성질이 좋아 차축 등에 널리 쓰인다. 대표적으로 크로만실이 있다.

(2) 표면 경화강

① 침탄강 : 침탄용강으로는 보통 저탄소강(0.25% 이하)이 사용되나 보다 우수한 성능이 요구될 때는 Ni, Cr, Mo, W, V 등을 함유하는 특수강이 쓰인다.
② 질화강 : 질화강은 Al, Cr, Mo, Ti, V 등의 원소 중에 두가지 이상의 원소를 함유한 것이 사용되고 있는데 최근에는 질화강 중에서 Al 1~2%, Cr 1.5~1.8%, Mo 0.3~0.5%를 함유하는 것이 널리 사용되고 있다.
③ 스프링 강 : 탄성한도, 항복점이 높은 Si-Mn강이 사용되며, 정밀고급품에는 Cr-V 강을 사용한다.

2-3 공구용 합금강

공구란 금속을 가공할 때 절삭, 전단 등에 사용되는 날 류 또는 측정에 사용되는 기구를 말하는 것으로서 공구 재료로서 구비해야 할 조건은 다음과 같다.
① 상온 및 고온 경도가 높을 것
② 내마모성이 클 것
③ 강인성이 있을 것
④ 열처리 및 가공이 용이해야 할 것
⑤ 제조취급이 쉽고 가격이 저렴할 것

따라서 각종 공구 재료로서 사용되는 특수강은 탄소 공구강보다 강도, 인성, 내마모성이 우수해야 한다. 그러므로 공구용 특수강은 높은 탄소 함유량 외에 Cr, W, Mn, Ni, V 등이 하나 이상 첨가되며, 고급 특수강에서는 성질 개선을 위하여 Mo, V, Co 등이 더 첨가된다.

(1) 합금 공구강(STS)

경도를 크게 하고 절삭성을 개선하기 위하여 탄소 공구강에 Cr, W, V, Mo 등을 첨가한 강으로서 바이트(bite), 탭(tap), 드릴(drill), 절단기(cutter), 줄 등에 쓰인다.

(2) 고속도강(SKH)

절삭 공구강의 대표적인 특수강으로서 W, Cr, V 이외의 Co, Mo 등을 다량 함유하고 있는 고 합금강으로 500~600℃까지 가열하여도 뜨임에 의해서 연화되지 않고 고온에서도 경도 감소가 적은 것이 특징이다. 대표적인 것으로는 W 18%, Cr 4%, V 1%를 함유한 18-4-1형이 있다.
① 고속도강의 열처리 : 1250~1350℃에서 담금질하고 550~600℃에서 뜨임하여 2차 경화시킨다. 풀림은 820~860℃에서 행한다.

② 고속도강의 종류
  ㉠ W계 고속도강(SKH2~10) : 18-4-1이 대표적으로 선삭 공구, 센터 드릴 등에 주로 일반 절삭용에 적용
  ㉡ Mo계 고속도강(SKH51~57) : W계에 비해 가격이 싸고, 인성이 높으며 담금질 온도가 낮아 열처리가 용이하다. 인성이 강해 드릴, 엔드밀 등에 주로 사용된다. 일반적으로 사용되는 드릴과 엔드밀은 거의 모두 위의 규격이다.
  ㉢ Co계 고속도강(SKH59) : 고온 경도와 내마모성 증가 등의 성능 개선을 위해 고속도강에 12% 정도의 코발트를 첨가한 고속도강을 말한다.(주로 Mo계 고속도강에 적용) 일반 고속도강의 경우 HRC63~65 정도까지만 경화되지만, 코발트 고속도강은 HRC70 정도까지도 경화가 가능하다. 그러나 취성이 따라서 증가하고 공구 연마가 어려워지므로 취성과 치핑의 영향을 줄이기 위해 67~68HRC까지만 경화시켜 사용하는 것이 일반적이다. 기어 절삭 호브, 난삭재 가공 등에 주로 사용된다.

> **참고** **공구강의 경도순서**
> 탄소공구강 < 합금공구강 < 스텔라이트 < 고속도강 < 초경합금 < 세라믹 < 다이아몬드 < CBN

(3) 주조경질 합금

주조한 강을 연마하여 사용하는 공구 재료로서 충분한 강도를 가지고 있으므로 열처리가 필요 없고 단조가 불가능하다. 대표적인 것으로는 Co를 주성분으로 하는 Co-Cr-W-C계의 스텔라이트(stellite)가 있으며 절삭용 공구, 다이스(dies), 드릴(drill), 의료용 기구, 착암기의 비트(bit) 등에 사용된다.

(4) 소결 초경합금

고속도강보다 더욱 훌륭한 공구 재료로서 Co, W, C 등의 분말형 탄화물을 프레스로 성형하여 소결시킨 것으로 소결 경질 합금이라고도 한다. 상품명으로는 독일의 비디아(Widia), 미국의 카아볼로아(Carboloy), 영국의 미디아(Midia), 일본의 탕갈로이(Tungaloy) 등이 있다. 초경합금은 사용목적, 용도에 따라 재질의 종류와 형상이 다양한데, 절삭공구용 P, M, K종과 내마모성 공구용으로 D종 그리고 광산공구용으로 E종이 있다.

(5) 세라믹공구(Ceramictool)

Al_2O_3외 99% 이상의 분말을 산화물, 탄화물 등을 배합하여 1600℃ 이상에서 소결한 공구로 1000℃ 이상에서 경도를 유지할 수 있다. 하지만, 초경합금보다 취약하고 열충격에 약한 단점이 있다. Al_2O_3-Tic계 세라믹은 이 결점을 개선한 것이다.

2-4 특수용도용 합금강

(1) 쾌삭강

탄소강에 S, Pb, 흑연을 첨가시켜 절삭성을 향상시킨 것을 말하며, S을 0.16% 정도 첨가시킨 황 쾌삭강, 0.10~0.30% 정도의 Pb을 첨가시킨 납 쾌삭강, 탄화물을 흑연화시킨 흑연 쾌삭강이 있다.

(2) 게이지(gauge)강

블록 게이지(block gauge), 와이어 게이지(wire gauge) 등 정밀 기계 기구 등에 사용된다. 조성은 W-Cr-Mn이고 소입 후 장시간 저온뜨임 또는 영하 처리(심냉 처리)한다.
게이지강은 다음과 같은 성질이 필요하다.
① 내마모성이 크고 경도가 높을 것
② 담금질에 의한 변형 및 담금질 균열이 적을 것
③ 오랜 시간 경과하여도 치수의 변화가 적을 것
④ 열팽창계수는 강과 유사하며 내식성이 좋을 것

(3) 스프링용 특수강

보통 냉간 가공의 것과 열간 가공의 것이 있다. 철사, 스프링, 얇은 판스프링 등은 냉간 가공, 판스프링, 코일 스프링은 열간 가공에 속하는데 열간 가공용의 스프링으로서는 0.5~1.0%C의 탄소강 외에 Mn강, Si-Mn강, Si-Cr강, Cr-V강 등의 특수강이 사용된다.

(4) 베어링 강

0.95~1.10%의 고탄소 크롬강이 사용되는데 고급용은 V, Mo 등을 첨가해서 사용된다. 고탄소 크롬강은 내구성이 크고 담금질 후 140~160℃에서 반드시 뜨임한다.

(5) 스테인리스강

Cr, Ni을 다량 첨가하여 내식성을 현저히 향상시킨 강으로서 녹이 슬지 않는다 하여 불수강이라고도 한다. 일반적으로 Cr의 함량이 12% 이상인 강을 스테인리스강이라 하고, 그 이하의 강은 그대로 내식성 강이라 하며, 금속 조직 학상 마텐자이트계와 페라이트계 및 오스테나이트계로 분류되는데 그 대표적인 것은 18-8형 스테인리스강인 오스테나이트계 스테인리스강이다.
18-8스테인리스강이라 함은 그 성분이 18% Cr, 8% Ni인 것으로 그 특징은 다음과 같다.

① 내산 및 내식성이 13% Cr 스테인리스강보다 우수하다.
② 비자성이다.
③ 인성이 좋으므로 가공이 용이하다.
④ 산과 알칼리에 강하다.
⑤ 용접하기 쉽다.
⑥ 탄화물(Cr_4C)이 결정립계에 석출하기 쉽다.(즉, 결정입계부식이 발생하는데 이를 강의 예민화(Sensitize)라 한다.

> **참고** 입계부식방지법
> ① Cr탄화물(Cr_4C)를 오스테나이트 조직 중에 용체화하여 급냉시킨다.
> ② 탄소량을 감소시켜 Cr_4C의 발생억제
> ③ Ti, V, Nb 등을 첨가하여 Cr_4C의 발생억제

(6) 내열강과 내열 합금(STR)

① 공업의 발달에 따라서 기계나 설비의 중요한 부분이 고온을 받아야 할경우가 많다. 따라서 재료도 고온에 견딜 수 있는 것이 요구되는데 그 고온에 견딜 수 있는 내열 재료의 구비 조건은 다음과 같다.
  ㉠ 고온에서 화학적으로 안정해야 한다.
  ㉡ 고온에서 기계적 성질이 우수해야 한다(경도, 크리프한도, 전연성)
  ㉢ 고온에서 조직이 변하지 않아야 한다.
  ㉣ 열팽창 및 열변형이 적어야 한다.
  ㉤ 소성 가공, 절삭 가공, 용접 등이 쉬워야 한다.
② 내열강의 종류에는 Fe-Cr계를 기본으로 하여 이것에 Cr을 비롯한 여러 원소를 첨가한 페라이트계 내열강, 이 중에는 특히 Cr량을 적게 하여 고온취성을 피하고 Si를 첨가하여 내산성의 저하를 보충한 내열강(0.1% C, 6.5% Cr, 2.5% Si), 18-8계 스테인리스강을 주체로 하고 이것에 Ti, Mo, Ta, W등을 첨가하여 만든 오스테나이트계 내열강, 초내열 합금(super heat resisting alloy) 등이 있다.

(7) 전자기용 특수강

① 규소강(Si) : 저 탄소(0.08% 이하)강에 0.5~4.5%의 Si를 첨가한 규소강(silicon steel)은 잔류 자속밀도가 적다. 따라서 히스테리시스 손실이 적으므로 발전기, 전동기, 변압기 등의 철심 재료에 적합하다.
② 자석강 : 강한 영구자석 재료로는 결정입자가 극히 미세하고 결정 입계가 많은 것이 좋다. 잔류 자기와 항자력이 크고, 온도, 진동 등에 의해 자기를 상실하지 않는 것으로 텅스텐, 코발트, 크롬이 함유된 강이다. KS 자석강은 Fe-Co-Cr-W 계 합금이다.

③ 비자성강 : 변압기, 차단기, 반전기의 커버 및 배전판에 자성재를 사용하면 맴돌이 전류가 유도 발생되어 온도가 상승되므로 이것을 피하기 위하여 비자성재료를 사용하는데, Ni의 일부를 Mn으로 대치한 Ni-Mn강 또는 Ni-Cr-Mn강 등이 사용된다.

(8) 불변강

불변강(invariable steel)이라 함은 온도가 변화하더라도 어떤 특정의 성질(열팽창 계수, 탄성 계수 등)이 변화하지 않는 강을 말하며, 그 종류에는 다음과 같은 것들이 있다.

① 인바(invar) : Ni 36%를 함유하는 Fe-Ni 합금으로서 상온에서 열팽창계수가 매우 적고 내식성이 대단히 좋으므로 줄자, 시계의 진자, 바이메탈 등에 쓰인다.

② 초인바(super invar) : 인바아보다도 열팽창계수가 한층 더 작은 Fe-Ni-Co합금이다.

③ 엘린바(elinvar) : 상온에 있어서 실용상 탄성 계수가 거의 변화하지 않는 30% Ni-12% Cr 합금으로 고급 시계, 정밀 저울 등의 스프링 및 기타 정밀 계기의 재료에 적합하다.

④ 플래티나이트(platinite) : Ni 40~50%, 나머지 Fe이고, 전구의 도입선과 같은 유리와 금속의 봉착용으로 쓰이는 Fe-Ni계 합금으로 페르니코(Fe 54%, Ni 28%, Co 18%), 코바르(Fe 54%, Ni 29%, Co 17%)라는 것도 있다.

⑤ 코엘린바(Coelinvar) : Cr 10~11%, Co 26~58%, Ni 10~16% 함유하는 철 합금으로 온도변화에 대한 탄성율의 변화가 극히 적고 공기중이나 수중에서 부식되지 않고, 스프링, 태엽, 기상관측용 기구의 부품에 사용된다.

⑥ 퍼멀로이(permalloy) : Ni 75~80%, Co 0.5% 함유, 약한 자장으로 큰 투자율을 가지므로 해저전선의 장하 코일용으로 사용되고 있다.

제3장 주 철

3-1 주철의 특성

주철은 탄소(C)의 함유량이 2.11~6.68%(보통 2.5~4.5% 정도)인 철(Fe)-탄소(C)의 합금을 말한다. 인장강도가 강에 비하여 작고 메짐성이 크며, 고온에서도 소성변형이 되지 않는 결점이 있으나 주조성이 우수하여 복잡한 형상으로도 쉽게 주조되고 값이 저렴하므로 널리 이용되고 있다.

1. 주철의 특징

주철의 특징은 탄소량 또는 같은 탄소량이라 하더라도 그 때의 성분, 용해(溶解) 조건 등에 따라 달라질 수 있으나 일반적인 주철의 성질은 다음과 같다.

(1) 주철의 장점

① 주조성이 우수하고 복잡한 부품의 성형이 가능하다.
② 가격이 저렴하다.
③ 잘 녹슬지 않고 칠(도색)이 좋다.
④ 마찰저항이 우수하고 절삭가공이 쉽다.
⑤ 압축 강도가 인장강도에 비하여 3~4배정도 좋다.
⑤ 내마모성이 우수하고, 알카리나 물에 대한 내식성(부식)이 우수하다.
⑥ 용융점이 낮고 유동성이 좋다.

(2) 주철의 단점

① 인장강도, 휨 강도가 작고 충격에 대해 약하다.
② 충격값, 연신율이 작고 취성이 크다.

③ 소성가공(고온가공)이 불가능하다.
④ 내열성은 400℃까지는 좋으나 이상온도에서는 나빠진다.
⑤ 산(질산, 염산)에 대한 내식성이 나쁘다.
⑥ 단조, 담금질, 뜨임이 불가능하다.

2. 주철의 조직

(1) 주철 중에 함유되는 탄소량

① 탄소의 상태와 파단면의 색에 따른 분류
  ㉠ 회주철 : 유리탄소 또는 흑연이며, 다른 일부분은 지금 중에 화합 상태로 펄라이트(pearlite) 또는 시멘타이트(cementite)로서 존재하는 화합 탄소(combined carbon)로 되어 있다. 따라서 주철에 함유하는 탄소량은 보통이 2가지 합한 전탄소(total carbon)로 나타낸다. 즉 흑연＋화합탄소＝전탄소이다. 주철은 같은 탄소량이라 하더라도 여러 조건(성분, 용해 조건, 주입 조건) 등에 의하여 흑연과 화합탄소(Fe_3C)의 비율이 뚜렷하게 달라지는데 흑연이 많을 경우에는 그 파면이 흰색을 띠는 회주철(gray cast iron)로 된다.
  ㉡ 백주철 : 흑연의 양이 적고 대부분의 탄소가 화합탄소로 존재할 경우에는 그 파면이 흰색을 띠는 백주철(white cast iron)로 되는 것이다. 일반적으로 주철이라 함은 회주철을 말한다.
  ㉢ 반주철 : 회주철과 백주철의 혼합된 조직으로 되어 있을 경우에는 반주철(mottledcast iron)이라 한다.

② 탄소 함유량에 따른 분류
  ㉠ 아공정 주철 : 2.0~4.3%C이며 조직은 오스테나이트＋레데부라이트이다.
  ㉡ 공정 주철 : 4.3%C이며 조직은 레데부라이트(오스테나이트＋시멘타이트)이다.
  ㉢ 과공정 주철 : 4.3~6.68%C이며 조직은 레데부라이트＋시멘타이트이다.

(2) 마우러의 조직도(Maurer's diagram)

탄소(C)량과 규소(Si)량에 의해 마우러가 주철의 조직도를 만든 것으로 냉각속도에 따른 조직의 변화를 표시한 것으로 규소(Si)는 강력한 흑연화 촉진 요소로 함유량이 많아질수록 회주철화 된다.

3. 주철의 성질

(1) 주철의 주조성

① 주철의 용해온도 : 주철은 보통 큐폴라 또는 전기로 등에서 용해하며 용융점은 대게 1200℃ 정도이다. 용해온도는 약 1400℃~1500℃이다.

② 유동성 : 주철에 Si량이 증가되면 수축이 적어지며 다량 첨가되면 팽창된다. 유동성이란 용융금속이 주형 내로 흘러 들어가는 성질을 말하며 주조성을 이루는 중요한 요인이 된다.

(2) 주철의 성장

주철은 보통 Ar점(723℃) 상하의 고온으로 가열과 냉각을 반복하면 강도나 수명을 저하시키는데 이것을 주철의 성장(growth of cast iron)이라 한다.

① 주철의 성장원인
  ㉠ 펄라이트 조직 중의 Fe_3C분해에 따른 흑연화에 의한 팽창
  ㉡ 페라이트 조직 중의 규소의 산화에 의한 팽창
  ㉢ A_1변태의 반복 과정에서 오는 체적 변화에 따른 미세한 균열이 형성되어 생기는 팽창
  ㉣ 흡수된 가스에 의한 팽창
  ㉤ 불균일한 가열로 생기는 균열에 의한 팽창
  ㉥ 시멘타이트의 흑연화에 의한 팽창

② 주철의 성장 방지법
  ㉠ 흑연의 미세화로 조직을 치밀하게 한다.
  ㉡ C, Si는 적게 하고 Ni첨가
  ㉢ 편상 흑연을 구상화시킨다.
  ㉣ 탄화물 안정원소 망간, 크롬, 몰리브덴, 바나듐 등을 첨가하여 Fe_3C분해 방지

③ 주철의 성장에 도움되는 원소
  규소, 알루미늄, 니켈, 티탄이다. 이중 티탄은 강탈산제이면서 흑연화를 촉진하나 오히려 많이 첨가하면 흑연화를 방해하는 요소가 된다.

④ 주철의 성장에 방해되는 원소
  크롬, 망간, 황, 몰리브덴

(3) 주철에 미치는 원소의 영향

① C : 주철에 가장 큰 영향을 미치며, 탄소함유량이 적으면 백선화 된다. 반대로 증가하면 용융점이 저해되고 주조성이 좋아진다.
② Si : 주철의 질을 연하게 하고 냉각시 수축을 적게 한다. 규소가 많으면 공정점이 저탄소강 쪽으로 이동하며, 흑연화를 촉진시킨다.
③ Mn : 적당한 양의 망간은 강인성과 내열성을 크게 한다.
④ P : 쇳물의 유동성을 좋게 하고, 주물의 수축을 적게 하나 너무 많으면 단단해지고 균열이 생기기 쉽다.
⑤ S : 쇳물의 유동성을 나쁘게 하며 기공이 생기기 쉽고 수축율이 증가한다.

(4) 시즈닝(자연시효)

주철을 급냉하면 서냉시키는 것보다 수축이 크고 수축 응력이 많이 생기므로 주물에 균열이 생긴다. 그러므로 정밀가공을 요하는 주물에는 응력을 제거하여야 하는데 응력을 제거하는 방법이 시즈닝이라 한다. 응력 제거는 주조 후 1년 이상 장시간 자연 중에 방치하는 자연시효와 인공시효가 있다.

자연균열을 일으키는 주된 원인은 상온취성이다.

3-2 주철의 종류

주철의 종류는 분류하는 방법에 따라 여러 가지가 있겠으나 가장 일반적인 방법으로 다음과 같이 나눌 수 있다.

1. 보통주철과 고급주철

(1) 보통주철

① 조직 : 편상 흑연과 페라이트(ferrite)로 되어 있으며, 다소의 펄라이트(pearlite)를 함유하는데 보통 회주철중의 1~3종을 말한다. 그 조성 범위는 (표 3-1)과 같다.(보통주철의 KS규격 : GC)

[표 3-1] 보통주철의 조성(단위 : %)

C	Si	Mn	P	S
3.0~3.6	1.0~2.0	0.5~1.0	0.3~1.0	0.06~0.1

② 성질 : 흑연의 모양, 분포 등에 따라 좌우되나 강인성이 적고 단조가 되지 않으며, 용융점이 낮아 유동성이 좋은 편이므로 기계 구조 부분 등에 사용된다.
  ㉠ 기계적 성질 : 인장강도, 하중, 경도 등으로 표시한다. 회주철의 인장강도는 100~350MPa 이하의 회주철을 보통주철이라 한다.
  ㉡ 내마모성 : Ni, Cr, Mo 등을 알맞게 가하여 기타의 조직을 베이나이트(bainite)로 한 특수주철은 내마모성이 우수, 특히 이를 애시큘러 주철(aciculer carst iron)이라 한다.
  ㉢ 피삭성 : 강에 비해 우수하다.
  ㉣ 내열성 : 주철의 성장현상, 고온산화, 고온 강도 크리프(creep) 열충격 등에 대한 저항성을 정리하여 주철의 내열성이라 한다.
  ㉤ 내식성 : 주철은 대기 또는 물이나 바닷물에 대해서는 내식성이 우수하다. 그러나 알카리(수류)에는 강하게 산(묽은 황산, 질산, 염산)에는 약하다. 이 같은 현

상을 에로젼(errosion)이라 한다. Ni을 다량으로 포함한 주철은 내연과 오스테나이트 조직으로 되고 이것은 내식성, 내열성, 무수하고 비자성체가 된다.

(2) 고급주철

C 2.5~3.2%, Si 1~2%이고 현미경 조직은 펄라이트와 미세한 흑연으로 된 것으로 인장강도 245MPa(25kgf/mm^2)이상인 것을 말한다. 회주철 4~6종이 이에 속한다. 고강도, 내마멸성을 요구하는 기계 부품(피스톤 링)에 많이 사용된다.

2. 특수주철

(1) 합금주철

몇 가지를 들어보면 내열성인 Al주철, 내식성인 Cr주철, 내마모성인 Ni주철과 내마모 주철로서 침상주철, 애시큘러 주철(acicular cast iron)이 있다. 합금 주철에서 가장 많이 사용되는 원소는 대개 7종(Al, Cr, Mo, Ni, Si, B, Cu)인데 그 영향을 보면 대략 다음과 같다.

① Al : 강력한 흑연화 원소의 하나로 Al$_2$O$_3$을 만들어 고온산화 저항성을 향상시키고, 10% 이상 되면 내열성을 증대시킨다.
② Cr : 흑연화를 방지하고 탄화물을 안정시킨다. 탄화물을 안정화시키며, 내식성, 내열성을 증대시고 내부식성이 좋아진다.
③ Mo : 강도, 경도, 내마모성을 증가시키며 0.25%~1.25% 정도 첨가시킨다. 두꺼운 주물(鑄物)의 조직을 균일하게 한다.
④ Ni : 흑연화를 촉진하며, 내열, 내산화성이 증가한다. 내알칼리성을 갖게 하며, 내마모성도 좋아진다.
⑤ Cu : 보통 0.25~2.5% 첨가하면 경도가 증가하고 내마모성이 개선되며, 내식성이 좋아진다.
⑥ Si : 내열성이 좋아진다.
⑦ Ti : 강탈산제이고, 흑연을 미세화 시켜 강도를 높인다.
⑧ V : 흑연을 방지하고 펄라이트를 미세화 시킨다.

(2) 미하나이트 주철(Meehanite cast iron)

미하나이트 주철은 약 3%C, 1.5%Si인 쇳물에 칼슘 실리케이트(Ca-Si)나 페로실리콘(Fe-Si)을 접종시켜 미세한 흑연을 균일하게 분포시킨 펄라이트 주철이다. 이 주철은 주물의 두께 차나 내외에 상관없이 균일한 조직을 얻을 수 있고, 강인하나 칠화 할 위험성이 있다. 인장강도는 255~340MPa이고, 용도는 브레이크 드럼, 크랭크 축, 기어 등에 내마모성이 요구되는 공작기계의 안내면과 강도를 요하는 내연기관의 실린더 등에 사용한다. 접종(inoculation)은 백선화 억제 및 양호한 흑연을 얻기 위하여 첨가물을 용탕 속에 넣는 것이다.

(3) 칠드 주철(Chilled Casting : 냉경 주물)

① 적당한 성분의 주철을 금형이 붙어 있는 사형에 주입해서 응고할 때 필요한 부분만을 급랭시키면 급랭된 부분은 단단하게 되어 연화고 강인한 성질을 갖게 되는 데 이와 같은 조작을 칠(chill)이라고 하며, 칠층의 두께는 10~25mm 정도이다. 이와 같이 해서 만들어진 주물을 냉경주물(chill casting)이라 한다.

② 칠드(chilled) 주철이란 표면은 백주철로 하고, 내부는 연한 회주철로 만든 것으로 압연용 칠드 롤러, 차륜 등과 같은 것에 사용된다.

(4) 구상 흑연 주철

① 주철은 보통 주방 상태에서 흑연이 편상으로 된다. 그러나 특수한 처리(특수 원소 첨가, 열처리)를 하면 흑연이 구상으로 되는데 이것을 구상 흑연 주철이라 하다.

② 인장강도는 주조상태가 370~800MPa, 풀림 상태가 230~480MPa이다.

③ 구상 흑연 주철은 조직에 따라 페라이트형, 펄라이트형, 시멘타이트형을 분류되다. 페라이트형은 그 모양이 마치 황소의 눈과 같다고 하여 소눈 조직(bull's eye structure)이라고 한다.

④ 주철을 구상화하기 위하여 Mg, Ca, Ce 등을 첨가하며, 구상화 촉진원소 Cu > Al > Sn > Zr > B > Sb > Pb > Bi > Te이다.

⑤ 소형자동차의 크랭크축, 캠축, 브레이크드럼 등 재료로 광범위하게 사용된다.

[표 3-2] 구상 흑연 주철의 분류와 성질

명 칭	발 생 원 인	성 질
시멘타이트형 (시멘타이트가 석출)	① Mg의 첨가량이 많을 때 ② C, Si 특히 Si가 적을 때 ③ 냉각 속도가 빠를 때 ④ 접종이 부족할 때	① 경도가 H_B220 이상이 된다. ② 연성이 없다.
펄라이트형 (바탕조직이 펄라이트)	시멘타이트형과 페라이트형의 중간의 발생원인	① 강인하고 인장 강도 400~800 MPa ② 연신율 2% 정도 ③ 경도 $H_B=150$~240
페라이트형 (페라이트가 석출한 것)	① C, Si 특히 Si가 많을 때 ② Mg의 양이 적당할 때 ③ 냉각속도가 느리고 풀림을 했을 때 ④ 접종이 양호한 경우	① 연신율 6~20 ② 경도 $H_B=150$~200 ③ Si가 3% 이상이 되면 여러진다.

(5) 가단주철

가단주철이란 주철의 취약성을 개량하기 위해서 백주철을 열처리하여 제조하기 쉽고 강인성을 부여시킨 주철로서 다음과 같이 분류할 수 있다.

① 백심 가단주철(WMC)

백주철을 철광석 밀 스케일(mill scale)과 같은 산화철과 함께 풀림 상자 안에 넣고 약 950~1000℃로 가열하여 표면에서 상당한 깊이까지 탈탄시킨 것이다. 이로써 표면은 탈탄하여 페라이트로 되어 연하며 내부로 들어갈수록 강인한 조직이 된다.

② 흑심 가단주철(BMC)

저탄소, 저규소의 백주철을 풀림 처리하여 Fe_3C를 분해시켜 흑연을 입상으로 석출시킨 것이다.

㉠ 제1단계 흑연화 : 백주철을 700~950℃로 가열 풀림 처리한다. 기지조직은 펄라이트 조직을 가지는데 이를 불스아이 조직이라 한다.

㉡ 제2단계 흑연화 : 펄라이트 조직 중의 공석 Fe_3C의 분해로 뜨임탄소와 페라이트 조직이 된다.

③ 펄라이트 가단주철(Pearlite) (PMC)

흑심 가단주철의 흑연화를 완전히 하지 않고 제2단의 흑연화를 막기 위하여 제1단의 흑연화가 끝난 후에 약 800℃에서 일정한 시간 동안 유지하고 급랭하면 펄라이트가 남게 되는데 이와 같은 처리를 한 것을 말한다. 가단주철은 그 용도가 많아 자동차 부속품, 방직기 부속품, 캠, 농기구, 기어, 밸브, 공구류, 차량의 프레임 등에 쓰인다.

각 주철의 인장강도 순서는 구상흑연 > 펄라이트가단 > 백심가단 > 흑심가단 > 미하나이트 > 칠드이다.

비철금속재료 제4장

4-1 알루미늄과 그 합금

(1) 알루미늄 합금의 성질

① 마그네슘, 베릴륨 다음으로 가벼운 금속으로 비중이 2.7, 용융점 660℃, 변태점이 없다.
② 열 및 전기의 양도체이다.(구리 다음)
③ 대기 중에서 산소와 화학 작용을 하여 산화알루미늄이라는 얇은 보호 피막을 형성하여 내식성이 우수하고, 전연성이 풍부하며, 400~500℃에서 연신율이 최대이다.
④ 표면이 산화막이 형성되어 있어 내식성이 우수하다. 그러나 유동성이 불량하고, 수축률이 커서 순수 알루미늄은 주조가 불가능하므로 구리, 규소, 마그네슘, 아연 등을 합금하여 기계적 성질을 개선한다.
⑤ 알루미늄 합금의 열처리는 탄소강과는 달리 시효 경화를 이용한다.

> **참고** **시효 경화**란 시간이 경과함에 따라 고용물질이 석출되면서 강도가 증가하는 현상을 말하며 인공적으로 시효 경화를 일으키는 인공 시효와 대기 중에서 진행하는 자연 시효가 있다. 자연 시효를 이용할 경우 열처리 과정을 생략할 수 있어 시간과 경비를 절감할 수 있다.

(2) 알루미늄 합금의 특성과 용도

① 알루미늄 합금은 용접 및 기계적인 조립을 할 수 있다.
② 주조용 합금과 가공용 합금이 있으므로 특성에 맞는 재료를 선택해야 하며, 알루미늄은 비철 공구 재료로써 가장 광범위하게 사용되고 있다.
③ 가공성, 적응성 좋고 무게가 가볍다.
④ 알루미늄은 광범위하게 각종 형상을 만들 수 있다.
⑤ 경도나 안정성을 증가시키기 위한 공정이나 열처리를 병행할 수 있다는 점이다.

⑥ 알루미늄은 보통 필요한 조건에 따라 주문하며 그 후의 처리는 불필요하다. 이는 시간과 경비를 절감하는 것이다.
⑦ 알루미늄은 용접도 할 수 있으며 기계적인 클램핑력에 의해 결합될 수 있다.

(3) 알루미늄의 열처리

Al합금의 대부분은 시효경화성이 있으며 용체화 처리와 뜨임에 의해 경화한다.
① 고용체화 처리 : 완전한 고용체가 되는 온도까지 가열하였다가 급냉해 과포화 상태로 만든 방법
② 시효처리 : 과포화 고용체를 120~200℃로 가열 10~14일간 뜨임해 과포화 성분을 석출시켜 경화시키는 방법
③ 풀림 : 과포화 처리온도와 시효처리온도의 중간 정도로 가열, 잔류응력제거와 연화시키는 방법

> **참고** **석출 경화** : 급냉에 의해 과포화로 고용된 탄화물, 화합물이 그 뒤의 시효에 의해 석출되어 경화하는 현상을 말한다.

(4) 알루미늄의 방식법

알루미늄표면을 적당한 전해액 중에서 양극산화 처리하여 산화물계 피막을 형성시킨 방법이며 수산법, 황산법, 크롬산법 등이 있다.

(5) 알루미늄 합금의 종류

① 가공용 알루미늄 합금

[표 4-1] 가공용 알루미늄 합금

분류	합금계	대표합금	특징	용도
내식용 Al 합금	Al-Mn계	알민(Almin)	Mn 2% 미만 함유	차량, 선반, 창, 송전선
	Al-Mg-Si계	알드레이(Aldrey)	시효경화처리 가능	
	Al-Mg계	하이드로날륨 (hydronalium)	대표적인 내식성합금 비열처리형합금	
고강도 Al 합금	Al-Cu-Mg계	듀랄루민 (dralumin)	Al-Cu-Mg-Mn의 합금으로 시효경화 처리한 대표적인 합금, 이외에도 인장강도 50kgf/mm² 이상의 초듀랄루민이 있다.	항공기, 자동차, 리벳, 기계
	Al-Zn-Mg계	초듀랄루민	Al-Cu-Zn-Mg의 합금으로 인장강도 54kgf/mm² 이상으로 알코아 75S등이 이에 속한다.	

☞ 계속

분류	합금계	대표합금	특징	용도
내열용 Al 합금	Al-Cu-Ni계	Y-합금	Al-Cu-Ni-Mg의 합금으로 대표적인 내열용 합금이다. $Al_5Cu_2Mg_2$가 석출 경화되며 시효 처리한다.	내연 기관의 피스톤, 실린더
	Al-Cu-Ni계	코비탈륨 (cobitalium)	Y-합금의 일종으로 Ti와 Cu를 0.2% 정도씩 첨가	
	Al-Ni-Si계	로우엑스 합금 (Lo-Ex)	Al-Si계에 Cu, Mg, Ni을 첨가한 특수 실루민으로 Na으로 개질처리 한다.	

참고 Al의 내식성을 해치지 않고 강도를 개선하는 요소로는 Mn, Mg, Si 등이 있다.

② 주조용 알루미늄 합금

㉠ Al-Cu계 : 담금질과 시효경화에 의해 강도 증가, 내열성, 연율, 절삭성이 좋으나 고온취성이 크며 수축균열이 있다. 실용합금으로는 4% Cu합금인 알코아 195(Alcoa)가 있다.

㉡ Al-Si계 : 이 합금의 주조조직의 Si는 육각판상의 거친 조직이므로 실용화 할 수 있도록 개량(개질) 처리한다. 대표합금으로 실루민(Silumin) 알펙스(Alpax) 등이 있다.

㉢ Al-Cu-Si계 : Si에 의해 주조성 개선 Cu로 피삭성을 좋게 한 합금으로 대표적인 합금으로 라우탈이 있다.

참고 개량처리(개질처리 : modification) : Si의 거친 육각판상조직을 금속나트륨, 가성소다, 알칼리염 등을 접종시켜 조직을 미세화시키고 강도를 개선하기 위한 처리

㉣ Al-Mg합금 : 내식성이 크고 절삭성도 좋은 합금이지만 용해될 때 용탕 표면에 생기는 산화피막 때문에 주조가 곤란하고 내압 주물로서 부적당하다.

4-2 황동(Brass)

(1) 황동의 성질

① 전기(열)전도도가 Zn 40%까지 감소 그 이상에서는 50%에서 최대이고, 연신율은 Zn 30% 최대이다.
② 주조성, 가공성, 내식성, 기계적 성질이 좋다. 압연과 단조가 가능하다.
③ 인장강도는 Zn 45% 최대가 되며 그 이상에서는 급감한다. 따라서 Zn 50% 이상의 황동은 취약해진다.
④ 경년변화(시효경화) : 황동의 가공재를 상온에서 방치하거나 저온풀림 경화시킨 스프링재가 사용도중 시간의 경과에 따라 경도 등 여러 가지 성질이 악화되는 현

상으로 가공도가 낮을수록 심해진다.
⑤ 화학적 성질
  ㉠ 탈아연 부식(dezincification) : 불순한 물 및 부식성 물질이 녹아있는 수용액의 작용에 의해 황동의 표면에는 내부까지 탈아연 되는 현상으로 방지책은 Zn 30% 이하의 α황동사용, 또는 0.1~0.5%, As, Sb 1%정도의 Sn첨가한다.
  ㉡ 자연 균열(Season Cracking) : 일종의 응력부식균열(stress corrosion cracking)로 잔류 응력에 기인하는 현상으로 방지책은 도료 및 Zn 도금, 180~260℃에서 응력제거 풀림 등으로 잔류응력을 제거된다.
  ㉢ 고온 탈아연(dezincing) : 고온에서 탈아연 되는 현상으로 표면이 깨끗할수록 심하다. 방지책은 표면에 산화물 피막 형성된다.

(2) 황동의 종류
① 단련황동
  ㉠ 톰백(tombac) : 5~20%의 저 아연합금으로 전연성이 좋고 색이 금에 가까우므로 모조금박으로 금대용으로 사용
  ㉡ 7-3황동(cartridage brass) : Cu 70%, Zn 30%의 α+β황동이며 인장강도가 크며 고온가공이 용이하다. 탈아연 부식이 일어나기 쉽다. 열교환기나, 열간 단조용으로 사용된다.
② 주석황동 : 황동에 소량의 Sn을 첨가하면 인장강도, 내식성이 증가하고 연율이 감소하며 황동의 내식성을 개선하기 위하여 1%의 Sn을 첨가하면 탈아연 부식억제, 내식성 증가, 경도 및 강도가 증가한다.
  ㉠ 애드미럴티황동(admiralty brass) : 7-3황동에 1% Sn첨가 관, 판으로 증발기, 열교환기에 사용
  ㉡ 네이벌황동(naval brass) : 6-4황동에 0.75% Sn첨가 파이프, 용접봉, 선박 기계부품으로 사용
  ㉢ 델타메탈(delta metal) : 6-4황동에 1~2% Fe함유 강도, 내식성 증가, 광신기계, 선박, 화학기계용으로 사용된다.
  ㉣ 두라나메탈(durana metal) : 7-3황동에 2% Fe, 그리고 소량의 Sn, Al첨가
③ 연 황동 : 황동에 Pb을 1.5~3.0% 첨가하여 절삭성을 좋게 한다.
④ Al 황동 : 황동에 Al을 1.5~2.0% 첨가하여 결정립자의 미세화, 내식성을 증가한다.
⑤ 철 황동 : 6 : 4황동에 Fe을 1~2% 첨가하여 강도가 크고 내식성을 좋게 한다.
⑥ 양은, 양백(nickel silver 또는 Germem silver) : 7-3황동에 10~20% Ni 첨가하여 전기저항이 높고, 내열, 내식성 우수, Ag대용으로 사용한다. 이 외에도 1.5~2% Al을 첨가한 Al황동(알브렉 : Albrac), 1.5~3% pb을 첨가하여 절삭성을 좋게 한 연황동, 그리고 고강도 황동으로는 6-4 황동에 8% Mn을 첨가한 망간황동이 있다.

4-3 청동(bronze)

넓은 의미에서 황동 이외의 구리합금을 모두 청동이라고 하지만 좁은 의미에선 Cu-Sn 합금을 말한다. Sn이 증가할수록 전기전도율과 비중이 감소된다. Sn 17~20%에서 최대 인장강도 값을 가지며 연율은 Sn 4%에서 최대치가 된다. 부식률은 실용금속 중 가장 낮다.

(1) 청동의 종류 및 용도

① 압연용 청동 : 3.5~7.0% Sn청동으로 단련 및 가공성용이. 화폐, 메달, 선, 봉 등에 사용
② 포금(Gun metal) : 8~12% Sn, 1% Zn첨가, 내해수성이 좋고 수압, 증기압에도 잘 견딘다. 선박용 재료로 사용된다.
③ 화폐용 청동(coining bronze) : 3~10% Sn에 1% Zn첨가 이외에도 미술용 청동과 13~18% Sn을 첨가한 베어링 청동 등이 있다.
④ 베어링용 청동 : Sn 10~14%의 함유로 베어링과 차축에 사용된다.
※ 켈밋(kelmet) : Cu+Pb(30~40%) : 고하중·고속도 운전에 사용된다.

(2) 특수청동

① 인청동(phosphor bronze) : 청동에 탈산제 P를 첨가한 합금으로 경도, 강도 증가하며 내마모성 탄성이 개선된다. 고탄성을 요구하는 판, 선의 가공재로써 내식성, 내마모성이 요구되는 밸브, 베어링, 선박용품, 고급 스프링재료로 사용된다.
② 연청동(lead bronze) : 청동에 3.0~26% pb를 첨가한 것으로, 그 조직 중에 Pb이 거의 고용되지 않고 입계에 점재하여 윤활성이 좋아지므로 베어링, 패킹재료 등에 널리 쓰인다.
③ Al 청동 : 8~12%의 Al을 첨가하여 강도, 경도, 인성, 내마모성, 내식성, 내피로성이 황동, 청동보다 좋지만, 주조성, 가공성, 용접성이 나쁘다.
④ 규소청동 : Cu에 탈탄을 목적으로 Si를 첨가한 청동으로 4.7% Si까지 Cu 중에 고용되어 인장강도를 증가시키고 내식성, 내열성을 좋게 한다.
⑤ 니켈청동 : 니켈청동은 $105Kg/mm^2$의 높은 인장강도와 통신선, 전화선으로 사용되는 Cu-Ni-Si의 콜슨(corson)합금, 뜨임경화성이 큰 쿠니알 청동, 열전대용 및 전기저항선에 사용되는 Cu-Ni 45%의 콘스탄탄이 있다.
⑥ 망간청동 : 전기저항재료로 사용되는 Cu-Mn-Ni의 망가닌(Manganin) 등이 있다. Cu-Cd계 합금은 1%의 Cd 함유 합금으로 큰 인장강도와 우수한 전도도로 송전선, 안테나용으로 쓰인다.
⑦ 베릴륨 청동 : Cu에 2~3%의 Be를 첨가한 시효 경화성 합금으로 구리합금 중 최고 강도(약 $100Kg/mm^2$)를 가진다.

⑧ 오일리스베어링 : 구리, 주석, 흑연의 분말을 혼합시켜 성형한 후 가열하여 소결한 것으로 주유가 곤란한 곳에 사용된다. 큰 하중이나 고속회전에는 부적합하다.
⑨ 양은 : 니켈 15~20%, 아연 20~30%에 구리를 함유한 합금으로 주로 기계부품, 식기, 가구, 온도조절용 바이메탈, 스프링 재료에 쓰인다.

4-4 구리와 그 합금

(1) 구리의 성질

비중이 8.9정도이며, 용융점이 1083℃ 정도이다.
① 전기 및 열전도성이 우수하다.
② 전연성이 좋아 가공이 용이하다.
③ 내식성이 강해 부식이 안 된다.
④ 아름다운 광택과 귀금속적 성질이 우수하다.
⑤ Zn, Sn, Ni, Ag 등과 용이하게 합금을 만든다.

구리는 철과 같은 동소변태가 없고 재결정온도는 약 200℃ 정도이다. 또 상온 중 크리프 현상이 일어난다.

4-5 신소재

1. 형상 기억 합금

형상 기억 합금이란, 문자 그대로 어떠한 모양을 기억할 수 있는 합금을 말한다. 즉, 고온 상태에서 기억한 형상을 언제까지라도 기억하고 있는 것으로, 저온에서 작은 가열만으로도 다른 형상으로 변화시켜 곧 원래의 형상으로 되돌아가는 현상을 형상 기억 효과라 하며, 이 효과를 나타내는 합금을 형상기억 합금(shape memory alloy)이라고 한다. 현재 실용화된 대표적인 형상 기억 합금은 니켈-티탄(Ni-Ti)계, 구리-알루미늄-니켈, 구리-아연-알루미늄 합금의 세 종류이며, 회복력은 $30kgf/cm^2$이고 반복 동작을 많이 하여도 회복 성능이 거의 저하되지 않는다.

① 니켈-티탄(Ni-Ti) 합금 : 내식성 및 내 피로성이 우수하지만, 가격이 비싸고 소성 가공이 어렵다. 센서와 액추에이터를 겸비한 기능재료로 기계, 전기 분야에 널리 사용된다.

② 구리계 합금 : 구리-알루미늄-니켈, 구리-아연-알루미늄 합금으로 니켈-티탄(Ni-Ti) 합금에 비하여 내식성 및 내 피로성이 떨어지지만 가격이 싸고 소성가공이 용이하다. 반복사용하지 않은 이음쇠 등에 이용된다. 특히 Cu-Zn-Al 합금은 결정 입자의 미세화가 곤란하기 때문에 피로회복 특성이 좋지 않다.

③ 형상 기억 합금의 응용분야 : 군사용으로 우주선의 안테나, 전투기의 파이프 이음쇠에 사용되며 일반용으로 기계장치 고정 핀, 냉난방 겸용 에어컨, 커피 메이커에 사용되며 의료용으로는 정형외과, 외과 치과 인플랜트 교정기, 여성의 브래지어 와이어, 안경테 프레임, 전기커넥터 등에 사용된다.

2. 제진 재료

제진 재료란, "두드려도 소리가 나지 않는 재료"라는 뜻으로, 기계 장치나 차량 등에 접착되어 진동과 소음을 제어하기 위한 재료를 말한다.

제진 합금으로는 Mg-Zr, Mn-Cu, Cu-Al-Ni, Ti-Ni, Al-Zn, Fe-Cr-Al 등이 있으며, 내부 마찰이 크므로 고유 진동 계수가 작게 되어 금속음이 발생되지 않는다.

3. 초전도 재료

금속은 전기 저항이 있기 때문에 전류를 흐르면 전류가 소모된다. 보통 금속은 온도가 내려 갈수록 전기저항이 감소하지만, 절대온도 근방으로 냉각하여도 금속 고유의 전기 저항은 남는다. 그러나 초전도 재료는 일정 온도에서 전기 저항이 0이 되는 현상이 나타나는 재료를 말한다.

초전도를 나타내는 재료는 순금속계, 합금계, 세라믹스계로 나눠진다.

[초전도체로 구비해야 하는 조건]
① 초전도 전이온도가 가능한 높고 물리화학적으로 안전할 것
② 요구되는 전자기 특성을 만족할 것
③ 자원이 많고 가공이 쉽고 경제성이 있을 것
④ 독성이 없을 것

(1) 합금계 초전도 재료

① Nb-Zr 합금 : 가공성이 풍부하고 인발가공으로 선재를 만든다.
② Nb-Ti 합금 : 일반적으로 많이 사용되고 있으며, 가격 저렴하고 가공성 및 기계적 성질이 좋고 취급이 용이하다.
③ Nb-Ti심 둘레에 Cu-Ni 합금층 삽입 또는 Nb-Ti-Ta(3원 합금) : 강자성, 초전도 마그네트의 유망한 재료로 사용

(2) 초전도 재료의 응용

초전도 재료의 응용 분야는 전기 저항이 0으로 에너지 손실이 전혀 없으므로 전자석용 선재의 개발 및 초고속 스위칭 시간을 이용한 논리 회로 및 미세한 전자기장 변화도 감지할 수 있는 감지기 및 기억 소자 등에 응용할 수 있다. 또한, 전력 시스템의 초전도화, 핵융합, MHD(magnetic hydrodynamic generator), 자기부상열차, 핵자기 공명 단층 영상 장치, 컴퓨터 및 계측기 등의 여러 분야에 응용할 수 있다.

4-6 합성수지

1. 합성수지의 개요 및 분류

합성수지는 어떤 온도에서 가소성(可塑性)을 가진 성질이란 의미를 나타내는 플라스틱(plastics)이다. 가소성이란 유동체와 탄성체도 아닌 물질로서 인장, 굽힘, 압축 등의 외력을 가하면 어느 정도의 저항력으로 그 형태를 유지하는 성질을 말한다. 합성수지는 천연수지의 대용품으로서 개발된 것으로 석유, 석탄 등에서 얻어지며 특히 원유를 정제할 때의 부산물로 제조한다.

합성수지는 인조수지로서 다음과 같은 공통적인 성질을 나타낸다.
① 가볍고 강하다. 유리섬유 강화 플라스틱, 폴리아세탈, 나일론, 폴리카보네이트 등은 중량당 강도가 강철과 비슷하고, FRP는 강철보다 강력하다.
② 가공성이 크고 성형이 간단하다. 또 철분을 혼합하면 전도성(電導性)이 좋은 플라스틱을 제조할 수 있고, 표면에 쉽게 도금(鍍金)이 될 수 있으므로 내열성과 강도 등을 크게 개선할 수 있다.
③ 전기 절연성이 좋다.
④ 산, 알카리, 유류, 약품 등에 강하다.
⑤ 단단하나 열에는 약하다. 가열하면 연소되어 사용할 수 없고, 열전도율(熱傳導率)이 낮아 부분적으로 과열(過熱)되기 쉬우므로 주의해야 한다.
⑥ 투명한 것이 많으며 착색이 자유롭다.
⑦ 비강도는 비교적 높고, 표면의 강도가 약하다. 표면경도가 가한 것으로서 멜라민수지가 있으나, 그 경도는 금속재료에 미치지 못하며 폴리스티렌, 폴리에틸렌 등 일반용 수지는 표면경도가 크게 낮고 흠이 나기 쉬우므로 주의해야 한다.
⑧ 가격이 저렴하다. 일반적으로 제품의 제조원가는 금속보다 높은 경우도 있으나, 비중(比重)이 낮고 대량생산이 가능하므로 가격이 저렴하다.

2. 합성수지의 종류 및 특징

합성수지는 가열하면서 가압 및 성형하여 굳어지면 다시 가열해도 연화하거나 용융되지 않고 연소하는 열경화성수지와, 성형 후에도 가열하면 연화 및 용융되었다가 냉각하면 다시 굳어지는 성질을 가진 열가소성 수지로 분류된다. 열경화성 수지에는 페놀계 수지, 요소 수지, 멜라민 수지, 실리콘 수지, 푸란 수지, 폴리에스테르 수지 및 에폭시 수지 등이 있고 열가소성 수지에는 스티렌 수지, 염화비닐 수지, 폴리에틸렌 수지, 초산비닐 수지, 아크릴 수지, 폴리아미드 수지, 불소 수지 및 쿠마론인덴 수지 등이 있다. 원료별로 분류하면 석탄에서는 아세틸렌계의 염화 및 초산비닐, 석회질소계의 멜라민 수지, 코크스계의 요소수지, 콜타르계의 페놀 수지, 폴리아미드 등이 있고, 석유에서는 에틸렌계의 폴리에틸렌, 폴리스티렌, 염화비닐리덴, 프로필렌계의 아크릴수지 등이 있으며 목재에서는 질산 및 초산셀룰로즈가 있다.

열경화성(熱硬化性) 수지는 기계적 강도가 크고, 내열성(耐熱性)이 좋아서 기계재료 및 치공구재료로서 기어, 베어링 케이스, 핸들, 소형기구의 프레임 등에 쓰인다.

[표 4-2] 합성수지의 특징 및 용도

	종류	특징	용도
열경화성수지	페놀수지	경질, 내열성	전기 기구, 식기, 판재, 무음기어
	요소수지	착색 자유, 광택이 있음	건축 재료, 문방구 일반, 성형품
	멜라민수지	내수성, 내열성	테이블판 가공
	규소수지	전기 절연성, 내열성, 내한성	전기 절연재료, 도표, 그리스
열가소성수지	스티렌수지	성형이 용이함, 투명도가 큼	고주파 절연재료, 잡화
	염화비닐	가공이 용이함	관, 판재, 마루, 건축재료
	폴리에틸렌	유연성 있음	판, 피름
	초산비닐	접착성이 좋음	접착제, 껌
	아크릴수지	강도가 큼, 투명도가 특히 좋음	방풍, 광학 렌즈

(1) 에폭시(Epoxy resin : EP) 및 플라스틱

수지의 특성은 가볍고 가공이 쉬우며 내식성이 우수한 장점을 갖고 있으나 열에 매우 약하며 강도가 부족한 것이 일반적인 단점이다. 그러나 최근에는 탄소계 수지 등 재질에 따라 강도, 인성, 내열성 등이 충분한 것도 많이 개발되어 그 상용 가치는 대단히 크게 향상되었다. 특히 플라스틱은 고분자재료로서 가볍고 내식성, 내마멸성, 내충격성이 좋은 반면에 내열성이 나쁘고 무른 것이 흠이다. 이러한 단점을 보안한 강화 플라스틱이 기계재료로 쓰이는데, F.R.P.(glass fiber reinforced plastics)로서 강도가 높아 이용가치가 크다.

섬유강화플라스틱(fiber reinforced plastics)이란? 섬유 같은 강화재로 복합시켜, 기계적 강도와 내열성을 좋게 한 플라스틱

(2) 페놀수지(Phenol Formaldehyde : PF)

페놀, 크레졸 등과 포르말린을 반응시켜 제조한 것으로서 베이클라이트라는 상품명으로 널리 사용된다. 수지에 나무조각, 솜, 석면 등을 혼합하여 전기기구, 가정용품 등으로 제조하여 활용한다. 액체상태로는 페인트, 접착제로도 쓰이며 기계적 성질이 우수하고 가격이 싸며 전기절연성, 내후성도 좋다. 0℃ 이하에서는 파괴되고, 60℃ 이상에서는 강도가 저하되며, 갈색이므로 착색성은 보통이고, 성형가공성도 일반적이다. 주요용도는 전기절연체, 전화기, 핸들, 가재도구, 기어, 프로펠러, 선체부품, 장식품대, 라디오상자, 광고간판 등에 사용되며 접착제, 포장재, 단연재로도 쓰인다.

(3) 요소(우레아)수지(Urea Formaldehyde : UF)

요소와 포름알데히드와의 축합에 의해 얻어지는 플라스틱으로 원래는 무색 투명하다. 강도, 내수, 내열성 및 전기절연성은 다소 떨어지나 가공성 및 아름답게 착색할 수 있기 때문에 착색 성형품이 많다. 우레아수지도 전기관계에 사용되지만 그 외에 철기 손잡이 등 일용 잡화품에도 많이 사용하고 있다.
무색이므로 착색이 자유로우나 열탕에 접하면 광택이 감소되고 균열이 생기기 쉬우며, 100℃ 이하에서는 연속사용도 가능하다.

(4) 멜라민수지(Melamine Formaldehyde : MF)

무색의 가벼운 침상결정체로서 요소수지보다 강도, 내수성, 내열성이 우수하다. 딱딱하고 물, 기름, 약품에 강하고, 또 열에도 강하다. 위생적이고 착색광택도 좋아서 고급 식기류로 사용하고 있다. 포르말린, 석탄산, 요소 등과 합성하여 각종 성형품(일용품, 식기, 전기기기부품, 라디오상자, 천장재료, 실내장식용), 접착제, 페인트, 섬유제조 등에 사용된다. 150℃에도 잘 견딘다. 결점으로는 약간 가격이 비싸다는 것이다.

(5) 실리콘수지(Silicone Formaldehyde : SF)

수지상, 고무상, 유상, 그리스상 등이 있으며 내열, 내수성이 우수하고 전기절연성도 좋다. 150~177℃에서 장시간 사용 가능하고, 그 이상의 온도에서도 쓰이며, 기계가공성도 우수하다. 농기구, 가구, 전기절연체, 섬유물 등의 방수제로 쓰이며, 내열 및 방처도료, 접착제, 전기절연체, 탄성체 등의 제품으로 생산된다. 실리콘오일계는 절연유, 윤활유 등으로 사용되고 있다.

(6) 푸란수지(Furan Formaldehyde : FF)

130~170℃에 견디고 내약품, 내알칼리성, 접착성 등이 우수하여 저장탱크, 화학장치, 화학약품, 부식성 가스 등에 접하는 부분의 보호 및 도장에 쓰인다. 석재, 목재, 콘크리트 등에 침투시켜 기계적 강도, 내식성을 증가시키기도 한다.

(7) 아크릴수지(Acrylic : Poly(Metly) Methacrylate : PMMA)

아크릴(Acrylic)수지는 투명성이 우수하고, 탄성이 크면 햇볕에 변색되지 않으므로 안전유리의 중간층 재료, 케이블의 피복재료, 도료 등에 쓰인다. 벤젠, 아세톤, 유기산 등에는 녹으나 알콜, 물, 사연화탄소, 식물유에는 녹지 않는다.

광학특성이 우수하여 렌즈제조에도 사용되며 각종 장식품, 식기류, 밸브, 테이블 항공기 방풍유리, 치과재료, 시계부속품, 도료 등에 사용된다. 주로 판재, 조명기구, 렌즈(Lens) 등 고급부품에 사용된다. 아크릴수지는 흡습성이 있으므로 성형할 때는 수분을 충분히 건조시키는데, 일반적으로 80~100℃의 열풍(熱風)으로 2~3시간 정도 하면 된다.

(8) 폴리에스테르수지(Polyethylene resins)

유리섬유를 넣어 섬유보강 플라스틱으로 제조하여 가볍고 큰강도를 용하는 항공기, 선박, 차량 등의 구조재로 쓰이며, 100~150℃에서 사용한계이고 -90℃에서도 견딘다. 알칼리나 산에 침식되나, 내후성이 우수하여 건축내장재나 벽재료로 쓰이고 액상수지는 도료로도 사용된다.

(9) 폴리염화비닐수지(Polyvinyl chioride resins : PVC)

석회석, 석탄, 소금 등을 원료로 하므로 원자재가 풍부하며 내산, 내알카리성이 우수하다. 황산, 염산, 수산화나트륨 등의 약품이나 바닷물에 용해하거나 부식되지 않으며 기름, 흙속에 묻혀도 침식되지 않는다. 전기, 열의 불량도체이므로 전선관이나 수도관제조에 적합하고 제품의 내외면이 매끄러우므로 마찰계수가 적다. 비중 1.4로서 가벼우며, 부서지지 않고, 가공이 쉬우나 열에 약하다. -20℃ 이하에서는 취약하고 80℃에서 연화된다. 연질제품은 커튼, 포장재, 모사, 전기피복, 가스관 등으로 제조하며 경질제품은 판재, 상하수도관, 전선배선과, 레코드판 등에 사용된다.

(10) 폴리에틸렌수지(Polyethylene resins)

무색투명하고 내수성, 전기절연서, 내산, 내알칼리성이 우수하다. 120~180℃에서 사출성형이 용이하고 염화비닐보다 가볍고 -60℃에서 경화되지 않는다. 충격에도 잘견디며 내화성도 우수하여 석유상자, 브러쉬, 장난감, 농공용배관, 수도관, 전선피복재, 필름(비닐하수우스용) 등으로 제조 사용한다.

(11) 초산비닐수지(Polyvinyl acetate resins)

상온에서 고무와 비슷한 탄성을 나타내며 무취, 무색, 무미, 무독하고 접착성, 투명성이 있어 접착제, 도료, 성형재, 껌원료 등에 쓰인다. 생산품은 레코드판, 레인코트, 에어프론, 밴드, 전기기구, 타일, 필름, 식탁용커버, 합성섬유원료 등이 있다.

컴/퓨/터/응/용/선/반/기/능/사

제 2 편
기계요소

제 1 장 기계설계의 기초
제 2 장 결합용 기계요소
제 3 장 축 계 기계요소
제 4 장 전동용 기계요소
제 5 장 제동용 기계요소

제 1 장 기계설계의 기초

1-1 기계요소의 종류

① 체결용 기계요소 : 나사, 키, 핀, 코터, 리벳, 용접 수축확대 및 테이퍼이음
② 축계 기계요소 : 축, 축이음 및 베어링
③ 완충 및 제동용 기계요소 : 브레이크, 스프링 및 플라이휠 등
④ 전동용 기계요소 : 벨트, 로프, 체인, 링크 마찰차 및 캠 기어 등
⑤ 관용 기계요소 : 압력용기, 파이프, 파이프이음, 밸브와 콕 등

1-2 기계설계에 사용되는 SI 단위

(1) 힘(force)

① 1[N] : 질량 1kg의 물체에 $1 m/s^2$의 가속도를 주는 힘을 뉴턴(newton : N)이라고 한다. SI 단위에서 kg는 질량의 단위이고, 중량 또는 힘의 단위는 아니다. 힘은 뉴턴의 제2법칙에 의하여 힘=질량×가속도이다.

$1[N](뉴턴) = 1[kg] \times 1[m/s^2] = 1[kg \cdot m/s^2]$
$1[kN](킬로뉴턴) = 10^3[N] = 101.9716[kgf] ≒ 102[kgf]$
$1[MN](메가뉴턴) = 10^6[N] ≒ 102 \times 10^3[kgf] ≒ 1.02 \times 10^5[kgf]$

② 1[kgf] : 중력 단위의 힘의 단위로서 질량 1kg의 물체에 작용하는 중력, 즉 질량 1kg의 물체 무게를 의미한다. SI단위와 중력 단위의 관계는 다음과 같다.

$$1[kgf](킬로그램힘) = 9.80665[kg \cdot m/s^2] = 9.80665[N] ≒ 9.81[N]$$

(2) 압력 또는 응력(pressure or stress)

압력과 응력은 단위면적당 작용하는 힘을 나타내며 단위가 같다. 힘을 받는 면이 유체일 때에는 압력이라 하고, 힘을 받는 면이 고체일 때에는 응력이라 한다.
[식] 응력＝힘/면적으로부터 다음의 관계식을 얻는다.

$$1[Pa](Pascal, 파스칼) = 1[N/m^2]$$
$$1[kgf/cm^2] = 9.80665[N/m^2] = 0.0980665[N/mm^2] ≒ 9.8 \times 10^4[N/m^2]$$
$$= 9.8 \times 10^4[Pa] = 0.098[MPa]$$

SI에서는 응력의 단위는 [Pa] 또는 [N/m²]의 어느 것으로 표시해도 좋으나 보통의 경우 응력 및 탄성계수는 각각 [MPa] 및 [GPa]로 표시하는 것이 바람직하다.

(3) 일 또는 모멘트

일이란 힘이 작용하여 움직인 거리이며, 힘과 거리의 곱으로 나타내고, 모멘트의 단위와 같다.

$$1[J](Joule, 주울) = 1[N \cdot m]$$
$$1[kgf \cdot m] = 9.80665[N \cdot m] ≒ 9.8[J]$$

(4) 각속도 및 원주 속도

① 각속도 $\omega[rad/s]$와 회전수 $n[rpm]$은 다음의 관계가 있다.

$$\omega[rad/s] = \frac{2\pi n[rpm]}{60}$$

② 원주 속도는 단위 시간당 움직인 변위이다. 원운동을 하는 물체의 원주 속도는 반지름과 각속도의 곱으로 주어지며, 관계식이 자주 쓰인다.

$$v[m/s] = r[m] \cdot \omega[rad/s] = \frac{D[mm]}{2 \times 1000} \cdot \frac{2\pi n[rpm]}{60}$$

(5) 일률(공률) 또는 동력(power)

일률이란 단위시간당 한 일의 양을 말한다.

$$1[w](watt) = 1[J/s] = 1[N \cdot m/s] = 1[Amp \cdot Volt] \text{ 또는}$$
$$1[W] = 0.102[kgf \cdot m/s]$$

위 식에서 동력을 [kW]단위로 나타내며 다음과 같다.

$$1[kW] = 102[kgf \cdot m/s]$$

또한 동력의 단위로 [PS](마력)은 다음과 같이 정의하다. 여기서 쓰이는 마력은 프랑스에서 쓰이는 것을 의미하며, 영국에서 쓰이는 마력[HP]과 구분하여 표기하기로 한다.

(프랑스 마력) $1[PS] = 75[kgf \cdot m/s] = 75 \times 9.80665 ≒ 735.5[W]$

(영 국 마력) $1[HP] = 550[ft \cdot lb/s] = 746[W]$이다.

① 동력을 힘×속도로 표시할 때 쓰는 식

와트[W]의 정의로부터 다음 식을 얻을 수 있다.

$$H[kW] = \frac{P[N] \cdot v[m/s]}{1000} = \frac{(9.81 \times P[kgf]) \cdot v[m/s]}{1000}$$

$$≒ \frac{P[kgf] \cdot v[m/s]}{102}$$

② 동력을 토크×각속도로 표시할 때 쓰이는 식

속도는 $v = \omega \times r$로 표시되므로 다음의 관계가 성립한다.

$$P \cdot v = P \cdot (r \cdot \omega) = T \cdot \omega$$

$$H[kW] = \frac{P[N] \cdot w[rad/s]}{1000} = \frac{T[N \cdot m] \cdot \left(\frac{2\pi}{60} N[rpm]\right)}{1000}$$

$$≒ \frac{T[N \cdot m] \cdot N[rpm]}{9550}$$

1-3 하 중

물체의 상태나 모양의 변화를 일으키는 외부에서 가해진 힘

(1) 힘의 작용 상태에 따른 하중

① 인장하중(Tensile Load) : 재료를 잡아당겨 늘어나게 하려는 하중
② 압축하중(Compressive Load) : 재료를 누르는 하중
③ 전단하중(Shearing Load) : 재료를 자르려는 것과 같은 하중
④ 휨(굽힘)하중(Bending Load) : 재료를 구부려서 휘게 하려는 형태의 하중
⑤ 비틀림하중(Torsional Load) : 재료를 비틀어지도록 하는 형태의 하중
⑥ 좌굴하중(buckling load) : 재료가 좌굴을 일으키기 시작한 한계의 압력

그림 1-1 하중의 종류

(2) 하중이 걸리는 속도에 의한 분류

① 정하중 : 일정한 크기의 힘이 가해진 상태에서 정지하고 있는 하중 또는 일정한 속도로 매우 느리게 가해지는 하중
② 동하중 : 하중이 가해지는 속도가 빠르고 시간에 따라 크기와 방향이 바뀌거나 작용하는 점이 변하는 하중. 반복하중, 교번하중, 충격하중, 이동하중 등
  ㉠ 반복하중 : 방향이 변하지 않고 계속하여 반복 작용하는 하중으로 진폭은 일정, 주기는 규칙적인 하중으로 차축을 지지하는 압축 스프링에 작용하는 것과 같은 하중
  ㉡ 교번하중 : 하중의 크기와 방향이 충격 없이 주기적으로 변화하는 하중으로, 피스톤 로드와 같이 인장과 압축을 교대로 반복하는 하중
  ㉢ 충격하중 : 비교적 단시간에 충격적으로 작용하는 하중으로, 못을 박을 때와 같이 순간적으로 작용하는 하중
  ㉣ 이동하중 : 물체 위를 이동하며 작용하는 하중

(3) 힘의 분포 상태에 따른 하중

① 집중하중 : 재료의 한 점에 집중하여 작용하는 하중
② 분포하중 : 재료의 어느 범위 내에 분포되어 작용하는 하중으로 분포 상태에 따라 균일 분포 하중과 불균일 분포 하중이 있다.

그림 1-2 분포하중의 종류

1-4 응력(Stress)

물체에 하중 작용 시 내부에서 하중에 대응하여 나타나는 저항력, 단위 단면적에 대한 힘의 크기로 나타낸다. 단위는 N/mm², MN/m², MPa 또는 N/cm²이다.

(1) 수직응력(normal stress)

재료에 작용하는 응력이 단면에 직각방향으로 작용할 때의 응력이다.

① 인장응력(σ_t) : $\sigma_t = \dfrac{P}{A}$ [N/cm², N/mm²]

② 압축응력(σ_c) : $\sigma_c = \dfrac{P}{A}$ [N/cm², N/mm²]

(2) 전단응력 또는 접선응력(Shearing Stress)

재료의 단면에 평행하게 재료를 전단하려고 하는 방향으로 작용하는 외력을 전단하중이라고 하며, 이에 대하여 응력이 평행하게 발생하는 것을 전단응력이라 한다.

전단응력(τ) : $\tau = \dfrac{P}{A}$ [N/cm², N/mm²]

1-5 변형률(Strain)

재료에 하중을 가하면 그 내부에서는 응력이 발생함과 동시에 변형을 일으킨다. 이 때 변형량을 원래의 길이로 나눈 것을 변형률이라 한다.

(1) 세로변형률

$$\varepsilon = \frac{l' - l}{l} = \frac{\lambda}{l}$$

(2) 가로변형률

$$\varepsilon' = \frac{d' - d}{d} = \frac{\delta}{d}$$

(3) 전단변형률

$$\gamma = \frac{\lambda_s}{l} = \tan\phi \fallingdotseq \phi [\text{rad}]$$

1-6 훅의 법칙과 푸와송의 비

(1) 훅의 법칙(Hook's Law)

① 세로 탄성률

$$E = \frac{\sigma}{\varepsilon} [N/cm^2] \text{ 또는 } \sigma = E\varepsilon \quad \text{강의 영률}(E) \text{는 } 2.1 \times 10^6 [N/cm^2] \text{이다.}$$

$$\sigma = \frac{P}{A}, \quad \varepsilon = \frac{\lambda}{l} \text{ 이므로 } E = \frac{\sigma}{\varepsilon} = \frac{Pl}{A\lambda} [N/cm^2]$$

② 가로 탄성률

$$\tau = \frac{P}{A}, \quad \gamma = \frac{\lambda_s}{l} = \psi \text{ 이므로 } G = \frac{\tau}{\gamma} = \frac{Pl}{A\lambda_s} = \frac{P}{A\psi}, \quad \lambda_s = \frac{Pl}{AG} = \frac{\tau l}{G}$$

(2) 푸와송의 비

$$\frac{1}{m} = \frac{\text{가로변형률}}{\text{세로변형률}} = \frac{\varepsilon'}{\varepsilon} = \frac{\delta l}{\lambda d}$$

여기서 $\frac{1}{m}$의 역수 m은 푸와송의 수(Poisson's number)라 한다.

(3) 훅(Hooke)의 법칙

$$\sigma = E\varepsilon = \frac{W}{A} = E\frac{\lambda}{l} \qquad \therefore \lambda = \frac{Wl}{AE} [cm]$$

1-7 허용응력과 안전율

(1) 설계응력

$$\text{설계응력}(\sigma_d) \leq \text{허용응력}(\sigma_a) = \frac{\text{기준강도}(\sigma)}{\text{안전율}(S)}$$

(2) 사용응력과 허용응력

① 사용응력(Working Stress, σ_w) : 기계나 구조물에 일상적으로 가해지는 하중에 의하여 생기는 응력.

② 허용응력(Allowable Stress, σ_a) : 사용응력에 대하여 안전성을 생각하여 재료에 허용되는 최대 응력.

$$\text{사용응력}(\sigma_w) \leq \text{허용응력}(\sigma_a)$$

(3) 안전율(Safety Factor)

재료의 허용응력은 탄성한도를 기준으로 정하지만 탄성한도의 범위를 쉽게 구하기가 어려우므로, 쉽게 구할 수 있는 극한강도를 기준으로 하여 결정한다. 극한강도를 허용응력으로 나눈 값을 안전율이라 한다. 안전율은 1.5~15정도의 값을 선택한다.

$$\text{안전율} = \frac{\text{극한강도}}{\text{허용응력}} = \frac{\text{인장 또는 기준강도}}{\text{허용응력}} = \frac{\text{파괴강도}}{\text{허용응력}}$$

극한강도(σ_u) > 허용응력$(\sigma_a) \geqq$ 사용응력(σ_w)가 되고 S는 항상 1보다 큰 값이 된다.

(4) 응력집중

$$\alpha_K = \frac{\sigma_{max}}{\sigma_n}, \quad \alpha_K = \frac{\tau_{max}}{\tau_n}$$

노치가 없는 경우   노치주위의 응력분포

그림 1-3 응력집중

(5) 열응력(Thermal Stress)

$$\sigma = E\varepsilon = E\frac{\lambda}{l}$$

$$\therefore \sigma = E\alpha \Delta t = E\alpha(t_2 - t_1)$$

결합용 기계요소

제 2 장

2-1 나 사

1. 나사의 개요

그림 2-1 나 사 그림 2-2 나사의 명칭

① 바깥지름 : 수나사의 산봉우리에 접하는 가상적인 원통 또는 원뿔의 지름. 수나사의 크기는 바깥지름으로 나타내고 암나사는 이것에 끼워지는 수나사의 바깥지름으로 나타낸다.
② 골지름 : 수나사의 골 밑에 접하는 가상적인 원통 또는 원뿔의 지름. 수나사는 최소, 암나사는 최대지름이다.
③ 유효지름(피치지름) : 나사 홈의 너비가 나사산의 너비와 같은 가상적인 원통 또는 원뿔의 지름이다. $d_2 = \dfrac{d+d_1}{2}$

④ 나사각 : 나사의 축선을 포함한 단면형에 있어서 측정한 인접된 2개의 플랭크가 이루는 각
⑤ 산 높이 : 골 밑에서 산의 끝까지를 축선에 직각으로 측정한 거리
⑥ 호칭지름 : 나사의 치수를 대표하는 지름으로, 수나사의 바깥지름에 대한 기준치수가 사용
⑦ 산수 : 인치나사에서 1인치를 피치로 나눈 값
⑧ 피치(pitch) : 나사의 축선을 포함하는 단면에서 서로 이웃한 나사산에 대응하는 2점 사이의 축선 방향의 거리이다.
⑨ 리드(lead) : 나사산이 원통을 한 바퀴 회전하여 축 방향으로 나아가는 거리

> **참고** 리드와 피치 사이의 관계
> $l = np$ l : 리드[mm], n : 줄 수, p : 피치[mm]

⑩ 리드각 : 직각삼각형에 감은 종이의 경사각 α로서 나사의 골지름, 유효지름, 바깥지름에서 각각 다르고 골지름이 가장 크다. $\alpha = \tan^{-1}\dfrac{l}{\pi d}$
⑪ 비틀림각(β) : 나사의 나사곡선과 그 위의 1점을 통과하는 나사의 축에 평행한 직선과의 맺는 각 $\alpha + \gamma = 90°$
⑫ 나사의 유효 단면적 : 나사의 유효지름과 수나사의 골지름 간의 평균값을 지름으로 하는 원통의 단면적 $A = \dfrac{\pi}{4}\dfrac{(유효지름 + 수나사골지름)^2}{2}$
⑬ 완전 나사부 : 산끝과 골 밑이 양쪽 모두 같이 산 모양을 가진 나사 부분
⑭ 불완전 나사부 : 나사공구 모떼기부 또는 나사산이 완전히 만들어지지 않는 부분
⑮ 유효 나사부 : 산끝과 골 밑이 규정 나사산에 가까운 모양을 갖는 나사부로부터 나사의 한 끝에 있어서 면을 잘라내는 것 때문에 산마루가 완전하지 않은 부분이 있을 때는 허용오차 범위 내에서 유효 나사부라고 볼 수 있다.

2. 나사의 종류와 용도

(1) 체결용 나사

기계부품의 접합 또는 위치의 조정에 사용되는 나사로 삼각나사가 주로 사용. 나사산의 단면이 정삼각형에 가까운 나사

① 미터나사 : KS와 ISO 규격나사로 기호는 M, 호칭치수는 수나사의 바깥지름과 피치를 mm로 나타내며 나사산의 각도는 60° 용도는 기계 부품의 접합 또는 위치 조정 등에 사용되며, 체결용 나사로서 가장 많이 사용

② 유니파이나사 : ABC나사라고도 하며, 인치계 나사로서 기호 U로 나타내고 호칭치수는 수나사의 바깥지름을 인치로 나타낸 값과 1인치(25.4mm) 나사산의 각도는 60°이며. 유니파이 보통나사와 항공기용 작은 나사에 사용되는 유니파이 가는 나사가 있다.
③ 휘트워드나사 : 나사산의 각도가 55°이며, W기호로 나타낸다.
④ ISO나사 : 국제 표준화 기구에 의하여 제정된 나사로 미터나사와 유니파이나사와 같다.
⑤ 관용나사 : 파이프 연결 시 사용하는 나사로서 누설을 방지하고 기밀을 유지하는데 사용되고 관용 테이퍼나사(기밀용)와 관용 평행나사가 있다. 나사산의 각도는 55°이고, 크기는 인치당 산수

(2) 운동용 나사

① 사각나사(Square screw thread) : 용도는 축 방향에 큰 하중을 받아 운동 전달에 적합
② 사다리꼴나사(Trapezoidal screw thread) : 애크미 나사라고도 하고, 나사산의 각도는 미터계(TM)에서는 30°, 인치계(TW)에서는 29°이다. 용도는 스러스트(thrust)를 전달시키는 운동용 나사
③ 톱니나사(Buttress screw thread) : 용도는 한쪽방향으로 집중하중이 작용하여 압착기·바이스·나사 잭 등과 같이 압력의 방향이 항상 일정할 때 사용
④ 너클나사(둥근나사 : Round thread) : 나사산의 각은 30°로 용도는 급격한 충격을 받는 부분, 전구, 먼지와 모래 등이 많이 끼는 경우와 오염된 액체의 밸브 또는 호스 이음나사 등에 사용
⑤ 볼나사(Ball screw)
　㉠ 장점
　　• 나사의 효율이 좋다.(약 90% 이상)
　　• 백래시를 작게 할 수 있다.
　　• 윤활에 그다지 주의하지 않아도 좋다.
　　• 먼지에 의한 마모가 적다.
　　• 높은 정밀도를 오래 유지할 수가 있다.
　㉡ 단점
　　• 자동체결이 곤란하다.
　　• 가격이 비싸다.
　　• 피치를 그다지 작게 할 수 없다.
　　• 너트의 크기가 크게 된다.
　　• 고속으로 회전하면 소음이 발생한다.
　㉢ 실용범례 : 자동차의 스티어링부, 공작 기계의 이송나사, 항공기의 이송나사

3. 나사의 효율

$$\eta = \frac{Qp}{2\pi T} = \frac{\tan \lambda}{\tan(\lambda + \rho)} = \frac{\tan\lambda(1-\tan\lambda\tan\rho)}{\tan\lambda + \tan\rho}$$

4. 나사의 강도

(1) 볼트의 설계

① 축 방향에 정하중을 받는 경우(아이 볼트, 훅 볼트, 턴 버클)
$$\therefore d = \sqrt{\frac{2W}{\sigma_a}}$$

② 축 방향에 하중을 받고 동시에 비틀림을 받는 경우(죔용 나사, 마찰 프레스)
$$\therefore d = \sqrt{\frac{8W}{3\sigma_a}}$$

③ 축에 직각으로 전단하중을 받는 경우
$$\therefore d = \sqrt{\frac{4W}{\pi \tau}}$$

5. 볼트와 너트

볼트와 너트는 다듬질 정도에 따라 상, 중, 흑피로 나누어지고 나사는 정밀도에 따라 1급, 2급, 3급으로 나뉜다.

(1) 일반 볼트

볼트의 머리와 너트가 육각형으로 된 것으로 KS B 1002에 규격화 되어 있고 주로 체결용으로 사용된다.

① 관통 볼트 : 체결하려는 2개의 부분에 구멍을 뚫고, 여기에 볼트를 관통시킨 다음 너트를 죈다.

② 탭 볼트 : 체결하려는 부분이 두꺼워서 관통 구멍을 뚫을 수 없을 때, 또 긴 구멍을 뚫었더라도 구멍이 너무 길어 관통볼트의 머리가 숨겨져서 죄기 곤란할 때 너트를 사용하지 않고, 체결하는 상대 쪽에 암나사를 내고 머리붙이 볼트를 나사박음 하여 체결하는 볼트

③ 스터드 볼트 : 막대의 양끝에 나사를 깎은 머리 없는 볼트로서 한 끝을 본체에 튼튼하게 박고 다른 끝에는 너트를 끼워서 죈다.

④ 양 너트 볼트 : 머리부분이 길어서 사용할 수 없을 때, 양 끝 모두 바깥에서 너트로 죄는 볼트

그림 2-3 용도에 따른 볼트의 종류

(2) 특수 볼트

① 기초 볼트 : 기계 등을 콘크리트 바닥에 설치하는데 쓰인다.
② 스테이 볼트 : 부품을 일정한 간격으로 유지하고, 구조자체를 보강하는데 사용한다.
③ T홈 볼트 : 공작기계의 테이블 T홈에 볼트의 머리 부분을 끼워서 적당한 위치에 공작물과 기계 바이스를 고정할 때 사용한다.

그림 2-4 특수용 볼트

④ 아이 볼트 : 무거운 기계와 전동기 등을 들어 올릴 때 로프, 체인 또는 훅을 거는데 사용한다.
⑤ 둥근머리 사각 목 볼트 : 머리 부분의 사각 부분을 사각 구멍에 끼워서 죌 때 헛돌지 않도록 한 것. 목재 구조물 등에 쓰인다.
⑥ 리머 볼트 : 리머로 다듬질한 구멍에 꼭 끼워 미끄럼을 방지하는 볼트이다.
⑦ 충격 볼트 : 생크 부분이 단면적을 작게 하여 늘어나기 쉽게 한 볼트로 충격적인 인장력이 작용하는 경우에 사용한다.
⑧ 나비 볼트 : 손으로 돌려 죌 수 있는 모양.

(3) 여러 가지 나사

① 작은 나사
지름이 8mm 이하의 작은 나사로 힘을 많이 받지 않는 작은 부품과 얇은 판자 등을 붙이는데 사용
② 멈춤 나사
보스와 축을 고정시키고 축에 끼워 맞춰진 기어와 풀리의 설치 위치의 조정 및 키의 대용으로 사용된다.
③ 나사못과 태핑 나사
㉠ 나사못 : 목재에 나사를 돌려 박는데 적합한 나사산으로 되어 있으며, 나사의 끝이 드릴과 탭의 역할을 한다.
㉡ 태핑 나사 : 끝을 침탄 담금질하여 단단하게 한 작은 나사의 일종으로서 얇은 판이나 무른 재료에 암나사를 내면서 체결하는 데 사용한다.

(4) 너트의 종류

① 사각 너트 : 겉모양이 사각인 너트로서 주로 목재에 쓰이며, 기계에도 가끔 쓰인다.
② 원형 너트 : 자리가 좁아 보통의 육각너트를 쓸 수 없을 경우 또는 너트의 높이를 작게 할 경우에 사용한다.
③ 플랜지 너트 : 육각의 대각선 거리보다 큰 지름의 플랜지가 달린 너트로 접촉면이 거칠거나, 큰 면압을 피하려 할 때 사용한다.
④ 홈붙이 너트 : 위쪽에 분할 핀을 끼울 수 있는 홈이 있는 너트
⑤ 캡 너트 : 나사 구멍이 뚫려 있지 않은 너트로 유체의 흐름 방지 및 부식 방지의 목적으로 사용한다.
⑥ 아이 너트 : 머리에 링이 달린 너트로 아이볼트와 같은 목적으로 사용된다.
⑦ 나비 너트 : 손으로 돌려서 죌 수 있는 모양으로 된 것.
⑧ T너트 : T자 모양의 것으로 공작기계의 테이블 T홈에 끼워서 공작물을 설치하는 데 사용한다.
⑨ 슬리브 너트 : 머리 밑에 슬리브가 있는 너트로 수나사 중심선의 편심을 방지하는 데 사용한다.

⑩ 플레이트 너트 : 암나사를 깎을 수 없는 얇은 판에 리벳으로 설치하여 사용하는 너트
⑪ 턴 버클 : 양끝에 오른나사 및 왼나사가 깎여 있어서, 이를 오른쪽으로 돌리면 양끝의 수나사가 안으로 끌리므로, 막대와 로프 등을 죄는 데 사용한다.
⑫ SPAC 너트 : 너트를 판에 때려 박아 사용

(5) 와셔

① 종 류
  ㉠ 기계용 : 둥근평 와셔
  ㉡ 너트 풀림 방지용 : 스프링 와셔, 이붙이 와셔, 혀붙이 와셔, 클로오 와셔 등
② 와셔의 용도
  ㉠ 볼트의 구멍이 볼트의 지름보다 너무 클 때
  ㉡ 표면이 거칠 때
  ㉢ 접촉면이 기울어져 있을 때
  ㉣ 목재나 고무와 같이 압축에 약하여 너트가 내려앉는 것을 막을 필요가 있을 때

(6) 나사의 풀림 방지법

나사는 진동과 순간적인 충격을 받으면 접촉압력이 감소하여 마찰력이 거의 없어지는 수가 있다.

① 와셔를 사용하는 방법
  스프링 와셔, 이붙이 와셔 등의 특수 와셔를 사용하여 너트가 잘 풀리지 않게 한다.
② 로크 너트를 사용하는 방법
  2개의 너트를 사용하여 너트 사이를 서로 미는 상태로 항상 하중이 작용하고 있는 상태를 유지하는 것이다. 보통 하중을 위쪽의 너트가 받으므로 아래의 너트는 보통보다 낮게 만들어 사용한다.
③ 자동죔 너트에 의한 방법
  되돌아가는 것을 방지하는 특수한 모양의 너트.
④ 분할핀, 작은 나사, 멈춤 나사에 의한 방법
  너트와 볼트에 핀이나 나사를 박아 풀려지지 않도록 하는 방법으로 나사를 박을 경우에 재사용이 어렵다.
⑤ 철사에 의한 방법
  핀 대신에 철사를 감아서 풀어지지 않도록 하는 방법
⑥ 플라스틱 플러그에 의한 방법
  나사면에 플라스틱이 들어간 너트를 사용하면 나사면에 마찰계수가 크게 되어 풀림이 방지된다.

2-2 키, 핀, 코터

1. 키(Key)

(1) 키의 종류

① 묻힘 키(Sunk Key) : 축과 보스 양쪽에 모두 키 홈을 파서 비틀림 모멘트를 전달하는 키로서 가장 많이 사용된다.

② 반달 키(Woddruff Key) : 반월상의 키로서 축의 홈이 깊게 되어 축의 강도가 약하게 되기는 하나 축과 키 홈의 가공이 쉽고, 키가 자동적으로 축과 보스 사이에 자리를 잡을 수 있어 자동차, 공작기계 등의 60mm 이하의 작은 축이나 테이퍼 축에 사용한다.

③ 접선 키(Tangential Key) : 접선 방향에 설치하는 키로서 1/100의 기울기를 가진 2개의 키를 한 쌍으로 하여 사용한다. 회전방향이 양방향일 경우 중심각이 120° 되는 위치에 2조 설치한다. 아주 큰 회전력의 경우에 사용한다.

그림 2-5 키의 종류

④ 원뿔 키(Cone Key) : 축과 보스에 키를 파지 않고 보스 구멍을 테이퍼 구멍으로 하여 속이 빈 원뿔을 끼워 마찰력만으로 밀착시키는 키로서, 바퀴가 편심되지 않고 축의 어느 위치에나 설치가 가능하다.

⑤ 미끄럼 키(Sliding Key) : 안내 키, 페더 키(Feather Key)라고도 하며 보스와 축이 상대적으로 축 방향으로만 이동이 가능한 키로서 키를 작은 나사로 고정한다.

⑥ 스플라인 키(Spline Key) : 축의 원주에 수많은 키를 깎은 것으로 큰 토크를 전달시키고, 내구력이 크며 축과 보스의 중심축을 정확하게 맞출 수 있고 축 방향

으로 이동도 가능하다.
⑦ 세레이션(Serration) : 축과 보스의 상대 각 위치를 되도록 가늘게 조절해서 고정하려 할 때 사용되며, 같은 지름의 스플라인축보다 큰 회전력을 전달하며 자동차의 핸들 등에 사용
⑧ 안장 키(Saddle Key) : 축에는 홈을 파지 않고 축과 키 사이의 마찰력으로 회전력을 전달. 축의 강도를 감소시키지 않고 고정할 수 있으나, 큰 동력을 전달시킬 수 없으므로 경하중소직경에 사용
⑨ 평 키(Flat Key) : 축을 키의 폭만큼 납작하게 깎아서 보스의 키 홈과의 사이에 밀어 넣는다. 1/100의 기울기를 붙이기도 하고 새들키보다 약간 큰 힘을 전달시킬 수 있다.
⑩ 둥근 키(Round Key) : 핀 키라고도 하며, 핸들과 같이 작은 것의 고정에 사용되고 단면은 원형이고 하중이 작을 때만 사용된다.

(2) 키의 강도

① 전단응력 : $\tau = \dfrac{2T}{lbd}$

② 압축응력 : $\sigma_c = \dfrac{4T}{hld}$

2. 핀(Pin)

(1) 핀의 종류

① 평행 핀(dowel pin) : 기계 부품을 조립할 경우나 안내 위치를 결정할 때 사용된다.
② 테이퍼 핀(taper pin) : $T = \dfrac{1}{50}$, 호칭지름은 작은 축 지름으로 주축을 보스에 고정할 때 사용된다.
③ 분할 핀(split pin) : 너트의 풀림 방지나 바퀴가 축에서 빠지는 것을 방지하기 위하여 사용한다.
④ 스프링 핀 : 탄성을 이용하여 물체를 고정시키는 데 사용되며, 해머로 때려 박을 수 있는 핀이다.

3. 코터(Cotter)

(1) 코터의 기울기

① 반영구적인 곳 : 1/20~1/40
② 자주 분해할 때 : 1/15~1/10(핀 사용), 1/10~1/5(너트 사용)

(2) 코터 이음의 자립조건은 마찰각 ρ, 구배(경사각)를 α라 할 때

① 한쪽 기울기인 경우 $\alpha \leq 2\rho$
② 양쪽 기울기인 경우 $\alpha \leq \rho$

2-3 리벳(Rivet)

1. 리벳 이음

강판 또는 형강을 영구적으로 접합하는 데 사용하는 체결 기계요소

(1) 리벳이음의 특징

① 용접이음과는 달리 초기응력에 의한 잔류 변형이 생기지 않으므로, 취약 파괴가 일어나지 않는다.
② 구조물 등에서 현장 조립할 때에는 용접이음보다 쉽다.
③ 경합금과 같이 용접이 곤란한 재료에는 신뢰성이 있다.

(2) 리벳의 종류

① 사용 목적에 의한 분류
㉠ 보일러용 리벳 : 강도와 기밀을 필요로 하는 리벳이음으로 보일러, 고압탱크 등에 사용
㉡ 저압용(용기용·기밀용) 리벳 : 강도보다는 수밀을 필요로 하는 리벳으로 저압 탱크 등에 사용
㉢ 구조용 리벳 : 주로 강도를 목적으로 하는 리벳 이음. 차량, 철교, 구조물 등에 사용

2. 리벳이음의 종류

(1) 리베팅(riveting)

① 리벳 구멍은 리벳의 지름보다 1~1.5mm 크게 뚫는다. 20mm까지는 편칭으로 구멍을 뚫지만, 중요한 이음과 연성이 없는 강판에는 알맞지 않으므로 드릴링 또는 리밍한다.
② 25mm 이하는 수작업, 그 이상은 압축공기 또는 수압 등의 기계력을 이용한 리베팅 머신을 사용한다.
③ 8mm 이하는 냉간작업, 10mm 이상은 열간작업을 한다.

(2) 코킹(caulking)과 풀러링(fullering)

① 코킹 : 고압탱크, 보일러와 같이 기밀을 필요로 할 때에는 리베팅이 끝난 후 리벳 머리의 주위와 강판의 가장자리를 정(chisel)으로 때려 그 부분을 밀착시켜서 틈을 없애는 작업. 강판의 가장자리는 75~80° 기울어지게 절단한다. 강판의 두께 5mm 이하는 효과가 없으므로 얇은 강판에는 그 사이에 안료를 묻힌 베, 기름종이 등의 패킹재료를 끼워 리베팅하고 고온에는 석면을 사용한다.

② 풀러링 : 코킹과 같은 목적의 작업으로 판재의 끝 부를 때리는 작업. 아래쪽의 강판에 때린 자국이 나지 않도록 주의한다. 기밀을 완전하게 하기 위하여 강판과 같은 너비의 끝과 같은 풀러링 공구로 때려 붙이는 작업

제2편 기계요소

제3장 축계 기계요소

3-1 축(Shaft)

1. 축의 분류

(1) 작용 하중에 따른 분류

① 전동축(동력축) : 비틀림과 휨을 동시에 받으며, 동력 전달이 주목적으로 주로 공장의 동력 전달 축으로 사용되며 주축, 선축, 중간축으로 구성된다.
② 차축(Axel) : 하중을 받치는 축으로 굽힘 모멘트를 받으며 철도 차량, 자동차 등의 바퀴가 연결된 축이다.
③ 스핀들(Spindle) : 지름에 비하여 비교적 짧은 축으로 비틀림과 휨이 동시에 작용하나 주로 비틀림을 받는 축으로 치수가 정밀하며 변형량이 적고 길이가 짧은 회전축으로 공작기계의 주축으로 사용된다.

(2) 외형에 따른 분류

① 직선 축(Straight shaft) : 일직선으로 곧은 원통형의 축이며, 일반적인 동력 전달용으로 사용된다.
② 테이퍼 축(Taper shaft) : 원뿔형의 축으로 연삭기, 밀링 머신, 드릴링 머신 등의 주축에 사용된다.
③ 크랭크 축(Crank shaft) : 몇 개 축의 중심을 서로 어긋나게 한 것으로, 왕복 운동기관 등의 직선운동과 회전운동을 서로 변환시키는 데 사용하며 곡선축이라고도 하며 내연 기관에 많이 사용된다. 일체식과 조립식이 있다.(내연기관, 압축기에 사용)

④ 플렉시블 축(Flexible shaft) : 강선을 2중, 3중으로 감은 나사 모양의 축으로 축 방향이 수시로 변하는 작은 동력 전달 축으로 공간상의 제한으로 일직선 형태의 축을 사용할 수 없을 때 사용된다. 비틀림 강도는 크나 굽힘 강도는 작다.

(3) 단면 모양에 따른 분류

① 원형 축(Round shaft) : 단면 모양이 원형으로 속이 찬축과 속이 빈축이 있다. 일반적으로 속이 찬축이 많이 사용된다.

② 각축(Square shaft, hexagonal shaft) : 특수한 목적에 사용하기 위하여 축의 단면 모양을 사각형 또는 육각형으로 만든 축으로 믹서나 진동체 축 등에 많이 사용된다.

2. 축의 강도

(1) 축 설계상 고려 사항

① 강도(Strength)
② 응력집중(Stress concentration)
③ 강성도(Stiffness)
④ 변형
⑤ 진동(Vibration)
⑥ 부식(Corrosion)
⑦ 열응력(Thermal stress)
⑧ 열팽창(Thermal expansion)

3. 강도에 의한 축의 설계

(1) 차축과 같이 굽힘 모멘트[M]만을 받는 축

① 실제 축(중실 축)의 경우

$$M = \sigma_b \times Z = \sigma_b \times \frac{\pi d^3}{32} \qquad \therefore d = \sqrt[3]{\frac{32M}{\pi \sigma_b}} = \sqrt[3]{\frac{10.2M}{\sigma_b}}$$

(2) 비틀림 모멘트[T]만을 받을 때

① 실제 축(중실 축)의 경우

$$T = \tau_a \times Z_P = \tau_a \times \frac{\pi d^3}{16} \qquad \therefore d = \sqrt[3]{\frac{16T}{\pi \tau_a}} = \sqrt[3]{\frac{5.1T}{\tau_a}}$$

② 전달 동력으로 축 지름을 구할 경우

$$T = 7024 \times 10^3 \frac{H}{N}[\text{N}\cdot\text{mm}][\text{PS}], \quad T = 9549 \times 10^3 \frac{H}{N}[\text{N}\cdot\text{mm}][\text{kW}]$$

(3) 굽힘 모멘트와 비틀림 모멘트를 동시에 받는 축

① 연성재료의 경우
- 실제 축 $d = \sqrt[3]{\dfrac{16 T_e}{\pi \tau_a}}$ ∴ $d = \sqrt[3]{\dfrac{5.1 T_e}{\tau_a}}$
- 상당 비틀림 모멘트 $T_e = \sqrt{M^2 + T^2}$

② 취성재료의 경우
- 실제 축 $d = \sqrt[3]{\dfrac{32 M_e}{\pi \sigma_a}}$ ∴ $d = \sqrt[3]{\dfrac{10.2 M_e}{\sigma_b}}$
- 상당 굽힘 모멘트 $T_e = \dfrac{1}{2}(M + \sqrt{M^2 + T^2})$

3-2 축이음(Shaft Joint)

1. 커플링의 종류

(1) 고정 커플링

일직선상에 있는 두 축을 연결한 것으로, 볼트 또는 키를 사용하여 접합하고 양축사이의 상호이동이 전혀 허용되지 않는 구조. 원통 커플링과 플랜지 커플링이 있다.
① 원통 커플링 : 머프 커플링, 마찰 원통 커플링, 셀러 커플링, 클램프 커플링
② 플랜지 커플링 : 단조 플랜지 커플링, 조립식 플랜지 커플링, 세레이션 커플링

(2) 플랙시블 커플링

원칙적으로 동일선상에 있는 두 축의 연결에 사용하나, 양 축간 약간의 상호 이동을 허용. 온도의 변화에 따른 축의 신축 또는 탄성 변형 등에 의한 축심의 불일치를 완화하여 원활히 운전할 수 있는 커플링이다. 기어 형 축이음, 체인 축이음, 그리드형 축이음, 고무 축이음 등이 있다.

(3) 올덤 커플링

두 축이 평행하고 축의 중심선이 약간 어긋났을 때 각 속도의 변동 없이 토크를 전달하는 데 사용하는 축이음이다.

(4) 유니버설 커플링(자재이음)

두 축의 축선이 어느 각도로 교차되고, 그 사이의 각도가 운전 중 다소 변하여도 자유로이 운동을 전달할 수 있도록 구조가 되어 있는 커플링이다.

(5) 커플링의 분류

① 두 축이 동일선상에 있는 경우 : 고정 커플링(fixed coupling)
② 두 축이 정확한 일직선상에 있지 않을 때 : 플렉시블 커플링(flexible coupling)
③ 두 축이 평행하는 경우 : 올덤 커플링(oldham's coupling)
④ 두 축이 교차하는 경우 : 유니버설 조인트(universal joint)

2. 클러치

운전 중 또는 정지 중에 간단한 조작으로 동력을 전달할 수 있는 형식. 두 축은 일직선상에 있는 경우가 많다. 다음 4가지로 구분된다.

(1) 맞물림 클러치

클러치 중 가장 간단한 구조로 플랜지에 서로 물릴 수 있는 돌기 모양의 턱이 있어 서로 맞물려 동력을 단속

(2) 마찰클러치

각축에 붙어 있는 부분의 면을 밀어 붙여 접촉시키며, 그 사이의 마찰을 이용하여 연결하는 클러치로 원판 마찰 클러치와 원추 마찰 클러치가 있다.

(3) 일방향 클러치

구동축이 종동축보다 속도가 늦어졌을 때 종동축이 자유로 공전할 수 있도록 한 것으로 일방향에만 동력을 전달시키고, 역방향에는 전달시키지 못하는 클러치.

(4) 원심클러치

입력축의 회전에 의한 원심력에 의하여 클러치의 결합이 이루어지는 것으로 원동축이 시동되어 점차 회전 속도가 상승하면 클러치가 연결된다.

(5) 전자 클러치

전자력을 이용하여 마찰력을 발생시키는 클러치

(6) 유체 클러치

펌프 축을 원동기에 결합하고 터빈 축은 부하를 받는 쪽에 결합하여 동력을 전달하는 클러치

3. 고정 커플링

(1) 원통 커플링

가장 간단한 구조로 원통 속에 두 축을 끼워 넣고 일직선이 될 수 있도록 키, 볼트로 결합시켜 키의 전단력이나 마찰력으로 전동하는 이음.

① 머프 커플링

주철제의 원통 속에서 두 축을 맞대어 맞추고 키로 고정한 것으로, 축 지름과 하중이 아주 작을 경우에 사용. 인장력이 작용하는 축이음에는 부적합하다. 작업상 안전을 위하여 안전 커버를 씌워 사용한다.

② 마찰 원통 커플링

바깥 둘레가 원뿔형으로 된 주철제 분할통으로 두 축의 연결단에 덮어씌우고, 이것을 연강제의 링으로 양 끝에서 끼워 맞춰 체결한다. 분할통은 중앙에서 양 끝으로 1/20~1/30의 테이퍼이고, 큰 토크 전달에는 적당하지 않으나, 설치 및 분해가 쉽고 긴 전동축의 연결에 편리. 150mm 이하의 축과 진동이 없는 경우에 사용한다.

③ 반중첩 커플링

주철제 원통 속에 전달축보다 약간 크게 한 축 단면에 기울기를 주어 중첩시킨 후 공통의 키로서 고정한 커플링이며, 축방향으로 인장력이 작용하는 기계의 축이음에 사용된다.

④ 분할 원통 커플링(클램프 커플링)

2개의 반원통, 즉 클램프를 보통 6개의 볼트로 두 줄로 나누어 체결하고(소형축의 경우 4개, 대형축의 경우 6~8개) 테이퍼가 없는 키를 박은 것으로 축 지름 200mm까지 사용

⑤ 셀러 커플링

머프 커플링을 셀러가 개량한 것으로 주철제 원통은 내면이 원추면으로 되어있다. 여기에 두 축을 끼우고, 바깥면이 원추면으로 되어있는 원추 통을 양쪽에서 끼워 넣은 다음 3개의 볼트로 죄어 축을 고정시키는 커플링이다. 이것은 연결할 두 축의 지름이 다소 달라도 두 축이 자연히 동일선 상에 있게 된다.

(2) 플랜지 커플링

주철 또는 주강제의 플랜지를 축에 억지 끼워 맞춤을 하거나 키로 결합시킨 후 두 플랜지를 볼트로 체결한 것. 플랜지의 중앙부는 요철을 만들어 두 축의 중심을 일치시키고, 큰 축과 고속도인 정밀 회전축에 적당하고, 공장 전동축 또는 일반 기계의 커플링으로 가장 널리 사용된다.

제 2 편   기계요소

4. 플렉시블 커플링

두 축의 중심선을 완전히 일치시키기 어려운 때, 또 내연 기관과 같이 전달 토크의 변동이 많은 원동기에서 다른 기계로 동력을 전달하는 경우 및 고속 회전으로 진동을 일으키는 경우에 사용된다.

(1) 기어 커플링

두 축의 양 끝에 한 쌍의 외접기어를 각각 키 박음 하여 결합. 외치와 내치 사이의 틈새가 축의 편심을 어느 정도 흡수 할 수 있으며, 고속 및 큰 토크에도 견딜 수 있다. 원심펌프, 컨베이어, 교반기, 발전기, 송풍기, 믹서, 유압 펌프, 압축기, 크레인, 기중기 등

(2) 체인 커플링

두 축의 끝에 스프로킷 휠을 키 박음하여 장착하고, 2줄 체인을 사용하여 두 축에 끼워져 있는 스프로킷 휠을 이은 것. 회전속도가 중간속도이고 일정한 하중이 작용하는 기계에 장착된다. 주로 교반기 컨베이어, 펌프, 기중기 등에 사용

(3) 그리드 커플링

두 축의 끝 부분에 축 방향으로 홈이 파져 있는 한 쌍의 원통(허브)을 키 박음 하여 각각 고정. 양 축의 축 방향 홈이 일직선이 되도록 조정한 후 S자 모양의 금속격자(그리드)를 홈 속으로 집어넣어 연결시킨다.

(4) 올덤 커플링

두 축이 평행하며, 그 거리가 비교적 짧고 축선의 위치가 어긋나 있으나 각속도의 변화 없이 회전력을 전달시키려 할 때 사용하고, 밸런스와 마찰의 난점이 있고 편심량이 큰 회전 전달이나 고속의 경우에는 적합치 않다.

5. 유니버설 조인트(훅 조인트)

① 두 축이 동일 평면 내에 있고 그 중심선이 α 각도($\alpha \leq 30°$)로 교차하는 경우의 전동 장치
② 교각 α 는 30도 이하에서 사용하고 특히 5도 이하가 바람직하며, 45도 이상은 사용이 불가능하다.
③ 두 축단의 요크 사이에 십자형 핀을 넣어서 연결한다.
④ 자동차, 공작기계, 압연롤러, 전달기구 등에 많이 사용
⑤ 요크와 십자형 핀 사이에는 니들 베어링 또는 부시를 넣어서 그리스로 윤활 하는 것이 보통이다.

3-3 베어링(Bearing)

1. 작용하중의 방향에 따른 분류

① 레이디얼 베어링(Radial Bearing) : 레이디얼 하중, 즉 축에 직각 방향의 하중을 지지할 때 사용. 미끄럼 베어링에선 저널 베어링이라고도 한다.
② 스러스트 베어링(Thrust Bearing) : 스러스트 하중, 즉 축단이나 축의 중간에 단을 만들어 축 방향의 하중을 받을 때 사용. 피벗 베어링, 칼라 스러스트 베어링
③ 테이퍼 베어링(Taper Bearing) : 레이디얼 하중과 스러스트 하중이 동시에 작용하는 하중을 지지.

2. 미끄럼 베어링과 구름 베어링의 비교

	미끄럼 베어링	구름 베어링
크기	지름은 작으나 폭이 크게 된다.	폭은 작으나 지름이 크게 된다.
구조	일반적으로 간단하다.	전동체가 있어서 복잡하다.
충격흡수	유막에 의한 감쇠력이 우수하다.	감쇠력이 작아 충격 흡수력이 작다.
고속회전	저항은 일반적으로 크게 되나 고속회전에 유리하다.	윤활유가 비산하고, 전동체가 있어 고속회전에 불리하다.
저속회전	유막 구성력이 낮아 불리하다.	유막의 구성력이 불충분하더라도 유리하다.
소음	특별한 고속 이외는 정숙하다.	일반적으로 소음이 크다.
하중	추력하중은 받기 힘들다.	추력하중을 용이하게 받는다.
기동토크	유막형성이 늦은 경우 크다.	작다.
베어링 강성	정압 베어링에서는 축심의 변동 가능성이 있다.	축심의 변동은 적다.
규격화	자체 제작하는 경우가 많다.	표준형 양산품으로 호환성이 높다.

3. 구름베어링의 장·단점

① 동력이 절약되고, 가동저항이 크다. 슬라이딩베어링의 10~50% 정도로 한다.
② 윤활유가 절약되고, 윤활유에 의한 기계의 오손이 적다.
③ 신뢰성이 있고, 유지비가 감소된다.
④ 기계의 정밀도를 장시간 유지할 수 있고 고속회전 할 수 있다.
⑤ 베어링교환과 선택이 쉽고 베어링 길이를 단축 할 수 있다.
⑥ 가격이 비교적 비싸고 외경이 크게 된다.
⑦ 소음이 생기고 충격에 약하다.
⑧ 제작, 설치와 조립이 어렵고, 부분적 수리가 불가능하다.

4. 구름베어링의 설계

① 수명 계산식

　㉠ 수명회전수 : L_n

$$L_n = \left(\frac{C}{P}\right)^r \times (10^6 \text{ 회전})$$

$$\begin{cases} r = 3 : \text{Ball} \\ r = \dfrac{10}{3} : \text{Roller} \end{cases}$$

　㉡ 수명시간 : L_k

$$L_k = 500\left(f_n \frac{C}{P}\right)^r = 500 f_h^r$$

② 구름베어링의 호칭법

```
62   08   C2   P6
```
- 등급기호(6급)
- 틈새기호(보통급보다 작은 것)
- 안지름 번호(40mm)
- 베어링 계열번호(깊은 홈 볼 베어링)

③ 안지름 번호(내륜 안지름)
- 00 : 10mm
- 01 : 12mm
- 02 : 15mm
- 03 : 17mm
- 04×5＝20mm∼495mm까지

5. 베어링의 재료

① 녹아 붙지 않을 것(내융착성)
② 길들임이 좋은 것(친숙성)
③ 부식에 강할 것(내식성)
④ 피로강도가 클 것(내피로성)

제 4 장 전동용 기계요소

4-1 마찰차

1. 마찰차의 응용 범위

① 전달하여야 할 힘이 크지 않고 속도비를 중요시 하지 않을 때
② 회전속도가 커서 보통의 기어를 사용할 수 없는 경우
③ 양축 사이를 빈번히 단속할 필요가 있을 때
④ 무단 변속을 시키는 경우와 안전장치의 역할이 필요한 경우

2. 마찰차의 특성

① 접촉하고 있는 표면은 구름접촉이므로 접촉선상의 한 점에 있어서 양쪽의 표면속도는 항상 같다.
② 약간의 미끄럼이 생기므로 확실한 전동과 강력한 동력의 전달은 곤란하다.
③ 전동의 단속이 무리 없이 행해진다.
④ 무단 변속하기 쉬운 구조로 할 수 있다.
⑤ 운전이 정숙하며, 효율은 그다지 좋지 못하다.
⑥ 과부하의 경우 미끄럼에 의한 다른 부분의 손상을 막을 수 있다.

3. 마찰차의 실용적인 면에서 구별

① 원통 마찰차 : 두 축이 평행하고 바퀴는 원통형이다.
② 홈 마찰차 : 두 축이 평행하다.
③ 원추 마찰차 : 두 축이 어느 각도로서 서로 만나고 있으며 바퀴는 원뿔형이다.
④ 무단변속 마찰차

4-2 기 어

1. 기어의 특징

① 전동이 확실하고, 큰 동력을 일정한 속도비로 전달할 수 있다.
② 축압력이 작으며, 사용 범위가 넓다.
③ 회전비가 정확하고, 전동 효율이 좋고 감속비가 크다.
④ 충격음을 흡수하는 성질이 약하고, 소음과 진동이 발생한다.

(1) 기어의 종류

① 두 축이 서로 평행한 경우
  ㉠ 스퍼 기어(spur gear)
  ㉡ 랙(rack)과 피니언(pinon)
  ㉢ 내접기어(internal gear)
  ㉣ 헬리컬 기어(helical gear)
  ㉤ 헬리컬 랙(helical rack)
  ㉥ 더블 헬리컬 기어
② 두 축이 만나는 경우
  ㉠ 직선 베벨 기어(straight bevel gear)
  ㉡ 스파이럴 베벨 기어(spiral bevel gear)
  ㉢ 마이터 기어(miter gear)
  ㉣ 제롤 베벨 기어(zerol bevel gear)
  ㉤ 크라운 기어(crown gear)
  ㉥ 스크류 베벨 기어(skew bevel gear)
③ 두 축이 평행하지도 만나지도 않는 경우(엇갈림 축 기어)
  ㉠ 웜 기어(worm gear)
  ㉡ 하이포이드 기어(hypoid gear)
  ㉢ 나사 기어(screw gear)
  ㉣ 스큐 기어(skew gear)

제 4 장 전동용 기계요소

그림 4-1 기어의 종류

(2) 이의 크기

① 원주피치(p) : $p = \dfrac{\pi D}{Z} = \pi m$

② 모듈(m) : $m = \dfrac{p}{\pi} = \dfrac{D}{Z}$

③ 지름 피치(P_d 또는 $D\ P$) : $P_d = \dfrac{\pi}{P} = \dfrac{Z}{D} = \dfrac{1}{m}$ [inch], $P_d = \dfrac{25.4}{m}$ [mm]

(3) 치형 곡선

① 인벌류트 곡선
   ㉠ 교환성이 우수하다.(원주피치 또는 모듈, 압력각이 같아야 한다.)
   ㉡ 치형의 제작가공이 용이하다.
   ㉢ 이뿌리 부분이 튼튼하여 전동용으로 사용된다.
   ㉣ 물림에 있어 축간 거리가 다소 변해도 속도비에 영향이 없어 널리 사용되고 있다.

② 사이클로이드 곡선
   ㉠ 접촉점에서 미끄럼이 적으므로 마모가 적고 소음이 적으며 효율이 높다.
   ㉡ 공작이 어렵고 호환성이 적다.
   ㉢ 정밀 측정기구 시계, 계기류에 사용되고 속도비가 정확하다.
   ㉣ 피치점이 완전히 일치하지 않으면 물림이 잘되지 않는다.

(4) 표준 기어와 전위 기어
   ① 표준 스퍼기어의 계산식
   ㉠ 회전비 : $i = \dfrac{N_B}{N_A} = \dfrac{D_A}{D_B} = \dfrac{Z_A}{Z_B}$
   ㉡ 기초원 지름 : $D_g = Zm\cos\alpha = D\cos\alpha$
   ㉢ 바깥지름 : $D_0 = m(Z+2)$
   ㉣ 중심거리 : $C = \dfrac{D_A \pm D_B}{2} = \dfrac{m(Z_A \pm Z_B)}{2}$

   ② 전위기어
   ㉠ 전위기어의 사용 목적
   • 중심거리를 자유로 변화시키려고 할 때
   • 언더컷을 방지하고 싶을 때
   • 이의 강도를 증대하려고 할 때
   ㉡ 전위기어의 장점
   • 모듈에 비하여 강한 이가 얻어진다.
   • 최소 이수를 극히 적게 할 수 있다.
   • 물림률을 증대시킨다.
   • 주어진 중심거리의 기어의 설계가 용이하다.
   • 공구의 종류가 적어도 되고, 각종의 기어에 응용된다.
   ㉢ 전위기어의 단점
   • 계산이 복잡하게 된다.
   • 교환성이 없게 된다.
   • 베어링압력을 증대시킨다.

   ③ 언더컷 방지의 전위계수 : $x = 1 - \dfrac{Z}{2}\sin^2\alpha$

   ④ 치형의 간섭 및 언더컷
   ㉠ 이의 간섭 : 서로 맞물린 래크와 피니언에서 큰 기어의 이끝이 피니언의 이뿌리에 닿아서 회전할 수 없게 되는 현상
   ㉡ 이의 언더컷 : 치의 절하라고도 하며 잇수가 적은 기어를 래크 공구나 피니언 공구로 절삭하면 이뿌리가 파여지게 되는 현상

제 4 장   전동용 기계요소

- 언더컷이 일어나지 않는 잇수 $Z \geqq \dfrac{2}{\sin^2 \alpha}$

2. 헬리컬 기어

(1) 헬리컬 기어의 특징

① 운전이 원활 정연하여 진동소음이 적고 고속운전, 대 동력에 적합하다.
② 평기어 보다 물림길이가 길고 물림상태가 좋아 치의 강도 면에서 유리하다.
③ 큰 회전비를 얻어 지고 1/10∼1/15 또는 그 이상의 것도 얻어진다.
④ 전동효율이 좋아 98∼99%까지 얻을 수 있고 아주 큰 동력, 고속 전동에는 추력이 없는 더블 헬리컬 기어를 사용한다.
⑤ 축 방향으로 트러스트가 생기고 가공, 조립상의 오차로 잇 면의 접촉이 나쁘다.

(2) 헬리컬 기어의 설계

① 모 듈 : $m_s = \dfrac{m}{\cos \beta}$ 여기서, 이 직각 모듈 $m_n = m$ 으로 한다.

② 압력각 : $\tan \alpha_s = \dfrac{\tan \alpha}{\cos \beta}$

③ 피치원 지름 : $D_s = Zm_s = Z\dfrac{m}{\cos \beta} = \dfrac{Zm}{\cos \beta} = \dfrac{D}{\cos \beta}$

④ 바깥지름(D_0) : $D_0 = D_s + 2m = Zm_s + 2m = \left(\dfrac{Z}{\cos \beta} + 2\right)m$

⑤ 중심거리 : $C = \dfrac{D_{s1} + D_{s2}}{2} = \dfrac{Z_1 m_s + Z_2 m_s}{2} = \dfrac{(Z_1 + Z_2)m}{2\cos \beta}$

3. 베벨 기어

(1) 베벨 기어 속도비

$$i = \dfrac{N_2}{N_1} = \dfrac{D_1}{D_2} = \dfrac{Z_1}{Z_2} = \dfrac{\omega_2}{\omega_1} = \dfrac{\sin \gamma_1}{\sin \gamma_2}$$

(2) 베벨 기어의 상당 스퍼 기어

$$L = \dfrac{D}{2\sin \gamma}$$

(3) 상당 스퍼 기어의 잇수

$$Z_e = \dfrac{2\pi R_e}{P} = \dfrac{Z}{\cos \gamma}$$

4-3 벨 트

1. 벨트 전동

양축에 고정한 벨트 풀리에 벨트를 걸어서 마찰력에 의하여 동력과 운동을 전달하는 장치이며, 축간 거리가 10m 이하이고 속도비는 1 : 10 정도, 속도는 10~30m/s이다. 벨트의 전동 효율은 96~98%이며, 충격하중에 대한 안전장치의 역할을 하므로 원활한 전동이 가능하며 특징은 다음과 같다.
① 정확한 속도비를 얻을 수 있다.
② 충격하중을 흡수하며 진동을 감소시킨다.
③ 미끄러짐으로 인한 무리한 전동을 방지하여 안전장치 역할을 한다.
④ 구조가 간단하고 제작비가 저렴하다.

(1) 평벨트 종류

가죽, 직물, 강판 등으로 만든 띠 모양의 벨트를 두 축에 각각 부착한 벨트 풀리에 감아 걸어 그 접촉면의 마찰력에 의하여 동력을 전달하는 것으로 마찰력을 이용하고 있으므로 어느 정도의 미끄럼은 피할 수 없다. 따라서 기어전동과 같이 정확한 회전비는 얻을 수 없다.
① 가죽벨트 : 소가죽을 탄닝, 크롬 처리하여 탄성을 준 것으로 마찰계수가 크며, 방열성도 좋다.
② 섬유벨트 : 무명, 삼, 합성섬유의 직물로 만들며 길이와 너비에 제한이 없다. 습기에 약하지만 가죽보다 가격이 저렴하여 많이 사용하고 있다.
③ 고무벨트 : 직물벨트에 고무를 입혀서 만든 것으로 유연하고 풀리에 잘 밀착하므로 미끄럼이 적고 비교적 수명이 길다. 습기에는 강하나 열, 기름 등에는 약하다. 인장강도가 크다.
④ 강철벨트 : 강도가 제일 크나 벨트 풀리의 외주의 모양과 두 축의 평행도가 일치해야 한다. 수명이 길고 신장률이 작으므로 고정밀도의 회전각 전달용 등으로 사용된다.
⑤ 풀리벨트 : 나일론 시트의 양쪽 면에 나일론 천을 붙이고, 그 위에 특수 합성고무를 첨부한 것.
⑥ 타이밍벨트 : 미끄럼 방지를 위하여 접촉면에 치형을 붙여 맞물림에 의하여 전동하도록 조합한 새로운 치붙임 동기 벨트이다. 특징은 슬립과 크리프가 거의 없고, 속도 변화가 아주 적다. 그리고 굽힘 저항이 작으므로 작은 지름을 사용할 수 있고 저속 및 고속에서 원활한 운전이 가능하다.

(2) 벨트 거는 법

① 벨트를 풀리에 거는 방법에는 바로걸기 방법(평행형 걸기 : open belting)과 엇걸기 방법(십자형 걸기 : cross belting)이 있다.
② 바로걸기 방법에서는 원동차와 종동차의 회전방향이 같으며, 엇걸기 방법에서는 회전방향이 반대이다.
③ 벨트가 원동차에 들어가는 쪽을 인장측이라 하고, 원동차로부터 풀려나오는 쪽을 이완측이라 한다.

(a) 평행 걸기   (b) 십자 걸기

그림 4-2 평 벨트 거는 방법

(3) 벨트에 장력을 가하는 방법

양 벨트 풀리의 지름 차이가 아주 크거나 축간거리가 짧을 때는 접촉각이 작으므로 미끄럼이 증대한다. 만일 축간거리가 아주 길고, 고속회전일 때는 플래핑(flapping) 현상이 생긴다. 이러한 현상을 없애고, 일정한 장력을 유지시켜 주기 위한 방법은 다음과 같다.
① 자중에 의한 방법
② 탄성 변형에 의한 방법
③ 스냅 풀리로서 벨트를 잡아당기는 방법
④ 보조 풀리로서 벨트를 밀어 붙이는 방법
⑤ 가요(可撓) 전동기계 이용하는 방법

2. V벨트 전동

① 고속운전이 가능하며 속도비가 크다.($i = 7 \sim 10$)
② 짧은 거리의 운전이 가능, 2~5m까지 전동 가능하다.
③ 미끄럼이 적고 능률이 높다. 효율은 보통 90~95% 정도
④ 운전이 원활하고 정숙하며, 충격이 아주 작다.
⑤ 이음이 없어 전체가 균일한 강도를 갖으나 끊어졌을 때 접합이 불가능하다.
⑥ V벨트 단면의 형상은 M, A, B, C, D, E형의 6종류가 있으며 M에서 E쪽으로 가면 단면이 커진다.
⑦ V벨트의 길이는 사다리꼴 단면의 중앙을 통과하는 원둘레의 길이를 유효길이라 부른다.

$$\text{호칭번호} = \frac{\text{벨트의 유효둘레}}{25.4}$$

[예] A30 : 단면은 A형이고 유효둘레는 30인치

(1) V벨트의 전달동력

① 마찰계수 : $\mu' = \dfrac{\mu}{\sin\alpha + \mu\cos\alpha}$

여기서, μ : 마찰계수
μ' : 유효마찰계수(수정, 등가마찰계수)

즉, V벨트 전동장치에서는 전달마력이 평벨트의 경우보다 증가한다.

3. 로프 전동

(1) 장 점

① 대동력 전동에는 평벨트 및 V벨트보다 유리하고 속비는 보통 1 : 1~1 : 2이고, 큰 경우는 1 : 5 정도이다.
② 장거리 전동이 가능하다.(와이어로프 50~100m, 섬유질 10~30m)
③ 1개의 원동 풀리에서 여러 종동 풀리에 분배하여 전동을 할 수 있다.
④ 벨트에 비해 미끄럼이 적으며, 고속운전이 가능하다.
⑤ 전동 경로가 직선이 아니어도 사용이 가능하다.

(2) 단 점

① 장치가 복잡하고 착탈이 어렵다.
② 조정이 곤란하고 절단되었을 경우 수리가 곤란하다.
③ 미끄럼이 적으나 전동이 불확실하다.

4. 체인 전동

(1) 체인 전동의 특징

㉠ 미끄럼 없이 일정한 속도비를 얻을 수 있다.
㉡ 초장력이 필요 없으므로 베어링의 마찰손실이 작다.
㉢ 접촉각이 90° 이상이면 전동가능하다.
㉣ 내열, 내유, 내수성이 크며, 유지 및 수리가 쉽다.
㉤ 큰동력 전달 효율이 95% 이상이다.
㉥ 체인의 탄성으로 어느 정도 충격하중을 흡수한다.
㉦ 진동, 소음이 생기기 쉽다.
㉧ 고속회전에 부적당하고 저속, 대마력에 적당하며, 윤활이 필요하다.

제5장 제동용 기계요소

5-1 브레이크

1. 브레이크의 분류

(1) 작동부분의 구조에 따라

블록 브레이크, 밴드 브레이크, 디스크 브레이크, 축압 브레이크, 자동 브레이크

(2) 작동력의 전달 방법에 따라

공기 브레이크, 유압 브레이크, 전자 브레이크, 기계 브레이크

(3) 제동목적에 따라

유체 브레이크, 전기 브레이크

5-2 스프링(Spring)

스프링은 탄성체로 만들며, 힘을 가하면 변형되어서 에너지를 저장하고, 반대로 힘을 제거하면 에너지를 얻어 충격을 흡수 완화하거나 작용하는 힘의 크기를 측정하는 데 사용한다.
철강재 스프링의 재료가 갖추어야 할 조건은 다음과 같다.
① 가공하기 쉬운 재료이어야 한다.

② 높은 응력에 견딜 수 있고, 영구변형이 없어야 한다.
③ 피로강도와 파괴인성치가 높아야 한다.
④ 열처리가 쉬어야 한다.
⑤ 표면상태가 양호해야 한다.
⑥ 부식에 강해야 한다.

1. 스프링의 용도

(1) 완충용(충격 에너지 흡수, 방진, 진동 및 충격완화) : 차량용 현가장치, 승강기 완충 스프링, 방진스프링

(2) 에너지 축적 이용 : 계기용 스프링, 시계의 태엽, 완구용 스프링, 축음기, 총포의 격심용 스프링

(3) 측정 및 조정용 : 힘의 변형원리를 이용하여 압축력(또는 인장력)에 의한 변형 길이로 힘을 측정한다. 저울 등이 이에 해당한다.

(4) 복원력의 이용 : 안전밸브, 조속기, 스프링 와셔

2. 스프링의 종류

(1) 모양에 따른 스프링의 종류

① 코일 스프링(coil spring) : 인장용과 압축용이 있고, 제작비가 저렴하며 기능이 확실 유효하여 경량소형으로 제조할 수 있다.
② 겹판 스프링(leaf spring) : 너비가 좁고 얇은 긴 보로서 하중을 지지한다. 여러 장 겹쳐서 사용하는 것을 겹판 스프링이라 한다. 자동차의 현가장치로 널리 사용한다.
③ 태엽 스프링(spiral spring) : 시계나 계기류의 등의 변형 에너지를 저장하여 동력용으로 사용한다.
④ 토션 바 스프링 : 원형봉에 비틀림 모멘트를 가하면 비틀림 변형이 생기는 원리로 소형 승용차의 현가용에 사용된다.
⑤ 벌류트 스프링 : 태엽 스프링을 축방향으로 감아올려 사용하는 것으로 압축용으로 사용한다. 오토바이 차체 완충용으로 사용된다.
⑥ 접시 스프링(disk spring) : 원판 스프링이라고도 한다. 중앙에 구멍이 있고 원추형이다. 프레스의 완충장치, 공작기계에 사용한다.
⑦ 와이어 스프링 : 탄성의 강한 선형재료로 여러 가지 모양으로 만들어 탄성에 의한 복원력을 이용한 스프링이다.
⑧ 와셔 스프링 : 볼트, 너트의 중간재 사이에 사용하여 충격을 흡수하는 역할을 한다.

(2) 재료에 의한 분류

금속 스프링(강철, 인청동, 황동 등), 비금속 스프링(고무, 나무, 합성수지 등). 유체 스프링(공기, 물, 기름 등)

그림 5-1 모양에 따른 스프링의 종류

3. 스프링의 설계

(1) 스프링의 특성

① 스프링의 지수(C) : 코일의 평균지름과 소선지름과의 비

$$\therefore C = \frac{D}{d}$$

여기서, D : 코일의 평균지름, d : 소선지름

② 스프링의 상수 : 스프링의 세기를 나타내며 상수를 크게 하면 잘 늘어나지 않는다.

$$\therefore K = \frac{W}{\delta}[\text{kgf/mm}]$$

여기서, K : 비례정수 또는 스프링 상수

③ 탄성 저장에너지 : $U = \frac{1}{2}W\delta = \frac{1}{2}K\delta^2$

④ 자유 높이 : 코일의 평균지름 D와 자유높이 H와의 비를 스프링의 종횡비 r라 하면

$$r = \frac{H}{D}$$

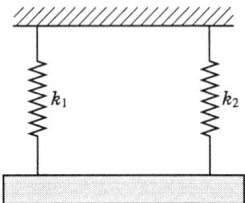

그림 5-2 병렬연결

(2) 스프링의 조합

① 병렬연결 : $K = K_1 + K_2 + \cdots$

② 직렬연결 : $\frac{1}{K} = \frac{1}{K_1} + \frac{1}{K_2} + \cdots$

(3) 코일 스프링

① 코일 스프링의 구조

② 스프링 지수(C) : $C = \frac{D}{d} = \frac{R}{r}$

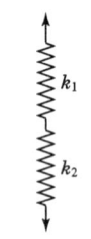

그림 5-3 직렬연결

③ 스프링에 발생되는 전단응력 : $\tau_{\max} = \frac{8KDW}{\pi d^3}$

K : 왈(kwale)의 응력 수정계수 : $\left(K = \frac{4c-1}{4c-4} + \frac{0.615}{c}\right)$

④ 스프링의 처짐 : $\delta = \frac{8nD^3W}{Gd^4}$ $K = \frac{W}{\delta}$ 이므로 $K = \frac{Gd^4}{8nD^3}$ 이다.

⑤ 초기장력 : $\tau_0 = \frac{8DW_0}{\pi d^3}$, $\therefore W_0 = \frac{\pi d^3 \tau_0}{8D}[\text{kg}]$

⑥ 스프링의 길이 : $l = \pi DN = \pi 2RN$

⑦ 서징(surging) : 스프링에 작용하는 진동수가 스프링의 고유 진동수와 같거나 또는 공진을 하여 국부적으로 큰 응력이 생기는 현상

컴/퓨/터/응/용/선/반/기/능/사

제 3 편
기계제도

제 1 장 기계제도 기본
제 2 장 투상법 및 도형표시방법
제 3 장 치수기입법 및 재료표시법
제 4 장 표면 거칠기 및 치수 공차
제 5 장 기계요소제도

제3편 기계제도

제 1 장 기계제도 기본

1-1 제도의 통칙

1. 제도의 개요

어떤 필요한 물체를 제작하고자 할 때 그 모양이나 크기를 일정한 규격에 따라 점, 선, 문자, 기호 등을 사용하여 사용 목적에 알맞은 모양, 기능, 구조, 크기 및 공작 방법 등을 합리적으로 설계하여 제품의 치수, 다듬질의 정도, 재료, 공정 등을 제도법에 의해 도면에 작성하는 것

2. 제도 규격

우리나라에서는 1966년 KS A0005로 제도 통칙을 제정하고 1969년에 국제표준규격(ISO)과 일치되게 개정하였다.(기계제도통칙 : KSB 0001)
제도를 규격화하면 도면이 정확, 간단하고 제품상호 호환성이 유지되며 품질의 향상, 제품생산의 능률화, 제품원가 절감 등의 경제적, 기술적인 여러 가지 이익을 가져온다.

[표 1-1] 각국의 산업 규격

국가 및 기구	규격기호	제정년도
영 국	BS(British Standards)	1901
독 일	DIN(Deutsche Industrie Normen)	1917
미 국	ANSI(American National Standards Institute)	1918
스 위 스	SNV(Schweitzerish Normen des Vereinigung)	1918
프 랑 스	NF(Norme Francaise)	1918
일 본	JIS(Japanese Industrial Standards)	1952
한 국	KS(Korean Industrial Standards)	1961
국제표준화기구	ISO(International Organization for Standardization)	1947

[표 1-2] KS의 분류기호

분류기호	KS A	KS B	KS C	KS D	KS E	KS F	KS G	KS H	KS K
부문	기본	기계	전기	금속	광산	토건	일용품	식료품	섬유

3. 도면의 크기와 척도

(1) 도면의 크기

① 도면 정리나 보존상 편리를 위해 일정한 크기로 한다.
② 한국 공업 규격(KS A 0005)에 따라 "A열"의 것을 사용한다.
③ 제도 용지의 세로와 가로의 길이 비는 $1 : \sqrt{2}$이고, A0의 넓이는 약 $1m^2$이다.
④ 큰 도면을 접을 때에는 A4의 크기로 접는 것을 원칙으로 한다.

(2) 윤곽선, 표제란, 부품란

① 윤곽선(테두리선)
도면의 윤곽에 사용하는 윤곽선의 굵기는 0.5mm 이상 실선으로 하며 도면의 훼손을 방지하고 안정성을 주기 위하여 사용된다.

[표 1-3] 도면의 크기 및 윤곽치수

크기의 호칭		A0	A1	A2	A3	A4
윤곽선	a×b	841×1189	594×841	420×594	297×420	210×297
	c(최소)	20	20	10	10	10
	d (최소) 철하지 않을 때	20	20	10	10	10
	철할 때	25	25	25	25	25

② 중심마크(centering mark) : 중심 마크는 도면을 마이크로 필름에 촬영하거나 복사할 때의 편의를 위하여 마련한다. 윤곽선 중앙으로부터 용지의 가장자리에 이르는 굵기 0.5mm의 수직의 직선으로, 허용치는 0.5mm로 한다.
③ 재단마크 : 복사한 도면의 재단하는 경우 편의를 위하여 원도에 재단마크를 그린다.

그림 1-1 도면의 구역

④ 표제란 : 도면의 오른쪽 아래에 잡는 것이 보통이지만 부득이한 경우 왼쪽 윗부분이나 오른쪽 윗부분에 둔다. 도면번호, 도명, 척도 및 투상법, 소속, 도면 작성 년 월 일, 제도자 이름 등을 기입한다.
⑤ 부품란 : 부품란은 품번, 재질, 수량, 무게, 공정 등을 기입하여 도면의 오른쪽 위의 부분에 두고 도면의 오른쪽 아래일 경우에는 표제란 위에 둔다.

(3) 척도

도면에 사용하는 척도는 다음에 따른다.
① 축척 : 실물을 축소해서 그린 도면
② 현척(실척) : 실물과 같은 크기로 그린 도면
③ 배척 : 실물을 확대해서 그린 도면

[표 1-4] 축척, 현척, 배척의 값

척도의 종류	란	값
축 척	1	1:2 1:5 1:10 1:20 1:50 1:100 1:200
	2	1:$\sqrt{2}$ 1:2.5 1:2$\sqrt{2}$ 1:3 1:4 1:5$\sqrt{2}$ 1:25 1:250
현 척		1:1
배 척	1	2:1 5:1 10:1 20:1 50:1
	2	$\sqrt{2}$:1 2.5:$\sqrt{2}$:1 100:1

[비고] 1란의 척도를 우선으로 사용한다.

④ NS(Non Scale) : 비례척이 아닌 임의의 척도(예 : 100)
척도는 A : B로 표시한다.
여기에서 ┌ A : 그린 도형에서의 대응하는 길이
        └ B : 대상물의 실제 길이

[보기] ① 축척의 경우 1:2, $1:2\sqrt{2}$, 1:10
② 현척의 경우 1:1
③ 배척의 경우 5:1

⑤ 척도의 기입 방법

척도는 도면의 표제란에 기입한다. 같은 도면에 다른 척도를 사용할 때는 필요에 따라 그 그림 부근에도 기입한다. 도형이 치수에 비례하지 않는 경우에는 그 취지를 적당한 곳에 명기한다. 또, 이들 척도의 표는 잘못 볼 염려가 없을 경우에는 기입하지 않아도 좋다.

1-2 문자와 선

1. 문자

제도에 사용되는 문자는 한자·한글·숫자·로마자이다. 문자는 정확히 읽을 수 있도록 분명하고 균일하게 써야 하며, 글자체는 고딕체로 하여 수직 또는 15도 경사로 씀을 원칙으로 한다. 도면에서는 도형의 크기나 척도의 정도에 따라 문자의 크기를 달리한다. 문자의 크기는 문자의 높이로 나타내고, 문장은 왼편에서 가로쓰기를 원칙으로 한다.

(1) 한글

한글의 글자체는 활자체로 하여 수직으로 쓴다. 크기는 7종의 호칭 중 2.24, 3.15, 4.5, 6.3, 9mm의 5종으로 한다.

특히 필요한 경우에는 다른 치수를 사용할 수 있다.

(2) 숫자와 로마자

숫자는 아라비아 숫자를 사용하고, 숫자의 크기는 7종의 호칭 중 2.24, 3.15, 4.5, 6.3mm 및 9mm의 5종으로 한다. 다만, 특히 필요할 경우에는 이에 따르지 않아도 좋다. 로마자는 주로 대문자를 사용하고 특별히 필요한 경우에는 소문자를 사용한다. 로마자의 크기는 호칭 2.24, 3.15, 4.5, 6.3, 9, 12.5mm 및 18mm의 7종으로 한다. 숫자와 로마자의 글자체는 원칙적으로 수직에 대하여 오른쪽으로 15° 경사진 J형 사체, B형 사체 또는 B형 입체 중 어느 것을 사용하여도 좋으나 혼용해서는 안 된다.

2. 선

(1) 선의 종류와 용도

① 모양에 따라 분류한 선

㉠ 실선 (───────) : 연속된 선

ⓒ 파선 (-------------) : 짧은 선을 약간의 간격으로 나열한 선
ⓒ 일점쇄선(—·—·—·—) : 긴 선과 짧은 선 1개를 서로 규칙적으로 나열한 선
ⓔ 이점쇄선(—··—··—) : 긴 선과 짧은 선 2개를 서로 규칙적으로 나열한 선

② 굵기에 따라 분류한 선
선의 굵기의 기준은 0.18mm, 0.25mm, 0.35mm, 0.5mm, 0.7mm 및 1mm로 한다.
 ㉠ 가는 선 : 굵기가 0.18~0.5mm인 선
 ㉡ 굵은 선 : 굵기가 0.35~1mm인 선(가는 선 굵기의 2배)
 ㉢ 아주 굵은 선 : 굵기가 0.7~1mm인 선(굵은 선 굵기의 2배)
 ※ 선 굵기의 비율은 1(가는 선) : 2(굵은 선) : 4(아주 굵은 선)

③ 선의 용도에 따라 분류한 선
[표 1-5]와 같이 사용한다. 또 이 표에 의하지 않는 선을 사용할 때에는 그 선의 용도를 도면 안에 주기한다.

[표 1-5] 선의 종류에 의한 사용방법 KS B 0001

용도에 의한 명칭	선의 종류		선의 용도
외형선	굵은 실선	———	대상물의 보이는 부분의 형상을 표시
치수선	가는 실선	———	치수를 기입하기 위하여 사용
치수 보조선			치수를 기입하기 위하여 도형으로부터 끌어내는 데 사용
지시선			기술, 기호 등을 표시하기 위하여 끌어내는 데 사용
회전 단면선			도형 내에 그 부분의 끊은 곳을 90도 회전하여 표시
중심선			도형의 중심선을 간략하게 표시
수준면선(주1)			수면, 유면 등의 위치를 표시
숨은선	가는 파선 또는 굵은 파선	------------	대상물의 보이지 않는 부분의 형상을 표시
중심선	가는 1점 쇄선	—·—·—	• 도형의 중심을 표시 • 중심 이동한 중심 괘적을 표시
기준선			위치 결정의 근거가 된다는 것을 명시할 때 사용
피치선			되풀이하는 도형의 피치를 취하는 기준을 표시
특수 지정선	굵은 1점 쇄선	—·—·—	특수한 가공을 하는 부분 등 특별한 요구사항을 적용할 수 있는 범위를 표시하는데 사용

제3편 기계제도

용도에 의한 명칭	선의 종류		선의 용도
가상선(주2)	가는 2점 쇄선		• 인접부분을 참고로 표시 • 공구, 지그(jig)의 위치를 참고로 표시 • 가동부분을 이동 중의 특정한 위치 또는 이동한계의 위치를 표시 • 가공 전 또는 가공 후의 형상을 표시 • 되풀이 하는 것을 표시 • 도시된 단면의 앞쪽에 있는 부분을 표시
무게 중심선			단면의 중심을 연결한 선을 표시
파단선	불규칙한 파형의 가는 실선 또는 지그재그선		대형물의 일부를 파단한 경계 또는 일부를 떼어낸 경계를 표시
절단선	가는 1점 쇄선으로 끝부분 및 방향이 변하는 부분을 굵게 한 것(주3)		단면도를 그리는 경우 그 절단위치를 대응하는 도면에 표시하는 데 사용
해칭	가는 실선으로 규칙적으로 줄을 늘어 놓은 것		도형의 한정된 특정 부분을 다른 부분과 구별하는 데 사용
특수한 용도의 선	가는 실선		• 외형선 및 은선의 연장을 표시 • 평면이란 것을 표시 • 위치를 명시하는 데 사용
	아주 굵은 실선		얇은 부분의 단면도시를 명시하는 데 사용

[주] 1) ISO 128(Technical drawing-General principles of presentation)에는 규정되어 있지 않다.
2) 가상선은 투상법상에서는 도형에 나타나지 않으나, 편의상 필요한 모양을 나타내는 데 사용한다. 또 기능상·공작상의 이해를 돕기 위하여 도형을 보조적으로 나타내기 위하여도 사용된다.
3) 다른 용도와 혼용할 염려가 없을 때에는 끝부분 및 방향이 변하는 부분을 굵게 할 필요는 없다.
[비고] 가는 선, 굵은 선 및 아주 굵은 선의 굵기의 비율은 1 : 2 : 4로 한다.

(2) 겹치는 선의 우선순위

도면에서 2종류 이상의 선이 같은 장소에 중복될 경우에는 다음에 순위에 따라 우선되는 종류의 선부터 그린다.
① 외형선 ② 숨은선 ③ 절단선 ④ 중심선 ⑤ 무게중심선 ⑥ 치수보조선

(3) 선 긋는 방법 중 중심선을 기입하는 방법

도형에 중심이 있을 때에는 반드시 중심선(0.1~0.25mm)을 기입하는 것이 바람직하다.

제 2 장 투상법 및 도형표시방법

2-1 투상법

1. 정투상법

(1) 정투상법

물체를 네모진 유리상자안에 넣고 바깥쪽에서 들여다보면 물체를 유리판에 투상하여 보고 있는 것 같다. 투상선이 투상면에 대하여 수직으로 되어있는 것 즉 시점이 물체로부터 무한대의 거리에 있는 것으로 생각한 투상법이다.

(2) 제3각법

① 물체를 투상면의 뒤쪽에 놓고 투상(투상면을 물체의 앞에 둠)
② 눈 → 투상면 → 물체

그림 2-1 3각법

(3) 제1각법

① 물체를 투상면의 앞쪽에 놓고 투상(투사면을 물체의 뒤에 둠)
② 눈 → 물체 → 투상면

그림 2-2 1각법

(4) 3면도

① 정면도 : 물체를 정면에서 투상하여 그린 그림
② 평면도 : 물체를 위에서 투상하여 그린 그림
③ 우측면도 : 물체를 오른쪽 옆에서 투상하여 그린 그림

그림 2-3 투상도 배치

(5) 제도에 사용하는 투상법

기계제도에서의 투상법은 제3각법에 따른 것을 원칙으로 한다. 제1각법을 따를 경우 그림과 같은 투상법의 기호를 표제란 또는 그 근처에 표시한다. 한 도면 안에서는 혼용하지 않는 것이 좋다.

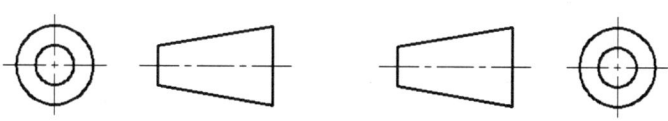

3각법기호 　　　　　　　　　1각법기호

그림 2-4 투상법의 기호

(6) 도형의 표시방법

① 물체의 특징이 가장 잘 나타나는 쪽을 정면도로 잡는다.
② 물체의 정면을 앞쪽으로 회전시켜 평면도로 잡는다.
③ 물체의 정면을 왼쪽으로 회전시켜 우측면도로 잡는다.
④ 평면형, 원통형 등의 간단한 물체는 정면도와 평면도, 또는 정면도와 우측면도만 으로도 나타낼 수 있는데, 이를 2면도라 한다.

(7) 정면도 선택시 유의사항

① 물체의 특징을 가장 잘 나타내는 면을 선택한다.
② 관련 투상도(평면도, 측면도)에는 가급적 은선을 사용하지 않는다.
③ 물체는 자연스러운 위치로 안정감을 가질 수 있도록 한다.
④ 물체의 주요면은 수직, 수평이 되게 한다.
⑤ 물체는 가공 공정 순서와 같은 방향으로 선택한다.
⑥ 기어, 베어링과 같은 물체는 축과 직각방향에서 본 것을 정면도로 선택한다.

2-2 도형의 표시방법

1. 투상도의 선택 방법

① 주 투상도에는 대상물의 모양·기능을 가장 명확하게 나타내는 면을 정면도로 선택한다.
　㉠ 조립도 등 주로 기능을 표시하는 도면에서는 대상물을 사용하는 상태
　㉡ 부품도 등 공작기계로 가공하는 물체는 가공자가 도면을 보면서 가공하기 편리하도록 가공량이 가장 많은 공정을 가공할 때와 같은 방향으로 정면도를 선택하여 투상한다.(지름이 큰 쪽이 왼쪽을 향하게 표시)
　㉢ 특별한 이유가 없는 경우, 대상물이 가로 길이로 놓은 상태로 표시한다.
② 주 투상도를 보충하는 다른 투상도는 되도록 적게 하고 주 투상도(정면도)만으로 나타낼 수 있는 것에 대해서는 다른 투상는 그리지 않는다.
　　주 투상도만으로 모양이나 치수를 도시할 수 없을 때 평면도나 측면도 등으로 보충하고 필요한 경우 보조투상도로 표시한다.

(1) 보조투상도

물체의 경사면을 실형으로 그려서 바꾸기 할 필요가 있을 경우에는 그 경사면과 위치에 필요부분만을 보조 투상도로 표시한다. ISO에서는 보조 투상도를 그릴 때에는 반드시 투상 방향을 기입하지만, KS에서는 그럴 필요는 없다.

(a) 화살표와 영자 대문자　　(b) 구부린 중심선에 연결　　(c) 도면구역의 구분기호

그림 2-5　보조투상도

(2) 회전투상도

투상면이 어느 각도를 가지고 있기 때문에 그 물체의 실제모형을 표시하지 못할 때에는 그 부분을 회전해서 물체의 실제모형을 도시할 수 있다.

(a) 회전투상도　　　　　　　　　　　(b) 부분투상도

그림 2-6　회전 및 부분투상도

(3) 부분투상도

그림의 일부를 도시하는 것으로 충분한 경우에는 필요한 부분만 투상도로서 나타낸다. 이러한 경우 생략한 부분과 경계를 파단선으로 나타낸다. 명확한 경우에는 파단선을 생략한다.

(4) 국부투상도

물체의 구멍이나 홈 등의 한 국부만의 모양을 도시하는 것으로 충분한 경우에는 필요한 부분을 국부투상도로 나타낸다. 투상관계를 나타내기 위해서는 원칙적으로 주된 그림에 중심선, 기준선, 치수보조선 등을 연결한다. 스퍼기어(spur gear)를 제도할 때에는 키 홈 하나를 나타내기 위하여 좌측면도를 모두 그리지 않고 국부투상도로 나타낸다.

제 2 장 투상법 및 도형표시방법

(a) 국부투상도　　　　　　(b) 부분확대도

그림 2-7 국부 및 부분 확대도

(5) 부분 확대도

부분 확대도(partial magnifying view)는 도형의 일부분이 너무 작아서 알아보기 어렵거나 치수 기입을 하기 곤란한 경우에 그 부분만을 확대해서 그리는 것이다.

(6) 요점 투상도

보조적인 투상도에 보이는 부분을 모두 표시하면 도면이 복잡해져서 오히려 알아보기가 어려운 경우에는 요점 부분만 투상도로 표시한다.

2. 단면도 표시방법

물체 내부의 보이지 않는 부분은 숨은선으로 표시하여도 좋으나, 구조가 복잡한 경우와 조립도 등에서는 많은 숨은선으로 인하여 오히려 도면의 이해가 어려워진다. 이와 같은 경우, 필요한 부분을 절단한 것으로 가상하여 그 단면 모양을 외형선으로 표시하면 물체의 형상을 뚜렷이 나타낼 수 있는데, 이렇게 그려진 도면을 단면도라 한다.

(1) 단면은 원칙적으로 기본 중심선에서 절단한 면으로 나타낸다. 이 경우에 절단선은 기입하지 않는다.
(2) 기본 중심선이 아닌 곳에서 절단한 면으로 나타낼 수 있으며, 반드시 절단선에 의하여 절단된 위치를 표시해야 한다.
(3) 절단선의 양 끝부분에는 투상 방향을 표시하는 화살표를 붙이고, 절단한 곳을 영문자의 대문자로 표시한다.
(4) 표시 문자는 단면도의 방향에 관계없이 모두 위쪽으로 하고, 단면도의 위쪽 또는 아래쪽의 어느 한쪽으로 통일하여 단면부임을 기입한다.

3. 단면도의 해칭방법

단면임을 나타내기 위하여 단면 부분에 해칭(hatching) 또는 스머징(Smudging)을 한다.
(1) 해칭선은 주된 중심선에 대하여 45°로 경사지게 가는 실선으로 등간격으로 긋는 것이 좋다.
(2) 인접한 단면의 해칭은 선의 방향 또는 각도를 변경하거나 해칭 간격을 달리하여 구분한다.
(3) 해칭선의 간격은 가는 실선으로 2~3mm의 간격이 적당하나 절단자리의 크기에 따라 간격은 조절할 수 있다.
(4) 경사진 단면의 해칭선은 경사진 면에 수평이나 수직으로 그리지 않고 기본 중심선에 대하여 45° 경사진 각도로 그린다.

4. 단면도의 종류

(1) 온 단면도(전단면도 : Full section view)

물체의 기본적인 모양을 가장 잘 나타낼 수 있도록 물체의 중심에서 반으로 절단하여 나타낸 것을 온단면도 혹은 전단면도라 한다.

그림 2-8 온단면도

(2) 한쪽 단면도(반단면도)

상하 또는 좌우 대칭형의 물체는 기본 중심선을 경계로 1/2은 외형도로, 나머지 1/2은 단면도로 동시에 나타낸다. 대칭 중심선의 우측 또는 위쪽을 단면으로 한다.

그림 2-9 한 쪽 단면도

(3) 부분 단면도

외형도에서 필요로 하는 일부분만을 부분 단면도로 도시할 수 있다. 파단선(가는실선)으로 단면의 경계를 표시하고 프리핸드로 외형선의 1/2굵기로 그린다.

그림 2-10 부분 단면도

(4) 회전 도시 단면도

핸들이나 바퀴 등의 암이나 리브, 훅, 축, 구조물의 부재 등의 절단면은 90°회전하여 도시하거나 절단할 곳의 전후를 끊어서 그 사이에 그린다.

그림 2-11 회전 도시 단면도

(5) 회전 단면도

단면의 모양이 여러 개로 표시되어 도면 내에 회전단면을 그릴 여유가 없는 경우에 절단선과 연장선상이나 임의의 위치에 단면을 빼내어 그린다.

그림 2-12 회전 단면도

(6) 단면을 표시하지 않는 부품

　① 길이 방향으로 절단하지 않는 부품
　　- 축 스핀들 종류
　　- 볼트, 너트, 와셔종류
　　- 작은 나사 및 세트 스쿠루 종류
　　- 키, 핀, 코터, 리벳의 종류
　② 세로방향으로 절단하지 않는 부품 : 리브, 바퀴의 암, 기어의 이, 핸들 등
　③ 얇은 부분 : 리브, 웨브
　④ 베어링의 볼, 롤러 등

(7) 얇은 부분의 단면도

　패킹, 박판, 형강 등에서 절단 자리의 두께가 얇은 경우
　① 절단자리는 검게 칠한다.
　② 실제의 치수에 관계없이 1개의 굵은 실선으로 표시하고, 이글의 절단자리가 인접하고 있는 틈새 0.7 이상 둔다.

제 3 장 치수기입법 및 재료표시법

3-1 치수기입법

제품을 가공하고 조립하는 제작자는 도면에 표시된 치수대로 제품을 제작하게 된다. 따라서 도면에 기입한 치수는 정확하게 정의해야 하며 알기 쉽고 간단명료해야 한다.

1. 기본사항

(1) 치수의 단위

① 길이 : 단위에는 mm를 사용하나 단위 기호 mm는 기입하지 않는다.
② 각도 : 각도의 단위는 도(°)를 사용하며 필요에 따라 분('), 초(")의 단위도 함께 사용한다.(예 : 90°, 22.5°, 3'21", 0°15', 6°21'5")
③ 치수정밀도가 높을 때에는 소숫점 2자리 또는 3자리까지 표시한다.
  (예 : 30mm ⇨ 30.000mm)

(2) 치수의 표시방법

① 치수선 : 치수를 기입하며 치수선은 0.25mm 이하의 가는 실선을 치수보조선과 직각으로 그어 외형선과 구별하고 양 끝에는 화살표를 붙인다.
② 치수 보조선 : 치수 보조선은 지시하는 치수선의 끝에 해당하는 도형상의 점 또는 선의 중심을 지나 치수선에 직각으로 긋고, 치수선위치에서 2~3mm 정도 넘도록 연장한다.

그림 3-1 치수선의 용도

③ 화살표
   ㉠ 화살표의 크기는 길이와 나비의 비율이 약 3 : 1이 되게 한다.
   ㉡ 선의 굵기와 조화를 이루게 하며 길이는 보통 2.5~3mm로 한다.
   ㉢ 화살의 각도는 선의 각도와 조화되게 그려야 한다.
   ㉣ 한 도면에서는 될 수 있는 대로 화살표의 크기를 같게 한다.
   ㉤ 여유 공간이 없을 경우에는 점을 찍거나 빗금으로 나타내기도 한다.

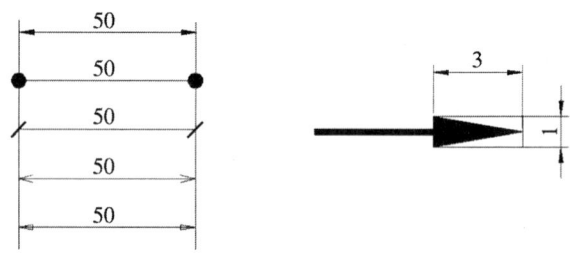

그림 3-2 화살표와 화살표의 종류

④ 지시선
   구멍의 치수 및 가공법, 품번 및 기하공차 등을 기입할 때 사용하며 수평선에 대하여 60°의 직선으로 긋고, 지시되는 쪽에 화살표를 달며, 반대쪽 끝을 수평으로 꺾은 다음, 그 위에 지시 사항이나 치수를 기입한다.
   원에 쓰일 때에는 중심을 향하여 60°의 직선을 긋고 화살표는 원주에 닿도록 한다.

(3) 치수의 배치

   치수를 기입할 때에는 치수선을 중단하지 않고, 수평 방향의 치수선에는 위쪽으로, 수직 방향의 치수선에는 왼쪽으로 향하게 기입한다.

① 직렬 치수 기입법
　직렬로 나란히 연결된 개개의 치수에 주어지는 치수 공차가 차례로 누적되어도 상관없는 경우에 적용한다.
② 병렬 치수 기입법
　한곳을 중심으로 치수를 기입하는 방법으로, 개개의 치수공차는 다른 치수의 공차에는 영향을 주지 않는다. 기준이 되는 치수 보조선의 위치는 기능, 가공 등의 조건을 고려하여 적절히 선택하는 것이 좋다.
③ 누진 치수 기입법
　치수 공차에 대해서는 병렬 치수 기입법과 같은 의미를 가지며 하나의 연속된 치수선으로 간단히 표시할 수 있다. 치수의 기준이 되는 위치는 기호(0 zero)로 표시하고, 치수선의 다른 끝은 화살표를 그린다.

(a) 직렬 치수 기입　　(b) 병렬 치수 기입　　(c) 누진 치수 기입

그림 3-3　누진 치수 기입법

(4) 치수 기입의 원칙

① 부품의 기능상 또는 제작, 조립 등에 있어서 꼭 필요하다고 생각되는 치수만 명확하게 기입한다.
② 치수는 되도록 계산해서 구할 필요가 없도록 기입한다.
③ 중복 치수는 피한다.
④ 가능하면 정면도에 집중하여 기입한다.
⑤ 반드시 전체길이, 전체높이, 전체 폭에 관한 치수는 기입하여야 한다.
⑥ 필요에 따라 기준으로 하는 점과 선 또는 가공면을 기준으로 기입한다.
⑦ 관련된 치수는 가능하면 모아서 보기 쉽게 기입한다.
⑧ 참고치수에 대해서는 치수문자에 괄호를 붙인다.

(5) 치수 보조 기호와 여러 가지 치수 기입

　치수를 나타내는 수치에 부가하여 그 치수의 의미를 명확히 하기 위하여 사용하는 기호를 의미한다.

[표 3-1] 치수 보조 기호

구 분	기 호	사용 예
지 름	ϕ	$\phi 60$
반 지 름	R	R20
구의 지름	$S\phi$	$S\phi 40$
구의 반지름	SR	SR30
정사각형의 변	□	□12
관의 두께	t	t5
45°의 모따기	C	C3
원호의 길이	⌒	$\overset{\frown}{40}$
참고 치수	( )	(50)
이론적으로 정확한 치수	☐	☐40

① 지름의 치수 기입

치수를 기입할 곳이 원형일 경우 지름기호를 이용하여 치수 기입한다.
치수문자 앞에 지름을 뜻하는 "ϕ"를 붙여 사용한다. 이때 우측면의 투상을 생략해도 된다.

② 반지름의 치수 기입

반지름의 치수 기입을 할 때에는 치수문자 앞에 반지름(R)을 붙인다.
큰 원호의 경우 Z자형으로 구부려 치수 기입한다.

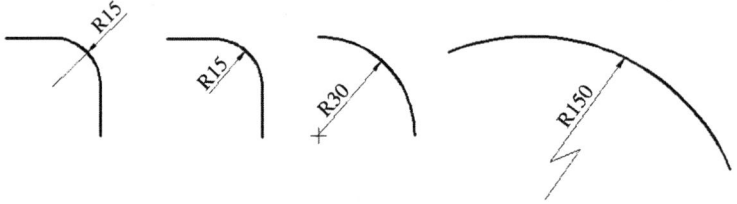

그림 3-4 반지름의 치수 기입

③ 현, 원호의 치수 기입
㉠ 현의 길이 표시 방법
현에 직각하는 치수보조선을 긋고 현에 평행한 치수선을 사용하여 나타낸다.
㉡ 호의 길이 표시 방법
치수 보조선을 긋고, 그 원호와 같은 중심의 원호를 치수선으로 하고, 치수 수치의 위에 원호를 표시하는 기호(⌒)를 붙인다.

그림 3-5 호의 치수 기입

④ 각도 기입 방법

각도를 기입하는 치수선은 그 각을 구성하는 두 변 또는 연장선 사이에 원호로 나타낸다.

⑤ 사각 평면의 표시 방법

평면을 둥근 면과 구별하기 위해 도면에 가는 실선의 대각선표시를 하기도 한다.

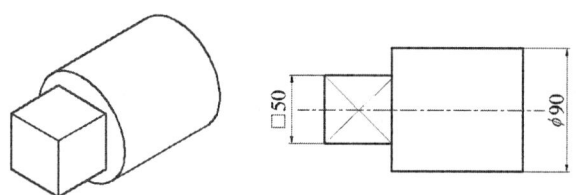

그림 3-6 사각 평면의 치수 기입

⑥ 구의 지름과 구의 반지름

구(Sphere)의 지름 또는 반지름을 나타내는 치수를 기입할 때 치수문자 앞에 S∅ 또는 SR을 붙여 사용한다.

그림 3-7 구의 치수 기입

3-2 기계재료 표시법

1. 재료 기호의 구성

한국공업규격(KS)의 금속부문(D)에서의 재료 기호는 종류별로 화학성분, 기계적 성질 및 용도에 따라 지정된다. 보통 3부분으로 구성되어 나타내지만 필요에 따라 4부분으로 나타낼 수도 있다.

① 처음 부분 : 재질을 표시하는 기호로서 영어의 머리문자 또는 원소기호를 사용한다.
② 두 번째 부분 : 규격명 또는 제품명을 표시하는 기호로서 영어 또는 로마 글자의 머리 자를 쓰고 판, 관, 봉, 선, 주조품, 단조품 등의 제품을 모양별 종류나 용도를 표시한다.
③ 세 번째 부분 : 재료의 종류를 나타내는 기호로서 재료의 최저 인장 강도 또는 재료의 종별 번호를 나타내는 숫자가 사용된다.
④ 끝 부분 : 필요에 따라서 재료 기호 끝 부분에 재료의 경(硬), 연(軟), 열처리 상황, 제조법등을 첨가하여 나타낼 수도 있다.

[표 3-2] 처음 부분의 기호

기호	재질명	영문	기호	재질명	영문
Al	알루미늄	aluminium	HBs	고강도 황동	high strength brass
AlB	알루미늄 청동	aluminium bronze	HMn	고망간	high manganese
B	청동	bronze	PB	인 청동	phosphor bronze
Bs	황동	brass	S	강	steel
C	구리	copper	ST	스테인리스강	stainless steel
Cr	크롬	chromium	WM	화이트 메탈	white metal

[표 3-3] 중간 부분의 기호

기호	재질명	기호	재질명
B	봉(bar)	MC	가단주철품(malleable iron cashing)
C	주조품(castings)	P	판(plate)
CD	구상 흑연주철	PS	일반 구조용 관
CP	냉간 압연강판	PW	피아노선
CS	냉간 압연강대	S	일반 구조용 압연재
DC	다이 캐스팅(die castings)	SW	강선(steel wire)
F	단조품(forgings)	T	관(tube)
HG	고압 가스용기	TC	탄소공구강
HP	열간 압연강판	W	선(wire)
HR	열간 압연	WR	선재(wire rod)
HS	열간 압연강대	WS	용접구조용 압연강
K	공구강		

2. 재료의 종류와 기호

① SHP1~SHP3 : 열간 압연 연강판 및 강대
② SS330, SS400, SS490, SS540 : 일반구조용 압연강판
③ SCP1~SCP3 : 냉간 압연강판 및 강대
④ SM400A~SM570 : 용접구조용 압연강재
⑤ PW1~PW3 : 피아노선
⑥ SPS1~SPS9 : 스프링 강재
⑦ SCr415~SCr420 : 크롬 강재
⑧ SNC415, SNC815 : 니켈 크롬 강재
⑨ SF340A~SF640B : 탄소강 단강품
⑩ STC1~STC7 : 탄소공구강재
⑪ SM10C~SM58C, SM9CK, SM15CK, SM20CK : 기계구조용 탄소강재
⑫ SC360~SC480 : 탄소 주강품
⑬ GC100~GC350 : 회주철품

⑭ GCD370~GCD800 : 구상흑연 주철품
⑮ BMC270~BMC360 : 흑심 가단 주철품
⑯ WMC330~WMC540 : 백심가단 주철품
⑰ C5191B : 인청동
⑱ BC1~BC7 : 청동주물
⑲ ALDC1~ALDC8 : 알루미늄 합금 다이캐스팅

3. 기계재료의 열처리 표시

부품 전체에 열처리를 할 때에는 부품란에 재질과 함께 열처리 방법을 표시하거나 주기란에 기입한다. 부품의 면 일부분에 열처리를 할 때에는 아래 그림과 같이 범위를 외형선에 평행하게 약간 떼어서 굵은 1점 쇄선을 긋고 열처리 방법을 기입한다.

그림 3-8 기계열처리의 표시방법

제 4 장 표면 거칠기 및 치수 공차

4-1 표면 거칠기 표시

기계 부품의 표면은 기구적인 기능을 필요로 하는 부분, 접착력을 요하는 부분, 내식성을 요하는 부분, 외관을 필요로 하는 부분, 성능에 영향을 주는 부분 등의 목적에 따라 다듬질 면의 거칠기 정도가 구분되어야 하고, 이 내용은 도면에 정확히 구별하여 표시해야 한다.

1. 표면 거칠기

공작물의 표면에 생긴 작은 구간에서의 요철을 표면 거칠기(surface roughness)라 한다. 또한, 표면 거칠기보다 큰 간격으로 반복되는 기복의 상태를 파상도라 하며, 이는 공작기계나 바이트의 변형, 진동 등에 의하여 발생한다. KS에서는 표면 거칠기의 측정 방법으로 최대 높이(Ry), 10점 평균 거칠기(Rz : ten point height), 산술 평균 거칠기(Ra)의 3가지 방법을 규정하고 있다.

[표 4-1] 가공 방법의 약호

가공 방법	약호 I	약호 II	가공 방법	약호 I	약호 II
선 반 가 공	L	선 반	호 우 닝 가 공	GH	호 우 닝
드 릴 가 공	D	드 릴	액 체 호 우 닝 다 듬 질	SPL	액 체 호 우 닝
보 링 머 신 가 공	B	보 링	배 럴 연 마 가 공	SPBR	배 럴
밀 링 가 공	M	밀 링	버 프 다 듬 질	FB	버 프
플 레 이 닝 가 공	P	평 삭	브 러 스 트 다 듬 질	SB	브 러 스 트
세 이 핑 가 공	SH	형 삭	래 핑 다 듬 질	FL	래 핑
브 로 우 치 가 공	BR	브 로 칭	줄 다 듬 질	FF	줄
리 머 가 공	FR	리 머	스 크 레 이 퍼 다 듬 질	FS	스 크 레 이 퍼
연 삭 가 공	G	연 삭	페 이 퍼 다 듬 질	FCA	페 이 퍼
벨 트 샌 드 가 공	GB	포 연	주 조	C	주 조

(1) 대상면을 지시하는 기호

표면의 결을 도시할 때에 대상 면을 지시하는 기호는 60°로 벌린, 길이가 다른 절선으로 하는 면의 지시 기호를 사용하며, 지시하는 대상면을 나타내는 선의 바깥쪽에 붙여서 쓴다.

① 절삭 등 제거 가공의 필요 여부를 문제 삼지 않는 경우에는 아래 (그림 a)와 같이 면에 지시 기호를 붙여서 사용한다.
② 제거 가공을 필요로 한다는 것을 지시할 때에는 면의 지시 기호의 짧은 쪽의 다리 끝에 가로선을 부가한다.(그림 b)
③ 제거 가공해서는 안 된다는 것을 지시할 때에는 면의 지시 기호에 내접하는 원을 부가한다.(그림 c)

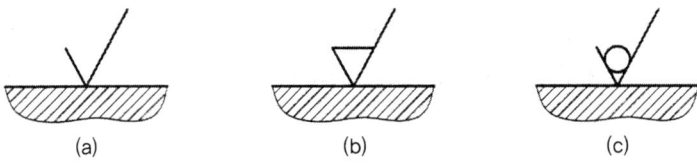

그림 4-1 표면에 대한 지시기호

(2) 표면 거칠기 값의 지시

산술 평균 거칠기(R_a)로 지시하는 경우, 표면 거칠기는 KS B 0161에 규정하는 산술 평균 거칠기의 표준 수열 중에서 선택하여 지시하는데, 이 경우 첨자 'a'는 기입하지 않는다. 다만, 필요가 있어서 표준 수열에 따를 수 없는 경우, 허용할 수 있는 최대 값을 '$R_a \leq 10$' 등과 같이 지시한다. 그리고 표면 거칠기의 지시 값 기입 위치는 다음 중 어느 하나에 따른다.

① 표면 거칠기의 최대값을 지시하는 경우에는 [그림 4-2(a)]와 같이 기입한다.
② 표면 거칠기 값을 어느 구간으로 지시하는 경우에는 상한 값을 위로, 하한 값을 아래로 나란히 기입한다.[그림 4-2(b)]
③ 표면 거칠기의 지시값에 대한 컷오프값을 지시할 필요가 있을 때에는 아래 표에서 선택하여 면의 지시 기호의 긴 쪽 다리에 붙인 가로선 아래에 표면 거칠기의 지시값에 대응시켜 기입한다.[그림 4-2(c)]
④ 최대 높이(R_{max}) 또는 10점 평균 거칠기(R_a)로써 지시하는 경우는 면의 지시 기호의 긴쪽 다리에 가로선을 붙여, 그 아래쪽에 약호와 함께 기입한다.[그림 4-2(d)]

그림 4-2 표면 거칠기 값의 지시

⑤ 줄무늬 방향을 지시할 때에는 표에 규정하는 기호를 면의 지시 기호의 오른쪽에 부기한다.

기호	의미	설명도
=	가공으로 생긴 앞줄의 방향이 기호를 기입한 그림의 투영면에 평행	커터의 줄무늬 방향
⊥	가공으로 생긴 앞줄의 방향이 기호를 기입한 그림의 투영면에 수직	커터의 줄무늬 방향
X	가공으로 생긴 선이 두 방향으로 교차	커터의 줄무늬 방향
M	가공으로 생긴 선이 다방면으로 교차 또는 무방향	
C	가공으로 생긴 선이 거의 동심원	
R	가공으로 생긴 선이 거의 방사상(레이디얼형)	

⑥ 면의 지시 기호에 대한 각 지시 사항의 기입 위치는 아래그림과 같다.

a : 산술 평균 거칠기값
b : 가공방법
c : 컷 오프 값
c' : 기준 길이
d : 줄무늬 방향 기호
e : 다듬질 여유 기입
f : 산술 평균 거칠기 이외의 표면거칠기 값
g : 표면 파상도

그림 4-3 면의 지시기호

(3) 다듬질 기호

KS B 0617에 의하면, 면의 지시 기호 대신 다듬질 기호를 사용할 수도 있다고 규정하고 있다. 그러나 이 방법은 ISO 1302 규격에는 꼭 맞지 않으므로, 되도록 빠른 기간에 면의 지시 기호로 바꾸어 사용하는 것이 좋다.

① 다듬질 기호

다듬질 기호를 사용하여 표면거칠기를 지시할 때에는 삼각 기호(▽)의 수와 파형 기호(~)로 표시한다. 아래 표는 다듬질 기호에 대한 표면거칠기의 기호 및 가공 방법, 특별히 지정하는 경우 이외에는 이 중 하나를 선택해서 사용한다.

② 다듬질 기호 기입

다듬질 기호를 사용하여 면의 결을 지시할 때에는, 삼각 기호에 표면거칠기의 표준값, 컷오프값, 기준 길이, 가공 방법, 줄무늬 방향의 기호 및 다듬질 여유값을 부기할 수 있다. 이때, 산술 평균 거칠기는 a, 최고 높이는 s, 10점 평균 거칠기는 z의 기호를 표면 거칠기의 표준값 다음에 기입한다.

[표 4-2] 표면 거칠기의 기호 및 가공 방법(단위 : μm)

명 칭	기 호	거칠기 정도 (Ra)	적 용
-	▽	-	절삭가공 등 가공을 하지 않은 표면 주물의 표면
거친다듬질	▽(W)	약 25~100μm	일반 절삭가공만하고 끼워 맞춤이 없는 표면 (드릴구멍, 선삭가공부 등)
중간다듬질	▽▽(X)	약 6.3~25μm	끼워맞춤만 있고 상대운동은 없는 표면 커버와 몸체의 끼워맞춤부, 키홈, 축과 회전체의 결합부 등
상급다듬질	▽▽▽(y)	약 0.8~6.3μm	끼워맞춤이 있고 상대운동이 있는 표면 베어링, 셀 등 정밀 축 기계요소 등이 끼워지는 표면, 정밀가공이 요구되는 표면 (연삭 가공)
정밀다듬질	▽▽▽▽(z)	약 0.1~0.8μm	대단히 매끄러운 표면을 의미함 게이지류, 피스톤, 실린더 표면 등 (호닝 등 정밀입자가공)

4-2 치수 공차

1. 치수 공차 일반 사항

설계 도면을 작성할 때에는 그 부품의 생산 방법이나 생산 공정 등을 신중히 고려하여 필요한 내용을 빠짐없이 기입하도록 해야 하며, 호환성을 유지하기 위하여 부품의 조립과 기능 및 용도에 필요한 가공 정밀도를 제시해야 한다.

2. 치수 공차의 용어

① 구멍 : 주로 원통형 부분의 내측 부분
② 축 : 주로 원통형 부분의 외측 부분
③ 실 치수 : 두점 사이의 거리를 실제로 측정한 치수
④ 허용 한계 치수 : 실 치수가 그 사이에 들어가도록 정한 대·소의 허용치수이며, 최대허용치수(30.2)와 최소허용치수(29.9)가 있다.(예 : $30^{+0.2}_{-0.1}$)
⑤ 기준 치수 : 치수 허용한계의 기준이 되는 치수
⑥ 기준선 : 허용 한계치수 또는 끼워 맞춤을 도시할 때 치수허용차의 기준이 되는 선으로, 치수허용차가 0인 직선으로 기준치수를 나타낼 때에 사용한다.
⑦ 치수 허용차 : 허용 한계치수에서 그 기준치수를 뺀 값으로 위치수 허용차와 아래치수허용차가 있다.
⑧ 치수 공차 : 최대 허용 한계치수와 최소허용 한계치수의 차이다. 또는 위치수 허용차와 아래치수 허용차의 차를 의미하기도 하며 공차라고도 한다.

> **예제**
> $30^{+0.05}_{-0.02}$ 에서 최대허용치수와 최소허용치수는?
>
> **풀이** ① 최대허용치수＝기준치수＋위치수허용차＝30＋0.05＝30.05mm
> ② 최소허용치수＝기준치수＋아래치수허용차＝30＋(−0.02)＝29.98mm
> ③ 치수공차＝최대허용치수−최소허용치수＝30.05−29.98＝0.07mm

그림 4-4 치수 공차의 용어

3. 기본 공차

① IT 기본 공차는 치수 공차와 끼워 맞춤에 있어서 정해진 모든 치수 공차를 의미하는 것으로 국제 표준화 기구(ISO) 공차 방식에 따라 분류하며 IT 01부터 IT 18까지 20등급으로 구분하여 KS B 0401에 규정하고 있다. IT 01과 IT 0에 대한 값은 사용 빈도가 적으므로 별도로 정하고 있다.

② IT 공차의 수치 : 기준 치수가 500 이하인 경우와 500을 초과하여 3150까지 공차 등급 IT 1부터 IT 18에 대한 기본공차의 수치를 나타낸다.

[표 4-3] 기본 공차의 적용

용 도	게이지 제작 공차	끼워 맞춤 공차	끼워 맞춤 이외 공차
구 멍	IT 1 ~ IT 5	IT 6 ~ IT 10	IT 11 ~ IT 18
축	IT 1 ~ IT 4	IT 5 ~ IT 9	IT 10 ~ IT 18

4-3 끼워 맞춤

기계 부품을 조립할 때 구멍과 축이 미끄럼 운동이나 회전 운동이 이루어질 수 있는 경우와 상호 운동 없이 동력을 전달해야 되는 경우가 있다. 이와 같이, 구멍과 축이 조립되는 관계를 끼워 맞춤이라 하고, 구멍의 지름이 축의 지름보다 큰 경우 두 지름의 차를 틈새, 축의 지름이 구멍의 지름보다 큰 경우 두 지름의 차를 죔쇠라 한다.

[표 4-4] 틈새와 죔새

구 분	용 어	해 설
틈 새	최소 틈새	구멍의 최소 허용 치수 - 축의 최대 허용 치수
	최대 틈새	구멍의 최대 허용 치수 - 축의 최소 허용 치수
죔 새	최소 죔새	축의 최소 허용 치수 - 구멍의 최대 허용 치수
	최대 죔새	축의 최대 허용 치수 - 구멍의 최소 허용 치수

그림 4-5 축의 지름이 구멍의 지름보다 작은 경우

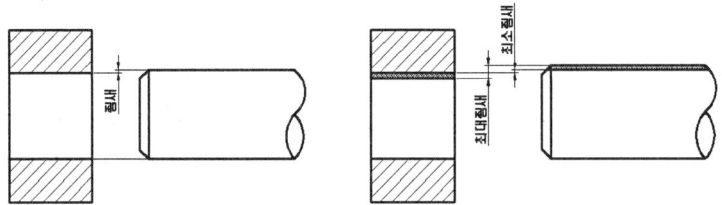

그림 4-6 축의 지름이 구멍의 지름보다 큰 경우

1. 끼워 맞춤의 종류

끼워 맞춤 부분을 가공할 때 부품 소재의 상태나 가공의 난이 정도에 따라 구멍을 기준으로 할 것인지 또는 축 기준으로 할 것인지에 따라 구멍 기준식과 축 기준식으로 나눈다.

① 구멍 기준식 끼워 맞춤 : 아래 치수 허용차가 0인 H 기호 구멍을 기준 구멍으로 하고, 이에 적당한 축을 선정하여 필요한 죔쇠나 틈새를 얻는 끼워 맞춤으로 H6~H10의 다섯 가지 구멍을 기준 구멍으로 사용한다.

② 축 기준식 끼워 맞춤 : 위 치수 허용차가 0인 h 기호 축을 기준으로 하고, 이에 적당한 구멍을 선정하여 필요한 죔쇠나 틈새를 얻는 끼워 맞춤으로 h5-h9의 5가지 축을 기준으로 사용한다.

제 4 장 표면 거칠기 및 치수 공차

[표 4-5] 구멍과 축의 기호 및 상호관계

구멍 기호	⇐ 지름이 커짐 지름이 작아짐 ⇒
	최소허용치수와 기준치수 일치
	A B C D E F G H Js K M N P R S T U X
축 기호	⇐ 지름이 작아짐 지름이 커짐 ⇒
	최대허용치수와 기준치수 일치
	a b c d e f g h js k m n p r s t u x

[표 4-6] 상용하는 구멍 기준 끼워 맞춤

기준축	구멍 공차역 클래스													
	헐거운 끼워 맞춤						중간 끼워 맞춤			억지 끼워 맞춤				
H6					g5	h5	js5	k5	m5					
				f6	g6	h6	js6	k6	m6	n6	p6			
H7				f6	g6	h6	js6	k6	m6	n6	p6	r6	s6	t6	u6	x6
			e7	f7		h7	js7							
				f7		h7								
H8			e8	f8		h8								
		d9	e9											
		d8	e8			h8								
H9		c9	d9	e9			h9							
H10	b9	c9	d9											

[표 4-7] 상용하는 축 기준 끼워 맞춤

기준축	구멍 공차역 클래스														
	헐거운 끼워 맞춤					중간 끼워 맞춤			억지 끼워 맞춤					
h5						H6	JS6	K6	M6	N6	P6				
				F6	G6	H6	JS6	K6	M6	N6	P6				
h6				F7	G7	H7	H7	K7	M7	N7	P7	R7	S7	T7	U7	X7
			E7	F7											
				F8		H8									
h7		D8	E8	F8		H8									
		D9	E9			H9									
		D8	E8			H8									
h8	C9	D9	E9			H9									
h9	B10	C10	D10												

2. 끼워 맞춤 상태에 따른 분류

① 헐거운 끼워 맞춤 : 구멍의 최소 치수가 축의 최대 치수보다 큰 경우이며, 항상 틈새가 생기는 끼워 맞춤으로 미끄럼 운동이나 회전 운동이 필요한 기계 부품 조립에 적용한다.

예 제	구 멍	축
최대 허용 치수	A = 50.025mm	a = 49.975mm
최소 허용 치수	B = 50.000mm	b = 49.950mm
최대 틈새	A − b = 0.075mm	
최소 틈새	B − a = 0.025mm	

② 억지 끼워 맞춤 : 구멍의 최대 치수가 축의 최소 치수보다 작은 경우이며, 항상 죔쇠가 생기는 끼워 맞춤으로 동력 전달을 하기 위한 기계 조립이나 분해 조립이 불필요한 영구 조립 부품에 적용한다.

예 제	구 멍	축
최대 허용 치수	A = 50.025mm	a = 50.050mm
최소 허용 치수	B = 50.000mm	b = 50.034mm
최대 죔새	a − B = 0.050mm	
최소 죔새	b − A = 0.009mm	

③ 중간 끼워 맞춤 : 중간 끼워 맞춤은 축, 구멍의 치수에 따라 틈새 또는 죔쇠가 생기는 끼워 맞춤으로, 헐거운 끼워 맞춤이나 억지 끼워 맞춤으로 얻을 수 없는 더욱 작은 틈새나 죔쇠를 얻는 데 적용하며, 베어링 조립은 중간 끼워 맞춤의 대표적인 보기이다.

예 제	구 멍	축
최대 허용 치수	A = 50.025mm	a = 50.011mm
최소 허용 치수	B = 50.000mm	b = 49.995mm
최대 죔새	a − B = 0.011mm	
최대 틈새	A − b = 0.030mm	

구 멍	축	상호관계
⌀60H7	⌀60g6	구멍 기준식 헐거운 끼워 맞춤
⌀40H7	⌀40p7	구멍식 억지 끼워 맞춤
⌀30G6	⌀30h7	축 기준식 헐거운 끼워 맞춤
⌀50P6	⌀50h7	축 기준식 억지 끼워 맞춤

4-4 기하 공차

기하 공차는 기계 부품의 치수 공차에 형상 및 위치 공차를 주어 제품을 정밀하고 효율적으로 생산하여 경제성이 있도록 하는데 있다. 기하 공차 표시법에서는 도면에 말을 쓰지 않고 숫자, 문자 및 기호를 사용해야하며, 기호의 사용법은 국제적으로 통일되어 있으며, KS B 0608에서 규정되어 있다.

1. 기하 공차의 종류와 그 기호

[표 4-8] 기하 공차의 종류와 기호

적용하는 형체	구분	기호	공차의 종류	
단독 형체	모양공차	─	진직도 공차	
		▱	평면도 공차	
		○	진원도 공차	
		⌭	원통도 공차	
단독 형체 또는 관련 형체		⌒	선의 윤곽도 공차	
		⌒	면의 윤곽도 공차	
관련 형체	자세공차	//	평행도 공차	최대실체공차 적용 (MMC)
		⊥	직각도 공차	
		∠	경사도 공차	
	위치공차	⌖	위치도 공차	최대실체공차 적용 (MMC)
		◎	동축도 공차 또는 동심도 공차	
		═	대칭도 공차	
	흔들림공차	↗	원주 흔들림 공차	
		↗↗	온 흔들림 공차	

[표 4-9] 기하 공차의 부가기호

표시하는 내용		기 호
공차붙이 형체	직접 표시하는 경우	
	문자기호에 의하여 표시하는 경우	
데이텀	직접 표시하는 경우	
	문자기호에 의하여 표시하는 경우	
데이텀 표적(target) 기입틀		∅2/A1
이론적으로 정확한 치수	직각 테두리로 표시	50
돌출 공차역	돌출된 부분까지 포함하는 공차표시	Ⓟ
최대 실체 공차 방식	최대질량의 실체를 갖는 조건	Ⓜ
형체 치수 무관계	규제기호로 표시되지 않음	Ⓢ

2. 기하 공차의 기입방법

기계요소제도 _{제 5 장}

5-1 체결용 기계요소

1. 나사

(1) 나사의 표시 방법

나사의 표시 방법은 나사의 호칭, 나사의 등급, 나사산의 감긴 방향 및 나사산 줄의 수에 대하여 다음과 같이 나타낸다.

| 나사산의 감긴 방향 | 나사산의 줄 수 | 나사의 호칭 | 나사의 등급 |

(2) 나사의 호칭법

① 미터 나사의 호칭법

| 나사의 종류를 표시하는 기호 | 나사의 호칭지름을 표시하는 숫자 | × | 피치 |

[예] M 50×2

② 유니파이 나사의 호칭법

| 나사의 지름을 표시하는 숫자 | 산의 수 | 나사 종류를 표시하는 기호 |

[예] 3/8-16 UNC

③ 인치 나사의 호칭법

| 나사의 종류를 표시하는 기호 | 나사의 호칭지름을 표시하는 숫자 | 산 | 산의 수 |

[예] SM 1/4 산 40

[표 5-1] 나사의 종류 기호 및 호칭방법(KS B 0200)

구 분		나사의 종류	나사의 종류 기호	나사의 호칭에 대한 표시법	관련 규격
일반용	ISO 규격에 있는것	미터 보통 나사	M	M8	KS B 0201
		미터 가는 나사		M8×1	KS B 0204
		미니추어 나사	S	S 05	KS B 0228
		유니파이 보통 나사	UNC	3/8-16 UNC	KS B 0203
		유니파이 가는 나사	UNF	No. 8-36 UNF	KS B 0206
		미터 사다리꼴 나사	Tr	Tr 10×2	KS B 0229
		관용 테이퍼 나사 - 테이퍼 수나사	R	R 3/4	KS B 0222
		관용 테이퍼 나사 - 테이퍼 암나사	Rc	Rc 3/4	
		관용 테이퍼 나사 - 평행 암나사	Rp	Rp 3/4	
		관용 평행 나사	G	G 1/2	KS B 0221
	ISO 규격에 없는것	30° 사다리꼴 나사	TM	TM 18	KS B 0227
		29° 사다리꼴 나사	TW	TM 20	KS B 0226
		관용 테이퍼 나사 - 테이퍼 나사	PT	PT 7	KS B 0222
		관용 테이퍼 나사 - 평행 암나사	PS	PS 7	
		관용 평행 나사	PF	PF 7	KS B 0221

(3) 나사산의 감김 방향 및 나사산의 줄 수

① 나사산의 감김 방향

나사산의 감김 방향은 왼나사일 때에는 '좌'자로 표시하고, 오른나사일 때에는 표시하지 않는다. 또한, '좌' 대신에 'L'을 사용할 수도 있다.

② 나사산의 줄 수

나사산의 줄 수는 여러 줄 나사의 경우에는 '2줄', '3줄' 등과 같이 표시하고, 한 줄 나사인 경우에는 표시하지 않는다. 또한, '줄' 대신에 'N'도 사용할 수도 있다.

[표 5-2] 나사표기 방법의 예

구 분	감긴 방향	줄 수	호 칭	등 급	설 명
좌2줄 M 60×2-6H	좌	2줄	M60×2	6H	2줄 왼나사 미터 가는 나사 지름이 60mm이고 피치가 2mm인 공차 6H인 암나사
좌 M20-6H/6g	좌	1줄	M20	6H/6g	1줄 왼나사 나사로미터 나사 지름이 20mm인 암나사 6H와 수나사 6g의 조합
No.4-40 UNC-2A	우	1줄	4-40UNC	2A	1줄 오른나사 유니 파이 보통나사 A급 (피치 25.4/40=0.6350mm)

제 5 장 기계요소제도

(4) 나사의 도시법

① 수나사의 도시방법

[표 5-3] 수나사 도시방법

나사의 각부	선의 종류	나사부의 그림	비 고
수나사의 바깥지름	굵은 실선		
수나사의 골	가는 실선		
완전 나사부와 불완전 나사부의 경계선	굵은 실선		
불완전 나사부의 끝 밑선	가는 실선		축선에 대하여 30° 경사
측면도시에서 골지름	가는 실선 (3/4 원)		

[표 5-4] 암나사 도시방법

나사의 각부	선의 종류	나사부의 그림	비 고
암나사의 안지름	굵은 실선		
암나사의 골	가는 실선		
가려서 보이지 않는 나사부	파선		
측면도시에서 골지름	가는 실선 (3/4 원)		

2. 키(Key)

(1) 키의 기능

키는 보통 사각형 혹은 원형 단면을 가진 작은 금속 막대로서, 풀리, 기어 등과 같은 회전체를 축에 고정하여 축과 회전체 사이의 미끄럼을 방지 하고, 회전력을 전달하는 결합용 기계요소이다.

(2) 키의 호칭법

규격번호	종류 및 호칭 치수	길이	끝 모양의 특별 지정	재료
KS B 1311	평행 키 10×8	25	양 끝 둥	SM 45 C

3. 핀

(1) 핀의 호칭방법

[표 5-5] 암나사 도시방법

핀의 종류	그 림	호칭 지름	호칭 방법
평행 핀		핀의 지름	규격 번호 또는 명칭, 종류, 형식, 호칭, 지름×길이, 재료
테이퍼 핀		작은 쪽의 지름	명칭, 등급 $d \times l$, 재료
슬롯 테이퍼 핀		갈라진 부분의 지름	명칭, $d \times l$, 재료, 지정 사항
분할 핀 (스플릿 핀)		핀 구멍의 치수	규격 번호 또는 명칭, 호칭, 지름×길이, 재료

① 종류는 끼워맞춤 기호에 따른 m6, h7의 두 종류이다.
② 형식은 끝면의 모양이 납작한 것이 A, 둥근 것이 B이다.
③ 등급은 테이퍼의 정밀도 및 다듬질 정도에 따라 1급, 2급의 두 종류가 있다.

4. 리벳

(1) 리벳 이음의 도시법

① 리벳을 크게 도시할 필요가 없을 때에는 리벳 구멍을 약도로 도시한다.
② 리벳의 체결 위치만 표시할 경우에는 중심선만을 그린다.
③ 같은 간격으로 연속하는 같은 종류의 구멍표시 방법은 간단히 기입한다.
④ 여러 장의 얇은 판의 단면 도시에서 각 판의 파단선은 서로 엇갈나게 긋는다.
⑤ 리벳은 길이 방향으로 절단하여 도시하지 않는다.

5-2 축용 기계요소

1. 축(Shaft)이음

축은 단면의 모양은 원형이며 보통 2개 이상의 베어링으로 지지되어 있는 것으로 동력을 직접적으로 전달하는 회전 막대로서 기계에서 가장 중요한 요소 중의 하나이다.

(1) 축 도시법방법

① 축은 길이방향으로 단면도시를 하지 않는다. 단, 부분단면은 허용한다.
② 긴축은 중간을 파단하여 짧게 그릴 수 있으며 실제치수를 기입한다.
③ 축 끝에는 모따기 및 라운딩을 할 수 있다.
④ 축에 있는 널링(knurling)의 도시는 빗줄인 경우는 축선에 대하여 30°로 엇갈리게 그린다.

그림 5-1 축의 도시 방법

2. 베어링

회전짝을 이루는 두 요소가 직접 접촉하면 마찰에 의해서 소음과 열이 발생하고 마멸이 촉진된다. 회전축과 축을 지지하는 요소 사이의 마찰을 줄이고 원활한 상대 운동을 유지하기 위해서 설치하는 축용 기계요소를 베어링이라 한다.

(1) 구름 베어링의 호칭법

① 베어링 계열기호 : 베어링 형식과 치수계열을 나타낸다.
  ㉠ 형식(첫 번째 숫자)
     1 …… 복식 자동 조심형
     2, 3 …… 복식 자동 조심형(큰 나비)
     6 …… 단식 홈형
     7 …… 단식 앵귤러 볼형
     N …… 원통 롤러형
  ㉡ 치수계열(두 번째 숫자) : 폭과 높이 계열과 지름 계열을 조합한 것으로 같은 베어링의 안지름에 대한 폭과 바깥지름과의 계열을 나타낸다.
  ㉢ 안지름 번호(세 번째, 네 번째 숫자) : 안지름 번호 1~9까지는 안지름 번호와 안지름이 같고 안지름 번호가 안지름 20mm 이상 480mm 미만에서는 안지름을 5로 나눈 수가 안지름 번호이다.
     00 : 안지름 10mm, 01 : 안지름 12mm, 02 : 안지름 15mm, 03 : 안지름 17mm

② 호칭번호의 표시
  ㉠ 6008C2P6

  ㉡ 6312ZNR

ⓒ NA4916V

ⓓ 2320K

3. 구름베어링의 제도(KS 규격 B0004-2)

① 볼베어링과 롤러 베어링의 간략도시방법

간략 도면	볼 베어링	롤러 베어링	간략 도면	볼 베어링	롤러 베어링
	깊은홈 볼 베어링	원통 롤러 베어링		복열 깊은홈 볼 베어링	복열 원통 롤러 베어링
	복열 자동조심 볼 베어링			앵귤러 콘택트 볼 베어링	테이퍼 롤러 베어링
	복열 앵귤러 콘택트 볼 베어링			복열 앵귤러 콘택트 볼 베어링(분리형)	
		니들 롤러 베어링			복열 니들 롤러 베어링

② 스러스트 베어링의 간략도시방법

간략 도면	볼 베어링	롤러 베어링
	스러스트 볼 베어링	스러스트 롤러 베어링 스러스트 니들 베어링(케이지)
	복열 스러스트 볼 베어링	
	앵귤러 콘택트 스러스트 볼 베어링	
		자동조심 스러스 롤러 베어링

5-3 전동용 기계요소

1. 기어

(1) 이의 크기

이의 크기를 나타내는 방법으로는 원주 피치, 지름 피치 및 모듈의 세 가지 방법으로 표시하며 KS규격에서는 모듈만 제시하고 있다.

기어는 피치원의 둘레에 따라 같은 간격으로 절삭되어 있다. 원둘레 및 피치가 같지 않으면 맞물릴 수 없다. KS규격에서는 모듈을 0.1~25mm까지로 규정하고 있으며 모듈 값이 클수록 이의 크기가 크다.

① 원주 피치(Circle pitch)

피치원 둘레 위에서 서로 인접한 이와 이사이의 원호의 길이로 원둘레를 길이로 나눈 값을 의미한다.

$$p = \frac{\pi D}{Z}[\text{mm}] \quad \text{or} \quad p = \pi m$$

여기서, p : 원주 피치
D : 피치원의 지름(mm)
Z : 잇수

② 모듈(Modoule)

이 한 개에 해당하는 피치원 지름의 길이로서 m으로 표시하며 피치원의 지름을 잇수로 나눈 값으로 미터식기어의 크기를 나타낸다.

$$m = \frac{d}{z} = \frac{\text{피치원의 지름}}{\text{잇수}}$$

③ 지름 피치(Diametral pitch)

피치원의 지름 1inch에 해당하는 잇수이며 잇수를 인치로 나타낸 피치원의 지름으로 나눈 값이다.

$$p = \frac{\text{잇수}}{\text{피치원 지름}} = \frac{z}{D}(\text{inch}) = \pi m (\text{mm}) = \frac{25.4z}{D}$$

(2) 기어의 제도

기어의 제도는 KS B 0002에 따르고, 도면에 포함되는 일반 사항은 KS B 0001에 따른다. 기어의 종류에는 여러 가지가 있으나, KS B 0002에서는 스퍼 기어, 헬리컬 기어, 더블 헬리컬 기어, 스크루 기어, 베벨 기어, 스파이럴 기어, 하이포이드 기어, 웜 및 웜 기어와 같은 8종류에 대하여 규정하고 있다.

(a) 헬리컬 기어 (b) 베벨 기어

(c) 스파이럴 베벨 기어 (d) 하이포이드 기어

그림 5-2 기어의 종류

① 스퍼기어의 도시법

기어의 도시법은 치형을 생략하고 약도법을 사용하여 다음 같이 나타낸다.

㉠ 정면도는 같은 축에서 직각인 방향에서 본그림으로 한다.
㉡ 이끝원은 굵은 실선으로 그린다.
㉢ 피치원은 가는 1점 쇄선으로 그린다.
㉣ 이뿌리원은 가는 실선으로 그린다. 단, 축에 직각 방향으로 단면 투상할 경우에는 굵은 실선으로 그린다.
㉤ 표준 압력 각은 $a=20°$, 치형은 인벌류트 치형으로 한다.

[예] 스퍼기어의 요목표

스퍼기어 요목표		
기어 치형		표 준
공구	치 형	보통이
	모 듈	3
	압력각	20°
잇 수		40
피치원 지름		PCD φ120
전체 이높이		4.5
다듬질 방법		호브 절삭
정밀도		KS B1405, 5급

그림 5-3 스퍼 기어

2. 벨트 풀리

(1) 평벨트 풀리

2개의 축에 벨트 풀리를 고정하고 여기에 평벨트를 걸어 벨트와 풀리와의 마찰력을 이용하여 동력을 전달할 때 쓰인다.

평벨트의 재질은 가죽이나 고무, 강철등이 쓰이며 풀리의 구조에 따라 일체형과 분할형이 있다.

(2) 평벨트 풀리의 호칭법

명 칭	종 류	호칭지름×호칭나비	재 질
평벨트풀리	일체형	120×20	주 철

(3) 평벨트 풀리의 도시법

① 벨트 풀리는 축 직각 방향의 투상을 정면도로 한다.
② 모양이 대칭형인 벨트 풀리는 그 일부분만을 도시한다.

③ 암과 같은 방사형의 것은 수직 중심선 또는 수평 중심선까지 회전하여 투상한다.
④ 암은 길이 방향으로 절단하지 않으며 단면형은 도형의 밖이나 도형 속에 표시한다.
⑤ 테이퍼 부분의 치수는 치수보조선을 빗금 방향(수평 60° 또는 30°)으로 긋는다.

그림 5-4 평벨트의 풀리의 도시

3. V벨트 풀리

V벨트는 사다리꼴의 단면을 갖는 고리 모양의 벨트이며, V벨트 풀리는 V형의 홈을 만들어 쐐기 작용에 의하여 마찰력을 증대시킨 벨트 풀리이다. V벨트 풀리에는 V벨트의 형별에 따라 M형, A형, B형, C형, D형, E형 등과 같은 6종류가 있다.

그림 5-5 V벨트 풀리의 단면

(1) V벨트 풀리의 호칭 방법

규격번호 또는 명칭	호칭지름	종 류	보스의 위치 구별
KS B 1403	250	A1	Ⅲ

(2) V벨트 풀리의 도시방법

① V벨트 풀리의 홈 수는 규정이 없으나 M형은 한줄 걸기를 원칙으로 한다.

② V벨트 풀리는 림이 V자형으로 되어 있으므로 호칭지름(D)은 V벨트를 걸었을 때 V단면의 중앙을 지나는 가상원의 지름으로 나타낸다.

5-4 제어용 기계요소

1. 스프링의 도시법

스프링의 제도는 KS B 0005에 규정되어 있으며, 일반적으로 간략도로 도시하고, 필요한 사항은 항목표에 기입한다. 항목표의 내용은 필요에 따라 일부를 생략하거나 추가할 수 있다.

(1) 코일 스프링의 제도

그림 5-6 코일 스프링의 제도   그림 5-7 코일 스프링의 간략도

① 스프링은 원칙적으로 하중이 걸리지 않은 상태로 그린다. 만약, 하중이 걸린 상태인 경우에는 선도 또는 그때의 치수와 하중을 기입한다.
② 하중과 높이(또는 길이) 또는 처짐과의 관계를 표시할 필요가 있을 때에는 선도로 표시한다. 선도는 사용상 지장이 없는 한 직선으로 표시하고, 그 굵기는 스프링을 표시하는 선과 같게 한다.
③ 특별한 단서가 없는 한 모두 오른쪽 감기로 도시하고, 왼쪽 감기로 도시할 때에는 '감긴 방향 왼쪽'이라고 한다.
④ 그림 안에 기입하기 힘든 사항은 일괄하여 항목표에 표시한다.
⑤ 코일 부분의 투상은 나선이 되고, 시트에 근접한 부분의 피치 및 각도가 연속적으로 변하는 것은 직선으로 표시한다.
⑥ 코일 부분의 중간 부분을 생략할 때에는 생략한 부분을 가는 1점 쇄선으로 표시하거나, 또는 가는 2점 쇄선으로 표시해도 좋다.
⑦ 스프링의 종류와 모양만을 도시할 때에는 재료의 중심선만을 굵은 실선으로 그린다.

컴/퓨/터/응/용/선/반/기/능/사

제 **4** 편

기계가공법 및 안전관리

제 1 장 공작기계 및 절삭제
제 2 장 선반가공
제 3 장 밀링가공
제 4 장 연삭가공
제 5 장 드릴링, 보링머신 가공, 슬로터
제 6 장 기어가공
제 7 장 정밀입자 및 특수가공
제 8 장 측　정
제 9 장 수기가공(손 다듬질)
제 10 장 기계안전

제 1 장 공작기계 및 절삭제

1-1 공작기계의 분류

(1) 일반(범용) 공작기계

절삭속도 및 이송의 범위가 크고, 부속 장치를 사용하여 다양한 종류의 가공을 할 수 있는 공작기계이며, 여러 가지 소량 생산에 적합하지만, 부품을 다량으로 양산하는 데 사용하며 이는 선반, 드릴링머신, 밀링머신, 연삭기 등의 공작기계가 있다.

(2) 단능 공작기계

간단한 공정이나 1종의 공정밖에 할 수 없는 공작기계이며, 다량생산에 적합하나 다른 공정의 가공에 융통성이 없다. 이는 바이트연삭기, 센터리스연삭기, 타이어보링머신 등의 공작기계가 있다.

(3) 전용 공작기계

특정한 모양, 치수의 제품을 양산하기에 적합하도록 만든 공작기계이며, 사용 범위에는 좁고, 소량 생산에는 적합하지 않는 공작기계로 전용 공작기계에는 모방선반, 자동선반, 생산밀링머신 등이 있으며, 또한 전용 공작기계를 여러 개 조합하여 자동화한 트랜스퍼 머신(Transfer Machine) 등이 있어서 기계공작에 큰 역할을 한다.

(4) 만능 공작기계

여러 가지 종류의 공작기계에서 할 수 있는 가공을 1대의 공작기계에서 가능하도록 제작한 공작기계이다.

1-2 공작기계의 구비조건

① 제품의 공작 정밀도가 좋을 것
② 절삭 가공능률이 우수할 것
③ 융통성이 풍부할 것
④ 조작이 용이하고, 안전성이 높을 것
⑤ 동력 손실이 적고, 기계 강성이 높을 것

1-3 공작기계의 기본운동

① 절삭 운동 : 절삭할 때 칩과 절삭공구가 길이방향으로 움직이는 운동
② 이송 운동 : 공작물과 절삭공구가 절삭방향으로 이송하는 운동
③ 위치 조정운동 : 공구와 공작물 간의 절삭조건에 따른 절삭 깊이 조정 및 일감, 공구의 설치 및 제거

1-4 절삭저항의 요소

① 가공물의 재질 : 단단한 재질일수록 절삭저항은 증가한다.
② 공구날끝의 모양 및 공구각 : 경사각이(약 30°까지) 커질수록 감소한다.
③ 절삭면적(이송×깊이) : 절삭면적이 커질수록 절삭저항이 증가한다.
④ 절삭속도 : 절삭속도가 클수록 절삭저항은 감소한다.
⑤ 절삭제 : 절삭유를 사용하면 절삭저항은 감소한다.

1-5 절삭저항의 3분력

절삭저항=주분력(P_1) 10 > 배분력(P_3)(2-4) > 이송분력(P_2)(1-2)

① 주분력(P_1 : Principal Culting Force) : 절삭방향으로 작용하는 분력
② 이송분력(P_2 : Feed Force) : 이송방향(평행)으로 작용하는 분력
③ 배분력(P_3 : Radial Force) : 공구의 축 방향으로 작용하는 분력

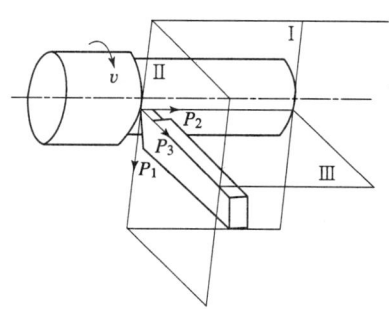

그림 1-1 절삭저항의 3분력

1-6 절삭동력

(1) 선반의 절삭동력(PS, KW)

$$PS = \frac{P_1(N) \times V}{75 \times 9.81 \times 60 \times \eta}, \quad KW = \frac{P_1(N) \times V}{102 \times 9.81 \times 60 \times \eta}$$

(V=절삭 속도, η=효율, P_1=주분력 : $f \times t \times$비절삭 저항[ks])

(2) 절삭률(Q)

$$Q = v \times f \times t \, (\text{cm}^3/\text{min})$$

1-7 절삭조건

작업자가 공작기계를 조작하여 쉽게 조절할 수 있게, 즉 단위 시간당 절삭량에 영향을 끼치는 변수들의 조합을 절삭조건이라 한다.

실제 가공물을 절삭하는 데 있어서 가장 중요한 절삭조건은 절삭공구 재질, 공작물 재질, 절삭속도, 이송, 절삭깊이, 절삭유 사용유무 등에 영향을 받는다.

(1) 절삭속도

$$V = \frac{\pi DN}{1000} \, [\text{m/min}], \quad N = \frac{1000\,V}{\pi D} \, [\text{rpm}]$$

(2) 절삭면적

$$F = f \times t$$

F : 절삭면적(mm^2), f : 이송(mm/rev), t : 절삭깊이(mm)

(3) 절삭 조건과 공구 수명과의 관계

① 절삭조건의 3요소 : 절삭 속도, 이송, 절삭 깊이
② 공구수명은 절삭속도, 이송, 절삭 깊이 순으로 영향을 받는다.
→ 경제적 절삭을 위해 절삭 깊이를 크게 하는 것이 유리하다.

1-8 공구인선과 이송이 표면거칠기에 미치는 영향

표면거칠기를 적게 하려면, 일반적으로 공구인선의 반지름을 크게 하고 이송을 적게 하는 것이 좋다. 반면, 인선의 반지름을 너무 크게 하면 절삭저항이 증가하여 바이트와 공작물 간에 떨림이 발생할 수 있다.

$$H = \frac{S^2}{8r}, \quad S = \sqrt{8rH}$$

1-9 칩의 생성

(1) 유동형   (2) 전단형   (3) 열단형   (4) 균열형

그림 1-2 칩의 생성 모양

(1) 유동형 칩(flow type chip)

칩이 공구의 경사면 위를 유동하는 것과 같이 원활하게 연속적으로 흘러 나가는 형태로서 칩 발생시 연속적인 미끄럼 파괴에 의하여 절삭되어, 길게 연속적 코일모양으로 되며, 절삭면의 변동이 없고 진동이 적으며, 가공면이 깨끗하고 절삭작용이 원활하고, 신축성이 크고 소성변형이 쉬운 재료에 적합하다.

① 공작물의 재질이 연하고 인성이 큰 재질일 때
② 윗면 경사각이 클 때
③ 절삭 깊이가 작을 때
④ 고속 절삭 할 때(절삭속도가 높을 때), 절삭제를 사용할 때

(2) 전단형 칩(shear type chip)

칩이 원활히 흐르지 못하고, 칩을 밀어내는 압축력이 축적되어야 분자사이에 전 단이 일어나기 때문에 미끄럼 간격이 커진다. 불연속적인 미끄럼에 의하여 나타나므로 유동형과 균열형의 중간에 속하는 형태이며, 절삭저항은 한 개의 칩이 발생할 때마다 변동하여 가공면이 매끄럽지 못하다. 연한 재질의 공작물을 작은 경사각으로 저속 가공할 때 생긴다.

(3) 열단형 칩(tear type chip)

공구의 날 끝보다 날의 아래쪽에 균열이 발생되면서 절삭이 되는 형태로서 재료가 공구전면에 접착하여 공구의 상면을 미끄러져 나가지 못하여, 아래 방향에 균열이 발생하면서 가공면이 나쁘다.
① 공작물의 재질이 공구에 접착하기 쉬울 때
② 점성이 큰 재질을 작은 경사각의 공구로 절삭할 때
③ 절삭 깊이가 클 때

(4) 균열형 칩(Crack type chip)

균열의 발생은 열단형과 같으나, 순간적으로 공구의 날 끝 앞에서 일감의 표면을 향해 균열이 생기고 이것이 칩이 된다. 칩 발생시의 진동으로 절삭력의 변동이 크며 가공면이 매우 불량하다. 주철과 같은 메진(취성) 재료를 저속 가공할 때

1-10 구성인선(built-up edge)

(1) 구성인선

보통 연강, 스테인리스강 및 알루미늄과 같은 연한재료를 절삭할 때 절삭공구의 날 끝에 공작물의 미분이 압착 또는 용착되어 날 끝을 싸버려 날 끝의 일부와 같은 상태로 절삭을 하는 수가 있다. 날 끝에 쌓인 것을 구성인선이라 한다. 구성인선의 발생과정은 $\frac{1}{10} \sim \frac{1}{200}$[sec] 시간에 발생 → 성장 → 분열 → 탈락의 주기로 반복하여 작업이 진행된다.

(2) 구성인선의 발생

① 알루미늄, 황동, 스테인리스강, 연강 등의 연한재료
② 절삭공구의 날끝온도가 상승
③ 절삭속도가 늦을 때(고속도강인 경우 10~25m/min)
④ 경사각을 적게 하였을 때
⑤ 절삭깊이가 깊을 때

(3) 방지책

① 절삭깊이를 적게 한다.
② 상면경사각을 크게 한다.
③ 절삭속도를 크게 한다.(고속도강인 경우, 임계속도 120~150m/min)
④ 윤활성이 있는 절삭유를 사용한다.

1-11 공구의 수명 판정방법

예리하게 연삭된 공구를 사용하여 동일한 가공물을 일정한 조건으로 절삭하기 시작해서 깎아지지 않을 때까지의 절삭시간이다.
① 표면에 광택 또는 반점이 있는 무늬가 생길 때
② 절삭공구인선의 마모가 일정량에 달했을 때
③ 가공된 완성치수의 변화가 일정량에 달하였을 때
④ 주분력에 비해 배분력 또는 이송분력이 급격히 증가할 때
⑤ 칩의 색깔 및 어떤 현상의 변화로 불꽃이 발생할 때

1-12 공구의 수명식

[Taylor의 식]

$$VT^n = C, \quad V = \frac{C}{T^n}, \quad T^n = \frac{C}{V}$$

V = 절삭속도[m/min]
T = 공구수명[min]
C = 공구 수명 상수(공구, 공작물, 절삭조건에 따른 값)
n = 공구에 따라 변화하는 지수
 — 고속도강(0.05~0.2), 초경합금(0.4~0.55), 세라믹(0.4~0.55)
T = 1분[min]일 때의 절삭속도

1-13 공구인선의 파손

(1) 크레이터마모(crater wear)

절삭공구의 경사면에 칩이 슬라이드(side)할 때 마찰력에 의하여 오목하게 파진 모양의 형태이다.
① 공구 날 위의 압력을 감소시킨다.
② 공구 상면의 칩의 흐름에 대한 저항을 감소시킨다.
③ 절삭속도 및 이송속도를 감소시킨다.

(a) 크레이터 마모　　(b) 플랭크 마모　　(c) 치핑(chipping)

그림 1-3 공구인선 파손

(2) 플랭크마모(flank wear)

절삭공구의 여유면과 절삭면과의 마찰에 의해서 절삭면에 평행하게 마모되는 형태이며, 주철과 같이 분말상 칩이 생길 때 주로 발생한다.
① 절삭속도를 저속으로 하고 이송을 크게 한다.
② 절삭 깊이를 적게 하고 여유각과 노오즈 반경을 다소 크게 한다.
③ 날 끝을 센터에 맞추고 절삭유를 공급한다.
④ 공구의 팁 재료를 단단한 것으로 사용한다.

(3) 치핑(chipping)

공구인선의 일부가 파괴되어 탈락하는 것으로 단속절삭, 공작기계의 진동, 절삭시 급냉 등으로 공구인선에 crack이 생기고 선단의 일부가 결손되는 현상이다.
① 절삭 날의 각도가 큰 것을 사용한다.
② 노오즈 반경이 큰 공구를 사용한다.
③ 윗면경사각이 작은 칩 브레이크 만든다.
④ 공구의 팁 재료를 인성이 큰 것으로 사용한다.
⑤ 절삭 깊이를 작게 한다.

1-14 절삭온도

(1) 절삭열

절삭열은 [그림 1-4]와 같이 열이 발생하면 가공물이나 공구에 가열되어 온도가 상승한다. 절삭열의 발생부분은 다음과 같다.
① 전단면 AB에서 전단면에서 전단 소성 변형이 일어날 때 생기는 열(60%)
② 공구경사면 AC에서 칩과 공구 경사면이 마찰할 때 생기는 열(30%)
③ 공구 여유면과 공작물 표면 AO에서 마찰할 때 생기는 열(10%)

열의 분포 크기는 칩(75%) > 공구(18%) > 공작물(7%) 순이다.

그림 1-4 절삭열원

(2) 절삭온도 측정법

① 칩의 색깔에 의한 방법
② 칼로리미터(열량계)에 의한 방법
③ 공구에 열전대를 삽입하는 방법
④ 시온 도료를 사용하는 방법
⑤ 공구와 일감을 열전대로 사용하는 방법
⑥ 복사 고온계에 의한 방법

(3) 절삭온도의 영향

① 절삭저항의 감소 : 공작물이 연화되어 전단응력이 작아지기 때문
② 공구수명의 단축 : 절삭효율은 상승하나 공구의 날끝 온도가 상승하기 때문
③ 치수정밀도 불량 : 온도상승에 의한 열팽창 때문

1-15 절삭유

공작물의 가공면과 공구 사이에는 절삭 및 전단 작용에 의해서 온도가 상승하여 나쁜 영향을 주게 된다.

(1) 절삭유의 작용

① 냉각작용 : 절삭공구와 공작물의 온도상승을 방지한다.
② 윤활작용 : 공구 날과 칩 사이의 마찰저항을 감소한다.
③ 방청 및 세척작용 : 공작물을 산화방지하고 미분 및 칩을 제거한다.

(2) 절삭유의 사용 목적

① 절삭저항이 감소하고 공구의 수명을 연장한다.
② 다듬질면의 마찰을 적게 하므로 다듬질 면을 좋게 한다.
③ 공작물의 열팽창 방지로 가공물의 치수 정밀도를 높게 한다.
④ 칩의 흐름이 좋아지기 때문에 절삭가공을 쉽게 한다.
⑤ 공구인선을 냉각시켜 온도상승에 따른 경도 저하를 막는다.

(3) 절삭유의 구비조건

① 냉각성, 방청성, 방식성이 우수하여야 한다.
② 감마성, 윤활성이 좋아야 한다.
③ 유동성이 좋고, 적하가 쉬워야 한다.
④ 인화점, 발화점이 높아야 한다.
⑤ 인체에 무해하며, 변질되지 말아야 한다.
⑥ 기계 도장에 영향이 없어야 한다.

(4) 절삭유의 분류

① 수용성 절삭유 : 점성이 낮고 비열이 높으며 냉각작용이 우수하다.
　㉠ 에멀션형(유화유) : 광물유에 비눗물을 첨가하여 사용한 것으로 냉각작용이 비교적 크고 윤활성이 좋으며, 원액에 10~20배의 물을 희석해서 사용한다. 일반 절삭제로 널리 사용, 값이 싸다.
　㉡ 솔류블형 : 침투성, 냉각성이 우수하고 약 50배의 물에 희석하며, 투명 또는 반투명 상태이다.
　㉢ 솔류션형 : 방청력과 냉각성이 우수하고 연삭작업에 주로 사용되며, 50~100배 물에 희석한 투명한 액체이다.
② 불수용성 절삭유 : 물에 희석하지 않고 사용하며 냉각작용보다는 윤활작용을 목적으로 한다.

㉠ 광물성유 : 윤활은 좋으나 냉각은 나쁘고 점성이 낮으며 경절삭에 사용. 경유, 기계유, 스핀들 오일, 석유 등이 있으며 석유는 절삭속도가 높을 때 사용되고 (황동, 경합금), 기계유는 저속절삭(탭가공, 브로우치) 등에 이용된다.

㉡ 동식물유 : 일반적으로 점성이 높으나 냉각작용이 나쁘고 변질되기 쉬우며, 강력한 윤활작용, 완성가공, 저속 중절삭에 사용된다. 돈유, 올리브유, 종자유, 파자마유, 콩기름 등이 있다.

㉢ 광물유+동식물의 혼합유 : 강력 절삭에 사용

㉣ 석유 : 5~20배의 석유와 황유를 혼합사용. 고속절삭, 니켈, 스텐인레스강, 단조강 절삭에 사용된다.

㉤ 극압유 : 공구가 고온, 고압상태에서 마찰을 받을 때 사용하며 윤활작용이 주목적이다. 황, 염소, 납, 인 등의 화합물로 절삭공구의 고온, 고압상태에서 마찰을 받을 때 윤활 목적으로 첨가

> **참고** 주철 절삭시에는 절삭유를 사용하지 않고 황동, 청동 등엔 유화유를 사용한다.

> **참고** 윤활제의 목적 : 윤활, 냉각, 밀폐작용, 청정작용(부식방지)

1-16 윤활제

기계의 접촉부분에 적당량의 윤활제를 공급하여 마찰저항을 줄이고 슬라이딩을 원활하게 하여 기계적인 마모를 감소시키는 것을 윤활이라 한다. 윤활제는 윤활작용, 냉각작용, 밀폐작용, 청정작용을 목적으로 사용하며, 갖추어야 할 조건은 다음과 같다.

① 사용 상태에서 충분한 점도가 있어야 한다.
② 한계 윤활상태에서 견딜 수 있는 유성이 있어야 한다.
③ 산화나 열에 대하여 안정성이 높아야 한다.
④ 화학적으로 불활성이며, 균질하여야 한다.

(1) 윤활법의 종류

① 적하 급유법(Drop feed oiling) : 비교적 고속회전에 많이 사용. 기름통으로 저장되어 일정한 양만큼씩 떨어지도록 한 방식이다.
② 오일링(Oil ring) 급유법 : 고속 주축의 급유를 균등히 할 목적에 사용된다.
③ 분무 급유법(Oil mist) : 미세한 안개처럼 된 기름을 공기로 베어링에 보내는 것으로 집중급유법의 하나로 고속회전과 이물질 혼입을 방지할 수 있고 수명이 길다. 고속 내면 연삭기, 고속드릴 초고속 베어링에 사용된다.
④ 튀김(비산) 급유법(Splash oil) : 베어링 등을 직접 기름 속에 담그지 않고 옆에 있는 기어나, 회전링(커넥팅로드 끝에 달려있는 국자)에 의해 기름을 튀겨 날려서 윤활하는 방식(보통선반)이다.

⑤ 유욕법(Oil bath method) : 저속 및 중속 축의 급유방식(오일게이지로 확인)이다.
⑥ 강제 급유법 : 순환펌프를 이용하여 급유하는 방법으로 고속회전시 베어링의 냉각효과에 효과적이다.
⑦ 담금 급유법 : 윤활유 속에서 마찰부 전체가 잠기도록 하는 방법
⑧ 패드(pad diling) : 무명이나 털 등을 섞어 만든 패드 일부를 오일통에 담가 저널의 아래면에 모세관 현상으로 급유하는 방법
⑨ 그리스(grease) 윤활 : 수동 급유법, 충진 급유법, 컵 급유법, 스핀들 급유법이 많이 사용되며, 그리스는 비산이나 유출되지 않으므로 급유 횟수가 적고, 사용온도 범위가 넓으며, 장시간 사용에 적합하지만 급유, 세정, 교환 등 취급이 까다롭고 이물질이 혼합된 경우 제거가 곤란한 결점이 있으며, 고속회전에는 사용되지 않는다.

1-17 절삭공구재료의 구비조건

① 피 절삭재 보다는 경도와 인성이 클 것
② 고온에서 경도가 감소되지 않을 것
③ 내마모성이 클 것
④ 절삭저항을 받으므로 강도가 클 것
⑤ 저마찰성 및 형상을 만들기 용이하고 가격이 쌀 것

1-18 공구재료의 종류

(1) 탄소공구강(STC)

① 탄소강 : 탄소량 0.6~1.5, 탄소공구강 : 탄소 함유량 0.9~1.3
② 200℃ 이상의 온도에서 뜨임효과 → 경도저하 → 고속절삭에 불리

> **참고** 저온뜨임(100~200℃), 고온뜨임(400~650℃)

③ 줄, 펀치, 정 등을 제작

(2) 합금공구강(STS)

① 재료 : 탄소(0.8~1.5%)공구강에 W-Cr-V-Ni 등 합금원소를 첨가하여 경화능을 개선한 것.
② 저속절삭 및 총형 공구용(450℃)까지 사용이 가능하다.

(3) 고속도 공구강(SKH)

합금 공구강보다 높은 온도에서 절삭 성능이 있으며, 600℃까지 경도를 유지하고 내열성과 내마모성이 커서 고속절삭이 가능하다. 고속도강의 담금질온도는 1200℃~1350℃, 뜨임온도는 550℃~580℃로 하여 드릴, 밀링커터, 바이트 등으로 사용한다.

① 재료 : W-Cr-V-Mo-Co
② 대표적인 것으로 W(18%)-Cr(4%)-V(1%)이 있다.
③ 탄소공구강보다 높은 온도에서 절삭 능력이 뛰어나다.
④ 내마모성이 크며 공구수명이 탄소공구강의 2배 이상이다.

(4) 주조 경질 합금

① 대표적인 것으로 스텔라이트가 있으며, 주조로 성형한 것을 연삭으로 다듬질하여 사용하며, 금속절삭에 널리 사용되지 않는다.
② 재료 : W-Cr-Co-C
③ 초경합금과 고속도강의 중간 성능을 갖는다.
④ 단조나 열처리가 되지 않으므로 매우 단단하다.
⑤ 850℃까지 경도가 유지되나 취성이 있고 값이 비싸다.
⑥ 절삭날을 연강 자루에 전기용접이나 경납땜을 하여 사용한다.

(5) 초경합금

① W-Ti-Ta 등의 탄화물 분말을 Co 또는 Ni을 결합하여 1400℃ 이상에서 소결시킨 것(주성분 : W, Ti, Co, C 등이다.)
② 경도 및 고온경도가 높다.
③ 내마모성과 취성이 크다.
④ 피복 초경합금은 내열성, 내마모성, 내용착성이 우수하며 일반 초경합금에 비해 2~5배의 공구수명이 증대되며, 고온, 고속절삭에서 우수한 성능을 갖는다.

> **참고** 초경 팁(carbide tip)의 표시
> P(푸른색) : 일반강, 절삭시
> M(노란색) : 스테인리스강, 주강 절삭시
> K(붉은색) : 비철금속, 주철 절삭시
> [예] 'P10-01-3'
>   P : 팁 재종, 10 : 인성, 01 : 형태, 3 : 크기
>   (P01-고속절삭, P10-나사절삭, P20, P30-황삭)

(6) 세라믹 합금

① 산화알루미늄 가루(Al_2O_3) 분말에 규소 및 마그네슘 등의 산화물이나 다른 산화물의 첨가물을 넣고 소결한 것
② 고속절삭, 고온에서 경도가 높고, 내마멸성이 좋다.

③ 경질합금보다 인성이 작고 취성이 있어 충격 및 진동에 약하다.
④ 고속절삭시 구성인선이 생기지 않아 가공면이 좋다.
⑤ 땜이 곤란하여 고정용 홀더나 접착제를 사용한다.
⑥ 절삭열에 의해 냉각제를 사용하지 않는다.
⑦ 칩 브레이커 제작이 곤란하다.

(7) 서멧 공구

① Al_2O_3 분말 70%에 탄질화 티탄 TiCN 분말을 30% 정도 혼합하여 수소 분위기에 소결하여 제작
② 초경합금에 비해 고속절삭이 가능하고 마모가 적으며 공구수명이 길다.
③ 고속, 저속 등 절삭의 속도범위가 적다.
④ TiN은 내 충격성이 우수하다.
⑤ TiC은 고온에서 강도 및 마찰저항이 우수하고, 열의 변화에 내성이 있어 강의 절삭에 매우 우수한 성능을 나타낸다.
⑥ 중절삭시 인선의 소성변형과 치핑의 우려가 있다.

(8) 다이아몬드

① 가장 경도가 높고 1500m/min의 고속절삭이 가능하다.
② 비철금속의 정밀 완성가공 및 경절삭의 초정밀 연속절삭에 적합하다.
③ 취성이 크고 가격이 너무 고가이다.
④ 열팽창이 적고 열전도율이 크다.(강의 2배)
⑤ 마찰계수가 대단히 적다.
⑥ 공구 사용시 인선의 강도 유지를 위해 경사각을 작게 한다.

(9) CBN 공구(Cubic Boron Nitride Tool)

① CBN(육방정 질화붕소)의 미소분말을 초고온, 고압(약 2000℃, 7만 기압)으로 소결한 공구이다.
② 초경합금보다 1.5~2배의 경도를 갖으며 열전도율이 높고 열팽창이 작다.
③ 담금질강, 고속도강, 내열강 등의 난삭제의 절삭, 연삭에 우수한 성능을 갖는다.
④ 철과의 반응성이 작다.

(10) 피복 초경합금(coated carbide steel)

피복 초경합금은 초경합금의 모재 위에 내마모성이 우수한 물질(TiC, TiN, TiCN, Al_2O_3)을 5~10μm 얇게 피복한 것으로 가스의 플라스마 상태에서 생기는 이온을 이용하여 피복하는 물리적 증착방법(Physical Vapor Deposition, PVD)과 화학증착법(Chemical Vapor Deposition, CVD)으로 행하여, 이는 고온에서 증착되기 때문에 접착력이 아주 강하여 강, 주강, 주철, 비철 금속절삭에 많이 사용된다.

선반가공 제 2 장

2-1 선반의 크기 표시

선반의 크기는 베드 위에서 스윙(swing), 왕복대 상의 스윙, 양 센터 사이의 거리로 나타낸다.

그림 2-1 선반 작업의 종류

2-2 선반의 종류

① 탁상선반 : 정밀 소형기계 및 시계부품 가공
② 보통선반 : 가장 많이 사용
③ 정면선반 : 직경이 크고 길이가 짧은 공작물 가공(대형 풀리, 플라이휠)
④ 수직선반 : 중량이 큰 대형공작물, 직경이 크고, 폭이 좁으며 불균형한 공작물을 가공하며 공작물 고정이 쉽고 안정된 중절삭이 가능하고 비교적 정밀하다.
⑤ 터릿선반 : 터릿으로 불리는 선회 공구대를 가진 것으로 너트, 와셔, 나사, 핀 등 모양이 간단한 제품의 대량 생산용. 램형, 새들형, 드럼형 등이 있다.
⑥ 공구선반 : 릴리빙 장치(=Back off 장치)를 가진 것으로 절삭공구(호브, 커터, 탭 등)의 여유각을 가공한다.
⑦ 자동선반 : 캠이나 유압기구를 사용하여 자동화한 것으로 핀, 볼트, 시계, 자동차 생산에 사용된다.
⑧ 모방선반 : 형상이 복잡하거나 곡선형 외경만을 가진 일감을 많이 가공할 때 편리하며 트레이서를 접촉시켜 형판모양으로 공작물을 가공한다. 자동모방 장치이용, 테이퍼 및 곡면 등을 모방 절삭. 유압식, 전기식, 전기 유압식이 있다.
⑨ 차축선반 : 철도 차량용 차축 가공한다.
⑩ 크랭크축 선반 : 크랭크축의 베어링 저널과 크랭크 핀을 가공한다.
⑪ 갭 선반 : 베드 상의 스윙을 크게 하기 위해서 주축대로부터 베드의 일부가 분해될 수 있는 선반이다.
⑫ 차륜선반 : 철도차량의 차륜을 깎는 선반으로 정면선반 2개가 서로 마주본다.

2-3 선반의 구조

(1) 주축대(Head stock)

주축대에는 공작물을 지지하면서 회전을 주는 주축(spindle)과 이것을 지지하는 베어링(bearing) 및 주축에 회전을 주는 구동 기구인 속도 변환 장치가 내장되어 있으며, Ni-Cr강, 침탄강, 질화강 등으로 제작되어 있다. 2점 또는 3점 지지방식을 사용한다. 주축은 중공축으로 되어있는데 그 이유는 다음과 같다.
① 무게를 감소하여 주축 베어링에 작용하는 하중을 줄여준다.
② 중공은 실축보다 굽힘과 비틀림 응력에 강하여 강성을 유지한다.
③ 긴 공작물을 고정에 편리하다.
④ 고정된 센터를 쉽게 분리할 수 있으며, 콜릿 척을 사용할 수 있다.

그림 2-2 보통선반의 각부 명칭

일반적으로 단차식 주축대의 특징은 다음과 같다.
① 벨트걸이로 구조가 간단하다.
② 주축 속도 변환이 작으며 고속회전이 어렵다.
③ 백 기어(저속 강력절삭 목적)가 설치되어 있다.
④ 값이 싸나, 운전시 위험이 따른다.

(2) 심압대(Tail Stock)

심압대는 우측 베드 상에 있으며, 작업내용에 따라 좌우로 움직여 위치조정을 할 수 있도록 되어 있다. 심압대에서 할 수 있는 사항은 다음과 같다.
① 축에 정지 센터를 끼워 긴 공작물을 고정하거나 센터 대신 드릴·리머 등을 고정할 수 있다.
② 조정나사의 조정으로 심압대를 편위시켜 테이퍼를 절삭할 수 있다.
③ 심압축을 움직일 수 있다.
④ 심압축은 모스 테이퍼(morse taper)로 되어 있다.

또한, 심압대의 구비조건은 다음과 같다.
① 심압대는 베드의 어떠한 위치에도 적당히 고정할 수 있을 것
② 센터를 고정하는 심압대의 스핀들은 축 방향으로 이동하여 적당한 위치에 고정할 수 있을 것
③ 축 중심을 편위시켜 테이퍼를 가공할 수 있을 것

(3) 베드(Bed)

베드의 재질은 40~60%의 강철 파쇄를 넣어 만든 강인주철, 구상흑연주철, 미하나

제 2 장 선반가공

이트(meehanite)주철, 인장강도 30kgf/mm² 이상의 합금주철 등의 고급주철를 사용하고, 주조로 인한 내부응력을 제거하기 위해 시즈닝(seasoning)처리하여 사용한다.

베드에는 절삭작용에 의해 비틀림 작용과 굽힘 작용을 받으므로 리브(rib)를 붙여서 튼튼하게 한다. 이 형식은 평행형, 지그재그형, 십자형, X형 등이 있다.

(4) 왕복대

왕복대의 베드 윗면에서 주축대와 심압대 사이를 슬라이드 운동하는 부분으로 에이프런(apron), 새들(saddle), 복식공구대(compound tool rest)로 구성되어 있다. 자동이송은 이송축과 에이프런(apron) 내부의 기어장치, 나사가공은 리드 스크루의 회전을 하프너트(half nut)로 왕복대에 전달해 이송한다.

2-4 선반의 부속장치

1. 센 터

(1) 센터 : 공작물을 지지하는 부속장치이다.

① 회전 센터는 주축에서 사용(모스테이퍼 사용 약 $\frac{1}{20}$)하고

② 정지 센터는 심압대에서 사용(모스테이퍼 사용 약 $\frac{1}{20}$)

(2) 센터의 선단의 각도

① 미국식 : 60° → 정밀가공중 소형 공작물가공에 사용된다.
② 영국식 : 75° or 90° → 중량이 큰 대형 공작물가공에 사용된다.
③ 센터의 종류
  ㉠ 베어링 센터 : 고속 회전시 사용된다.
  ㉡ 하프 센터 : 단(끝)면 가공시 사용된다.
  ㉢ 베벨(파이프) 센터 : 관류나 중량이 큰 공작물에 사용된다.

2. 면판(face plate)

① 주축의 나사에 고정, 돌리개를 사용하여 공작물 가공에 사용된다.
② 대형 공작물이나 복잡한 형상의 공작물 가공에 사용된다.
  → 앵글 플레이트, 클램프 등의 고정구와 웨이트 밸런스를 위한 추를 사용한다.

3. 돌림판과 돌리개

양 센터 작업시 사용된다.
① 돌림판 : 주축 끝 나사 부에 고정된다.
② 돌리개 : 돌림판과 공작물에 회전 전달에 쓰인다.

4. 방진구

양센터 가공시 사용된다.
① 가늘고 긴 공작물 가공시 자중과 절삭력으로 휨이 생겨 균일한 직경을 가진 진원 단면의 절삭가공이 곤란하기 때문에 방진구가 사용된다.
② 보통 직경의 12배 이상의 길이는 불안전한 절삭조건일 때 사용하고, 직경의 20배 이상의 길이일 때 방진구를 사용한다.
③ 방진구의 종류
  ㉠ 고정식 방진구 : 베드에 설치, 3개의 조로 구성되어 있다.
  ㉡ 이동식 방진구 : 왕복대의 새들에 설치, 2개의 조로 구성되어 있다.

5. 심봉(mandrel)

구멍이 있는 공작물을 고정, 가공시 심봉 자체는 양센터로 지지하거나 주축의 테이퍼 구멍에 끼워 사용하고, 구멍과 외경을 동심으로 가공시에 사용된다.
① 단체 심봉(Solid) : 정밀한 중심내기용(가장 보통형) 1/100, 1/1000의 테이퍼로 비교적 간단하고 확실하게 공작물을 고정한다.
② 팽창식 맨드릴(Expanding) : 공작물 구멍이 심봉보다 클 때, 슬리브(Sleeve)를 끼워 이것을 축 방향으로 이동시켜 지름을 조정한다.
③ 테이퍼 맨드릴(Taper) : 테이퍼 가공용으로 사용된다.
④ 너트(갱)맨드릴(Gang) : 두께가 얇은 여러 개의 원판형 공작물을 심봉에 끼우고 너트로 고정하여 사용한다.
⑤ 조립(원추)맨드릴(Cone) : 비교적 큰 지름(pipe)의 원통형을 가공시 사용한다.
⑥ 나사 맨드릴(Thread) : 공작물에 나사 구멍이 있을 때 사용한다.

6. 척(chuck)

바깥지름으로 크기를 나타낸다.
① 연동척(만능척, 스크롤 척) : 규칙적인 외경을 가진 재료를 가공. 단동척 보다 고정력이 약하다. 3개의 조(jaw)를 크라운 기어를 사용하여, 동시에 이동시킨다.
② 단동척 : 다소 불규칙한 외경의 공작물 가공과 중심을 편심시켜 가공할 수 있다. 4개의 조(jaw)가 있다.

③ 마그네틱 척 : 전자석 설치, 얇은 공작물을 변형시키지 않고 가공한다.
④ 콜릿 척 : 가는 지름의 환봉 재료 고정. 탁상, 터릿 선반용으로 사용한다.
⑤ 벨 척 : 4, 6, 8개의 볼트로 불규칙한 환봉 재료의 고정
⑥ 공기척 : 공작물의 장탈을 신속·확실하게 하기 위해 압축공기나 유압을 이용하여 조(jaw)를 동작시키며, 다수 가공시 사용되고, 자동화에 능률적이다.
⑦ 복동척(양용척) : 조(jaw) 4개, 단동척+연동척의 기능으로, 먼저 단동척으로 중심을 맞추고 다음부터는 연동식으로 작업한다. 불규칙한 공작물의 다량 고정시 유용하다. 렌치 장치에 의해 단동과 연동이 양용된다.

2-5 선반작업

(1) 테이퍼 절삭방법

① 복식 공구대 회전 방법 : 길이가 짧고 테이퍼 값이 클 때

$$\theta = \tan^{-1}\frac{D-d}{2l}$$

② 심압대(tail stock)를 편위시키는 방법 : 테이퍼 길이가 길 때 외경테이퍼에서만 적용

㉠ 전체 길이에 대한 심압대 편위량 : $x = \frac{(D-d)L}{2\,l}[\text{mm}]$

㉡ 테이퍼 길이에 대한 편위량 : $x = \frac{D-d}{2}[\text{mm}]$

③ 테이퍼 절삭장치를 이용하는 방법
④ 가로 이송과 세로 이송을 동시에 작업하는 방법
⑤ 총형바이트에 의한 방법

2-6 나사 절삭작업

(1) 나사 절삭 원리

공작물이 1회전할 때 나사의 1pitch만큼 바이트를 이송시키는 것으로 주축회전은 중간축을 거쳐 리드 스크류에 전해지며, 리드 스크류 회전은 에이프런의 하프너트에 의하여 왕복대를 세로방향으로 이송시키면서 나사를 가공하게 된다.

(2) 변환 기어 계산

① 리드 스크류 피치(mm), 나사피치(mm)로 절삭할 때

> **예제**
> $L(p)$ = 6mm, 나사가공(p) = 2mm 절삭시
> **풀이** $\dfrac{2}{6} = \dfrac{20\,(주축)}{60\,(리드\,스크류)}$

② 리드스크류 피치(inch), 나사피치(inch)로 절삭할 때

> **예제**
> $L(p)$ = 1″당 4산, 나사(p) = 1″당 13산으로 가공
> **풀이** $\dfrac{4 \times 5}{13 \times 5} = \dfrac{20\,(주축기어\,잇수)}{65\,(리드스크류기어\,잇수)}$

③ 리드스크류 피치(inch), 나사피치(mm)로 절삭할 때

> **예제**
> $L(p)$ = 1″당 4산, 나사(p) = 2mm로 가공
> **풀이** $\dfrac{5 \times 4 \times 2}{127} = \dfrac{40}{127}$

④ 리드 스크류 피치(mm), 나사피치(inch)로 절삭할 때

> **예제**
> $L(p)$ = 8mm, 나사(p) = 1″당 6산으로 가공
> **풀이** $\dfrac{127}{5 \times 8 \times 6} = \dfrac{127}{240} = \dfrac{127 \times 1}{60 \times 4} = \dfrac{127 \times 20}{60 \times 80}$

⑤ 웜엄나사 절삭

원주 피치 $p = \pi m\,[\text{mm}]$, $p = \dfrac{\pi}{D_p}[\text{in}]$

여기서 m : 모듀율, D_p : 지름피치[in]이다.

2-7 선반의 가공시간

(1) 외경가공

$$T = \frac{L}{Nf} i$$

여기서, T : 정미시간
N : 회전수 ($\frac{1000V}{\pi D}$)
f : 이송속도
L : 공작물 길이 + 도입부여유량 + 종료부여유량
i : 회수 = $\frac{\text{소재지름} - \text{가공후 지름}}{2 \times \text{절삭깊이}}$

밀링가공

3-1 밀링머신의 가공 분야

밀링머신은 많은 날을 가진 커터를 회전시켜 테이블 위에 고정된 공작물을 절삭 가공하는 공작기계이다. 이 기계에서 가공할 수 있는 작업은 다음과 같다.

그림 3-1 밀링작업의 종류

3-2 밀링머신의 크기 표시

① 일반적으로 가공할 수 있는 최대치수 및 번호(0~5번)
② 표준형 : 테이블의 좌우 이송거리
　　　　　 새들(saddle)의 전후 이송거리
　　　　　 니이(knee)의 상하 이송거리
③ 보통의 크기표시 : 테이블의 이동량(좌우×전후×상하)
　　　　　　　　　 테이블의 작업면의 크기(길이×폭)
　　㉠ 만능 및 수평 밀링머신 : 주축 중심선으로부터 테이블 면까지의 최대거리
　　㉡ 수직 밀링머신 : 주축 끝으로부터 테이블 면까지의 최대거리 및 주축 헤드의 최대 이동거리
④ 보통 호칭 번호의 크기로 표시(0~5번)
　→ 새들의 전후 이송거리(50mm)간격

번호	No.0	No.1	No.2	No.3	No.4	No.5
이동거리	150	200	250	300	350	400

3-3 밀링머신의 종류

(1) 니이형 밀링머신(knee type milling mmachine)

(a) 수평 밀링머신　　　(b) 수직 밀링머신　　　(c) 만능 밀링머신

그림 3-2 니이형 밀링머신 종류

① 수평 밀링머신(horizontal milling machine)

스핀들을 칼럼(column) 상부에 수평방향으로 장치하고 회전하며, 니이는 상하로 이동하고, 새들은 전후방향, 테이블은 새들 위에서 좌우로 이송하므로 테이블은 칼럼의 앞면을 전후, 좌우, 상하 세 방향으로 이동하게 된다.

아버(arbor)는 스핀들 구멍에 고정하고 여기에 밀링커터를 고정하여 공작물을 가공한다. 아버의 끝 부분은 아버 지지부로 지지되며, 끝 부분의 커터를 죄는 나사는 회전함에 따라 너트가 잠기도록 왼나사로 되어 있다.

② 수직 밀링머신(vertical milling machine)

스핀들이 수직 방향으로 장치되며, 정면커터(face cutter)와 엔드밀(end mill) 등을 이용하여 평면 가공, 홈 가공, 측면 가공 등에 적합한 기계이다.

스핀들 헤드는 고정형, 상하 이동형이 있으며, 일명 복합형이라 하여 좌우로 적당한 각도로 경사시킬 수 있고 수평작업도 가능한 형식이 있다.

③ 만능 밀링머신(universal milling machine)

수평 밀링머신과 거의 같으나 다른 점은 새들 위에 선회대가 있고, 그 위에서 테이블이 수평 선회하는 점이 다르다. 이는 분할대를 이용하여 나선 홈을 가공할 수 있으며, 헬리컬 기어(helical gear), 트위스트 드릴(twist drill)의 홈 등을 절삭할 수 있다.

(2) 생산형 밀링머신(production milling machine)

밀링머신의 기능을 대량 생산에 적합하도록 단순화 및 자동화된 밀링머신이며, 스핀들 헤드가 1개 있는 단두형, 2개 있는 쌍두형, 2개 이상 있는 다두형이 있다. 테이블은 상하 이송하지 않고 좌우로만 이송하기 때문에 베드형 밀링머신이라고도 한다. 또한 공작물을 고정한 원형 테이블을 연속 회전시키며 가공하는 회전밀러(rotary miller)인 회전 테이블형 밀링머신이 있고, 2개의 스핀들 헤드를 써서 두 종류의 가공을 동시에 할 수 있는 고성능 밀링머신이다.

(3) 플레이너형 밀링머신(planer type milling machine)

플래노 밀러(plano-miller)라고도 하며, 플레이너의 공구대 대신 밀링 헤드가 장치된 형식이다. 대형 공작물과 중량물의 공작물을 강력 절삭에 적합하며, 쌍두형과 단두형이 있다.

(4) 특수 밀링머신

특수 밀링머신에는 지그(jig), 게이지(gauge), 다이(die) 등의 공규류를 가공하는 공구 밀링머신, 나사를 전용으로 가공하는 나사 밀링머신, 모방 장치를 이용하여 단조, 프레스, 주조용 금형 등의 복잡한 형상의 공작물을 가공하는 모방 밀링머신과 그 외 탁상 밀링머신, 키이 홈 밀링머신, 조각 밀링머신 등이 있다.

3-4 밀링머신의 구조

ⓐ 오버 암
ⓑ 오버 암 이송핸들
ⓒ 칼럼
ⓓ 주축(스핀들)
ⓔ 테이블 이송핸들
ⓕ 아버 지지대
ⓖ 아버
ⓗ 테이블
ⓘ 새들
ⓙ 새들 이송핸들
ⓚ 에이프런
ⓛ 상하 이송핸들
ⓜ 베이스

그림 3-3 수평 밀링머신의 각부 명칭

(1) 칼럼(column)

밀링머신의 본체로서 앞면은 미끄럼면으로 되어 있으며, 아래는 베이스를 포함하고 있다. 미끄럼면은 니이를 상하로 이동할 수 있도록 되어 있으며, 베이스와 니이 사이에 잭 스크루를 지지하고 있어 니이의 상하 이송이 가능하도록 되어 있다.

(2) 오버암(over arm)

칼럼의 상부에 설치되어 있는 것으로 플레인 밀링 커터용 아버를 아버 브레이스가 지지하고 있다. 아버 브레이스는 임의의 위치에 체결하도록 되어 있다.

(3) 니이(knee)

니이는 칼럼에 연결되어 있으며, 위에는 테이블을 지지하고 있다. 또한 니이는 테이블을 좌우, 전후, 상하를 조정하는 복잡한 기구가 포함되어 있다.

(4) 새들(saddle)

새들은 테이블을 지지하며, 니이의 상부 미끄럼면 위에 얹혀 있어 그 위를 앞뒤 방향으로 미끄럼 이동하는 것으로서 윤활장치와 테이블의 어미나사 구동기구로 이루어져 있다.

(5) 테이블(table)

공작물을 직접 고정하는 부분이며, 새들 상부의 안내면에 장치되어 수평면을 좌우로 이동한다.

3-5 밀링머신의 부속장치

(1) 분할대(Indexing head)

밀링머신의 테이블에 설치하고 공작물을 분할대의 스핀들과 심압대 센터 사이에 지지하거나 스핀들에 장치한 척에 공작물을 고정하고, 필요한 각도나 등분으로 분할할 때 사용한다. 또한, 변환기어로 테이블과 연결하여 비틀림 홈, 스파이럴 기어 등을 가공할 수 있다. 종류에는 만능식과 단능식의 2종이 있다.

(2) 회전테이블(circular table)

밀링머신의 테이블에 올려놓고 주로 원형 공작물을 가공할 때 이용한다. 공작물은 회전 테이블 위의 바이스에 고정하고, 수동 또는 테이블 자동이송으로 가공한다. 원판도 가공할 수 있고, 또한 테이블의 좌우 및 전후이송을 사용하면 윤곽가공도 할 수 있고, 회전 테이블 핸들을 사용하면 간단한 분할 작업도 할 수 있다.
보통 사용되는 테이블 지름은 300mm, 400mm, 500mm 등이 사용된다.

(3) 슬로팅장치(slotting attachment)

수평 밀링머신이나 만능 밀링머신의 칼럼에 설치하여 사용한다. 주축 회전운동을 직선 왕복운동으로 변환시켜 슬로터작업을 할 수 있도록 한 장치이며, 공작물 안지름에 키홈, 스플라인(spline), 세레이션(serration) 등을 가공한다. 슬로팅 장치는 주축을 중심으로 좌우 90°씩 선회할 수 있다.

(4) 수직밀링장치(vertical milling attachment)

수직축장치는 수평 밀링머신의 칼럼(column) 상부의 주축에 고정하고 주축에서 기어로 회전이 전달되며, 수직축의 회전수는 밀링머신의 주축의 회전수와 같다. 수직축은 칼럼과 평행된 면내에서 임의의 각도로 경사시킬 수 있다.

(5) 래크절삭장치(rack cutting attachment)

만능 밀링머신의 칼럼에 고정되고, 밀링머신의 주축에 의하여 회전이 전달되어 래크기어(rack gear)를 절삭할 때 사용한다. 공작물 고정용의 특수바이스(vice) 및 테이블 단부에 고정된 래크 장치에는 각종 피치(pitch)의 래크절삭이 가능하도록 기어 변환장치가 있다.

3-6 밀링머신의 절삭공구

(1) 평면(Plain) 밀링커터

　① 주축과 평행한 평면을 절삭할 때
　② 비틀림 날의 나선각(보통 15~30°)
　　㉠ 15° : 경 절삭용
　　㉡ 25~35° : 중 절삭용
　　㉢ 45~70° : 헬리컬 밀링커터(진동이 적고 가공면이 양호하나 추력(Thrust)이 작용한다.)
　　　※ 비틀림날 여유각 3~6°

(2) 측면 밀링커터(side millling cutter)

　① 측면 밀링커터 : 비교적 날 폭이 좁으며 날은 원주와 양측에 있다. 홈파기, 정면 밀링에 사용
　② 엇갈린날 밀링커터 : 좁은 원통형 커터로 서로 15°정도 어긋나 반대방향으로 나선날이 있다.
　③ 슬로팅 밀링커터 : 직경에 비해서 길이가 긴 커터

(3) 메탈 슬리팅 소 : 절단과 홈파기용

(4) 각 밀링커터 : 내부의 홈 가공용으로 편각커터는 45°, 50°, 60°, 70°, 80°가 있고, 양각커터는 V형 날로서 45°, 60°, 90°가 있다.

(5) 엔드밀 : 일반적으로 가공물의 외측 홈 부 좁은 평면 등의 가공

　- 테이퍼자루와 일체가 되어 주축
　- 특히 대형은 자루와 절인이 별개로 되어 셸 엔드밀(대형 공작물가공)이라 함.
　　※ 20mm 이상 테이퍼 자루, 20mm 이하 곧은 자루
　　※ 드릴 13mm 이상 테이퍼 자루, 13mm 이하 곧은 자루

(6) 정면 밀링커터(face milling cutter) : 밀링커터 축에 수직인 평면 가공

(7) 총형 밀링커터 : 윤곽을 갖는 커터이며, 기어, 커터, 리머, 탭 등 윤곽을 가공시 사용함.

(8) 슬래브 밀링커터 : 절삭량을 크게 하여 평면절삭, 비틀림날에 홈을 내어 절삭 칩이 끊어지게 함.

(9) 플라이 커터 : 단인공구로 요구하는 모양으로 연삭하여 사용. 수량이 적은 공작물의 특수한 형상을 가진 부분을 가공할 경우 총형 밀링 커터로 만들어 경제적, 시간적 여유가 없을 때 사용된다.

(10) 홈 밀링커터 : T홈, 반달키 홈 등을 가공

3-7 밀링 절삭 이론

(1) 절삭 속도

밀링커터의 매분 원주 속도로써 공작물 및 공구의 재질에 따라 따르다.

$$V = \frac{\pi DN}{1000} [\text{m/min}]$$

여기서, D : 커터지름[mm]
N : 회전수[rpm]
V : 속도[m/min]

(2) 이 송

① 이송속도 : 밀링가공시 이송속도는 밀링커터의 날 1개마다의 이송을 기준으로 한다.

$$f = f_z \times Z \times N, \text{ 날 1개당 이송(mm/toolth)}$$

여기서, f : 테이블 이송[mm/min]
N : 커터 회전수[rpm]
Z : 커터날수[개]

절삭속도를 결정할 때는 다음과 같은 원칙을 고려한다.
㉠ 공구의 수명을 연장하기 위해서는 약간 절삭속도를 낮게 한다.
㉡ 공작물의 강도, 경도 등의 기계적 성질을 고려한다.
㉢ 황삭 가공할 때에는 저속으로 이송을 크게 하고, 다듬질 가공할 때에는 고속으로 이송을 느리게 한다.
㉣ 밀링커터의 마멸과 손상이 클 경우는 절삭속도를 느리게 한다.

(3) 절삭 깊이

절삭 깊이가 커지면 절삭속도를 낮게 하고, 절삭깊이를 작게 하면 절삭속도를 높여 가공하는 것이 일반적이다.

3-8 상향 절삭과 하향 절삭

	상향 절삭	하향 절삭
장점	① 칩이 날을 방해하지 않는다. ② 밀링커터의 진행 방향과 테이블의 이송방향이 반대이므로 이송기구의 백래시 제거 ③ 기계에 무리를 주지 않는다. ④ 일반적인 가공에 유리하고 치수정밀도의 변화가 적다. ⑤ 절삭날에는 가공시작부터 끝까지 절삭저항이 점차 증가하므로 절삭날에 작용하는 충격이 적다.	① 커터가 공작물을 아래로 누르는 것과 같은 작용을 하므로 공작물 고정이 간단하다. ② 커터의 마모가 적고 또한 동력 소비가 적다. ③ 가공면이 깨끗하다. ④ 절단, 홈 가공 등 난점이 있는 대량생산에 유리하고 가공면을 잘 볼 수 있고, 절삭량을 크게 할 수 있다. ⑤ 커터의 절삭방향과 이송방향이 같으므로 절삭날 하나하나의 날자리 간격이 짧다.
단점	① 커터가 공작물을 올리는 작용을 하므로 공작물을 견고히 고정해야 한다. ② 커터의 수명이 짧다. ③ 동력 낭비가 많다. ④ 가공면이 깨끗하지 못하다.	① 칩이 커터와 공작물 사이에 끼어 절삭을 방해한다. ② 떨림이 나타나 공작물과 커터를 손상시키며 백래시 제거 장치가 없으면 작업을 할 수 없다.

3-9 분할 작업(법)

(1) 직접 분할법(=면판분할법)

분할대의 면판에 24개의 구멍이 등 간격으로 뚫어져 있음.(면판 위의 24개 구멍을 이용하여 분할)

> **참고** **24의 약수**: 2, 3, 4, 6, 8, 12, 24 ⇒ 7종 분할 가능, $\dfrac{24}{N}$

(2) 단식 분할법

웜과 웜(기어)휠의 기어 비는 1 : 40.(분할 크랭크 1회전은 웜 휠을 1/40 회전 시킴)

$$\frac{h}{H} = \frac{R}{N} = \frac{40}{N}$$

여기서, H : 분할대 구멍수
 h : 1회 분할에 필요한 구멍수
 R : 웜과 웜휠의 회전비
  (브라운샤프형, 신시네티형)
 N : 분할 등분수

예제

단식 분할로 원주 72등분

풀이 $\dfrac{h}{H} = \dfrac{40}{N} = \dfrac{40}{72} = \dfrac{10}{18}$ ⇒ 분할판 18공(열)을 사용하여 매 회전 10공씩 이동시킨다.

참고 1~3판에서 18구멍의 판을 찾아서 정하고 분자의 숫자만큼 이동시킨다.

예제

원주 7등분

풀이 $\dfrac{h}{H} = \dfrac{40}{N} = \dfrac{40}{7} = 5\dfrac{5}{7} = 5\dfrac{5\times 3}{7\times 3} = 5\dfrac{15}{21}$ ⇒ 분할판 21공(열)을 사용하고 5회전과 15공씩 이동시킨다.

예제

원주 15등분

풀이 $\dfrac{h}{H} = \dfrac{40}{15} = 2\dfrac{10}{15} = 2\dfrac{10\times 2}{15\times 2} = 2\dfrac{20}{30}$

(3) 각도 분할법

$$\dfrac{h}{H} = \dfrac{\theta°}{9°} = \dfrac{\theta \times 60'}{540'}$$

예제

원주에 $7\dfrac{1}{2}$로 분할

풀이 $\dfrac{7\dfrac{1}{2}}{9} = \dfrac{\dfrac{15}{2}}{9} = \dfrac{15}{18}$

제4장 연삭가공

4-1 외경 연삭기

연삭가공은 공구 대신에 연삭숫돌(grinding wheel)을 고속으로 회전시켜 공작물의 원통이나 평면을 극히 소량씩 절삭하는 정밀 공작기계를 연삭기(grinding machine)라 하며, 이 연삭기를 이용하여 작업하는 것을 연삭가공이라 한다.

(1) 원통 연삭기

공작물을 양 센터로 지지, 테이블 좌우이송, 숫돌대 전후이송 가공이 있으며 원통연삭방식은 다음과 같다.
① 트레버스 컷(Treverse cut) 방식
 공작물 회전과 숫돌이송을 동시에 좌우로 운동하여 연삭
  ㉠ 테이블 왕복형 : 공작물을 고정한 테이블을 왕복시키는 형식으로 소형 공작물의 연삭에 적합하다.
  ㉡ 숫돌대 왕복형 : 숫돌대를 왕복 운동시키는 형식으로 대형 중량 공작물의 연삭에 적합하다.
② 플렌지 컷(Plunged cut) 방식
 숫돌 절입 방식으로 공작물과 숫돌에 이송을 주지 않고 전후(가로) 이송으로 연삭한다. 공작물은 회전만하고 숫돌대의 연삭숫돌을 테이블과 직각으로 전후 이송을 주어 연삭하는 형식이다.

(2) 만능 연삭기

구조는 원통연삭기와 같으나 테이블, 숫돌대, 주축대를 각각 선회시킬 수 있으며, 주축대에는 척을 고정할 수 있고, 내면 연삭장치가 부착되어 있어 내면연삭도 할 수 있어 작업할 수 있는 범위가 넓다.

4-2 내경 연삭기

(1) 공작물 회전형

공작물에 회전 운동을 주어 연삭하는 방식으로 일반적으로 공작물이 작고 균형이 잡혀 있는 공작물 연삭에 적합하다.

(2) 공작물 고정형

공작물은 정지시키고 숫돌축이 회전 운동과 동시에 공전 운동을 하는 방식으로 플래너터리(planetary)형 또는 유성형이라고 한다.
내연기관의 실린더와 같이 대형이고 균형이 잡히지 않은 것에 적합하며, 원통 연삭도 가능하다.

※ 플래너터리(Planetary : 유성형) 방식
 공작물은 정지 숫돌축이 회전 연삭운동과 동시에 공전운동을 하는 방식.

(3) 센터리스 연삭기

가공물은 센터로 지지하지 않는다.

센터리스연삭기의 장점은 다음과 같다.
① 가늘고 긴 핀, 원통, 중공축 등을 연삭하기 쉽다.
② 연속 작업할 수 있으며, 대량생산에 적합하다.
③ 기계의 조정이 끝나면 초보자도 작업을 할 수 있다.
④ 고정에 따른 변형이 없고 연삭 여유가 작아도 된다.
⑤ 연삭숫돌의 나비가 크므로 지름의 마멸이 적고 수명이 길다.

단점은 다음과 같다.
① 긴 홈이 있는 공작물은 연삭할 수 없다.
② 대형 중량물은 연삭할 수 없다.
③ 연삭숫돌의 나비보다 긴 공작물은 전후 이송법으로 연삭할 수 없다.

또한 센터리스 연삭의 연삭 방식에는 통과이송법과 전후이송방법이 있다.

그림 4-1 연삭 작업의 종류

4-3 연삭숫돌

연삭숫돌의 3요소	연삭숫돌의 5인자
입자(절삭날) 결합제(절삭날지지) 기공(칩의 저장, 배출)	입자의 종류 : 절삭날의 종류 조직 : 숫돌 입자율 입도 : 절삭날의 크기 결합제의 종류 : 결합제의 특성 결합도 : 절삭날 발생속도의 조정

4-4 연삭숫돌의 입자

(1) 숫돌 입자의 용도(대책)

기호	KS	종 류	상 품 명	용 도	비고
A	1A 2A	갈색 용융알루미나질 95%	-Alundum -Alexide	일반강재 보통탄소강	
WA	3A 4A	백색 용융알루미나질 99.5%	-38Alundum -AA Aloxide	담금질강 내열강 고속도강 합금강	
C	1C 2C	암자색(회색) 탄화규소질 97%	-37 Crystlon -Carborundum	주철, 석재, 유리,비 철, 비금속	
GC	3C 4C	흑색(녹색) 탄화규소질 98%	-39 crystlon -Carborundum	초경합금, 다이스강, 특수강, 세라믹	
D			D(ND) : 천연산 SD(MD)합성다이아몬드 SDC : 금속 합성다이아몬드	보석절단 석재 및 콘크리트	

[기타] SDC : 금속 합성 다이아몬드
　　　 CBN : 입방 정형 질화붕소(6방형 질화붕소) 상품명-borazon

[인조입자] 탄화규소(SiC)-인장강도가 낮은 재료, 단단한 재료에 적합
　　　　 산화알루미늄(Al_2O_3) : 주로 인장강도가 큰 재료에 적합
　　　　 탄화붕소

4-5 입도

숫돌 입자는 메시(mesh : 체인길이 1평방 inch안의 체눈의 수)로써 선별하며 입자의 크기를 입도라 한다.

(1) 거친 입도

① 거친 연삭, 절삭 깊이와 이송을 많이 줄 때
② 접촉 면적이 넓을(클) 때
③ 공작물이 연하고 연성, 점성, 질긴 성질일 때

(2) 가는 입도

① 다듬 연삭, 공구연삭
② 접촉 면적이 적을 때
③ 공작물이 단단(경도가 높고)하고 취성(메진)인 재료

> **참고** 연삭숫돌과 가공물의 접촉면이 적을 때에는 미세한 입자를, 접촉면이 클 땐 거친 입자를 사용

4-6 숫돌의 결합도(경도)

경도란 접착제의 세기, 즉 연삭 입자를 고착시키는 접착력이다. 따라서 경도가 크다는 것은 접착력이 세다는 걸 말한다.

(1) 결합도에 따른 숫돌의 선택기준

결합도가 높은 숫돌(굳은 숫돌)	결합도가 낮은 숫돌(연한 숫돌)
연한 재료의 연삭	단단한(경한) 재료의 연삭
숫돌차의 원주 속도가 느릴 때	숫돌차의 원주 속도가 빠를 때
연삭 깊이가 얕을 때	연삭 깊이가 깊을 때
접촉면이 작을 때	접촉면이 클 때
재료 표면이 거칠 때	재료표면이 치밀할 때

4-7 연삭숫돌의 조직

연삭숫돌의 단위체적당의 입자수를 밀도라고 한다. 숫돌의 전체 용적 중에 어느 정도의 비율로 입자가 들어 있는가를 말함. 입자가 차지하는 비율이 크면 조밀, 비율이 낮으면 조직이 치밀.(거칠다)

(1) 거친 숫돌 조직

① 연질, 점성이 높은 재료
② 거친 연삭 및 접촉 면적이 크다.

(2) 치밀 조직 숫돌

① 경질(굳고)이고 메짐(취성)이 있는 재료
② 다듬질, 총형 연삭 및 접촉면이 적다.

> **참고** 일반적으로 조직이 조밀해지면 기공이 적고, 거칠면 기공이 많다.

4-8 결합제

결합제가 구비하여야 할 조건은 다음과 같다.
① 결합력의 조절 범위가 넓을 것
② 열이나 연삭액에 대해 안정할 것
③ 원심력, 충격에 대한 기계적 강도가 있을 것
④ 성형이 좋을 것

결합제	기호	원호	주성분	용도
무기질	V	Vitrified	점토, 장석(자기질)	일반 연삭용(90%사용) 지름이 크거나 얇은 숫돌에 부적합(충격에 약함)
	S	Silicate	물, 유리(규산소다)	대형 숫돌에 사용(중연삭에 부적합) (고속도강), 균열 발생 쉬운 재료
유기질	E	Shellai	천연수지(셀락)	결합력 제일 약함, 거울면 연삭절단용 및 다듬질면의 정밀도가 높은 것에 사용
	R	Rubber	합성(천연)고무	매우 얇은 숫돌 사용 센터리스 조정 숫돌용
	B	Resinoid	베클라이트(Bakilite)	절단 숫돌용에 적합 주물 덧쇠자르기에 사용
금 속	PVA	Polyvingl	비닐결합제	비철금속 연삭용
	M	Metal	천연다이아몬드+황동, 니켈, 은	초경합금 연삭용, 세라믹, 보석, 유리

> **참고** 연삭숫돌의 표시
> WA - 60 - K - 7 - V - 1 - A - 225 × 20 × 51 × rpm
> ↓   ↓   ↓   ↓   ↓   ↓   ↓   ↓
> 입자 입도 결합도 조직 결합제 형상 모서리모양 (외경 × 폭 × 내경)
> (1~3호) (A~L)

4-9 숫돌의 원주속도

$$n = \frac{1000v}{\pi d}[\text{rpm}]$$

여기서, n : 숫돌의 회전수[rpm]
v : 원주속도[m/min]
d : 숫돌의 지름[mm]

4-10 연삭숫돌의 수정

(1) 무딤(glazing)

숫돌의 입자가 탈락되지 않고 마모에 의해서 납작하게 둔화된 상태
① 원인
  ㉠ 결합도가 높다.
  ㉡ 원주 속도가 크다.
  ㉢ 숫돌재료가 공작물에 부적합
② 결과
  ㉠ 연삭성 불량, 연삭열 발열
  ㉡ 연삭 손실이 생긴다.

(2) 눈메움(Loading)

숫돌 입자의 표면이나 기공에 칩이 차 있는 상태
① 원인
  ㉠ 숫돌 입자가 너무 가늘고 조직이 치밀하다.
  ㉡ 연삭 깊이가 깊고 원주 속도가 느리다.
② 결과
  ㉠ 연삭성이 불량하고 다듬질 면이 거칠다.
  ㉡ 숫돌 입자가 마모되기 쉽다.
  ㉢ 공작물 표면에 상처가 생긴다.

(3) 드레싱(재생작업)

숫돌입자를 무딤이나 눈 메움으로 절삭성이 나빠진 숫돌 면에 날카로운 입자를 발생시켜주는 작업.

(4) 트루잉(성형, 모양 고치기)

연삭숫돌의 외형을 수정하여 규격에 맞는 제품을 만드는 과정

(5) 입자탈락(spilling)

결합제의 힘이 약해서 작은 절삭력이나 충격에 쉽게 입자가 탈락하는 것

5-1 드릴링머신(drilling machine)

(1) 드릴링(Drilling)

공작물고정, 공구회전과 주축방향 이송, 리밍, 보링, 카운터 보링, 스폿페이싱, 카운터 싱킹, 태핑 등을 공구에 따라 할 수 있다.

(2) 리머(Reaming)

구멍의 정밀도를 높이기 위한 작업. 리머의 여유는 직경 10mm일 때 0.2mm 정도이며, 드릴작업 rpm의 2/3~3/4, 이송은 같거나 빠르게 한다.

(3) 탭핑(Tapping)

공작물 내부에 암나사 가공, 태핑을 위한 드릴가공은 나사의 외경-피치로 한다.
[예] M12의 탭 작업시 드릴 구멍은 12-1.75=10.25mm로 한다.

(4) 보링(Boring)

뚫린 구멍을 다시 절삭, 구멍을 넓히고 다듬질하는 것. 보링바아에 바이트를 사용한다.

(5) 스폿 페이싱(Spot Facing)

볼트 또는 너트 등의 구멍과 직각이 되게 머리부가 접촉되는 부분을 깎아서 만드는 작업

(6) 카운터 싱킹(Counter Sinking)

접시머리 나사의 머리가 묻히게 하기 위해 원뿔자리를 만드는 작업

(7) 카운터 보링(Counter Boring)

작은 나사, 볼트의 머리부가 돌출되지 않도록 머리부가 들어갈 자리부분을 단이 있게 구멍 뚫는 작업

그림 5-1 드릴링의 종류

5-2 드릴링머신의 크기

① 스윙, 즉 스핀들 중심부터 기둥까지 거리의 2배 정도가 된다.
② 뚫을 수 있는 구멍의 최대지름으로 나타낸다.
③ 스핀들 끝부터 테이블 뒷면까지의 최대거리로 표시한다.

(1) 탁상 드릴링 머신

① 작은 구멍(13mm) 이하 작업용
② 크기는 뚫을 수 있는 구멍지름, 스윙 및 테이블의 크기

(2) 직립 드릴링 머신

① $\phi 13$ 이상 ~ $\phi 50$ 이하 가공
② 구조 : spindle, head, colum, table, base

③ 크기
　㉠ 스윙(주축 중심부터 컬럼 표면까지 거리의 2배)
　㉡ 테이블의 크기
　㉢ 드릴가공을 할 수 있는 최대 지름
　㉣ 주축 구멍의 모스 테이퍼 번호
　㉤ 주축 끝과 테이블 윗면과의 최대거리

(3) 레이디얼 드릴링 머신

① 가장 주로 쓰이며 공작물을 고정시켜 놓고 주축의 위치를 이동시켜서 구멍의 중심 맞추어 작업
② 비교적 대형이며 무거운 공작물의 구멍 뚫기, 주축이동
③ 암에는 새들이 있고 이동은 피니언과 래크로 작동
④ 크기
　㉠ 뚫을 수 있는 구멍지름
　㉡ 주축 끝과 테이블 윗면과의 최대거리
　㉢ Base의 작업면적
　㉣ 주축 테이퍼 번호

(4) 다축 드릴링 머신 : 1대의 기계에 많은 수의 스핀들이 있으며 1회에 많은 구멍을 뚫을 때 능률적이고 한 번에 여러 개의 구멍을 작업한다.

(5) 다두 드릴링 머신 : 직립 드릴링 머신의 상부 기구를 같은 베드 위에 여러 개 나란히 장치한 것으로 각각의 스핀들에 드릴, 그밖에 여러 가지 공구를 꽂아 드릴, 리머, 탭 등을 여러 공구를 작업 순서대로 고정 후 연속사용. 황삭 및 완성 가공을 연속적으로 한다.

(6) 심공 드릴링 : 각종 내연기관의 크랭크축에 있는 오일구멍과 같이 머신지름에 비해 비교적 깊은 구멍 가공(오일 주입구가 있음)

5-3 절삭공구와 절삭조건

(1) 드릴의 각도

트위스트 드릴의 인선각은 연강용에 대해 118°로 일반적으로 가공 재료가 단단할수록 인선각이 커진다.(여유각 : 10~15°, 웨브각 : 135°, 나선각 : 20~32°)

(2) 디이닝(Thinning)

무디어진 웨브를 연삭하는 것으로 드릴의 생크 쪽으로 갈수록 웨브의 두께가 증가하여 절삭성이 나빠진다. 이 웨브는 드릴가공이 이송을 줄 때 추력이 일어나는 원인이 되며, 드릴 연삭시 웨브의 두께를 처음 두께 상태로 얇게 연삭하는 것

그림 5-2 드릴의 각부 명칭

(3) 웨브

드릴 끝의 홈과 홈 사이의 두께로 자루 쪽으로 갈수록 커진다.

(4) 마진

드릴의 홈을 따라서 나타나는 좁은 면으로 드릴의 크기를 정하며 예비적 날의 역할과 날의 강도 보강하며 드릴의 위치를 잡아준다.

(5) 몸 여유

드릴과 구멍 내면이 마찰하는 것을 방지.(백 테이퍼로 만듦)
몸체 여유(body clearance)는 드릴 지름 5mm 이상으로 날 길이 100mm에 대하여 보통 0.025~0.15mm로 한다.

(6) 절삭조건

$$v = \frac{\pi d n}{1000}[\text{m/min}], \quad n = \frac{1000v}{\pi d}[\text{mm}]$$

5-4 보링머신(boring machine)

보링머신은 기능이나 구조 등에 따라 수평 보링머신, 정밀 보링머신, 지그 보링 머신 등이 있다.

> **참고** 보링머신의 크기
> ① 주축지름 및 주축 이동거리
> ② 테이블의 크기
> ③ 주축거리의 상하 이동거리 및 테이블의 이동거리

(1) 수평식 보링머신 - 대표적인 보링머신

① 테이블형 : 보링 및 기계 가공 병행 중형 이하 가공물
② 플레이너형 : 중량이 큰 일감의 정밀가공
③ 플로어형 : 테이블형에서 곤란한 대형 일감
④ 이동형 : 이동작업, 기계수리형

(2) 지그 보링머신

구멍을 대단히 정확한 좌표위치(구멍간의 거리공차 ±0.02~0.005사이)에 정밀 가공하기 위한 것으로 (보통 항온실 온도 20℃±1℃, 습도 55% 유지) 나사식 보정장치, 현미경을 이용한 광학적 장치 등을 가지고 있다.

(3) 정밀 보링머신

① 다이아몬드 공구, 초경질 공구를 사용, 고속 경절삭과 미세한 이동으로 정밀한 구멍가공이 가능하다.
② 실린더, 피스톤 핀, 베어링 부시, 라이너의 가공에 사용된다.

(4) 심공 보링머신

① 구멍의 깊이가 10~20배 이상의 것을 뚫을 때 사용된다.
② 특수 드릴을 사용하여 자동적으로 축 중심을 유지하면서 구멍 절삭이 된다.

(5) 보링공구와 부속 장치

보링의 3대 부속 장치 : 보링 바이트, 보링바, 보링 공구대

5-5 슬로터(slotter)

슬로터는 세이퍼를 수직으로 높은 것 같은 기계로 바이트를 설치한 램이 수직으로 왕복 운동한다. 키홈, 평면, 구멍의 내면, 내접기어, 스플라인 구멍, 기타 특수한 형상, 곡면의 절삭가공에 적합하며, 슬로터 크기는 램의 최대 행정, 테이블의 크기, 테이블의 이동거리, 회전테이블의 직경으로 표시한다.

제 6 장 기어가공

6-1 기어 절삭법

(1) 형판에 의한 방법

① 가공방법 : 기어 치형과 같은 형판을 사용하여 공구대를 형판에 따라 미끄럼 안내하여 가공하는 모방절삭이며 특징은 다음과 같다.
  ㉠ 기어 가공면이 거칠다.
  ㉡ 생산 능률이 낮다.
  ㉢ 특수 용도의 기어제작에 한정이용(저속형 대형 스퍼기어, 직선 베벨기어)

(2) 총형 공구에 의한 절삭법

① 가공방법 : 기어 이홈의 모양과 같은 커터를 사용하여 기어소재 1피치만큼씩 회전시켜서 차례로 기어를 절삭이며 특징은 다음과 같다.
  ㉠ 치형 곡선과 피치의 정밀도가 나쁘다.
  ㉡ 생산 능률이 낮아 소량생산에 사용
  ㉢ 사용기계 : 밀링, 세이퍼, 슬로터

(3) 창성에 의한 절삭

인벌류트 곡선의 성질을 응용한 정확한 기어절삭 공구를 기어의 소재와 함께 회전운동을 주며 축 방향으로 왕복 운동을 시켜 절삭한다. 가공방법은 다음과 같다.
① 래크커터에 의한 방법
② 피니언 커터에 의한 방법
③ 호브에 의한 절삭

6-2 기어절삭 기계의 종류

(1) 호빙머신

호브(Hob)라는 기어 절삭공구와 기어소재에 서로 상대적인 운동을 주어 창성법으로 기어를 가공하는 공작기계이며, 종류는 다음과 같다.
① 수직형(직립) : 대형기어 가공
② 수평형 : 소형기어 가공
③ 기어표시
　㉠ 가공할 수 있는 기어의 최대 지름
　㉡ 기어의 폭 및 피치
　　• 지름피치 $P = \dfrac{\pi D}{Z}$
　　• 피치원지름 $D = M \cdot Z$
④ 구동기구(4대 기구)
　㉠ 호브의 회전기구
　㉡ 호브의 이송기구
　㉢ 테이블 회전기구
　㉣ 차동 기어장치(헬리컬 기어 절삭)

6-3 브로칭 머신

다수의 절삭날을 일직선상에 가진 브로치(Broach)라는 공구를 사용해서 공작물의 구멍 내면 및 표면을 필요한 형상으로 가공을 위해 인발 또는 압입하여 절삭한다. 단, 브로치 제작이 어렵고 고가이므로 사용상 주의가 요구된다.

(1) 브로칭 특징

① 호환성을 필요로 하는 부품의 대량 생산에 효과적
② 자동차, 전기부품의 소형기재의 정밀가공에 적합
③ 급속 귀환 장치가 있다.
④ 브로칭 머신의 크기 : 최대 인장 응력과 행정

(2) 브로치 피치

① 치수가 적고 절삭 깊이가 짧을수록 날 끝수를 적게 하고 치수가 크고 절삭 깊이가 길 때는 날 끝수를 많이 한다.
② 막깎기 날부에서 필요한 치수와 형상으로 가깝게 만들어지며, 다듬질 날부를 향할수록 절삭량은 적고 다듬질 날부에서 완전한 치수와 형상으로 다듬질 된다.
③ 1회 통과로 완성 제품 생산되며 가공시간이 짧고 호환성이 있다.
④ 브로치의 테이퍼 좁은 쪽이 가공면에 먼저 닿는다.
⑤ 공작물 모양에 따라 브로치를 만들어야 하고 브로치 설계제작에 시간이 걸린다. 공구값이 비싸므로 일정량 이상의 대량생산에 이용된다.

(3) 작업조건

① 절삭속도(m/min) : 대체로 5~10m/min, 중탄소강(18), 공구강(6~14), 황동(34), 주철(16~18)
② 브로치의 랜드가 커지면 마찰력이 증가하고 여유각이 작아지면 마찰력이 감소한다.
③ 일반적으로 절삭부를 결정할 때 중요시 되는 것은 피드(feed)

$$P = C\sqrt{L}$$

P = 피치
L = 절삭부 길이
C = 1.5~2(피삭재 재질에 따른 값)

제 7 장 정밀입자 및 특수가공

7-1 래 핑

마모(마멸)현상을 가공에 응용한 것으로 래핑은 랩이라는 공구와 공작물 사이에 랩제를 넣고, 공작물을 누르면서 상대 운동으로 공작물을 매끈하고 정밀하게 다듬질하는 가공 방법으로 게이지류(블록, 스냅, 리미트, 프러그 등) 볼, 롤러, 내면기관용 연료 분사펌프 등, 정밀 기계부품 및 렌즈프리즘, 광학 기계용 유리 기구를 다듬질에 사용된다.

(1) 래핑의 장점

   ① 가공면이 매끈한 거울면
   ② 높은 정밀도(평면도, 진원도, 진직도 등)
   ③ 가공된 면의 내식성, 내마모성 상승
   ④ 작업 방법이 간단하고 대량생산 가능

(2) 래핑의 단점

   ① 가공면에 랩제 잔유가 쉽고 제품의 마멸 촉진
   ② 아주 높은 정밀도를 위해선 숙련 필요
   ③ 가공면에 랩제가 잔류하기 쉽고, 제품 사용시 마멸을 촉진한다.
   ④ 작업이 깨끗하지 못하고 작업자의 손과 옷을 더럽힌다.

(3) 습식 래핑법

   건식에 비해 가공면이 거칠다.(거친 래핑)

① 랩제와 기름혼합
② 억센 랩으로 비교적 고압력, 고속도 가공
③ 작은 구멍, 유리, 보석 등의 다듬질 가공
④ 압력 $4.9N/cm^2$, 속도는 건식법의 5~6배

(4) 건식 래핑법 : 다듬 래핑

① 건조상태에서 작업. 주로 습식 래핑 후 더욱 매끈한 표면 가공
② 블록 게이지 제작에 사용
③ 압력 $9.8~14.7N/cm^2$, 속도 30~50m/min

(5) 랩

① 원칙적으로 가공물보다 연한 재질(강철은 주철제) : 동합금, 납, 연강 등
② 조직이 치밀할 것
③ 형상을 오래 유지 할 수 있도록 내마모성이 좋을 것

(6) 랩제

① 강철 : Al_2O_3(산화 알루미늄)
② 연한금속 : SiC(탄화규소)
③ 다듬질용 : Cr_2O_3(산화크롬), C입자(Cr_2O_3(산화크롬), 산화철(Fe_2O_3)-연한금속 (유리, 수정), 산화크롬(Cr_2O_3)
④ A, WA입자 : 강철
⑤ 석류석 : 목제, 반도체재료

7-2 호닝(마찰작업)

보링, 리밍, 연삭가공 등에서 가공이 끝난 원통의 내면에 정밀도를 더욱 높이기 위하여 직사각형 단면의 가는 숫돌을 방사 방향으로 배치한 혼(hone)으로 구멍에 넣고 회전 운동과 축방향의 운동을 동시에 시켜 정밀 다듬질하는 방법을 호닝이라 한다.
호닝은 실린더, 고속 베어링면 등의 내면에 대한 진원도, 진직도, 표면 거칠기 등을 개선하고, 다듬질하는 데 널리 이용한다.

(1) 호닝의 특징

① 발열이 적고 경제적인 정밀가공이 가능하다.
② 전(前)가공에서 발생한 진직도, 진원도, 테이퍼 등에 발생한 오차를 수정할 수 있다.

③ 표면거칠기를 좋게 할 수 있다.
④ 정밀한 치수로 가공 할 수 있다.

(2) 혼의 구성 : 손잡이부, 숫돌 유지부, 가압 장치(유압 or 스프링), 자재 연결장치 등

(3) 혼의 크기 : 지름($\phi 6 \sim \phi 106$), 길이(1600mm)

(4) 혼의 재질
- Al_2O_3(A, WA입자) : 다듬질용
- SiC(G, GC입자) : 거친 작업용

(5) 원주 속도(연삭의 1/4) : $40 \sim 70 m/min$
  연강 $30 \sim 50 m/min$, 주철 $60 \sim 70 m/min$
  (왕복속도는 원주 속도의 1/2~1/4)

(6) 가공압력
- 보통(거친)가공 : $9.81 N/cm^2$
- 정밀가공 : $39.2 \sim 58.7 N/cm^2$

(7) 혼의 운동 : 회전운동과 동시에 왕복운동 방향의 각도 $-40 \sim 60°$(무늬 교차각)
  (표준 : $10 \sim 30°$, 정밀 : $10 \sim 40°$, 거침 : $40 \sim 60°$)

(8) 연삭액 : 등유+돼지기름+황, 주철(등유), 강(등유+황화유), 청동(라이드유)

> **참고** 숫돌의 길이는 공작물 길이(구멍깊이)의 1/2 이하. 왕복운동은 양끝에서 숫돌길이의 1/4정도 구멍에서 나올 때 정지.

7-3 액체호닝(분사가공)

액체호닝은 가공액과 혼합된 연마제를 압축 공기와 함께 노즐로 공작물인 경금속, 플라스틱, 고무, 유리 등의 표면에 분출시켜 다듬면을 얻는 가공 방법이다.
액체호닝은 광택이 적지만 피닝 효과(peening effect)가 크고, 복잡한 모양의 공작물도 다듬질이 가능하며 공작물 표면에 액체(물)와 미세 연삭 입자와의 보통 혼합비 1 : 2로 혼합액을 압축, 공기로 분사한다.
액체호닝은 습식 다듬질 가공(샌드 블라스팅과 비슷)이다.
액체호닝의 분사각도는 $40 \sim 50°(45°)$이며 노즐(12.5mm)과 표면사이의 거리 $60 \sim 80mm$, 분사량 $5 \sim 7N$이다. 액체호닝의 용도는 주조품, 스케일 및 산화막 제거 피로강도 및 인장강도($5 \sim 10\%$) 증가시킨다. 유리, 프라스틱, 고무, 다이케스팅 제품, 다이의 귀따기 및 표면가공에 응용된다. 연마제는 Al_2O_3, SiC, 규사가 사용되며 액체호닝의 특징은 다음과 같다.

① 가공면에 방향성이 존재하지 않으며 가공시간이 짧다.
② 공작물 표면의 산화막이나 도료, 거스러미 등을 제거할 수 있어, 도장이나 도금의 바탕을 깨끗이 다듬는 데 좋다.
③ 가공물의 피로강도를 10%정도 향상 시킨다.
④ 형상이 복잡한 것도 쉽게 가공한다.

7-4 슈퍼 피니싱 : 연삭 여유 0.002～0.01mm

연삭숫돌을 공작물 표면에 가압(스프링, 유압)하면서 공작물 이송과 진동을 주고 공작물을 회전시켜 균일한 표면을 얻는 법으로 저압, 저속도의 가공이므로 발열이 적고 가공 변질층을 제거 할 수 있으며 내마모성, 내식성이 우수하고 다듬질 시간이 짧다.(방향성이 없는 다듬질 면을 얻는다.)

그림 7-1 슈퍼피니싱

① 용도 : 평면, 원통(외, 내면), 곡면, 베어링 접촉부, 각종 롤러, 게이지, 엔진 등
② 원주(상대)속도 : 15～18m/min ⇒ 초기(거친) 5～10m/min
　　　　　　　　　　　　　　　　　후기(다듬) 15～30m/min
③ 숫돌 압력 : 0.98～29.4N/cm^2
④ 숫돌의 진동폭 : 보통 2～3mm ⇒ 초기(거친) 1～3, 후기(다듬) 3～5

7-5 폴리싱과 버핑

(1) 폴리싱

바퀴표면에 부착시킨 탄성 있는 재료(목재, 피혁, 직물 등)에 미세한 연삭입자로 공작물표면을 버핑하기 전에 다듬는 법. 속도는 1500m/min

(2) 버 핑

직물(면), 털(모) 등으로 원반을 만들고 (나사못 및 아교로 붙이거나 재봉으로 누빔) 공작물 표면의 녹 제거 및 광택을 내는 작업
① 버프재료 : 보통 포목이나 가죽
② 바퀴지름 : 보통 25～600mm
③ 버핑의 평균속도 : 1500m/min

④ 버핑의 압력 : 330g/cm²
⑤ 버프의 3요소 : 연삭입자+유지+직물

7-6 배럴 다듬질 : 충돌가공(주물귀, 돌기 부분, 스케일 제거)

회전하는 상자 속에 공작물과 미디어, 콤파운드(유지+직물), 공작액 등을 넣고 회전과 진동을 주어 표면을 다듬질(회전형, 진동형)
① 회전 상자의 형상 : 보통 6각~8각(10~12각)
② 배럴 속도(3~30rev/min), 진동폭(3~9mm), 진동수(20~90cycle)
③ 미디어 : 숫돌입자, 모래, 석영, 알루미늄(거친 작업) 나무 및 가죽(광택내기)
④ 공작물에 대한 미디어의 용적혼합비 : 1:2~1:6

7-7 버니싱 다듬질

원통의 내면 및 외면을 매끈히 다듬질된 강구(steel ball) 또는 롤러로 공작물에 압입하여 표면을 매끈하게 다듬는 가공법으로 일종의 소성가공이다.

버니싱은 드릴, 리머 등 기계가공에서 생긴 스크래치(scratch), 공구 자국 등을 제거하고, 연삭 가공을 할 수 없는 곳에 많이 쓰이는 가압 가공법이다.

버니싱한 면은 매끈하게 되는 동시에 가공 경화되어 피로강도, 부식저항, 내마모성, 치수 정밀도, 표면 거칠기 등을 향상한다.

그림 7-2 버니싱 다듬질

7-8 롤러 다듬질 : 선반에서 작업한다.

선반 가공 후 다듬질하는 방법으로 로울러 공구를 사용하여 공작물에 압착하고 공작물 표면에 소성변형을 일으켜 다듬질한다. 표면은 가공경화가 생겨 피로강도 증가

7-9 쇼트 피이닝 : 표면을 타격하는 일종의 냉간가공

철강의 작은 볼(shot)을 공작물 표면에 분사하여 강재의 화학조성을 변화시키지 않고 표면을 매끈하게 하여 피로강도 기계적 성질 향상이 된다.

① 피닝 효과 : 공작물의 표면경화 및 피로한도 증가
② Shot 재질 : 칠드주철, 망간주철, 컷 와이어쇼트
③ Shot의 크기 : 0.7~0.9mm
④ 작업속도 : 40~50m/sec
⑤ 용도 : 볼베어링의 끝가공, 판스프링, 레일, 기어 등 반복하중을 받는 곳
⑥ 공기압(분사속도) : $4kg/cm^2$, 분사각 90°
⑦ 용도
　㉠ 열처리 후 변형이 생기는 복잡한 공작물
　㉡ 압연이나 인발 가공한 공작물
　㉢ 열간 압연에 의한 탈탄층 및 침탄 부분
　㉣ 모서리부분의 응력 하중을 받는 곳
⑧ 효과
　㉠ 피로 강도의 향상
　㉡ 시효 균열의 방지
　㉢ 주물의 기포 제거
　㉣ 내마모성 증대
　㉤ 탈탄에 대한 보안 효과

7-10 초음파 가공 : 충돌가공

전기적 에너지를 기계적 에너지로 변화시키며 초음파(16kc/sec 이상), 주파수의 진동(20~30kc/sec)을 주고 공작물과 공구사이에 연삭입자와 연삭액을 넣고 펌프로 순환시켜 입자와 공작물에 대한 충돌로 인한 다듬질(진동자의 자기변형으로 초경합금, 보석류를 다듬질)하며, 공구재료는 연강, 피아노선이 쓰인다.

① 용도 : 담금질강, 초경합금, 보석, 수정 등을 다듬질 가공한다.
② 연삭입자 : Al_2O_3, SiC, 다이아몬드+공작액(물+석유)
③ 특징
　㉠ 초경질이며, 메짐성이 큰 재료에 사용된다.
　㉡ 구멍가공, 절단, 평면, 표면 가공 등을 할 수 있다.
　㉢ 연삭 가공에 비하여 가공면의 변질 및 스트레인(변형)이 적다.
　㉣ 전기적으로 불량도체일지라도 보통금속과 동일하게 가공이 된다.

7-11 전해 가공 : E.C.M

공작물과 전극사이 0.1~0.4mm 정도 띄우고 그 사이로 전해액을 강제 유동. 공작물이 전극 모양을 따라 가공(용해작용)되며 전기의 용해작용 이용(전기 분해법칙 이용)한다. 보통 전기 도금장치와 반대 작용이고 공작물을 (+)극으로 하고 모형이나 공구 (-)극과 함께 알카리성을 전해액 속에 넣어 통전 가공된다.
주로 구멍, 홈, 형조각 등을 가공

(1) 특징(효과)

① 전력은 소모되지 않고 단위 시간당 가공량이 많다.
② 높은 열이 발생하지 않고 기계적인 힘이 작용하지 않는다.
③ 내열강, 고장력강 등을 가공

7-12 전해 연마

전기도금과 반대적인 작업이며 전해가공의 일종으로 전기 화학적 방법으로 전해현상을 이용. 표면을 다듬질. 공작물을 (+)극으로 하고 구리, 아연, 납 등을 (-)로 하여 전해액 혹에 넣고 직류전류를 짧은 시간 동안에 강하게 흐르게 하여 전기적으로 그 표면을 매끈하게 다듬질하며, 금속표면의 미소돌기부분을 용해하여 거울면 상태로 가공된다.

(1) 용도

드릴의 홈이나 바늘 및 주사침 구멍을 깨끗하게 다듬질

(2) 특징

① 가공변질층이 나타나지 않으므로 평활한 면을 얻을 수 있다.
② 가공면에 방향성이 없다.
③ 내마멸성 및 내부식성이 좋아진다.
④ 복잡한 형상의 공작물 연마도 가능하다.
⑤ 면이 깨끗하고 도금이 잘 된다.
⑥ 연마량이 적어 깊은 홈은 제거가 되지 않으며, 모서리가 라운드 된다.
⑦ 연질의 금속도 용이하게 연마할 수 있다.

7-13 전해 연삭

전해 연마에서 나타난 양극(+)의 생성물을 전해 작용으로 제거하는 작업으로 전해 연삭은 작업속도가 빠르고 숫돌의 소모가 적으며, 가공면이 연삭다듬질보다 우수하다. 가공조건으로 접촉압역은 $2\sim3\,kg/cm^3$가 쓰이며 가공속도는 증가하나 전극소모가 크다.

① 경도가 높은 재료일수록 연삭능률이 기계연삭보다 높다.
② 박판이나 형상이 복잡한 공작물을 변형 없이 연삭할 수 있다.
③ 연삭저항이 적으므로 연삭열 발생이 적고, 숫돌 수명이 길다.
④ 설비비와 숫돌 가격이 비싸다.
⑤ 필요로 하는 다양한 전류를 얻기가 힘들다.
⑥ 다듬질 면은 광택이 나지 않는다.
⑦ 정밀도는 기계연삭보다 낮다.

7-14 화학 연마

산 용액중에 가공물을 담고 가열하며 화학반응을 촉진시켜 금속 표면에 광택을 얻는 방법(열에너지 이용)으로 재료의 강도나 경도에 관계없이 가공이 되고 변형이나 가공 거스러미가 없다. 가공경화나 표면의 변질층이 없다. 공구가 필요 없고 대량생산이 가능하다.

7-15 화학 밀링

화학밀링은 가공하지 않을 공작물 부분에 내식성 피막으로 피복해 부식하는 방법으로 화학절삭이라고도 한다. 가공형상은 기계적 밀링과 거의 같으나 가공 원리는 전혀 다르다.
화학밀링의 특징은 다량생산, 넓은 면 가공, 복잡한 형상 및 얇은 단면 가공이 가능하며, 공구비가 절감되고 가공면의 변질층이 적은 장점이 있지만, 가공 속도와 가공 깊이에 제한을 받고 부식성 및 다듬질면의 거칠기가 떨어지는 단점이 있다.

7-16 화학 연삭

공작물 표면에 작은 요철부의 볼록부를 용삭할 때, 기계적 마찰로 더욱 능률적인 가공을 하는 방법이다. 공작물과 공구 사이에 고운 연삭 입자를 넣으면 효과적이다.

7-17 방전 가공(E.D.M)

방전 현상을 인공적으로 설정하여 그 에너지를 이용하는 가공 방법이다.(전기 접점에 의한 직류 콘덴서법) 공작물과 공구가 직접 접촉함이 없이 상호간에 어느 간격을 유지하면서 그 사이에선 물리적으로 가공하는 방법(공작물 (+)극 가공전극 (-)이며 극과의 간격은 5~10mm)이며, 종류로는 콘덴서 형, 크리스탈 형, 다이오드 형이 있으며, 기본적인 회로 형식은 RC 회로이다.

(1) 용 도

담금질강, 고속도강, 내열강, 다이아몬드, 수정 등을 가공한다.

(2) 장 점

① 공작물 경도와 관계없이 전기도체이면 쉽게 가공된다.
② 숙련된 작업이 필요하지 않는다.(무인가공 가능)
③ 전극 형상 그대로 정밀도가 높은 가공이 된다.
④ 가공조건의 선택과 변경이 쉽다.
⑤ 비 접촉성으로 기계적인 힘이 가해지지 않는다.
⑥ 다듬질 면은 방향성이 없고 균일하다.
⑦ 복잡한 표면형상이나 미세한 가공이 가능하다.
⑧ 가공표면의 열 변질층 두께가 균일하여 마무리 가공이 쉽다.
⑨ 가공변형이 적어 박판가공이 용이하다.

(3) 단 점

① 공구 전극이 필요하며 전극가공의 어려움과 공구의 소모가 크다.
② 가공부분에 변질층이 남으며 다소 가공속도가 느리다.
③ 비전도체인 경우 가공이 어렵고 가전도(저부형, 금형)에 제한 받음.

(4) 전극 재료

구리, 은, 텅스텐 합금, 황동, 인청동, 텅스텐, 흑연(가장 좋으나 소모가 빠르다.)

(5) 전극재료의 조건

　① 방전이 안정하고 가공속도 및 정밀도가 높을 것
　② 전극소모가 적고 가공이 쉬울 것
　③ 가격이 저렴할 것

(6) 가공액

　절연도가 높은 유전체액 사용(높은 점도액은 부적절), 일반적으로 경유 사용(와이어 컷은 물(탈이온수) 사용)

7-18 레이저 가공

렌즈, 반사경 등으로 한곳에 모아 빛의 흡수로 인해 국부적, 순간적으로 가열 ⇒ 증발, 용해되어 가공

(1) 특징

　① 비접촉 가공으로 공구마모가 거의 없다.
　② 임의의 위치 가공이 가능(원격조정이 가능하고 진공이 불필요)
　③ 열에 의한 변형이 적으므로 열, 충격을 받기 쉬운 재료가공에 적합
　④ 비금속(세라믹, 가죽)의 가공이 가능
　⑤ 미세 가공과 난삭제 가공이 용이하다.
　⑥ 투명체를 통해 가공할 수 있다.

7-19 전자 빔 가공

전자렌즈로 가공물 위에 접속시킨다.(구멍 및 전자 빔 용접)

① 전자 빔의 굵기를 조절할 수 있다.
② 단시간에 국소부분을 가열시킬 수 있다.
③ 전자가 고체 내부에 침입해 가공 에너지를 내부에 주어진다.
④ 전자는 질량이 작고 전하량이 크므로 전기적, 자기적으로 고속도에서 제어가 가능하다.

측 정

8-1 측정기의 선택시 고려사항

측정기는 그 측정목적에 적합한 것을 사용해야 한다. 선정이 적절하지 않으면, 요구되는 측정값을 얻을 수 없다.

① 측정대상 : 측정량의 종류, 상태
② 측정환경 : 장소, 조건
③ 측정수량 : 소량인가, 다량인가
④ 측정방법 : 원격, 자동, 지시, 기록 등
⑤ 측정기에 요구되는 성능 : 측정범위, 정밀도, 감도, 다루기의 편리성, 내구성, 고장시의 처리 등
⑥ 경제적 상황 : 가격, 유지비, 측정에 소요되는 비용
⑦ 측정기 선택시 주의사항
　㉠ 측정 또는 검사를 결정하고 측정기를 선정한다.
　㉡ 피 측정물의 치수와 공차에 가장 적합한 측정기를 선택한다.
　㉢ 측정수량에 따른 측정 소요시간을 감안하여 선정한다.

8-2 측정의 종류

(1) 직접측정(Direct Measurement)

일정한 길이나 각도로 표시되어있는 측정기를 사용하여 피 측정물에 직접 접촉하여 눈금을 읽는 방식(절대측정)

① 장점
  ㉠ 측정범위가 다른 측정 방법보다 넓다.
  ㉡ 피 측정물의 실제치수를 직접 읽을 수 있다.
  ㉢ 양이 적고 종류가 많은 제품을 측정하기에 적합하다.(다품종 소량생산)
② 단점
  ㉠ 눈금을 잘못 읽기 쉽고, 측정시 시간이 많이 걸린다.
  ㉡ 측정기가 정밀할 때는 측정시 많은 숙련과 경험이 필요하다.

(2) 비교측정(Relative Measurement)

기준이 되는 일정한 치수와 피측정물을 비교하여 그 측정치의 차이를 읽는 방법으로 비교측정은 다이얼게이지, 미니미터, 공기마이크로미터(공기의 흐름을 확대 기구를 이용하여 길이를 측정하는 방식), 전기마이크로미터 등이 있다.

① 장점
  ㉠ 높은 정밀도의 측정을 비교적 쉽게 할 수 있다.
  ㉡ 치수가 고르지 못한 것을 계산하지 않고 알 수 있다.
  ㉢ 길이, 각종모양, 공작기계의 정밀도 검사 등 사용범위가 넓다.
  ㉣ 먼 곳에서 측정이 가능하고, 자동화에 도움을 줄 수 있다.
  ㉤ 히스테리시스(백래쉬) 오차가 적다.
  ㉥ 범위를 전기량으로 바꾸어서 측정이 가능하다.
  ㉦ 나이프 에지를 이용 1000배정도 확대측정이 가능하다.
② 단점
  ㉠ 측정범위가 좁고, 직접 제품의 치수를 읽을 수 없다.
  ㉡ 기준치수인 표준게이지가 필요하다.

(3) 간접측정(Indirect Measurement)

피 측정물의 모양이 기하학적으로 간단하지 않는 경우 측정부의 치수를 수학적이나 기하학적인 관계에서 얻을 수 있는 경우에 이용되며, 간접측정은 사인 바에 의한 각도측정, 롤러와 블록 게이지에 의한 테이퍼 측정, 삼침법에 의한 나사의 유효지름 측정 등이 있다.

(4) 절대측정(Absolute Measurement)

정의에 따라서 결정된 양을 실현시키고, 그것을 사용하여 실시하는 측정이다. U자관 압력계-수은주 높이, 밀도, 중력가속도를 측정해서 종합적으로 압력의 측정값을 결정하는 것을 말한다.

8-3 굽힘에 의한 변형

① (a=0.2113L) 에어리 점(Airy Point)
눈금이 중립면에 없는 경우 및 블록 게이지와 단도기를 수평으로 지지할 때 사용되는 방법으로서, 처음 평행한 2개의 단면이 지지에 의하여 굽힘이 발생한 후에도 양단 면이 평행을 유지할 수 있는 지지 방법으로서 길이의 오차도 최소화 할 수 있다.

② (a=0.2203L) 베셀점(Bessel Point)
중립면에 눈금을 만든 표준자를 지지할 때 사용되는 방법이며, 눈금 면의 직선거리와의 차이를 최소화하는데 사용되는 방법으로 중립축 또는 중립면의 변위를 최소화 할 수 있다.

③ a=0.2232L
전장에 걸쳐 변형이 가장 작으며, 양단과 중앙의 처짐이 동일하게 된다.

④ a=0.2386L
지지점 사이, 즉 중앙부의 처짐을 최소화(0점) 할 수 있으므로 중앙부의 직선의 유지가 필요한 경우에 사용된다.

8-4 아베의 원리

아베의 원리는 측정하려는 길이를 표준자로 사용되는 눈금의 연장선상에 놓는다 라는 것인데 이는 피측정물과 표준자와는 측정방향에 있어서 동일 직선상에 배치하여야 한다(독일의 아베). 길이측정의 경우 치환법을 응용하면 기하학적 위치에 의한 측정오차를 가장 확실하게 피할 수 있다.(컴퍼레이터의 원리 : 비교측정기)
① 만족 : 외측마이크로, 측장기
② 불만족 : 버니어캘리퍼스

8-5 측정 오차

(1) 오차=측정치-참값(측정하여 결정한 값)
(2) 오차율=오차/참값
(3) 오차 백분율=오차율×100(%)

(4) 측정오차의 종류

① 개인오차

측정하는 사람의 습관이나 부주의 때문에 생기는 오차로서, 숙련도에 따라 어느 정도 줄일 수 있다.

② 계통오차(systematic error)

측정기로 동일한 측정 조건하에서 피측정물을 측정할 때에 같은 크기와 부호가 발생되는 오차로서 이는 보정하여 측정값을 수정할 수 있다. 이와 같이 측정기의 보정을 구하는 것을 교정이라 한다. 측정기를 미리 검사함으로서 수정할 수 있다.

③ 우연오차(accidental error)

측정기, 측정물 및 환경 등의 원인을 파악할 수 없어 측정자가 보정할 수 없는 오차이다. 이럴 경우에는 여러 번 반복 측정하여 그 평균값을 구하는 것이 좋다.

(5) 측정에 미치는 사항

① 시차(parallax)

측정자의 부주의 즉, 읽음에 있어서 시선의 방향에 따라 생기는 오차이다. 읽음선과 눈금선이 다른 평면 내에 있을 때에는 관측 방향에 의해서 선의 상대위치가 달리 보여 $f = a\phi$인 오차가 발생하므로 항상 눈금에 수직으로 관측하여야 한다.

② 온도의 영향

세계 각국에서는 공업적인 표준온도를 20℃로 인정하고 있다. 온도변화 Δt℃ (원래의 온도-변화 후의 온도) 따라 생기는 변화량 $\Delta \lambda$는 물체의 길이 l[mm]과 열팽창계수 α로부터 다음 식으로 구한다.

$$\Delta \lambda = l \cdot \alpha \cdot \Delta t$$

따라서, 강의 열팽창계수는 11.5×10^{-6}/℃이므로, 1m의 물체가 표준온도와 1℃ 다를 때의 오차는 11.5μ이 된다.

8-6 버니어 캘리퍼스

외경, 내경, 깊이, 단차 및 길이를 측정하는 것으로 미터식에서는 1/20mm, 1/50mm까지 읽을 수 있다. 종류로는 미동장치가 없는 M1형(0.05mm) 및 미동장치가 있는 M2형(1/20mm까지 측정)과 CB형 및 CM형(1/20mm까지 측정) 4가지가 있다.

$$C = S - \left(\frac{n-1}{n}\right) = \frac{S}{n}$$

아들자의 네 번째 눈금선이 어미자 눈금과 일치하므로 어미자 23mm 눈금선에서 아들자 0선까지의 치수 0.05×4=0.2mm가 되며, 최종 길이 읽음값은 23+0.2=23.2mm가 된다.

그림 8-1 눈금 읽는 방법

[표 8-1] 버니어 캘리퍼스의 눈금

어미자의 최소눈금(mm)	아들자의 눈금 기입 방법	최소 측정값(mm)
0.5	12mm를 25등분	0.02
	24.5mm를 25등분	
1	49mm를 50등분	0.05
	19mm를 20등분	
	39mm를 20등분	

8-7 마이크로미터

표준마이크로미터는 나사의 피치 0.5mm, 딤블의 원주눈금이 50등분되어 있기 때문에 딤블의 1회전에 의한 스핀들의 이동량(M)은 0.01mm의 측정이 가능하다.

$$M = 0.5 \times \frac{1}{50} = \frac{1}{100} = 0.01\,\mathrm{mm}$$

```
슬리브의    1mm 눈금    4
슬리브의    0.5mm 눈금  0.5
딤블의      0.01mm 눈금 0.27  +
                       4.77mm
```

그림 8-2 마이크로미터의 눈금

8-8 다이얼 게이지

다이얼 게이지는 길이의 비교측정에 사용되며 평면이나 원통형의 평활도, 원통의 진원도, 축의 흔들림 정도 등의 검사나 측정에 쓰이고 시계형, 부채꼴형 등이 있다.
기타 게이지로 공차범위내 정밀하게 측정할 수 있는 하이케이터(hicator), 두께를 측정할 수 있는 다이얼 두께 게이지, 깊이를 측정할 수 있는 다이얼 깊이 게이지, 내경을 측정할 수 있는 실린더 게이지 등이 있다.

(1) 다이얼 게이지의 원리

모두가 스핀들의 적은 움직임을 지렛대나 기어장치로 확대하여 눈금과 지침으로 그 움직임을 읽는다. 눈금은 원둘레를 100등분하여 1눈금이 1/100mm를 나타내는 것이 보통이지만 특수한 것은 1/1000mm를 나타내는 것도 있다.

(2) 다이얼 게이지의 사용 범위

평행도, 직각도, 진원도, 두께, 깊이, 축의 굽힘 검사, 공작기계의 정밀도 검사, 회전축의 흔들림 검사, 기계가공에 있어서 흔들림 검사.

(3) 다이얼 게이지의 특징

① 측정범위가 넓다.
② 연속된 변위량의 측정이 가능하다.
③ 소형, 경량으로 취급이 용이하다.
④ 어태치먼트의 사용방법에 따라 측정이 광범위하다.
⑤ 다이얼 눈금과 지침에 의해서 읽기 때문에 읽기오차가 적다.
⑥ 다원측정(동시에 많은 개소의 측정이 가능)의 검출기로서 이용할 수 있다.

(4) 다이얼 게이지의 응용

① 다이얼 두께 게이지
② 다이얼 깊이 게이지
③ 진원도 측정 : 지름법, 반지름법, 3점법
④ 내경 측정
⑤ 큰 구면의 지름
⑥ 직각도, 흔들림 측정

8-9 하이트 게이지

대형 부품, 복잡한 모양의 부품 등을 정반 위에 올려놓고, 정반 면을 기준으로 하여 높이를 측정하거나 스크라이버(scriber) 끝으로 금긋기 작업을 하는데 사용한다.

(1) 아들자의 눈금 기입 방법

일반적으로 어미자 49mm를 50등분 한 아들자로서, 최소 측정값이 1/50mm로 되어 있고, 어미자 양쪽에 눈금을 새긴 것에는 1/20mm의 최소 측정값을 함께 사용하고 있다.

(2) 하이트 게이지 종류

하이트 게이지는 HT형, HM형, HB형의 세 종류가 있으며, HT형과 HM형의 복합형이 가장 많이 사용하고 있다. 호칭치수는 300mm, 600mm, 1,000mm가 있다.

8-10 게이지 블록의 용도

① 검사용(2급) : 공구절삭, 공구의 설치, 게이지 제작, 측정기의 조정.
　　　　　　　공작용으로 검사는 6개월, 정밀도(평행도 허용치)는 ±0.4μ
② 검사용(1급) : 기계부품 공구 등의 검사, 게이지 정도 검사.
　　　　　　　검사는 1년, 정밀도(평행도 허용치)는 ±0.2μ
③ 표준용(0급) : 일람용, 검사용, B/G의 정도 검사, 측정기류의 정도 검사.
　　　　　　　검사는 2년, 정밀도(평행도 허용치)는 ±0.1μ
④ 참조용(00급) : 표준용 B/G의 정도 검사, 학술용.
　　　　　　　　검사는 3년, 정밀도(평행도 허용치)는 ±0.05μ

8-11 한계 게이지

공차 부호의 방향은 통과측 플러그 게이지는 +로 하고, 정지측 게이지는 −로 한다.

(1) 테일러의 원리

테일러의 원리란 통과측에는 모든 치수 또는 결정량이 동시에 검사되고 정지측에는 각 치수가 개개로 검사되어야 한다. 라는 것으로 끼워 맞춤에 적용되는 것으로 테일러의 원리가 반드시 적용하는 것은 아니며, 게이지의 사용상 불편한 점도 있기 때문에 어느 정도 벗어난 것도 허용된다.

(2) 한계 게이지의 장점

① 검사하기가 편하고 합리적이다.
② 합·부 판정이 쉽다.
③ 취급의 단순화 및 미숙련공도 사용 가능
④ 측정시간 단축 및 작업의 단순화

(3) 한계 게이지의 단점

① 합격 범위가 좁다.
② 특정 제품에 한하여 제작되므로 공용사용이 어렵다..

(4) 표준 게이지

① 와이어 게이지 : 각종 선재의 지름이나 판재의 두께 측정에 사용된다.
② 틈새 게이지 : 미소한 틈새측정에 사용된다.
③ 피치 게이지 : 나사의 피치나 산수를 측정
④ 센터 게이지 : 나사바이트의 각도 측정
⑤ 반지름 게이지 : 곡면의 둥글기를 측정

(5) 구멍용 한계 게이지

구멍용 한계 게이지는 여러 가지 형상의 것이 있으며, 호칭 치수에 크기에 따라 다른 종류의 것이 사용된다. 즉, 호칭 치수가 비교적 작은 것은 플러그 게이지(plug gauge)가 사용되고, 그보다 큰 것은 평 플러그 게이지(flat plug gauge), 그 이상은 봉 게이지(bar gauge)가 사용된다.

(6) 축용 한계 게이지

이 한계 게이지는 ISO규격에 호칭치수 315mm 이하에서는 스냅 게이지를 사용하고 315mm를 초과하는 것에는 마이크로 인디게이터 부착 게이지 사용을 권장하고 있다. 단, 작은 지름에 대하여 통과측에는 링 게이지를 또 얇은 두께의 공작물에 대하여는 통과측, 정지측 모두 링 게이지를 사용하고 있다.

① 링 게이지(ring gauge)
지름이 작은 것이나 두께나 얇은 공작물의 측정에 사용된다. 링 게이지는 스냅 게이지에 비하여 가격이 비싸지만 테일러의 원리에 따라 통과측에는 링 게이지를 사용하는 것이 바람직하다.

② 스냅 게이지(snap gauge)

스냅 게이지를 사용한 방법은 일반적으로 측정 압력이 작용하므로 취급에 주의하여야 한다.

스냅 게이지는 테일러의 원리에 따라 정지측에만 사용하는 것이 좋으나, 게이지 원가 가격이 싸고 사용상 편리성, 축의 형상오차가 작다는 것 등을 고려하여 통과측, 정지측 모두 사용하고 있다.

8-12 공기 마이크로미터

공기 마이크로미터는 길이의 미소 변위를 공기의 압력 또는 공기량의 변화를 확대기구로 하여 지시부의 부자(float)에 의해 길이를 측정하는 것으로 유체역학의 원리를 응용한 것이다.

공기마이크로미터의 특징은 다음과 같다.
① 10만배 정도의 배율이 극히 높다.
② 피측정면과 무접촉으로 측정하므로 연질재료 측정이 가능하다.
③ 전용측정이므로 대량 연속측정에 활용 한다.
④ 타원, 테이퍼, 진원도, 진직도, 직각도, 평행도 등을 측정할 수 있다.
⑤ 원거리 자동측정에 활용한다.
⑥ 비교측정기 이므로 최대, 최소 두 개의 표준게이지가 있어야 한다.
⑦ 피측정물의 표면이 거칠면 실제치수보다 작게 측정된다.
⑧ 보조장치 및 공기압축원이 필요하다.

8-13 사인 바

삼각함수의 사인을 이용하여 임의의 각도를 설정 및 측정하는 측정기로서, 크기는 롤러 중심 간의 거리로 표시하며 일반적으로 100mm, 200mm를 많이 사용한다.

$$\sin \alpha = \frac{H}{L}, \quad H = L \times \sin \alpha$$

$$\alpha = \sin^{-1} \frac{H}{L}$$

사인바를 이용하여 각도 측정시 $\alpha > 45°$로 되면 오차가 커지므로 기준면에 대하여 45° 이하로 설정한다.

8-14 수나사 측정

유효지름을 측정은 나사 마이크로미터, 삼선법, 공구 현미경 등의 광학적 측정기로 하는 방법이 있다. 삼침법 측정방법은 $d_2 = M - 3d + 0.86603p$ 이다.

(1) 삼침법

나사 게이지 등과 같이 정밀도가 높은 나사의 유효지름 측정에 3침법(3선법)이 쓰이며, 지름이 같은 3개의 핀 게이지를 나사산의 골에 끼운 상태에서 바깥지름을 마이크로미터 등으로 측정하여 계산하며, 유효지름을 측정하는 가장 정밀한 방법이다.

(2) 나사 마이크로미터에 의한 방법

엔빌 측에 V홈 측정자를 스핀들 측에 원뿔형 측정자를 사용하여 유효지름 값을 직접 읽을 수 있다.

(3) 광학적인 방법

투영기, 공구현미경 등의 광학적 측정기에서 나사축 선과 직각으로 움직이는 전후이동 마이크로미터 헤드의 읽음 값으로 구할 수 있다.

제 9 장 수기가공 (손 다듬질)

9-1 줄의 종류

(1) 단면 모양에 따른 종류

삼각줄, 평줄, 반원줄, 사각줄, 둥근줄 등 5종류가 있다.

(2) 줄눈의 형상에 따른 종류

그림 9-1 줄날의 모양

① 단목(홑눈줄 : single cut) : 한쪽 방향(70~80°)으로만 눈을 만든 것으로, Pb, Sn, Al과 같이 연질재료 및 얇은 판금의 가장자리 절삭에 사용한다.
② 복목(겹눈줄 : double cut) : 일반적으로 다듬질용이며 두 개의 상하 날이 교차하도록 만든 것으로 상날(절삭)은 70~80°로 하부날(칩배출)은 40~45°로 되어 있으며 강과 주철과 같은 다듬 절삭에 사용하며 연한 금속, 일반 철공용으로 쓰인다.
③ 귀목(라스프줄 : rasp cut) : 줄날이 돌기 형식이며 목재, 가죽, 베크라이트 등 비금속재료의 거친 절삭에 사용한다.
④ 파목(곡선줄 : curved cut) : 줄날이 곡선으로 칩 배출이 용이하고 절삭 능력이 강력해서 납, Al, 플라스틱, 목재 등과 같은 재질 절삭에 사용한다.

(3) 줄눈의 크기에 따른 분류

대황목(아주 거친 눈)줄, 황목, 중목(중간 눈)줄, 세목(가는 눈)줄, 유목줄 등이 있으며 같은 가는눈 줄이라도 줄의 크기가 작은 쪽이 줄눈이 곱다.

(4) 조줄(set file)

단면 모양이나 다른 줄 5~12개를 1개조로 조합한 줄로서 금형이나 정밀가공에 사용된다. 줄자루가 없는 것이 특징이다.

9-2 줄 작업의 종류

(1) 직진법

줄을 길이 방향으로 직진시켜 절삭하는 방법으로 황삭 및 최종 다듬질 작업에 사용한다.

(2) 사진법

넓은 면 절삭에 적합하며, 절삭량이 많아 황삭 및 모따기에 적합하다.

(3) 횡진법(병진법)

줄을 길이 방향과 직각 방향으로 움직여 절삭하는 방법으로 폭이 좁고 길이가 긴 공작물의 줄 작업에 좋다.

9-3 리머 가공(reaming)

드릴로 뚫은 구멍은 보통 진원도 및 내면이 다듬질정도가 양호하지 못하므로 리머를 사용하여 구멍의 내면을 매끈하고 정확하게 가공하는 작업을 리머작업 또는 리밍(reaming)이라고 한다. 리머의 여유는 0.2~0.3mm 정도가 주로 사용된다.
리머재질은 고속도강으로 만든다.

(1) 리머의 종류

① 핸드 리머
② 기계 리머 : 채킹 리머, 조버스 리머, 브리지 리머
③ 테이퍼 리머 : 모스테이퍼 리머, 테이퍼핀 리머, 파이프 리머
④ 조정 리머 : 조정 리머, 팽창 리머

⑤ 셀 리머 : 자루와 날부가 별개로 되어있는 리머
⑥ 솔리드 리머 : 자루와 날부가 같은 소재로 된 리머

(2) 리머 작업시 유의사항

① 다듬여유를 작게 하고 낮은 절삭속도로써 이송을 크게 하면 좋은 가공면이 된다.
② 리머를 뺄 때 역회전시켜서는 안 된다.
③ 기름을 충분히 주어 칩이 잘 배출되도록 해야 한다.
④ 채터링(떨림)을 방지하기 위해 절삭날의 수는 홀수날이고 부등 간격으로 배치한다.

9-4 탭 및 다이스 가공

나사는 원통의 외면과 내면에 나선 모양으로 절삭한 것이며, 탭 작업(tapping)이란 드릴로 뚫은 구멍에 탭과 탭 핸들에 의해 암나사를 내는 작업이다.
다이스 작업(dies working)이란 둥근봉 또는 관 바깥지름 다이스(dies)를 사용하여 수나사를 내는 작업이다.

(1) 탭 작업(tapping)

탭(tap)은 나사부와 자루부분으로 되어 있으며 암나사를 만드는 공구이다.
① 핸드 탭 : 1번, 2번, 3번 탭의 3개가 1개조로 되어 있고, 탭의 가공률은 1번 : 55%, 2번 탭 : 25%, 3번 탭 : 20% 가공을 한다. 현장에서는 보통 2번, 3번 탭만으로 태핑을 한다.
② 기계 탭 : 작업능률을 향상시키기 위해 기계에 장치하여 나사를 내는 탭
  ㉠ 테이퍼 탭(taper tap) : 자루 부분의 지름을 너트의 구멍 지름보다도 가늘고 길게 만들고 챔퍼 부분의 테이퍼도 완만하게 한 것으로 대량생산에 사용한다.
  ㉡ 마스터 탭(master tap) : 다이스나 체이서 등을 만드는 탭이다.
  ㉢ 건 탭(gun tap) : 탭에 비틀림 홈이 있는 것으로(15°) 고속 절삭용이다.
  ㉣ 파이프 탭(pipe tap) : 가스 탭이라고도 하며, 가스관 또는 조인트에 암나사를 깎는 탭이다.
  ㉤ 스파이럴 탭(spiral tap) : 인성이 강한 강재에 대하여 절삭성이 좋고 절삭면이 매끈하게 다듬질된다. 나사부가 나선형으로 되어있다.
③ 탭 작업시 탭이 부러지는 이유
  ㉠ 구멍이 너무 작거나 구부러진 경우
  ㉡ 탭이 경사지게 들어간 경우
  ㉢ 탭의 지름에 적합한 핸들을 사용하지 않는 경우
  ㉣ 너무 무리하게 힘을 가하거나 빨리 절삭할 경우

ⓜ 막힌 구멍의 밑바닥에 탭의 선단이 닿았을 경우
　④ 탭 구멍 : 탭 구멍의 지름은 다음과 같은 식으로 구할 수 있다.

$$\text{미터나사} : d = D - p$$

$$\text{인치 나사} : d = 25.4 \times D - \frac{25.4}{N}$$

여기서, d : 탭 구멍의 지름[mm]
　　　　D : 나사의 바깥지름[mm]
　　　　p : 나사의 피치[mm]
　　　　N : 1인치(25.4mm) 사이의 산 수

(2) 다이스 가공

다이스는 수나사를 만드는 공구로서 내면은 나사로 되어 있고 칩이 빠져 나올 수 있는 홈이 있다. 앞면에 2~2.5산, 뒷면에 1~1.5산 정도가 모따기로 되어있고 앞면을 공작물에 접촉시켜서 작업을 한다. 나사 지름을 조절할 수 있는 분할 다이스와 나사 지름을 조절할 수 없는 단체 다이스로 나눈다.

제 10 장 기계안전

10-1 일반 공구류 작업의 안전수칙

① 공구는 작업 종류에 적합한 것을 사용하고, 용도 이외에 사용해서는 안 되며, 사용 전에 점검하여 불안전한 것은 절대로 사용해서는 안 된다.
② 불량 공구는 되도록 반납하고, 함부로 수리해서는 안 된다.
③ 공구나 손에 기름이 묻어 있을 때는 깨끗이 닦아낸 다음 사용하여야 한다.
④ 공구는 항상 일정한 장소에 비치하여 두고 질서 있게 보관되어야 한다.
⑤ 공구는 절대로 던지면 안 되며, 무리하게 조작해서는 안 된다.
⑥ 공구는 기계, 재료, 발판, 난간 등 떨어지기 쉬운 곳에 놓지 않도록 한다.
⑦ 작업이 완료되었을 때는 수량, 훼손, 여부 및 이상 유무를 확인하여야 한다.

10-2 해머 작업의 안전

① 손잡이가 금이 갔거나, 머리가 손상된 것, 쐐기가 없는 것, 모양이 찌그러진 것은 사용하지 않는다.
② 공동 작업을 할 때에는 호흡을 잘 맞추고 신호에 유의를 하고 주위를 잘 살펴야한다.
③ 기름이 묻은 손이나 장갑을 끼고 작업하지 않으며, 처음부터 큰 힘을 주어 작업하지 않는다.
④ 녹이 슨 재료를 작업할 때는 보호 안경을 착용하여야 하며, 열처리된 재료는 해머로 때리지 않도록 주의하다.
⑤ 좁은 곳이나 발판이 불안한 곳에서는 해머작업을 하지 않는다.

10-3 공작 기계의 안전

일반 공작기계의 기계 점검은 작업 전에 기계의 주요부분, 안전장치 또는 방호 장치를 확인 점검하며, 기계의 기능을 충분히 발휘할 수 있는지 확인하는 마음의 자세가 더욱 중요하다. 기계의 점검은 일반적으로 정지 상태와 운전상태로 분류하여 점검토록 한다.

[기계 정지 상태의 점검]
① 급유 상태
② 주행 기타의 섭동 부분
③ 전도기와 개폐기
④ 나사, 볼트 너트의 풀림상태
⑤ 안전장치와 동력 전달장치
⑥ 힘이 작용하는 부분의 손상 유무 및 기타

[운전상태로 점검하는 부분]
① 시동 정지 장치의 기능
② 기어의 결합 상태
③ 클러치의 상태
④ 베어링의 온도 상승 상태
⑤ 섭동부의 상태
⑥ 이상 음향의 유무 및 기타

10-4 선반 작업의 안전

① 회전중인 공작물의 가공면에 손을 대지 말아야 하며, 치수를 측정할 때는 기계를 정지시키고 측정을 한다.
② 선반의 베드 위나 공구대 위에 직접 측정기나 공구를 올려놓지 말아야 하고, 심압대 스핀들이 지나치게 앞으로 나와서는 안 된다.
③ 작업복의 소매 자락이 회전 공작물에 말려들지 않도록 복장을 단정하게 한다.
④ 기어를 변속할 때, 바이트 및 기타 공구 장치를 교환, 제거할 때에는 기계를 정지시킨 후 작업을 하여야 한다.
⑤ 칩(Chip)이 발산 될 때는 보안경을 쓰고, 맨손으로 칩을 제거하지 않고, 갈고리를 사용하도록 한다.
⑥ 내경 작업 중에 구멍 속에 손가락을 넣어 청소하거나 점검하려고 하면 안 된다.
⑦ 양 센터 작업에는 공작물의 크기에 알맞은 돌리개를 사용하고, 가늘고 긴 공작물을 가공할 때는 방진구를 사용한다.
⑧ 선반의 운전 중 이송 작동을 시켜놓고 자리를 이탈하지 않도록 한다.
⑨ 선반 가동 전에 척 핸들을 빼었는지 확인하고 기계의 윤활 부분을 점검한다.
⑩ 긴 공작물이 기계 밖으로 돌출 되었을 때는 빨간 천을 부착하여 위험 표시를 한다.
⑪ 작업 중 진동으로 인하여 공작물의 고정 나사 및 조가 풀어질 우려가 있으므로 수시로 점검 확인한다.

제 10 장 기계안전

⑫ 센터 작업 중에는 심압대 센터에 자루 윤활유를 주어 센터가 타지 않도록 하며, 센터가 일감에서 빠져 나오지 않도록 조심한다.
⑬ 사고가 있거나 부상을 입었을 경우에는 즉시 남의 도움을 청하고 관계 직원에게 보고한다.

10-5 드릴 머신의 작업안전

① 회전하고 있는 주축이나 드릴에 옷자락이나 머리카락이 말려들지 않도록 주의한다.
② 드릴을 회전시킨 후 머신 테이블은 조정하지 않으며, 공작물은 완전하고 고정한다.
③ 드릴을 고정하거나 풀 때에는 주축이 완전히 정지된 후에 확인하여야 한다.
④ 시동 전 드릴이 바른 위치에 안전하게 고정되었는가를 확인하여야 한다.
⑤ 드릴이나 드릴 소켓 등을 뽑을 때에는 드릴 뽑기를 사용하며 해머 등으로 두들겨 뽑지 않는다.
⑥ 얇은 판의 구멍 뚫기에는 보조판 나무를 사용하는 것이 좋다.
⑦ 구멍 뚫기가 끝날 무렵은 이송을 천천히 하며 장갑을 끼고 작업을 하지 않는다.

10-6 밀링 작업의 안전

① 공작물과 공구는 정확히 장착하고, 공작물 및 공구제거시 시동레버를 주의를 요한다.
② 정면 커터 작업시에는 칩이 튀어나오므로 칩 커버를 설치하고 커터 날 끝과 같은 높이에서 절삭 상태를 관찰하여서는 안 된다.
③ 가공 중에 기계에 얼굴을 가까이 대지 말고, 주축 회전 중 밀링 커터 주위에 손을 대거나 브러시를 사용하여 칩을 제거해서는 안 된다.
④ 테이블 위에 측정기나 공구류를 올려놓지 않으며, 절삭 공구나 공작물을 설치 할 때 시동레버가 접촉되기 쉬우므로 전원을 끄고 작업한다.

10-7 연삭 작업의 안전

① 작업시작 전 숫돌은 3분 이상 공회전 하며, 연삭기의 외부를 점검하고 안전장치가 제자리에 있으며, 이상 유무 관계를 확인한다.
② 숫돌은 각 연삭기 종류에 규정된 것을 사용하여야 하며, 갈아 끼울 때에는 나무망치 등으로 가볍게 두들겨서 소리(청음 양호)를 들어보고 균열이 없는가를 확인하고, 숫돌의 균형을 맞춘 다음 사용토록 한다.

③ 플랜지의 지름은 숫돌 지름의 1/3~1/2의 것을 사용한다.
④ 숫돌의 설치가 안전한가를 확인하고 패킹이 없는 숫돌은 미리 플랜지와 숫돌 사이에 플랜지와 같은 지름의 패킹을 끼운다.
⑤ 숫돌의 설치가 끝나면 최소한 3분 이상은 공회전 시켜야 하며, 작업자는 숫돌의 회전 방향에서 몸을 비키도록 한다.
⑥ 플랜지의 조임 볼트는 정확하게 대각선 방향으로 렌치를 사용하여 조이고, 해머 등으로 볼트를 두드려서 조이지 않는다.
⑦ 공작물의 받침대가 설치된 연삭기는 공작물 받침대와 연삭숫돌 사이의 틈새가 3mm(1~5가 적당) 이내가 되도록 조정 작업을 한다.
⑧ 연삭 작업은 반드시 시동 전에 보안경을 착용하도록 하고, 흡진 장치가 되지 않은 연삭 작업은 방진 마스크를 쓰고 작업한다.
⑨ 평형 숫돌은 측면에 작용하는 힘에 약하므로 가급적 측면은 사용하지 않도록 한다.
⑩ 연삭숫돌은 항상 드레싱 하여 사용하고 작업시 진동이 심하면 작업을 곧 중지시킨다.
⑪ 공작물과 숫돌의 접촉은 조심성 있게 가볍게 하고 적당한 압력으로 연삭 한다. 갑자기 힘을 주어서 밀어붙이지 않도록 한다.
⑫ 숫돌 커버가 규정에 맞고, 안전하게 설치되어 있는지 확인 점검하고, 작업시 커버를 벗겨놓지 않는다.
⑬ 정지하고 있는 숫돌에 연삭액을 주지 않도록 한다.

10-8 기계의 안전 점검 검사

기계의 안전사고가 발생하기 전에 적절한 예방책을 강구하기 위해서 모든 생산 작업장에서는 불안전한 작업 방법 및 행동과 불안전한 물체 및 기계의 상태를 조사하여 위험성을 없애는 수단을 일반적으로 안전 점검 검사라 한다.

(1) 일상 안전 점검 검사

일상 점검은 주로 과거의 실적 데이터와 기술적 검토를 기초로 하여 작성된 일상 점검 기준서에 의해서 일상 운전 중에 실시한다. 이 점검 기준서는 기계 장치의 종류에 따라서 점검개소, 점검기간, 점검방법 및 내용 등이 다르다.

(2) 정기 안전 점검 검사

정기 점검은 점검표(Check list)를 만들어서 이에 실행하는 것이 일반적이고 편리하다. 이 점검표는 생산 공정 및 작업 형태에 따라 알맞도록 작성하며 보통 정기 점검을 할 때에는 설비의 노후화 속도가 크고 위험성이 현저한 것부터 중심적으로 다루어야 한다.

(3) 예방보전

산업 재해의 가능성을 조기에 발견하기 위해서는 작업 현장의 기계, 장치의 효율적인 관리를 위해서도 손상되기 쉬운 곳에 대해서는 지난 날의 실적으로 미루어 보아 그 부품에 대한 수명을 미리 예상하여서, 수명이 다 되었다고 생각되면 미리 교체하여야 한다.

이와 같이 고장을 일으키기 전에 합리적인 기계 설비 관리에 의해서 항상 정상적으로 유지할 수 있도록 정비하는 것을 예방 보전이라 하며 매우 중요한 일이다. 기계 및 장치는 예방 보전에 의해서 고장 발생의 기회가 줄어들므로 안전성이 더욱 유지될 수 있게 된다.

10-9 산업안전

(1) 설계의 안전화(충분한 강도)

기계 설비를 구성하는 요소들은 그 요소에 작용하는 최대하중, 응력집중, 하중의 조류(정하중, 동하중, 충격하중, 반복하중)를 예측하여 안전율을 고려한 강도계산에 의하여 구조 및 치수를 결정해야 한다.

안전율의 계산은 다음 식에 의한다.

$$\text{안전율} = \frac{\text{극한강도}}{\text{최대응력}} = \frac{\text{파단하중}}{\text{허용하중}}$$

(2) 적합한 재질

(3) 가공시의 안전성

10-10 산업 재해율

(1) 천인율

재해발생 빈도를 나타내는 것으로 다음 식에 의한다.

$$\text{천인율} = \frac{\text{근로재해건수}}{\text{평균근로자수}} \times 1,000$$

(2) 도수율

재해발생 빈도를 나타내는 것으로 다음 식에 의한다.

$$도수율 = \frac{근로재해건수}{근로연시간수} \times 1,000,000$$

(3) 강도율

재해 발생에 의한 손실 정도를 나타내는 것으로 다음 식에 의한다.

$$강도율 = \frac{근로총손실일수}{근로연시간수} \times 1,000$$

10-11 안전표지와 색채 사용도

① 빨강(적색) : 고도의 위험, 방화금지, 방향표시, 규제 등에 사용
② 주황색(오렌지색) : 항공의 보안시설, 위험표지
③ 황색 : 피난, 충동, 장애물 등의 주의표시
④ 자주색 : 방사능 위험표시
⑤ 녹색 : 안전지대 표시, 위생, 대피소, 구호소위치
⑥ 청색 : 지시, 주의, 수리 중, 송전중 표시
⑦ 백색 : 주의표시, 정리정돈, 통로, 글씨 및 보조색
⑧ 흑색 : 방향표시, 글씨
⑨ 파랑 : 출입금지

10-12 작업별 조명도

① 초정밀 작업 : 750Lux ② 정밀작업 : 300Lux
③ 보통작업 : 150Lux ④ 기타작업 : 75Lux

10-13 소 음

① 안락한계 : 45~65dB
② 불쾌한계 : 65~120dB
③ 허용한계 : 85~95dB

10-14 화상

① 1도 화상 : 홍반성으로 피부가 붉게 되고 따금따금 아프다. 냉찜질 또는 습포질을 한다.
② 2도 화상 : 수포성으로 피부가 붉게되고 물집이 생긴다. 냉찜질을 하고 물집은 터트리지 않는다.
③ 3도 화상 : 괴사성으로 피하조직이 죽어서 회백색, 흑갈색으로 변한다. 전문의사에게 치료를 받아야 한다.

10-15 감전

일반적으로 1.2mA 전후의 전기가 인체에 흐르면 무감각하고 정도를 넘으면 근육에 경련을 일으켜 심신이 자유를 잃어 호흡곤란, 호흡정지, 인사불성, 심장 장애를 일으킨다.

[응급조치]
① 전원을 끊는다.   ② 환자를 안정시킨다.
③ 전신마사지를 한다. ④ 체온을 보호시킨다.

10-16 소화기의 용도

① 보통화재(A급) : 포말소화기(가장 적합), 분말소화기, CO_2소화기
② 기름화재(B급) : 포말소화기(적합), 분말소화기(적합), CO_2소화기
③ 전기화재(C급) : CO_2소화기(가장 적합), 분말소화기

컴/퓨/터/응/용/선/반/기/능/사

제 5 편
CNC 공작법

제 1 장   CNC 공작기계의 개요
제 2 장   CNC 선반
제 3 장   CNC 머시닝센터

제5편 CNC공작법

제1장 CNC 공작 기계의 개요

1-1 CNC의 개요

CNC 공작기계의 출현으로 산업현장에서 작업자가 손으로 움직였던 기계의 조작이 자동화됨은 물론 손 조작으로 불가능했던 자동차모형 등과 같은 형상이 복잡한 부품도 가공할 수 있어 정밀도 및 제작능률을 더욱 높일 수 있게 되었다.

1. NC의 정의

(1) NC(Numerical Control)

　수치제어의 정보를 지령하여 공작기계의 운전을 자동으로 제어하는 것.

(2) CNC(Computer Numerical Control)

　Computer를 내장한 NC를 말하며 기억소자인 반도체와 관련 기술의 급격한 발달로 컴퓨터가 기능과 가격 면에서 크게 진보되고, 소형화되자 이를 NC장치에 내장한 것이다.

2. NC 공작기계의 정보 처리과정

3. NC의 발전과정 5단계

① NC : 공작기계 1대를 NC 1대로 단순 제어하는 단계
② CNC : 1대의 공작기계가 여러 종류의 공구를 자동적으로 교환하면서(ATC장치) 여러 종류의 가공을 하는 복합 기능 수행 단계
③ DNC(Direct Numerical Control) : 1대의 컴퓨터로 여러 대의 공작기계를 자동적으로 제어하면서 생산 관리적 요소를 생략한 시스템 단계
④ FMS(Flexible Manufacturing System) : 여러 종류의 다른 공작기계를 제어함과 동시에 창고, 조립 및 생산관리도 컴퓨터로 하여 자동화한 시스템 단계(유연한 생산 시스템)
⑤ CIMS(Computer-Integrated Manufacturing System) : FMS에서 생산관리, 경영관리까지 총괄하여 제어하는 단계(컴퓨터 통합가공)

4. CNC의 경제적 효과

(1) 산업사회에서 CNC기계의 경제적 효과의 장점과 단점

[장점] ① 경영관리 유연성
② 치공구 비용의 감소
③ 자동화 및 성역화 실현
④ 가공에 소요되는 시간 단축
⑤ 생산의 유연성 향상
⑥ 사용기계 대수 절감 및 공장크기 축소
⑦ 재고의 감소
⑧ 공구수명 연장
⑨ 안전사고의 예방

[단점] ① 투자비용이 과다
② 관리비용의 과다
③ 작업자 및 프로그래머의 비용증대

5. 경제성 평가방법

(1) 페이백(Payback)방법

CNC공작기계의 도입에 따른 연간 절약비용의 예측 값을 투자액에 비교하여 투자액을 보상하는데 필요한 연수를 구하는 방법이다.
① 매우 간단하게 기계의 내용연수를 구할 수 있다.
② 쉽게 못쓰게 되는 장치 등의 평가에 적합하다.
③ 내용 연수가 긴 기계의 평가방법으로 정확성이 떨어진다.

(2) MAPI(Manufacturing and Applied Products Insitute Method) 방법

구입을 계획하고 있는 CNC 공작기계에 의한 최초 연도의 부품생산 비용을 현재가지고 있는 CNC 공작기계에 의한 비용과 비교하여 평가하는 방법이다.
① 가장 많이 사용
② 공작기계의 교체에 좋은 평가방법
③ 어느 일정기간이 아니더라도 사용할 수 있는 평가 방법

6. CNC 구성요소

(1) CNC 공작기계의 주요 구성요소

① 컨트롤러(Controller) : 천공테이프에 기록된 언어, 즉 정보를 받아서 펄스(pulse)화시킨다. 이 펄스화된 정보는 서보기구에 전달되어 여러 가지 제어 역할을 한다.
② 서보모터(Servo Motor) : 펄스에 의한 각각 지령에 의하여 대응하는 회전 운동을 한다.
③ 서보기구(Servo Unit) : 펄스화된 정보는 서보기구에 전달되어 정밀도와 아주 관계가 깊은 X, Y, Z 등 각 축을 제어한다.
④ 볼 스크류(Ball Screw) : 서보 모터에 연결되어 있어 서보 모터의 회전 운동을 직선운동으로 바꾸어 주는 장치
⑤ 리졸버(Resolver) : 기계의 움직임을 전기적인 신호로 표시하는 장치
⑥ 엔코더(Encoder) : 서보 모터 회전운동의 위치검출 및 이송속도를 검출하는 장치이고 서보 모터 뒤쪽에 부착되어 있다.

그림 1-1 볼 스크류

(2) 공정의 흐름도

부품도면에서 가공까지 공정의 흐름도는 다음과 같다.

① 부품도면 → ② 가공계획 ┌ • CNC가공범위와 사용기계선정
　　　　　　　　　　　　│ • 가공물 척킹방법 및 치공구 선정
　　　　　　　　　　　　│ • 가공순서 결정
　　　　　　　　　　　　└ • 가공할 공구 선정
→ ③ 파트프로그래밍 → ④ 천공테이프 → ⑤ CNC장치 → ⑥ 공작기계 → ⑦ 가공물

(3) 군관리(DNC) 시스템

CNC공작기계의 작업성 및 생산성을 향상시키는 동시에 이것을 CNC 공작기계 군으로 시스템 하여 그 운용을 제어 및 관리하는 시스템이다. DNC시스템의 4가지 기본요소는 다음과 같다.
① 중앙 컴퓨터
② NC프로그램을 저장하는 기억장치
③ 통신선
④ 공작기계

(4) 유연한 생산(FMS : Flexible Manufacturing System)시스템

FMS의 장점은 다음과 같다.
① 생산성 향상
② 생산 준비시간 단축
③ 재고품 감소
④ 임금절약
⑤ 생산품 품질향상
⑥ 작업 안전도 향상

(5) 컴퓨터 통합 가공(CIMS : Computer Intrgratad Manufacturing System)시스템

CIMS를 채용하면 다음과 같은 이점을 얻을 수 있다.
① 더욱 짧은 제품 수명주기와 시장의 수요에 즉시 대응할 수 있다.
② 더 좋은 공정제어를 통하여 품질의 균일성을 향상시킨다.
③ 재료, 기계, 인원을 잘 활용할 수 있고 재고를 줄임으로서 생산성을 향상시킨다.
④ 전체생산과 경영관리를 더욱 잘 할 수 있으므로 제품의 비용을 낮출 수 있다.

(6) 서보기구 종류

① 개방회로 제어방식(Open Loop System)

구동모터로는 스태핑 모터(Stepping Motor)가 사용되며, 검출기나 피드백 회로를 가지지 않기 때문에 정밀도가 낮아 오늘날 NC 기계에는 거의 사용하지 않는다.

그림 1-2 개방회로 제어방식

② 반 폐쇄 회로 방식(Semi-Closed Loop System)

서보 모터의 축 또는 볼 스크류의 회전 각도를 통하여 위치를 검출하는 방식으로 직선 운동을 회전 운동으로 바꾸어 검출한다. CNC 공작기계에 이 방식을 많이 사용한다.

그림 1-3 반 폐쇄 회로 방식

③ 폐쇄 회로 방식(Closed Loop System)

기계의 테이블에 직접적으로 스케일(Scale)을 부착하여 위치편차를 피드백 시키는 방식으로 반 폐쇄회로 제어방식과 제어방식은 같지만 정밀도가 높아 고정밀도의 공작기계나 대형 공작기계 등에 많이 사용한다.

그림 1-4 폐쇄 회로 방식

④ 복합회로 제어방식(Hybrid Loop System)

반 폐쇄회로 제어방식과 폐쇄회로 제어방식을 결합한 제어 방식으로 반 폐쇄회로의 높은 게인(Gain : 증폭기 등의 입력에 대한 출력의 비율)을 이용하여 제어하며 기계의 오차는 직선형(Linear) 스케일에 의한 폐쇄회로로써 보정하여 정밀도를 향상시킨다. 대형 공작기계와 같이 강성을 충분히 높일 수 없는 기계에 적합한 방식이다.

그림 1-5 복합회로 제어방식

(7) NC제어방식

① 위치결정제어 : 공구의 최후 위치만 제어하는 것. [예] 드릴링, 스폿용접기 등
② 직선절삭제어 : 기계 이동 중에 절삭을 행할 수 있는 제어. [예] 선반, 밀링, 보링머신 등
③ 윤곽제어 : 곡선 등의 복잡한 형상을 연속 제어하는 것. [예] 2차원, 3차원 이상의 제어에 사용

(8) NC의 펄스 분배방식

윤곽제어를 할 때 펄스를 분배하는 방식에는 MIT방식, DDA방식, 대수연산방식의 3가지가 있다. 초기에는 대수연산방식이 사용하였으나, 현재는 DDA방식이 주류를 이루고 있다.

① MIT 방식 : X축, Y축의 이동을 균등하게 하기 위하여 양쪽으로 적당한 시간 간격으로 펄스를 발생시켜 실선으로 움직이도록 근사시키는 방법으로 2차원 2.5차원의 보간은 가능하지만 3차원의 보간은 불가능하다.
② DDA방식 : 직선보간의 경우에 우수한 성능을 가지고 있어 현재 주류를 이루고 있다.
③ 대수연산방식 : X축과 Y축의 방향을 한정하고 계단식으로 이동하여 접근하는 방식으로 원호보간에 유리하다.

1-2 CNC 공작기계에 의한 절삭가공

1 기계 조작판 사용법

1. 기계 조작판 스위치 설명

(1) 모드 스위치(mode switch)

작업(조작)의 종류를 결정한다.
① DNC : DNC운전을 한다.
② 편집(edit) : 프로그램의 신규 작성 및 메모리에 등록된 프로그램을 수정
③ 자동운전(auto) : 메모리에 등록된 프로그램 자동운전
④ 반자동(MDI : manual date input) : 프로그램을 작성하지 않고 기계를 동작시킨다. 공구회전, 주축회전 간단한 절삭이송 지령에 사용.
⑤ 핸들(handle) 또는 MPG(manual pulse generator) : 조작판의 핸들을 이용하여 축을 이동 시킬 때 사용하며, 핸들의 한 눈금(1 pulse)당 이동량은 0.001mm, 0.01mm, 0.1mm 등이 있다.
⑥ 수동절삭(jog) : 공구이송을 연속적으로 외부 이송속도 조절 스위치의 속도로 이송시키며, 주로 엔드밀(end mill)의 직선절삭, face mill의 직선절삭 등 간단한 수동 작업에 쓰인다.
⑦ 급송이동(rpd : rapid) : 공구를 급속으로 이동시킨다.
⑧ 원점복귀(zrn : zero return) : 공구를 기계원점으로 복귀시키며, 조작판의 원점 방향 축 버튼을 누르면 자동으로 기계원점까지 복귀하고 원점복귀 완료램프가 점등한다.

(2) 급속 오버라이드(rapid override)

자동, 반자동, 급속이송 mode에서 G00의 급속 위치결정 속도를 외부에서 변화를 주는 기능이다.

(3) 이송속도 오버라이드(feed override)

자동, 반자동 mode에서 지령된 이송속도(feed)를 외부에서 변화시키는 기능이며, 보통 0~150%까지이고 10%의 간격으로 이동된다.

(4) 주축속도 오버라이드(spindle override)

mode에 관계없이 주축속도를 외부에서 변화시키는 기능

(5) 비상정지 버튼(emergency stop button)

　　돌발적인 충돌이나 위급한 상황에서 작동시키며, 버튼을 누르면 비상정지(stop)하고 main전원을 차단한다. 비상정지 해제는 화살표 방향으로 돌리면 버튼이 튀어나오면서 해제된다.

(6) 자동개시(cycle start) 및 이송정지(feed hold)

　　① 자동개시 : 자동, 반자동, DNC mode에서 프로그램을 실행한다.
　　② 이송정지 : 자동개시의 실행으로 진행 중인 프로그램을 정지시킨다. 이송 정지 상태에서는 자동개시 버튼을 누르면 현재 위치에서 재개된다.

(7) 핸들(MPG :manual pulse generator)

　　축(axis)의 이동을 핸들(mpg) mode에서 펄스단위로 이동시키며, 펄스 단위는 0.001mm, 0.01mm, 0.1mm 등이 있다.

(8) 기타 스위치

　　① 드라이런(dry run) : 이 스위치가 ON되면 프로그램에 지령된 이송속도를 무시하고 JOG속도로 이송된다.
　　② 싱글 블록(sigle block) : 자동개시의 작동으로 프로그램이 연속적으로 실행하지만 싱글 블록 기능이 ON되면 한 블록씩 실행된다.
　　③ 옵쇼날 블록 스킵(optional block skip) : 선택적으로 프로그램에 지령된 "/"(슬래쉬)에서 " ; "(EOB)까지를 건너뛰게 할 수 있다.
　　④ 절삭유(coolant on, off) : 절삭유의 사용을 제어한다. 프로그램에서 지령한 M08, M09보다 우선한다.
　　⑤ 행정오버 해제(emg-limit switch release) : 기계 최대영역의 마지막에 설치되어 있는 limit switch까지 기계가 이동하면 행정오버 알람이 발생된다. 알람을 해제하기 위해서 이 스위치를 누르고 있는 상태에서 행정 오버된 축을 반대로 이동시키면 된다.
　　⑥ 프로그램 보호 키(program protect key) : 프로그램의 편집(수정, 삽입, 삭제, 변경)이나 파라메타를 key OFF 상태에서 변경할 수 있다.

CNC 선반

2-1 CNC 선반의 개요

1. CNC 선반의 구성

CNC 선반의 구성는 제작회사에 따라 CNC 장치의 종류, 주축대 및 공구대의 배열에 따라 각각의 다른 특징을 가지고 있으며, 구성을 크게 나누면 기계본체 부분과 CNC 장치부분으로 구분할 수 있다.

CNC 선반을 기능별로 표시하면 다음과 같다.
- 본체 : ① 주축대(head stock), ② 공구대(tool post), ③ 척(chuck), ④ 이송장치 - Boll Screw
- CNC 장치 : ① 서보모터(servo motor), ② 지령방식, ③ 위치 검출기, ④ 포지션 코더(position coder)

(1) 주축대(head stock)

주축대는 스핀들 서보모터(spindle servo motor)의 회전을 벨트 및 변환 기어를 통해 스핀들(spindle) 선단에 있는 척(chuck)을 회전시키고, 척에 물린 공작물을 회전시킬 수 있는 시스템이다. 일반적으로 주축의 회전은 무단변속으로 회전수를 프로그램에 의해 지령하고, 변속장치가 없는 소형기계와 변속장치가 있는 중형 이상의 기계가 있다. 그리고 벨트 전동으로 슬립이 발생되는 문제를 해결하는 포지션 코더(position coder)가 설치되어 실제 공작물의 회전수를 검출한다.

(2) 공구대(tool post)

공구대는 공구를 장착하는 장치로서 회전 공구대(turret)와 갱(gang)타입 공구대가 있다.

회전 공구대는 일반적으로 회전 드럼의 4~12개 station에 각종 공구를 장착하여 프로그램에 의해 선택하여 사용한다. 매회 공구선택의 위치 정밀도는 회전 공구대 내부의 커플링(coupling)에 의해 정밀한 위치를 결정을 하게 구성되어 있고, 회전 드럼의 회전력은 유압 또는 전기모터로 회전시킨다.

(3) 척(chuck)

공작물을 고정하는 척(chuck)은 유압으로 작동하는 유압척과 공기압력으로 작동하는 공압척 및 특수척이 사용된다.

척 죠(chuck jaw)를 작동시키는 실린더는 로터리 실린더를 사용하여 공작물 회전 중에도 공작물 물림압력이 저하되지 않으며, 공작물의 형상이나 재질에 따라 척의 압력을 조절하여 공작물이 변형되지 않고 이탈하는 것을 방지할 수 있어야 한다.

(4) 심압대(tail stock)

심압대(tail stock)은 가늘고 긴 공작물을 가공할 때 휨 현상이나 떨림을 방지하기 위하여 공작물 중심을 지지하는 장치이다.

심압대의 스핀들에는 회전센타(live center)를 끼워 공작물을 지지하는데 이용하고 유압이나 공기압을 사용하여 공작물을 지지하기 때문에 센터드릴이나 드릴은 심압대에 끼워 사용할 수 없다.

(5) 조작판

조작판은 CNC선반을 조작할 수 있는 스위치가 집결되어 있으며, 같은 콘트롤러(controller)를 사용해도 공작기계 메이커에 따라 스위치(switch) 모양과 종류에 따라 조작방법차이가 있다.

(6) 서보모터(servo motor)

서보모터(servo motor)는 정보처리회로(CPU)의 명령에 따라 공작기계 테이블(table) 등을 움직이게 하는 모터(motor)이다.

일반 3상 모터와는 달리 저속에서도 큰 토오크(torque)와 가속성, 응답성이 우수한 모터로서 속도와 위치를 동시에 제어한다.

속도제어와 위치검출은 엔코더(encoder)에 의하며, 일반적으로 모터 뒤쪽에 붙어 있다.

2. 인서트(insert), 툴 홀더 표기법(ISO)

절삭공구 제작사마다 약간의 차이는 있으므로 공구선정시 상세한 것은 제작사의 Catalog를 참고하여 선정하기 바라며 여기서는 일반적인 사항과 ISO규격을 토대로 소개하기로 한다.

제 2 장 CNC 선반

(1) 형상 및 크기

① 형상은 가능한 강도가 크고 경제적인 큰 코너각의 인서트를 선정한다.
② 인서트 크기는 최소 크기를 선정하며 최대 절삭깊이는 인선길이의 1/2정도가 적당하다.

그림 2-1 코너각에 따른 강도와 가격 증가

(2) 인서트 형번 표기법

간단히 요약 설명하였으며 자세한 사항은 ISO규격표를 참고한다.

① ISO 선삭용 인서트 규격(예시)

T	N	M	G	16	04	08	B25
①	②	③	④	⑤	⑥	⑦	⑧

② ISO 선삭용 인서트 규격 요약 설명

번호	구 분	형상분류	요 약 설 명
①	인서트 형상	C, D, E, K, L, R, S, T, V, W	• 코너각이 클수록 강도가 증가하고 작을수록 모방 절삭이 가능 • 강도가 크고 경제적인 큰 코너각를 선정
②	주 절 인 여 유 각	B, C, D, E, F, N, O, P, T	• 여유각이 클수록 강도는 저하되고 절삭 저항은 감소 • "O"번 Special
③	공 차	A, C, H, E, G, J, K, L, M, U	• 인서트 형상 제작시 공차를 의미하며 정밀작업의 공구보정에 고려한다.
④	단면형상	A, B, C, F, G, H, J, M, N, Q, R, T, U, W, X	• 공구수명을 고려하여 단면형상 선택 • "X"번 Special
⑤	인서트 길이 내접원 직경	R, S, T, C, D, V, W의 길이 치수로 약칭 구분	• 인서트 형상에 따라 인선의 길이, 내접원 직경을 의미한다.
⑥	인선높이	인선높이의 치수로 약칭 구분	• 인선높이를 의미한다.
⑦	노즈 반지름	노즈 반지름 치수를 기호화 구분	• 노즈 반지름을 너무 크게하면 절삭저항이 증가하고 공작물에 떨림이 발생할 수 있다.
⑧	칩브레이크의 형상	B, C, D, E, F, N, P, T	• ISO, 인서트의 규격을 참고한다.

2-2 CNC의 표준규격

1. 좌표축과 운동기호

좌표축(제어축)은 CNC공작기계의 각 축에 대하여 제어대상이 되는 축을 의미하며 좌표축과 운동기호 등이 각각의 장비마다 달라지면 프로그램을 작성할 때 혼동을 일으키기 쉬워 이를, ISO 및 KS규격으로 CNC공작기계의 좌표축과 운동기호를 오른손 직교좌표계를 표준좌표계로 지정하여 놓았다.

그림 2-2 오른손 직교좌표계와 운동기호

2. 좌 표 계

(1) 기계좌표계

기계원점, 즉 원점복귀가 되는 위치를 기준으로 기계좌표계가 설정되며, 사용자가 임의로 변경할 수 없도록 되어 있다.

기계원점은 기계가 항상 동일한 위치로 되돌아가는 기준점으로 공작물원점인 프로그램 원점과 기계원점을 알려줄 때 기준이 되는 점이며, 각종 파라미터의 값이나 설정치의 기준이 되며, 모든 연산의 기준이 되는 점이다.

이 기계원점을 잘 이해하여 프로그램에 적용할 경우 기계의 워밍업 후 바로 작업을 시작할 수 있어 편리하다.

(2) 절대좌표계

CNC기계는 수치제어에 의해서 움직이며 수치, 즉 좌표값은 대부분 절대좌표계에 의해서 움직이며 절대좌표계의 원점은 도면을 보고 기준을 쉽게 잡을 수 있는 곳의 한 점을 원점으로 정하는데 이 점을 프로그램 원점이라고 하며. 이 점을 원점으로 한 좌표계를 절대좌표계 또는 공작물 좌표계라고도 한다.

(3) 상대좌표계

상대좌표는 현재의 위치에서 이동하고자 하는 거리만큼 쉽게 이동하고자 하거나, 좌표계 설정 또는 공구 보정을 할 때 주로 사용되며, 현 위치가 좌표계의 기준이 되고, 필요에 따라 현 위치를 0점(기준점)으로 지정(setting)할 수 있다.

(4) 잔여좌표계

프로그램을 실행(AUTO)할 때 실행되고 있는 현재의 프로그램 위치가 얼마 남았나를 나타내는 좌표계로, 이 잔여 좌표값을 확인함으로써 기계의 충돌을 예상하여 미리 안전조치를 취할 수 있다.

3. 프로그램 원점

CNC공작기계는 절대좌표(absolute)에 의하여 주로 제어가 이루어지고 이 절대좌표의 기준을 원점으로 잡아서 모든 위치의 값을 그 점을 기준으로 프로그램을 작성하는 방식으로 그 점을 프로그램 원점이라고 하며 그 점을 기준으로 부호를 갖는 수치로 좌표값을 표시하여 프로그램을 입력한다.

프로그램 원점은 바꿀 수 없는 기계좌표와는 달리 프로그램에 의해서 바꿀 수가 있는데 이를 좌표계 설정이라고 하며 CNC선반은 G50에 의해서 CNC머시닝센터는 G92에 의해서 바꿀 수 있다.

그림 2-3 프로그램 원점 설정방법

4. 시작점과 좌표계 설정

기준공구가 출발하는 위치를 시작점(S/P : Start point)이라고 하고 프로그램의 원점과 시작점의 위치관계(거리값)를 CNC기계에 명령을 주어 실행시키는 것을 좌표계 설정을 하였다고 하고 이 결과에 의해서 공작물의 원점이 정하여 지며 이를 공작물 좌표계 설정이라고 한다.

5. 좌표치와 최소입력단위

좌표값 단위의 입력방법에는 인치 입력(G20)과 미터법 입력(G21)방식이 있으며, 파라미터에서 선택할 수 있으나 대부분 미터단위로 설정되어 있다.

어드레스	기　　　　능	비　　　　고
D	복합반복사이클(G71, G76)에서 1회 절삭값	0T는 G71에서 U, G76은 Q를 사용
I J K	고정사이클(G90)에서 구배값 자동 면취에서 면취량 원호가공에서 원호중심에서 끝점까지의증분값	
K	나사가공사이클(G76)에서 나사산의 높이	0T는 P
R	원호가공에서 반지름 값	

6. 좌표치의 지령방법

축을 좌표축에 대하여 움직이는 방식에는 절대지령방식과 증분지령방식이 있다. 절대(absolute)지령방식은 프로그램 원점을 기준으로 좌표축과 방향(-, +)을 입력하는 방식이고, 증분(incremental)지령방식은 현재의 위치를 기준으로 좌표축과 방향(-, +)을 입력하는 방식이다. 장비에 따라서 한 블록에 두 가지를 혼합하여 지령할 수도 있다.

(1) 절대지령 방식

공작물원점을 기준으로 직교 좌표계의 좌표값을 입력하는 방식.

[예] ▷ CNC선반의 경우 : G00 X60.0 Z80.0 ;
　　　▷ 머시닝센터의 경우 : G00 G90 X100.0 Y100.0 Z50.0 ;
　　　　　　　　　　　　　　　 G01 G90 X50.0 Y30.0 Z50.0 F200 ;

(2) 증분지령 방식

현재 공구위치를 기준으로 다음위치까지의 거리를 입력하는 방식.

[예] ▷ CNC선반의 경우 : G00 U35.0 W42.0 ;
　　　▷ 머시닝센터의 경우 : G00 G91 X23.0 Y43.0 Z17.0 ;

(3) 혼합지령 방식

한 블록(줄)에 [절대지령방식&증분지령방식]을 사용하여 지령하는 방식으로 주로 CNC선반에서 많이 사용.

[예] ▷ CNC선반의 경우 : G00 X27.0 W23.0 ;

CNC 공작기계는 작동이 대부분 자동적이고 그 작동 지령은 NC 프로그램에 의하여 주어진다. 따라서 NC 프로그램 없이는 NC 기계를 원활하게 사용할 수 없다. 그러므로 NC 공작기계를 사용하기 위해서는 부품 도면으로부터 NC 프로그램을 작성하는 새로운 작업이 필요하게 된다. 이 작업을 프로그래밍(Programming)이라 한다.

2-3 CNC 선반 프로그래밍

1. 프로그램의 기초

(1) 프로그램의 용어

① 어드레스(Address) : 영문 대문자(A~Z) 중 1개로 표시한다.
② 워드(Word) : 블록을 구성하는 가장 작은 단위가 워드이며 워드는 어드레스와 데이터의 조합으로 구성된다.

[예] G 50 X 150.0 Z 200.0 ;
          └─ 데이터
       └──── 어드레스

③ 블록(Block) : 한 개의 지령단위를 블록이라 하며 각각의 블록은 기계가 한번의 동작을 한다.

N	G	X	Y	Z	F	S	T	M	;
전개번호	준비기능		좌표치		이송기능	주축기능	공구기능	보조기능	EOB

(2) 어드레스의 기능

기 능	어 드 레 스	의 미
프로그램번호	O	프로그램 번호
전개번호	N	전개번호
준비기능	G	이동형태(직선, 원호보간 등)
좌 표 값	X Y Z	각 축의 이동위치(절대방식)
	U V W	각 축의 이동거리와 방향(증분방식)
	I J K	원호 중심의 각 축 성분, 모떼기량 등
	R	원호반지름, 코너 R
이송기능	F, E	이송속도, 나사리드
보조기능	M	기계 작동부위 지령
주축기능	S	주축속도
공구기능	T	공구번호 및 공구보정번호
휴지	P, U, X	휴지시간(dwell)
프로그램번호지정	P	보조프로그램 호출번호
전개번호지정	P, Q	복합반복주기에서 호출, 종료번호
반복횟수	L	보조프로그램 반복횟수
매개변수	D, I, K	주기에서의 파라미터

2. 프로그래밍 구성

(1) 주축기능(S)

CNC선반에서 절삭속도가 공작물의 가공에 미치는 영향은 매우 크다. 절삭속도란 공구와 공작물 사이의 상대속도이므로 일정한 절삭속도는 주축의 회전수를 조절함으로써 가능하다.

$$N = \frac{1,000\,V}{\pi D}\,[\text{rpm}]$$

여기서, N : 주축회전수(rpm)
V : 절삭속도(m/min)

$$V = \frac{\pi DN}{1,000}\,[\text{m/min}]$$

여기서, D : 지름(mm)

① 절삭속도 일정제어(G96)

단면이나 테이퍼(taper) 절삭에서는 지름이 절삭과정에 따라 변화하여 절삭속도도 이에 따라 달라지므로 가공면의 표면 거칠기도 나빠진다. 이러한 문제를 해결하기 위하여 지름 값의 차이에 따라 달라지는 절삭속도를 일정하게 유지시켜 주는 기능이 절삭속도 일정제어이며 단이 많은 계단축 가공 및 단면가공에 주로 사용한다.

[예]　G96 S180 M03 ;
　　　절삭속도가 180m/min가 되도록 공작물의 지름에 따라 주축회전수가 변한다. 그리고 G96에서 단면절삭과 같이 공작물의 지름이 작아질 경우 주축의 회전수가 무리하게 높아지는 것을 방지하기 위하여 G50에서 최고회전수를 지령하게 된다.

② 절삭속도 일정제어 취소(G97)

절삭속도 일정제어 취소 기능은 회전수만을 일정하게 제어하는 기능으로 드릴작업, 나사작업, 공작물 지름의 변화가 심하지 않은 공작물을 가공할 때 사용한다.
[예]　G97 S500 M03 ;
　　　주축은 500rpm으로 회전한다.

③ 주축 최고회전수 설정(G50)

G50에서 S로 지정한 수치는 최고회전수를 나타내며 좌표계 설정에서 최고회전수를 지정하게 되면 전체 프로그램을 통하여 주축의 회전수는 최고회전수를 넘지 않게 된다. 또한 G96에서 최고회전수보다 높은 회전수를 요구하더라도 주축에서는 최고회전수로 대체하게 된다.
[예]　G50 S1800 ;
　　　주축의 최고회전수는 1800rpm이다.

(2) 공구기능(T)

공구의 선택과 공구보정을 하는 기능으로 어드레스 T로 나타내며 T기능이라고도 한다. 공구기능은 T에 연속되는 4자리 숫자로 지령하는데 그 의미는 다음과 같다.

(3) 이송기능(F)

① 공작물에 대하여 공구를 이송시켜주는 기능을 말하며 G98 코드의 분당 이송 (mm/min)과 G99 코드의 회전당 이송(mm/rev)으로 지령할 수 있는데 CNC 선반에서는 G99코드를 사용한 회전당 이송으로 프로그램 한다.

그림 2-4 절삭이송

② NC 공작 기계에서 가공물과 공구와의 상대속도를 지정하는 것
③ NC 선반에서는 mm/rev 단위로 쓰며 공구를 주축 1회전당 얼마만큼 이동하는 가 하는 것으로 F를 사용한다.
　[예] G01 X50. F0.1 ;
　　　◎ 주축 1회전당 0.1mm씩 이동하다.
　　　◎ 지령 범위 : F0.001~F500.

(4) 보조기능(M 기능)

보조 기능은 어드레스(M : miscellaneous function)는 로마자 M 다음에 2자리 숫자(M00~M99)를 붙여 지령하며, CNC 공작기계가 여러 가지 동작을 행할 수 있도록 하기 위하여 서보모터를 비롯한 여러 가지 보조 장치를 제어하는 ON/OFF의 기능을 수행하며 M기능이라고 한다.

보조기능에 대하여는 KS로 규정되어 있다.(표 2-1 참조)

[표 2-1] M기능일람표

M — CODE	기 능	비 고
M00	Program Stop	프로그램
M01	Optional Program Stop	
M02	Program End	
M03	주축 정회전(CW)	주축회전
M04	주축 역회전(CCW)	
M05	주축 정지	
M08	절삭유 토출	절삭유
M09	절삭유 정지	
M12	Chuck Clamp	척킹 상태
M13	Chuck Unclamp	
M98	보조 프로그램 호출	보조프로그램
M99	보조 프로그램 종료	

① 프로그램 정지(M00) : program stop

프로그램 정지 기능은 자동적으로 기계의 사이클을 정지시킨다. 따라서 가공물을 측정하고 칩을 제거하는 등의 작업을 할 때 사용한다.

② 선택적 프로그램 정지(M01) : optional program stop

프로그램 수행 중 M01에서 정지하는 것은 M00과 동일하지만 M01은 기계조작반의 M01기능을 유효(ON)로 할 것인지 무효(OFF)로 할 것인지는 스위치에 의해서 결정할 수 있다. 즉, 조작반의 스위치를 ON해야만 M00과 동일한 기능을 가진다. 선택적 프로그램 정지 기능은 공구를 점검하고자 할 때, 또는 절삭량이 많아서 칩을 제거해야 할 때, 공작물을 측정하고자 할 때 사용하지만 보통 공정과 공정 사이에 넣어서 제품의 상태를 점검하기 위하여 많이 사용한다.

③ 프로그램 끝(M02) : end of program

프로그램의 끝을 나타내는 기능으로서 요즈음 생산되는 CNC선반에서는 M02가 프로그램의 끝을 나타냄과 동시에 프로그램의 첫머리로 커서(cursor)를 되돌리는 기능도 있다.

(5) 준비기능(G 기능)

준비기능(G : preparation function)은 로마자 G 다음에 2자리 숫자(G00~G99)를 붙여 지령하며, 제어장치의 기능을 동작하기 위한 준비를 하기 때문에 준비기능(G 코드)이라 하며 다음의 2가지로 구분한다.

구 분	의 미	구 별
1회 유효 G코드 (one shot G-code)	지령된 블록에 한해서 유효한 기능	"00" 그룹
연속 유효 G코드 (modal G-code)	동일 그룹의 다른 G-code가 나올 때까지 유효한 기능	"00" 이외의 그룹

[표 2-2] G기능 일람표

G - CODE	기 능	비 고
G00	급속 위치결정(급속이송)	위치 결정
G01	직선보간(직선절삭)	절삭기능
G02	원호보간 CW(시계방향)	절삭기능
G03	원호보간 CCW(반시계 방향)	
G04	휴지·드웰(DWELL)	잠시정지
G27	기계원점 복귀 점검	
G28	자동원점 복귀(제 1원점)	원점복귀
G29	원점으로 부터의 귀환	
G30	제 2원점 복귀	
G40	인선 R보정 취소	인선보정
G41	인선 R보정 좌측	
G42	인선 R보정 우측	
G50	좌표계 설정, 주축최고 회전수 설정	좌표계설정
G70	정삭가공 싸이클	복합형 고정싸이클
G71	내·외경 황삭가공 싸이클	
G72	단면가공 싸이클	
G73	유형 반복가공 싸이클	
G74	단면 홈가공 사이클(드릴가공 싸이클)	
G75	내·외경 홈가공 싸이클	
G76	자동 나사가공 싸이클	
G90	내·외경 절삭 싸이클	단일형 고정싸이클
G92	나사 절삭 싸이클	
G94	단면 절삭 싸이클	
G96	주속 일정제어 ON(m/min)	주축속도
G97	주속 일정제어 OFF(rpm)	
G98	분당 이송(mm/min)	이송속도
G99	회전당이송(mm/rev)	

제 5 편 CNC공작법

[One Shot G코드 & Modal G코드 사용법의 예]

G01 X50. F0.1 ; ················ N01
Z50. ; ································ N02
X100. Z100. ; ····················· N03
G00 X150. ; ······················· N04

※ N01~N03 ⇒ 이 블록은 G01 유효
　　N04 ⇒ G00만 유효

(6) G00(급속이송) G01(직선절삭)을 이용한 계단가공

① G00(급속이송)

공작물에 지령된 수치만큼 공구위치만 결정되는 지령(절대, 증분, 혼용 지령가능)이다.

[사용되는 예]

㉠ 공구가 공작물을 가공하기 위해 공작물에 접근시
㉡ 일차가공 후 다음 점으로 이동할 때
㉢ 가공이 끝나고 공구를 교환하기 위해 시작점으로 되돌아 갈 때
㉣ 가공이 완료되었을 때

```
G00 X(U)   Z(W) ;
```

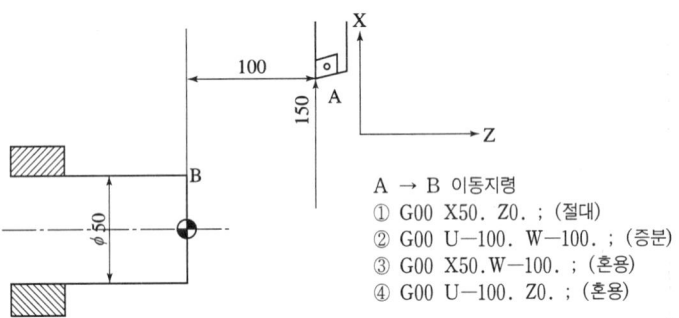

A → B 이동지령
① G00 X50. Z0. ; (절대)
② G00 U-100. W-100. ; (증분)
③ G00 X50. W-100. ; (혼용)
④ G00 U-100. Z0. ; (혼용)

그림 2-5 급속이송

> **참고**
> **절대지령**: 공작물 원점에서 이동하고자 하는 위치
> **증분지령**: 현재 위치에서 이동하고자 하는 지령까지의 X축 방향 Z축 방향의 거리

② G01(직선보간)

공구를 지령한 이송속도로 현재의 위치에서 지령한 위치로 직선 이동시키는 것으로 실제 가공을 하는 기능이다.

```
G01 X(U)   Z(W)   F ;
```

[계단 가공인 경우]
A → B (절대)
　G01 Z-50. F0.2 ;
B → C (절대)
　X100. ;
A → B (증분)
G01 W-50. F0.2 ;
B → C
　U50. ; (증분)

그림 2-6 직선보간

[Taper 가공인 경우]
A → B 경로
　G01 X50. Z-50. F0.2 ; (절대)
　G01 U20. W-50. F0.2 ; (증분)
　G01 X50. W-50. F0.2 ; (혼용)
　G01 U20. Z-20. Z-50. F0.2 ; (혼용)

그림 2-7 테이퍼 가공

③ 원호보간(circular interpolation : G02 G03)

다음의 지령에 의해 공구가 원호가공을 할 수 있다.

```
G02 X(U)___Z(W)___I___K___F____;
G02 X(U)___Z(W)___R___F____;
```

```
G03 X(U)___Z(W)___I___K___F____;
G03 X(U)___Z(W)___R___F____;
```

[표 2-3] 원호보간 좌표어 일람표

조 건		지령	의 미	
			오른손좌표계	왼손좌표계
1	회 전 방 향	G02	시계방향(CW)	반시계방향(CCW)
		G03	반시계방향(CCW)	시계방향(CW)
2	끝점의 위치	X, Z	좌표계에서 끝점의 위치 X, Z	
	끝점까지의 거리	U, W	시작점에서 끝점까지의 거리	
3	시작점에서 중심까지의 거리	I, K	시작점에서 중심까지의 거리(I는 항상 반경지정)	
	원호반경(선택기능)	R	원호의 반경(180° 이하의 원호)	

> 참고
> CW : Clock wise　　　CCW : Counter clock wise
> (시계방향)　　　　　　(반시계방향)

④ G04기능(휴지 : Dwell)

```
G04  X (U, P) ;
```

㉠ 프로그램에 지정된 시간동안 공구의 이송을 잠시 중지시키는 기능(적용 : 드릴 가공, 홈가공, 모서리 다듬질 가공시 양호한 가공면을 얻기 위해 사용)
㉡ 단위는 X, U, P,를 사용하는데 X, U는 소수점을 P는 0.001 단위를 사용
  [예] G04 X1.5   G04 U1.5   G04 P1500)

$$정지시간(SEC) = 스핀들(주축) \frac{60}{주축회전수(rpm)} \times 일시정지\ 회전수$$

(7) 사이클 가공

CNC선반 가공에서 거친절삭(황삭가공) 또는 나사절삭 등은 1회의 절삭으로 불가능하므로 여러 번 반복동작을 해야 한다. 사이클 가공은 이러한 반복되는 동작의 프로그램을 한 블록 또는 두 블록으로 프로그램을 간단히 할 수 있도록 만든 G-코드를 말한다. 사이클에는 변경된 수치만 반복하여 지령하는 단일형 고정 사이클(canne dcycle)과 한 개의 블록으로 지령하는 복합형 반복 사이클(multiple repeative cycle)이 있다.

① 안, 바깥지름 절삭 사이클 (G90) : 단일 고정 사이클

```
G90 X(U)___ Z(W)___ F___ ; (직선절삭)
G90 X(U)___ Z(W)___ I(R)___ F___ ; (테이퍼 절삭)
```

여기서, ┌ X(U)___ Z(W)___ : 절삭의 끝점 좌표
       │ I(R)___ : 테이퍼의 경우 절삭의 끝점과 절삭의 시작점의 상대 좌표값, 반지름
       │   지령(I=11T에 적용, R=0T에 적용)
       └ F : 이송속도

그림 2-8 직선절삭 사이클   그림 2-9 테이퍼절삭 사이클

② 단면 절삭 사이클(G94) : 단일 고정 사이클
주로 직경이 길고 길이가 짧은 공작물 가공에 적합한 가공방법임.

```
G94 X(U)___ Z(W)___ : (평행 절삭)
G94 X(U)___ Z(W)___ : (테이퍼절삭)
```

여기서, X(U)___ Z(W)___ : 절삭의 끝점 좌표
K(R)___ : 테이퍼의 경우 절삭의 끝점과 절삭의 시작점의 상대 좌표값
(K=11T에 적용, R=0T에 적용)

그림 2-10 단면 절삭 사이클

■ 예제

G94 고정 사이클을 이용하여 프로그램 하시오.

풀이
```
G50 X150.0 Z100.0 S1800 T0100 ;
G96 S150 M03 ;
G00 X83.0 Z2.0 T0101 ;
G94 X20.0 Z-3.0 F0.2 ;
    Z-6.0 ;
    Z-9.0 ;
    Z-12.0 ;
    Z-15.0 ;
    Z-18.0 ;
    Z-20.0 ;
G00 X150.0 Z100.0 T0100 ;
M05 ;
M02 ;
M30 ;
```

③ 안, 바깥지름 거친절삭 사이클(G71) : 복합 반복 사이클
  ㉠ 적용기계 : FANUC 0T

```
G71 U(Δd') R(e) ;
G71 P(ns) Q(nf) U(Δu) W(Δw) F(f) S(s) T(t) ;
```

여기서, ┌ U(Δd') : 1회 가공깊이(절삭깊이)-(반지름 지령, 소수점 지령 가능)
        │ R(e) : 도피량(절삭 후 간섭없이 공구가 빠지기 위한 양)
        │ P(ns) : 다듬절삭가공 지령절의 첫 번째 전개번호
        │ Q(nf') : 다듬절삭가공 지령절의 마지막 전개번호
        │ U(ΔU) : X축 방향 다듬절삭 여유(지름지령)
        │ W(ΔW) : Z축 방향 다듬절삭 여유
        └ F, S, T : 거친절삭 가공시 이송속도, 주축속도, 공구선택. 즉, P와 Q사이의
                    데이터는 무시되고 G71블록에서 지령된 데이터가 유효.

  ㉡ 적용기계 : FANUC 11T

```
G71 P(ns) Q(nf') U(Δu) W(Δw) D(Δd) F(f) S(s) T(t) ;
```

여기서, ┌ P(ns) : 다듬절삭가공 지령절의 첫 번째 전개번호
        │ Q(nf) : 다듬절삭가공 지령적의 마지막 전개번호
        │ U(Δu) : X축 방향 다듬절삭 여유-(지름지령)
        │ W(Δw) : Z축 방향 다듬절삭 여유
        │ D(Δd) : 1회 가공깊이(절삭깊이)-(반지름 지령, 소수점 지령 불가)
        └ F, S, T : 거친절삭 가공시 이송속도, 주축속도, 공구선택 즉, P와 Q사이의 데
                    이터는 무시되고 G71블록에서 지령된 데이터가 유효.

안, 바깥지름 거친절삭 사이클(G71) 가공은 아래의 그림과 같은 형식의 제품가공에 적합하며 G71이전에 미리 G00(급속이송)으로 그림의 A위치에 갖다놓은 후 G71사이클을 사용하고 이때 전개번호의 첫 번째 번호 P와 전개번호 마지막 번호 Q를 사용하는데 이때 P는 G71사이클을 이용한 절삭가공 시작위치이고, Q는 G71사이클을 이용한 절가공 마지막위치가 된다.

이는 "[G00 A] → [G71 사이클] → [시작위치 P] → [끝위치 Q]"의 형식으로 프로그램에 적용하면 되는데 그림에서 빗금친 부분과 같은 형식을 띠고 있어야 한다.(거친절삭=황삭작업이라고도 하며 마무리작업(정삭작업)이 필요하다.)

그림 2-11 내, 외경 황삭 사이클

```
G00 A ;                                        G71사이클 시작위치
G71 U4.0 R0.5 ;
G71 P10 Q100 U0.4 W0.2 F0.2 ;  ········· N10에서 N100까지를 사이클 가공함
N10 G00 P ;                     P는 G71사이클을 이용한 절삭가공 시작위치
       :                              (이때 Z값이 있으면 알람이 발생함)
       :
       :
N100 Q ;                   Q는 G71사이클을 이용한 절삭가공 마지막위치
```

④ 다듬절삭 사이클(G70) : 복합 반복 사이클

```
G70 P(ns) Q(nf) ;
```

여기서, P(ns) : 다듬절삭가공 지령절의 첫 번째 전개번호
       Q(nf) : 다듬절삭가공 지령절의 마지막 전개번호

G71, G72, G73 사이클로 황삭작업 후 정삭작업을 하기 위해서 정삭여유를 주는데 이때 G70사이클로 다듬절삭(정삭작업)을 한다.

G70에서의 F, S, T는 G71, G72, G73에서 지령된 것은 무시되고 전개번호 ns와 Nf사이에서 지령된 값이 유효하다. G70의 사이클이 완료되면 공구는 급속이동으로 시작점으로 오고 G70의 다음 블록을 받아들인다.

이러한 G70, G71, G73의 복합 반복 사이클에서는 ns와 nf사이에 보조프로그램의 호출이 불가능하며, 거친절삭에 의해 기억된 어드레스는 G70을 실행한 후 소멸된다.

⑤ 단면 거친절삭 사이클(G72) : 복합 반복 사이클

```
G72 P(ns) Q(nf) U(Δu) W(Δw) D(Δd) F(f) S(s) T(t) ;
```

여기서, P(ns) : 다듬절삭가공 지령절의 첫 번째 전개번호
       Q(nf) : 다듬절삭가공 지령적의 마지막 전개번호
       U(Δu) : X축 방향 다듬절삭 여유-(지름지령)
       W(Δw) : Z축 방향 다듬절삭 여유
       D(Δd) : 1회 가공깊이(절삭깊이)
              (반지름 지령, 소숫점 지령 불가)

(8) 나사가공

① 나사절삭 코드(G32)

```
G32 X(U)___ Z(W)___ (Q___ ) F___ ;
```

여기서, X(U)___ Z(W)___ : 나사 절삭의 끝지점 좌표
       Q : 다줄 나사 가공시 절입각도(1줄 나사의 경우 Q0이므로 생략)
       F : 나사의 리드(lead)
          (F 대신 E를 사용할 때 인치계 나사의 경우, 인치로 되어 있는 피치를 밀리미터(mm)로 바꾸어 입력해야 한다.)

G32지령으로 가공할 수 있는 나사는 평행나사, 테이퍼나사, 다줄나사, 정면(Scroll)나사 등이다.

나사의 피치 불량을 방지하기 위하여 주축위치 검출기(Position coder)에서 1회전 신호를 검출하여 나사절삭이 진행되므로 공구가 반복되어도 동일한 점에서 시작된다. 나사가공을 할 때에는 주축의 회전수가 변하면 올바른 나사를 가공할 수 없으므로 주축 회전수 일정제어(G97)로 지령하고, 이송속도 조절 오버라이드는 100%로 고정(변경하지 않는다)하여야 한다.

또한 나사가공 중에는 나사의 불량방지를 위하여 이송정지 기능이 무효화된다. 그러므로 나사가공 중에 이송정지 버튼을 누르면 그 블록의 나사가공이 완료된 후에 정지한다.

② 단일고정형 나사절삭 사이클(G92)

㉠ 평행나사

```
G92 X(U)___ Z(W)___ F
```

㉡ 테이퍼나사

```
G92 X(U)___ Z(W)___ I___ F___ ; (FANUC 11T의 경우)
G92 X(U)___ Z(W)___ R___ F___ ; (FANUC 0T의 경우)
```

여기서, X(U) : 절삭시 나사 끝지점 X좌표 (지름 지령)
Z(W) : 절삭시 나사 끝지점의 Z좌표
F : 나사의 리드(lead)
I or R : 테이퍼나사 절삭시 나사 끝지점(X좌표)과 나사 시작(X좌표)의 거리(반지름 지령)와 방향.(I-__ , R-__ 는 외경나사, I__ , R__ 는 내경나사)

③ 복합고정형 나사절삭 사이클(G76)

㉠ 적용기계 : FANUC 0T

```
G76 P(m)___ (r)___ (a)___ Q(Δd min)___ R(d)___ ;
G76 X(U)___ Z(W)___ P(k)___ Q(Δd)___ R(i)___ F___ ;
```

여기서, p(m) : 다듬질 횟수(01~99까지 입력가능)
(r) : 면취량(Oo~99까지 입력가능)
(a) : 나사의 각도
C(Δdmm) : 최소 절입 깊이
R(d) : 다듬절차 여유
X(U), Z(W) : 나사 끝지점 좌표
P(k) : 나사산 높이(반지름 지령)
Q(Δd) : 첫 번째 절입 깊이(반지름 지령) - 소수점 사용 불가
R(i) : 테이퍼 나사에서 나사 끝지점 X값과 나사 시작점 X값의 거리(반지름 지령) - I=0이면 평행나사이며, 생략할 수 있다.
F : 나사의 리드

ⓛ 적용기계 : FANUC 11T

```
G76 X(U)__ Z(W)__ I__ K__ D__ (R__)F__ A__ P__ ;
```

여기서, X(U) Z(W) : 나사 끝지점 좌표
　　　　I : 나사 절삭시 나사 끝지점 X값과 나사 시작점 X값의 거리(반지름 지령)
　　　　　- I=0이면 평행나사이며 생략할 수 있다.
　　　　K : 나사산 높이(반지름 지령)
　　　　D : 첫 번째 절입 깊이(반지름 지령) ---소수점 사용 불가
　　　　F : 나사의 리드
　　　　A : 나사의 각도
　　　　P : 절삭방법(생략하면 절삭량 일정, 한쪽날 가공을 수행)
　　　　R : 면취량

④ 유형 반복 사이클(G73) : 복합 반복 사이클
　㉠ 적용기계 : FANUC 0T

```
G73 U(Δd') W(Δw') R(e) ;
G73 P(ns) Q(nf) U(Δu) W(Δw) F(f) S(s) T(t) ;
```

여기서, U(Δd') : X축 거친절삭 가공량(도피량)
　　　　W(Δw') : Z축 거친절삭 가공량(도피량)
　　　　R(e) : 분할 횟수(거친절삭 횟수)
　　　　P(ns) : 다듬절삭가공 지령절의 첫 번째 전개번호
　　　　Q(nf) : 다듬절삭가공 지령절의 마지막 전개번호
　　　　U(Δu) : X축 방향 다듬절삭여유(지름지령)
　　　　W(ΔW) : Z축 방향 다듬절삭여유
　　　　F, S, T : 거친절삭 가공시 이송속도, 주축속도, 공구선택

　㉡ 적용기계 : FANUC 11T

```
G73 P(ns) Q(nf) I(i) K(k) U(Δu) W(Δw) D(Δd) F(f) S(s) T(t) ;
```

여기서, P(ns) : 다듬절삭가공 지령절의 첫 번째 전개번호
　　　　Q(nf) : 다듬절삭가공 지령절의 마지막 전개번호
　　　　I(i) : X축 거친절삭 가공량(도피량) : 반지름 지령
　　　　K(k) : Z축 거친절삭 가공량(도피량)
　　　　U(Δu) : X축 방향 다듬절삭 여유-(지름지령)
　　　　W(Δw) : Z축 방향 다듬절삭여유
　　　　D(Δd) : 분할 횟수(거친절삭 횟수)
　　　　F, S, T : 거친절삭 가공시 이송속도, 주축속도, 공구선택

G73은 단조나 주조 제품처럼 가공여유가 포함되어 있으며 일정한 형태를 가지고 있는 부품의 가공에 효과적이다. G73에서 I, K는 단조나 주조에서 가공여유로 남겨 놓은 치수에서 절삭가공의 다듬절삭 여유를 제외한 치수를 의미한다.
참고로 환봉 형태의 소재가공에는 불필요한 시간이 많이 소요되므로 적당하지 못함.

(9) 가상인선

가공작업은 프로그램작성 후 프로그램내용에 맞게 공구를 선정하여 작업을 하게 되는데 이때 그림A와 같이 X축은 외경에, Z축은 단면에 공구를 세팅하게 되는데 이때 모든 공구는 공구의 끝이 날카롭지 않고 그림에서와 같이 로우즈반경 주어져있다. 그러므로 그림B의 확대도와 같이 끝이 없는데도 마치 끝이 있는 경우처럼 가정되어서 가공이 이루어진다.

그런데 이때 Z축에 수평이거나 X축에 수평인 제품의 가공에서는 문제점은 없으나 테이퍼나, 원호가공에서는 프로그램의 요구와는 다른 치수와 형상의 제품이 완성되게 된다.

이를 해결하기 위한 방법은 가상인선을 정해 놓고 이 점을 기준점으로 가상인선보정을 하면 되는데 이를 "인선반지름보정"이라고 한다.

원리는 인선중심이 가공면에 대하여 항상 수직방향으로 반지름 벡터(vector)만큼 떨어져 운동하도록 CNC장치에서 제어하여 자동으로 보정한다.

(10) 공구 인선반지름 보정

[인선 반지름 보정 명령 방법]

```
G41 (G00, G01) X(U) Z(W) ; 좌보정
G42 (G00, G01) X(U) Z(W) ; 우보정
G40 (G00, G01) X(U) Z(W) I K ; 취소
```

프로그램을 작성 할 때 공구인선이 프로그램경로의 어느 쪽에 접하여 이동하는가를 지정하여 주어야 하는데, 준비기능 G41, G42(그림 참조)로 지령하며 터이퍼 절삭이나 원호절삭시 반드시 지령하여야 한다.

그림 2-12 공구 인선반지름 보정

예제

아래와 같은 도면을 공구보정과 취소하는 기능을 포함한 프로그램을 작성하시오.

[풀이]
G50 X150.0 Z100.0 S2000 ;
G96 S150 M03 T0300 ;
G00 G42 X20.0 Z0.0 T0303 ;
G01 X40.0 Z-25.0 F0.2 ;
W-20.0 ;
G00 G40 X150.0 Z100.0 I10.0 K-10.0 ;
T0300 M05 ;
M02 ;

예제

아래의 도면을 지금까지 터득한 준비기능과 나사가공용 G76 코드를 이용하여 작성하시오. 단, 매회 절입깊이는 [표 3]의 데이터를 참조한다.(T01 = 황삭, T03 = 정삭, T05 = 홈, T07 = 나사)

[풀이]

```
O2012
G50 X150.0 Z100.0 S1800 T0100 ;
G96 S160 M03 ;
G00 X64.0 Z0.0 T0101 M08 ;
G01 X-1.0 F0.15 ;
G00 X64.0 Z1.0 ;
G71 U2.0 R0.5 ;
G71 P100 Q200 U0.4 W0.2 F0.2 ;
N100 G00 X16.0 ;
G01 Z0.0 ;
X20.0 Z-2.0 ;
 Z-26.0 ;
G02 X28.0 Z-30.0 R4.0 F0.07 ;
G01 Z-47.0 ;
 X28.0 ;
G03 X40.0 Z-53.0 R6.0 ;
G01 Z-60.0 ;
G02 X48.0 Z-70.0 R10.0 ;
G01 X56.0 ;
N200 X60.0 Z-72.0 ;
G00 X150.0 Z100.0 T0100 M09 ;
G50 X150.0 Z100.0 S1800 T0300 ;
G96 S180 M03 ;
G00 X64.0 Z1.0 T0303 M08 ;
G70 P100 Q200 ;
G00 X150.0 Z100.0 T0300 M09 ;
T0500 ;
G97 S850 M03 ;
G00 X32.0 Z-44.0 T0505 M08 ;
G01 X24.0 F0.15 ;
G04 P140 ;
G00 X32.0 ;
 Z-26.0 ;
 X24.0 ;
G01 X17.0 ;
G04 P140 ;
G01 X24.0 ;
G00 Z-25.0 ;
G01 X17.0 ;
G04 P140 ;
G00 X30.0 ;
X150.0 Z100.0 T0500 M09 ;
G50 X150.0 Z100.0 T0700 ;
G97 S700 M03 ;
G00 X30.0 Z-28.0 T0707 M08 ;
G76 P010060 Q50 R30 ;
G76 X25.02 Z-42.0 P1490 Q400 F2.5 ;
G00 X22.0 Z2.0 ;
G76 P010060 Q50 R30 ;
G76 X27.62 Z-24.0 P1190 Q350 F2.0 ;
G00 X150.0 Z100.0 T0700 M09 ;
M05 ;
M02 ;
M30 ;
```

CNC 머시닝센터 제3장

3-1 머시닝센터(Machining Center)의 개요

1. 머시닝센터의 특징

밀링머신, 보링머신, 드릴머신 등을 하나로 한 복합 공작기계인 머시닝 센터에 따라 자동적으로 바꾸어주는 자동공구교환장치(ATC : Automatic Tool Changer)를 갖추고 있으므로 직선 또는 원호를 가공하거나 드릴링, 탭핑, 보링 등의 연속된 작업을 일관되게 할 수 있으므로 복잡한 형상의 기계 부품을 손쉽게 가공할 수 있는 공작기계를 말한다.

CNC머시닝센터의 특징은 다음과 같다.
① 소형부품은 테이블에 여러 개 고정하여 연속작업을 할 수 있음.
② 면 가공, 드릴링, 태핑, 보링 작업 등을 수동으로 공구교환 없이 자동 공구교환을 한다. 공구를 자동교환 함으로써 공구교환 시간이 단축되어 가공시간을 줄일 수 있음.
③ 원호가공 등의 기능으로 엔드밀을 사용하여도 치수별 보링 작업을 할 수 있어 특수 치공구의 제작이 불필요함.
④ 주축회전수의 제어범위가 크고 무단변속을 할 수 있어서 요구하는 회전수를 빠른 시간 내 정확히 얻을 수 있음.
⑤ 컴퓨터를 내장한 NC로서 메모리 작업을 할 수 있으므로 한사람이 여러 대의 기계를 가동할 수 있기 때문에 인건비를 절약할 수 있음.
⑥ 프로그램 오류 시 직접 키보드를 사용하여 수정 작업을 할 수 있음.

2. CNC머시닝센터의 주요 부품

(1) 자동공구 교환 장치(ATC)

자동공구 교환 장치는 공구 매거진(tool magazine), 공구 교환기(change arm), 서브 체인저(sub changer)로 구성되며 모든 기능은 전기모터와 공압 실린더에 의해 작동된다.

공구 매거진(TOOL MAGAZINE)종류 : 드럼(drum)형, 체인(chain)형, 공구 선택 방식이 있다.

① 순차(sequential)방식 : 매거진 내의 배열순으로 공구를 주축에 장착.

② 랜덤 방식
  ㉠ 배열순과는 관계없이 매거진 포트 번호 또는 공구번호를 지령하는 것에 의해 임의로 공구를 주축에 장착.
  ㉡ 순차방식에 비해 구조가 복잡하고 공구의 배치에 주의를 기울여야 함.
  ㉢ 사용 빈도가 높은 공구를 항상 같은 번호로 매거진에 넣어두고 쓰거나 한 개의 공구를 한 작업에서 여러 번 선택하여 사용할 경우에는 공구를 순서대로 배열할 필요가 없기 때문에 프로그램이 간단해지고 사용이 편리하다.

③ 공구교환기(CHANGE ARM)
스핀들에 꽂혀있는 공구와 새로 사용될 공구를 교환해주는 장치로 대기 포트에 꽂혀있는 공구와 스핀들에 꽂혀있는 공구를 동시에 뽑아 180° 회전하여 장착시킨다.

④ 서브 체인저(SUB-CHANGER)
T지령에 의하여 공구 매거진에 꽂혀있는 공구를 대기 포트에 M06지령에 의하여 대기 포트에 꽂혀있는 공구를 공구 매거진에 장착한다. 수동으로 교환시킬 수도 있다.

(2) 자동 팔레트 교환 장치(APC)

공작물의 장착 및 탈착 시간을 단축하기 위하여 2개 이상의 팔레트를 이용하여 1개가 기계측에서 작업하는 도중에 다른 팔레트는 공작물을 장착 및 탈착한다. 2개의 팔레트는 모양이 동일하며 작동은 수동 조작 및 자동 프로그램에 의한 교환이 가능하다. 테이블을 대용할 수 있는 APC의 교환 장치는 팔레트 유닛, 팔레트 베드, 공압장치로 구성된다.

3-2 머시닝센터 프로그래밍

1. 머시닝센터 좌표어와 제어축

(1) 좌표어

① 공구의 이동을 지령
② 이동축을 표시하는 어드레스와 이동방향과 이동량을 지령하는 수치로 구성
③ 기본축(X, Y, Z) : 서로 직교하는 3축에 대응하는 어드레스로 좌표의 위치나 거리를 지정
④ 부가축(A, B, C, U, V, W) : 부가축의 어드레스로 회전축의 각도와 축의 길이 및 위치를 지정
⑤ 원호보간(I, J, K) : X, Y, Z를 따라가는 원호의 시작점부터 원호중심까지의 거리를 지정
⑥ 원호보간(R) : 원호 반지름을 지정

(2) 제어축

머시닝센터에서 제어축은 좌표어의 X, Y, Z를 사용하여 제어축을 지령하며, 각 축에 대한 회전축에 A, B, C를 사용하기도 하며 이를 부가축이라 한다.

(3) 좌표축

① 좌표계 : 프로그램을 작성할 때 혼란을 방지하기 위해서 오른손 좌표계를 사용한다.
② 기준 : 가공시 테이블과 주축이 움직이지만 공작물은 고정되어 있고 공구가 이동하면서 가공하는 것처럼 프로그램 한다.

그림 3-1 오른손 직교좌표계

2. 좌표계의 종류

(1) 공작물 좌표계

도면을 보고 가공에 편리한 프로그램을 작성하기 위하여 도면상의 임의의 점을 프로그램 원점으로 지정하며 이 좌표계를 공작물 좌표계라 한다.

(a) 원점이 좌측상단에 위치   (b) 원점이 중앙에 위치

그림 3-2 공작물 좌표계

(2) 좌표계 지령방법

① G92 : 머시닝 센터 좌표계 설정
② G54-G59 : 공작물 좌표계 설정(공구의 시작점 지정)

[형식]   G92 X150. Y100. Z150. ;
           G54 X100. Y100. Z150. ; 1번 공작물 좌표계
           G55 X150. Y100. Z150. ; 2번 공작물 좌표계

3. 기타 기능

(1) 주축 기능

주축의 회전 속도(rpm)를 지정하는 기능으로 "S" 다음에 4자리 숫자 이내로 지정한다.

[예]   S1000 - 1000rpm

① 방법 : RPM 일정 제어 - 머시닝센터에서 사용
    [형식]   G97 S1500 M03 ; (1500 RPM으로 정회전)
② 방법 : 주속 일정제어 - 선반에서 사용
    [형식]   G96 S150 M03 ; (절삭속도가 150m/min로 정회전)

(2) 공구 기능

공구의 선택기능으로 "T" 다음에 2자리 숫자로 지령하여 일반적으로 공구 매거진에 공구 포트 수만큼 지령할 수 있다.

[형식]   T12 M06 ; (12번 공구 교환)

(3) 보조 기능

기계의 ON/OFF 제어에 사용하는 보조 기능은 "M" 다음에 2자리 숫자로 지령한다.
① P/G에 관련된 M-코드 : M00, M01, M02, M30, M98, M99
② 기계적인 M-코드 : 나머지 M-code
③ M-코드는 한 블록에서 1개의 코드만 유효하며 2개 이상 지령 시 뒤에 지령한 M-코드만 유효
④ 조작판상의 기능이 프로그램상의 지령된 M-코드보다 우선한다.
  [형식] M02

4. 프로그램 작성

(1) 보간 기능

① 급속 이송 위치 기능(G00)
  공구를 현재의 위치에서 지령된 위치(종점)까지 급속 이송속도로 이동시킨다. 급송 이송속도는 파라메터에 설정되어 있으며 센트롤 시스템에서는 RT0, RT1, RT2 3개 중에서 하나를 선택.(파라미터1500~1502)

```
G00 { G90
      G91 }  X _ Y _ Z _ ;
```

② 직선 가공(G01)
  지령된 종점으로 F의 이송속도에 따라 직선으로 가공한다.

```
G01 { G90
      G91 }  X _ Y _ Z _ F _ ;
```

여기서, X, Y, Z : X, Y, Z 축 가공 종점의 좌표
       F : 이송속도(mm/min)

(2) 절대, 증분지령

① 절대 지령(G90)
  절대 지령 방식은 미리 설정된 좌표계 내에서 종점의 좌표 위치를 지령한다. 사용하는 워드(Word)는 G90이며, 종점의 좌표 위치가 좌표계 원점을 기준으로 해서 양(+)의 방향이면 '+'를, 음(-)의 방향이면 '-'를 붙여 지령한다.

② 증분 지령(G91)
  증분 지령 방식은 이동 시작점(공구의 현위치)에서 종점(지령 위치)까지의 이동량과 이동 방향을 지령한다. 지령 워드는 G91이고, 공구의 이동 방향이 X축 상에서 오른쪽으로 이동하였을 경우는 X값은 '+', Y축 상에서 위로 이동하였을 경우 Y값은 '+'가 되고, 반대로 이동하였을 경우는 X, Y값 모두 '-'가 된다.

제 5 편 CNC공작법

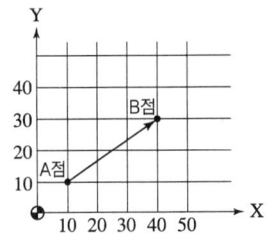

[절대 지령과 증분 지령의 사용 예]

* 그림의 A점에서 B점으로 이동할 때
 절대 지령
  G00 G90 X40.0 Y30.0 ;
 증분 지령
  G00 G91 X30.0 Y20.0 ;

(3) G01을 이용한 면취 가공 및 코너 R 가공

교차하는 두 직선 사이에 면취(Chamfering)나 코너(Corner) R 가공을 한 블록으로 간단히 지령할 수 있는 기능이다.

직선 가공 지령 형식의 끝에 C___를 지령하면 면취 가공 명령이 되고, R___를 지령하면 코너 R 가공 명령이 된다.

```
              G90             C____
지령형식 : G01     X____ Y____        F___ ;
              G91             R____
```

① 지령 워드의 의미

㉠ X, Y : 면취나 코너 R 가공이 X, Y, Z의 3축에 걸리는 경우는 차원 높은 어려운 가공에 속한다. 따라서 평면 선택 기능에 따른 기본 2축을 선택하며, 보통의 경우는 G17 평면에서 X, Y 좌표이다. 여기서 좌표값(수치)은 면취나 라운드 가공이 없을 때 두 직선의 가상 교점의 좌표이다.

㉡ C, R : 면취 C 다음에 이어지는 숫자는 가상 교점에서 면취 개시점 및 종료점까지의 거리이고, 라운드 R 다음의 숫자는 반경 값을 지령한다.

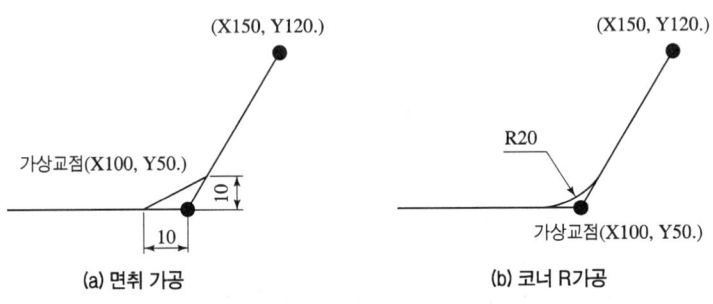

(a) 면취 가공   (b) 코너 R가공

[지령 예]

```
G01 G90 X100. Y50. C10. F100 ;      G01 G90 X100. Y50. R20. F100 ;
    X150. Y120. ;                       X150. Y120. ;
```

(4) 원호 가공하기

지령된 시점에서 종점까지 반경 R크기로 시계방향(G02), 반시계방향(G03)으로 원호가공(그림 3-3 참조)

제 3 장 CNC 머시닝센터

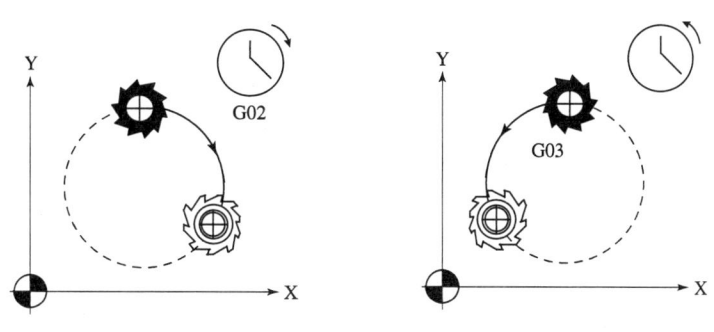

그림 3-3 원호 가공

① 지령 방법

```
G17   G02   G90   X_ Y_ I_ J_
G18   G03   G91   Z_ X_ I_ K_ F_ ;
G19               Y_ Z_ J_ K_
```

② 원호 보간

원호 보간에서 I, J, K의 어드레스는 X축 방향의 값을 I로, Y축 방향을 J로, Z축 방향을 K로 지령한다. 또한 I, J, K의 부호는 시점에서 원호의 중심이 (+)방향인가 (-)방향인가에 따라 결정하며, 값은 원호 시점에서 원호 중심까지의 거리값이다.

[A점에서 B점으로 가공하는 프로그램 예(그림 3-4 참조)]

그림 3-4 원호 보간 지령

(5) 원점복귀

① 기계원점(Reference Point)복귀

기계원점이란 기계상에 고정된 임의의 지점이고, 간단한 조작으로 쉽게 이 지점에 복귀시킬 수 있으며 기계제작시 기계 제조회사에서 위치를 설정한다. 프로그램 및 기계조작시 기준이 되는 위치이므로 제조회사의 A/S Man, 이외는 위치를 변경하지 않는 것이 좋다. 전원을 투입하고 최초 한번은 기계원점복귀를 해야만 기계좌표가 성립된다. 최근에 생산되는 기계는 전원을 차단해도 기계 좌표와 절대좌표를 기억하는 기계도 있다.

② 수동 원점 복귀

모드 스위치를 "원점복귀"에 위치시키고 JOG 버튼을 이용하여 각축을 기계원점으로 복귀시킬 수 있다. 보통 전원 투입 후 제일 먼저 실시하며 비상정지 스위치(Emergency Stop Switch)를 눌렀을 때도(ON, OFF) 후에도 마찬가지로 기계원점 복귀를 해야 한다.

③ 자동 원점복귀(G28)

모드 스위치를 "자동" 혹은 "반자동"에 위치시키고 G28을 이용하여 각축을 기계원점까지 복귀시킬 수 있다 급속 이송으로 중간점을 경유 기계원점까지 자동 복귀한다. 단, Machine Lock 스위치 ON 상태에서는 기계원점 복귀할 수 없다.

㉠ 지령방법

```
G28   {G90
       G91    X_ Y_ Z_ ;
```

㉡ 지령 워드의 의미
- X, Y, Z : 기계 원점복귀를 하고자 하는 축을 지령하며, 어드레스 뒤에 지령된 Data는 중간점의 좌표가 된다. G91지령 (증분지령)은 현재 위치에서 이동거리이고 G90지령(절대지령)은 공작물 좌표계 원점으로부터의 위치이므로 절대지령의 방식은 주의를 해야 한다.(G28 G90 X0. Y0. Z0. ; 를 지정하면 공작물 좌표계의 X0. Y0. Z0. 까지 이동하고 기계원점으로 복귀한다.)

④ 원점 복귀 Check(G27)

기계원점에 복귀하도록 작성된 프로그램이 정확하게 기계 원점에 복귀했는지를 Check하는 기능이다. 지령된 위치가 원점이 되면 원점복귀 Lamp가 점등하고 지령된 위치가 원점 위치에 있지 않으면 알람이 발생된다.

㉠ 지령방법

```
G27   {G90
       G91    X_ Y_ Z_ ;
```

㉡ 지령 워드의 의미
- X, Y, Z : 원점복귀를 하고자 하는 축을 지령하면 어드레스 뒤에 지령된 Data는 중간점의 좌표가 된다. G91지령(증분지령)은 현재 위치에서 이동거리이고 G90지령(절대지령)은 공작물 좌표계 원점에서의 위치이므로 절대지령의 방식은 주의를 해야 한다.

⑤ 원점으로부터 자동복귀(G29)

일반적으로 G28 또는 G30 다음에 사용한다.

㉠ 지령방법

```
G29   {G90
       G91    X_ Y_ Z_ ;
```

제 3 장 CNC 머시닝센터

  ⓒ 지령 워드의 의미
   • X, Y, Z : G28 또는 G30에서 지령했던 중간점을 기억했다가 그 중간점을 경유한 후 지령된 X, Y, Z좌표 점으로 이송
 ⑥ 제2, 제3, 제4 원점 복귀(G30)
  중간점을 경유하여 파라메타에 설정된 제2원점의 위치로 급속 속도로 복귀한다.
  ㉠ 지령방법

```
G30  { G90
       G91 }  X_ Y_ Z_ ;
```

  ⓒ 지령 워드의 의미
   • P2, P3, P4 : 제2, 3, 4원점을 선택하고 P를 생략하면 제2원점이 선택된다.
   • X, Y, Z : 원점복귀를 하고자 하는 축을 지령하며, 어드레스 뒤에 지령된 Data는 중간점의 좌표가 된다. G91지령(증분지령)은 현재 위치에서 이동거리이고 G90지령(절대지령)은 공작물 좌표계 원점에서의 위치이므로 절대지령의 방식은 주의해야 한다.

(6) 좌표계 설정
 ① 공작물 좌표계 설정(G92)
  프로그램 작성시 도면이나 제품의 기준점을 설정하여 그 기준점으로부터 가공위치를 지령함으로써 간단하게 프로그램을 작성할 뿐 아니라 실수를 줄일 수 있다. 그러나 공작물의 기준점이 어느 위치에 있는지 NC 기계는 모르고 있으므로 이 기준점을 NC 기계에 알려주는 기능이 G92이며 이 작업을 공작물 좌표계 설정이라 한다.
  ㉠ 지령방법

```
G92 G90 X_ Y_ Z_ ;
```

  ⓒ 지령 워드의 의미
   • X, Y, Z : 설정하고자 하는 절대좌표계(공작물 좌표계)의 현재위치
 ② 공작물 좌표계 선택(G54~G59)
  이미 설정된 공작물 좌표계(워크보정 화면에 입력한다.)를 선택할 수 있다. 워크보정 화면에 입력하는 값은 기계원점에서 공작물 좌표계 원점까지의 거리를 입력한다.
  ㉠ 지령방법

```
G54
 |    } G90 X_ Y_ Z_ ;
G59
```

5-41

ⓒ 지령 워드의 의미
- X, Y, Z : 절대좌표계(공작물 좌표계)의 위치

ⓒ 공작물 좌표계 설정 기능과 공작물 좌표계 선택 기능의 프로그램 비교, 생산성을 향상하기 위하여 테이블 위에 같은 공작물(다른 종류의 공작물도 가능)을 여러 개 동시에 고정하여 가공할 경우 아래 셋업 값으로 G92 기능과 G54~G59 기능을 이용한 프로그램을 비교한다.

ⓒ 수평형 머시닝센터의 공작물 좌표계 선택 : 수평형 머시닝센터(Horizontal Machining Center)에서 회전테이블 위에 설치된 공작물을 회전시키면서 공작물을 가공한다. 이때 공구 전면의 공작물 가공면을 G54~G59 기능을 사용하여 프로그램을 작성하고, 각각의 가공면에 대하여 공작물 좌표계를 설정한다.

③ 로컬(Local) 좌표계 설정(G52)

프로그램을 쉽게 작성하기 위하여 이미 설정된 공작물 좌표계에서 임의의 지점에 로컬 좌표계를 설정할 수 있다.

임의의 지점에 원점을 설정하여 원래의 원점에서 좌표값을 계산하는 번거로움 없이 쉽게 프로그램을 작성할 수 있다.

㉠ 지령방법

```
G52 G90 X_ Y_ Z_ ;
G52 X0. Y0. Z0. ; - 로컬 좌표계 무시
```

ⓒ 지령 워드의 의미
- X, Y, Z : 현재의 공작물 좌표계에서 설정하고자 하는 로컬(구역좌표) 좌표계의 원점위치

ⓒ 프로그램

```
↓ ;
G52 G90 X105.657 Y80.657 ; ·············· 로컬 좌표계 원점 지정
G00 X30.27 Y18. ; ·············· ⓐ점으로 급속 위치 결정
    ↓
G52 X0. Y0. ·············· 로컬 좌표계 무시
```

④ 기계 좌표계 선택(G53)

공작물 좌표계와 관계없이 기계원점에서 임의 지점으로 급속이동(G00 기능 포함) 시킨다. 자동공구 측정 장치가 설치된 위치까지 이동시킬 때나 기계원점에서 항상 일정한 지점까지 위치 결정하는 방법으로 많이 사용한다.

㉠ 지령 방법

```
G53 G90 X_ Y_ Z_ ;
```

ⓒ 지령 워드의 의미
- X, Y, Z : 기계원점에서 이동지점까지의 기계좌표를 지령한다. 절대지령(G90)

에서만 실행되고 증분지령(G91)에서는 무시된다.
(기계 좌표계 선택 지령의 예제 1)
ⓒ 프로그램

```
ⓐ점에 공구 중심을 이동시킨다.(X, Y축)
G53 G90 X-180.123 Y-155.236 ;
(G92 G90 X0. Y0. ;) ; … 기계원점에서 공작물 좌표계 원점까지 이동시키고
                        공작물 좌표계 설정을 하는 방법이다.
ⓑ점에 공구 중심을 이동시킨다.(X, Y축)
G53 G90 X-225.837 Y-100,653 ;
```

(7) 보정 기능

프로그램을 작성할 때 공구의 길이와 형상을 고려하지 않고 프로그램을 작성하게 된다. 그러나 실제 가공할 때는 각각의 공구가 길이와 직경의 크기에 차이가 있으므로 이 차이의 량을 보정 화면에 등록하고 공작물을 가공할 때 호출하여 자동으로 위치 보상을 받을 수 있게 하는 기능을 보정 기능이라 한다. 이 각각의 공구길이의 차이와 직경의 크기 등을 측정하여 미리 보정화면에 등록하여 둔다. 이 량을 측정하는 것을 공구셋팅(Tool Setting)이라 한다.

G40 공구경보정취소   G41 공구경좌측보정   G42 공구경우측보정

그림 3-5 공구보정 경로

① 공구경 보정(G40, G41, G42)

공구의 측면 날을 이용하여 가공하는 경우 공구의 직경 때문에 공구중심(주축중심)이 프로그램과 일치하지 않는다. 이와 같이 공구반경 만큼 발생하는 (엔드밀, 페이스 커터)에 많이 사용된다.

㉠ 지령방법

```
G17 G40 ·················································· 공구경 보정 취소
G18(G00, G01)   G41 α_ β_ D_ ; ················ 공구경 좌측 보정
G19 G42 α_ β_ D_ ; ··································· 공구경 우측 보정
```

㉡ 지령 워드의 의미
• α, β : 평면선택 기능에 따라 X, Y, Z 중 기준 두 축이 좌표를 지령한다.

(G17 평면 선택인 경우 X, Y축 방향에 공구경 보정이 적용되고, G18 평면 에서는 Z, X축, G19 평면선택은 Y, Z축 방향에 공구경 보정이 적용된다.)
- D : 공구경 보정 번호(보정 번호)

ⓒ Start Up 블록

공구경 보정 무시(G40) 상태에서 공구경 보정(G41, G42)을 지령한 블록을 Start Up 블록이라 한다.

```
N01 G41 G01 X0. D01 F100 ; ················· Start Up Block
N02 Y50. ;
N03 X55. ;
```

② 공구길이 보정

공작물을 도면대로 가공하기 위해서는 그림 3-6과 같이 여러 개의 공구를 교환하면서 가공하게 된다. 이때 그림에서와 같이 공구의 길이가 각각 다르므로 공구의 기준길이에 대하여 각각의 공구가 얼마만큼 길이의 차이가 있는지를 오프셋 량으로 CNC 장치에 설정하여 놓고 그 길이만큼 보정하여 주면 공구길이 보정을 할 수 있다.

그림 3-6 공구길이 보정

```
G43 : +방향 공구길이 보정(+방향으로 이동)
G44 : -방향 공구길이 보정(-방향으로 이동)
```

공구길이 보정은 G43, G44 지령으로 Z축 이동지령의 종점위치를 보정 메모리에 설정한 값만큼 +, -로 보정할 수 있다. 또한 공구길이 보정은 Z축에 한하여 가능하며 공구길이 보정을 취소할 때는 G49로 지령하여 G49를 생략2하고 단지 보정 번호를 00 즉, H00으로 지정할 수 있다.

㉠ 지령 방법

```
지령 형식 : G00 G43 Z_ H_ ;
```

```
취소 형식 : G00 G49 Z_ ;
```

여기서, H : 해당 공구의 보정량을 입력한 공구 번호

(8) 고정사이클

프로그램을 간단하게 하는 기능으로 구멍 가공하는 몇 개의 블록을 하나의 블록으로 프로그램을 작성할 수 있다. 고정 사이클에는 드릴, 탭, 보링 기능 등이 있고, 응용하여 다른 기능으로도 사용할 수 있다.

예를 들면 보링 사이클로 드릴작업도 가능하다.

고정사이클의 종류는 G73~G89까지 12종류가 있고 G80 기능으로 고정사이클을 말소시킨다.

고정사이클 기능을 쉽게 이해하기 위해서는 각 고정 사이클의 공구 경로를 관찰하여 이해하면 된다.

다음의 예에서 일반 프로그램과 고정 사이클 프로그램의 차이를 알 수 있다.

그림 3-7 고정사이클 및 일반 프로그램의 예

고정사이클 프로그램(1블록)	일반 프로그램(4블록)
↓ G81 G90 G99 X20. Y30. Z-25. R3. F50. ; ↓	↓ G00 G90 X20. Y30. ; Z3. ; G01 Z-25. F50. ; G00 Z3. ; ↓

그림 3-8 고정사이클의 기본 동작 구성

① 고정사이클 기본 지령 형식

고정사이클의 종류에 따라 다소 차이는 있으나, 기본적인 지령 형식은 다음과 같다. 각 어드레스에 대한 설명은(표 참조)

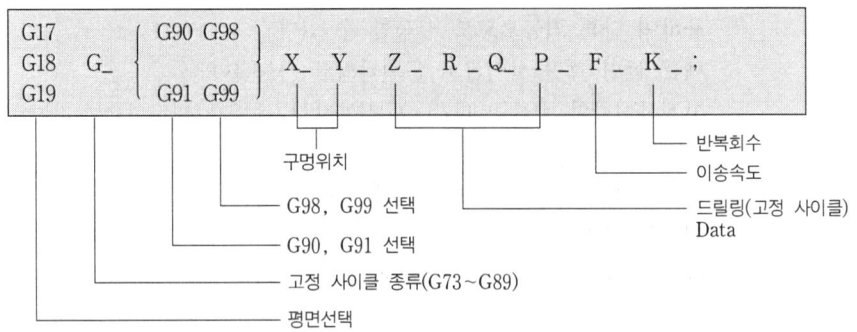

[표 3-1] 고정사이클의 어드레스 설명

지 령 내 용	어드레스	어드레스 내용설명
G17, G18, G19	G	평면선택 기능(G17, G18, G19) 중 하나를 선택
고정 사이클 종류	G	고정 사이클 일람표 참고
G90, G91 선택	G	절대, 상대지령을 선택한다. 이미 지령된 경우는 생략할 수 있다.
G98, G99 선택	G	초기점 복귀와 R점 복귀를 선택한다.
구멍위치	X,Y	구멍가공 위치를 절대, 증분지령으로 지령한다. 공구이동은 급속이송(G00)으로 이동한다.
드릴링 Data	Z	구멍가공 최종 깊이를 지령한다. R점에서 Z위치까지 절삭이송(G01)한다. 절대지령은 공작물 좌표계 Z축 원점에서 절삭깊이가 되고, 증분지령인 경우 R점에서 절삭 깊이를 지령한다.
	R	구멍가공 후 R점(구멍가공 시작점)을 지령한다. 최종 구멍가공을 종료하고 공구를 R점까지 복귀한다. 또 초기점에서 R점(가공시작점)까지 급속이송(G00)으로 이동하는 지령이다. 절대지령은 공작물 좌표계 Z축 원점에서의 위치가 되고 증분지령인 경우 초기점에서 이동 거리를 지령한다.
	Q	G73, G83기능에서 매회 절입량 또는 G76,G87기능에서 Shift량을 지령한다.(항상 증분지령으로 한다.)
	P	구멍바닥에서 드웰(정지)시간을 지령한다.
	F	구멍가공 이송속도를 지령한다.
반복회수 (0 Serise 이외의 시스템은 L 어드레스로 반복회수를 지령한다.)	K	K지령을 생략하면 K1로 지령한 것으로 간주하고, K0을 지령하면 현재 블록에서 고정 사이클 Data만 기억하고, 구멍작업은 다음에 구멍위치 지령이 되면 사이클 기능을 실행한다.

[표 3-2] 고정사이클 일람표

G코드	용 도	동작3번 (절삭방향절입동작)	동작4번 (구멍밑에서동작)	동작5번 (도피동작)
G73	고속 심공드릴 사이클	간헐 절삭이송		급속이송
G74	역탭핑 사이클(왼나사)	절삭이송	주축 정회전	절삭이송
G76	정밀보링 사이클	절삭이송	주축 정위치 정지	급속이송
G81	드릴 사이클	절삭이송		급속이송
G82	카운트보링 사이클	절삭이송	드웰(Dwell)	급속이송
G83	심공드릴 사이클	간헐 절삭이송		급속이송
G84	탭핑 사이클	절삭이송	주축 역회전	절삭이송
G85	보링 사이클(리이머)	절삭이송		절삭이송
G86	보링 사이클	절삭이송	주축 정지	급속이송
G87	백보링 사이클	절삭이송	주축 정위치 정지	급속이송
G88	보링 사이클	절삭이송	① 드웰(Dwell) ② 주축정지	급속 이송, 절삭 이송
G89	보링 사이클	절삭이송	드웰(Dwell)	절삭이송

(9) 보조 프로그램

보조 프로그램은 주 주 프로그램 또는 다른 보조 프로그램에서 호출하여 실행하다.

```
M 98 P 1004   L2 ;
```

여기서, ┌ M 98 : 주 프로그램에서 보조 프로그램의 호출
├ P : 보조 프로그램 번호
└ L : 반복 호출 횟수(1004를 2회 호출하라는 지령)

컴/퓨/터/응/용/선/반/기/능/사

제6편
최근 기출문제

≫ 2013년 기출문제
≫ 2014년 기출문제
≫ 2015년 기출문제
≫ 2016년 기출문제
≫ CBT 모의고사

2013

컴/퓨/터/응/용/선/반/기/능/사

기출문제

2013년 1월 27일 제1회 컴퓨터응용선반기능사 기출문제

01 주철의 성장원인이 아닌 것은?
① 흡수한 가스에 의한 팽창
② Fe₃C의 흑연화에 의한 팽창
③ 고용 원소인 Sn의 산화에 의한 팽창
④ 불균일한 가열에 의해 생기는 파열 팽창

해설 주철의 성장원인
① 펄라이트 조직 중의 Fe₃C분해에 따른 흑연화에 의한 팽창
② 페라이트 조직 중의 규소(Si)의 산화에 의한 팽창
③ A₁변태의 반복 과정에서 오는 체적 변화에 따른 미세한 균열이 형성되어 생기는 팽창
④ 흡수된 가스에 의한 팽창
⑤ 불균일한 가열로 생기는 균열에 의한 팽창
⑥ 시멘타이트의 흑연화에 의한 팽창

02 강을 절삭할 때 쇳밥(chip)을 잘게 하고 피삭성을 좋게 하기 위해 황, 납 등의 특수원소를 첨가하는 강은?
① 레일강 ② 쾌삭강
③ 다이스강 ④ 스테인리스강

해설 쾌삭강 : 강을 절삭할 때 쇳밥(chip)을 잘게 하고 피삭성을 좋게 하기 위해 황, 납 등의 특수원소를 첨가하는 강이다.

03 일반적으로 경금속과 중금속을 구분하는 비중의 경계는?
① 1.6 ② 2.6
③ 3.6 ④ 4.6

해설 금속의 분류 : 비중 4.6(또는 4.5)을 기준으로 경금속과 중금속을 구분한다.

① 경금속 : Al(2.7), Mg(1.74), Na(0.97), Si(2.33), Li(0.53)
② 중금속 : Fe(7.87), Cu(8.96), Ni(8.85), Au(19.32), Ag(10.5), Sn(7.3), Pb(11.34), Ir(22.5)

04 열처리방법 중에서 표면경화법에 속하지 않는 것은?
① 침탄법 ② 질화법
③ 고주파경화법 ④ 항온열처리법

해설 (1) 열처리방법 중에서 표면경화법
화학적 처리 방법인 침탄법, 시안화법, 질화법이 있고 물리적 처리 방법인 고주파경화법, 불꽃(화염) 경화법이 있다.
(2) 항온열처리 종류
① 오스템퍼(austemper) : Ms점 상부과냉 오스테나이트에 변태가 완료될 때까지(염욕에 넣어) 항온유지하여 베이나이트를 충분히 석출시킨 후 공냉하며, 이것을 베이나이트 담금질이라도 한다.
② 마템퍼(martemper) : Ms점 이하 100~200℃인 항온염욕 중에 담금질하여 냉각시킨 것으로 오스테나이트에서 마텐사이트와 베이나이트의 혼합조직으로 변한 조직이다.
③ 마퀜칭(marquenching) : Ms점 보다 다소 높은 온도의 염욕에서 담금질한 것을 강의 내외의 온도가 동일하도록 항온유지하고 꺼내어 공냉하는 방법이다.

05 황동의 자연균열 방지책이 아닌 것은?
① 온도 180~260℃에서 응력제거 풀림처리
② 도료나 안료를 이용하여 표면처리
③ Zn 도금으로 표면처리
④ 물에 침전처리

답 01. ③ 02. ② 03. ④ 04. ④ 05. ④

해설　황동의 자연균열(Season Cracking) : 일종의 응력부식균열(stress corrosion cracking)로 잔류 응력에 기인하는 현상으로 방지책은 도료 및 Zn 도금, 180~260℃에서 응력제거 풀림 등으로 잔류응력을 제거된다.

06 열경화성 수지가 아닌 것은?
① 아크릴수지　② 멜라민수지
③ 페놀수지　④ 규소수지

해설　합성수지의 특징 및 용도

종류		용도
열경화성수지	페놀수지	전기 기구, 식기, 판재, 무음기어
	요소수지	건축 재료, 문방구 일반, 성형품
	멜라민수지	테이블판 가공
	규소수지	전기 절연재료, 도표, 그리스
열가소성수지	스티렌수지	고주파 절연재료, 잡화
	염화비닐	관, 판재, 마루, 건축재료
	폴리에틸렌	판, 피륙
	초산비닐	접착제, 껌
	아크릴수지	방풍, 광학 렌즈

07 알루미늄의 특성에 대한 설명 중 틀린 것은?
① 내식성이 좋다.
② 열전도성이 좋다.
③ 순도가 높을수록 강하다.
④ 가볍고 전연성이 우수하다.

해설　알루미늄 합금의 성질
① 마그네슘, 베릴륨 다음으로 가벼운 금속으로 비중이 2.7, 용융점 660℃, 변태점이 없다.
② 열 및 전기의 양도체이다.(구리 다음)
③ 내식성이 우수하고, 전연성이 풍부하며, 400~500℃에서 연신율이 최대이다.
④ 순도가 높을수록 약하다.

08 스프링을 사용하는 목적이 아닌 것은?
① 힘 축적　② 진동 흡수
③ 동력 전달　④ 충격 완화

해설　스프링의 용도
① 완충용(충격 에너지 흡수, 방진) : 차량용 현가장치, 승강기 완충 스프링
② 에너지 축적 이용 : 계기용 스프링, 시계의 태엽, 완구용 스프링, 축음기, 총포의 격심용 스프링
③ 측정용 : 힘의 변형원리를 이용하여 압축력(또는 인장력)에 의한 변형 길이로 힘을 측정한다. 저울 등이 이에 해당한다.
④ 동력용 : 안전밸브, 조속기, 스프링 와셔

09 저널 베어링에서 저널의 지름이 30mm, 길이가 40mm, 베어링의 하중이 2400N일 때 베어링의 압력[N/mm²]은?
① 1　② 2
③ 3　④ 4

해설　저널 베어링의 하중 $W = pdl$ [N]에서 저널 베어링의 압력
$$p = \frac{W}{dl} = \frac{2400}{30 \times 40} = 2$$

10 축에 키 홈을 파지 않고 축과 키 사이의 마찰력만으로 회전력을 전달하는 키는?
① 새들 키　② 성크 키
③ 반달 키　④ 둥근 키

해설　① 안장(새들) 키(Saddle Key)
축에 키 홈을 파지 않고 축과 키 사이의 마찰력만으로 회전력을 전달에 사용
② 묻힘 키(Sunk Key)
축과 보스 양쪽에 모두 키 홈을 파서 비틀림 모멘트를 전달하는 키로서 가장 많이 사용
③ 반달 키(Woddruff Key)
자동적으로 축과 보스 사이에 자리를 잡을 수 있어 자동차, 공작기계 등의 60mm 이하의 작은 축이나 테이퍼 축에 사용
④ 둥근 키(Round Key)
핀 키라고도 하며, 핸들과 같이 작은 것의 고정에 사용되고 단면은 원형이고 하중이 작을 때만 사용

답　06. ①　07. ③　08. ③　09. ②　10. ①

11. 웜 기어에서 웜이 3줄이고 웜휠의 잇수가 60개일 때의 속도비는?

① $\dfrac{1}{10}$ ② $\dfrac{1}{20}$
③ $\dfrac{1}{30}$ ④ $\dfrac{1}{60}$

해설 웜 기어의 속도비
$$i=\dfrac{N_2}{N_1}=\dfrac{n}{Z}=\dfrac{3}{60}=\dfrac{1}{20}$$

12. 시편의 표점거리가 40mm이고 지름이 15mm일 때 최대하중이 6kN에서 시편이 파단되었다면 연신율은 몇 %인가? (단, 연신된 길이는 10mm이다.)

① 10 ② 12.5
③ 25 ④ 30

해설 연신율은 늘어난 길이(l)와 표점거리(l_o)와의 차이를 표점거리(l_o)로 나누어 백분율(%)로 나타낸다.

연신율(ε)=$[(l-l_o)/l_o]\times 100\%$

연신율(ε)=$\dfrac{l-l_o}{l_o}\times 100\%$

$=\dfrac{(40+10)-40}{40}\times 100=25\%$

13. 비틀림 모멘트를 받는 회전축으로 치수가 정밀하고 변형량이 적어 주로 공작기계의 주축에 사용하는 축은?

① 차축 ② 스핀들
③ 플렉시블 축 ④ 크랭크 축

해설 축의 작용 하중에 따른 분류
① 전동축(동력축) : 비틀림과 휨을 동시에 받으며, 동력 전달이 주목적으로 주로 공장의 동력 전달 축으로 사용되며 주축, 선축, 중간축으로 구성한다.
② 차축(Axel) : 하중을 받치는 축으로 굽힘 모멘트를 받으며 철도 차량, 자동차 등의 바퀴가 연결된 축이다.
③ 스핀들(Spindle) : 비틀림 모멘트를 받는 회전축으로 치수가 정밀하고 변형량이 적어 주로 공작기계의 주축에 사용한다.

14. 나사를 기능상으로 분류했을 때 운동용 나사에 속하지 않는 것은?

① 볼나사
② 관용나사
③ 둥근나사
④ 사다리꼴나사

해설 나사를 기능상(운동용 나사)으로 분류
① 사각나사
② 사다리꼴나사
③ 톱니나사
④ 둥근나사(너클나사)
⑤ 볼나사

15. 부품의 위치결정 또는 고정시에 사용되는 체결요소가 아닌 것은?

① 핀(pin) ② 너트(nut)
③ 볼트(bolt) ④ 기어(gear)

해설 ① 체결용 기계요소 : 나사, 키, 핀, 코터, 리벳, 용접 수축확대 및 테이퍼이음
② 축계 기계요소 : 축, 축이음 및 베어링
③ 완충 및 제동용 기계요소 : 브레이크, 스프링 및 플라이휠 등
④ 전동용 기계요소 : 벨트, 로프, 체인, 링크 마찰차 및 캠 기어 등

16. 기계제도에서 치수 기입 원칙에 관한 설명 중 틀린 것은?

① 기능, 제작, 조립 등을 고려하여 필요한 치수를 명료하게 도면에 기입한다.
② 치수는 되도록 주 투상도에 집중한다.
③ 치수 수치의 자릿수가 많은 경우 3자리 마다 " . " 표시를 하여 자릿수를 명료하게 한다.
④ 길이의 치수는 원칙으로 mm 단위로 하고 단위 기호는 붙이지 않는다.

해설 치수 수치의 자리수가 많은 경우, 3자리마다 숫자의 사이를 적당히 띄우고 콤마는 찍지 않는다.

답 11. ② 12. ③ 13. ② 14. ② 15. ④ 16. ③

제6편 최근 기출문제

17 아래에 같은 표면의 결 표시기호에서 가공 방법은?

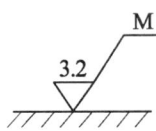

① 밀링 ② 연삭
③ 선삭 ④ 줄다듬질

해설

선 반 가 공	L
연 삭 가 공	G
줄 다 듬 질	FF
밀 링 가 공	M

18 그림과 같은 입체도에서 화살표 방향 투상도로 가장 적합한 것은?

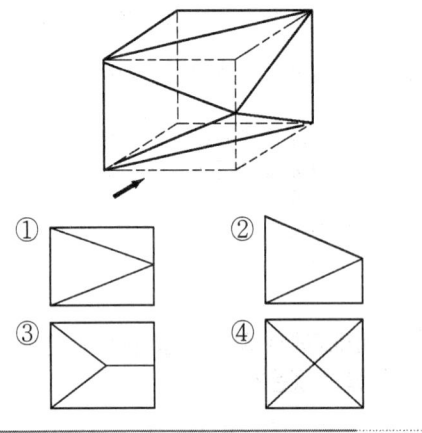

해설 위 그림의 입체도에서 화살표 방향 투상도로 가장 적합한 것은 ①항이다.

19 그림과 같은 도면에서 데이텀 표적 도시기호의 의미로 옳은 것은?

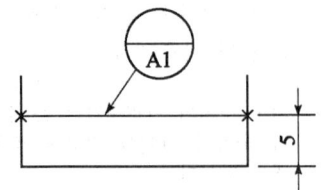

① 두 개의 X를 연결한 선의 데이텀 표적
② 두 개의 점 데이텀 표적
③ 두 개의 X를 연결한 선을 반지름으로 하는 원의 데이텀 표적
④ 10mm 높이의 직사각형 영역의 면 데이텀 표적

해설 위 도면에서 데이텀 표적 도시기호의 의미는 두 개의 X를 연결한 선의 데이텀 표적이다.

20 투상한 대상물의 일부를 파단한 경계 또는 일부를 떼어낸 경계를 표시하는 데 사용하는 선은?

① 절단선 ② 파단선
③ 가상선 ④ 특수 지정선

해설

파단선	대형물의 일부를 파단한 경계 또는 일부를 떼어낸 경계를 표시
절단선	단면도를 그리는 경우 그 절단 위치를 대응하는 도면에 표시하는 데 사용
가상선	• 인접부분을 참고로 표시 • 공구, 지그의 위치를 참고로 표시 • 가동부분을 이동중의 특정한 위치 또는 이동 한계의 위치를 표시 • 가공 전 또는 가공 후의 형상을 표시 • 되풀이하는 것을 표시 • 도시된 단면의 앞쪽에 있는 부분을 표시
특수 지정선	• 특수한 가공을 하는 부분 등 특별한 요구사항을 적용할 수 있는 범위를 표시하는 데 사용

21 그림과 같은 도면에서 대각선으로 교차한 가는 실선 부분은 무엇을 나타내는가?

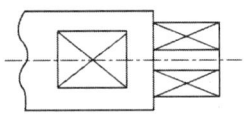

① 취급 시 주의표시
② 다이아몬드 형상을 표시
③ 사각형 구멍 관통
④ 평면이란 것을 표시

답 17.① 18.① 19.① 20.② 21.④

해설 위 그림과 같은 도면에서 대각선으로 교차한 가는 실선은 평면이란 것을 표시한다.

22 치수 공차 및 끼워 맞춤에 관한 용어 설명 중 틀린 것은?

① 허용한계 치수 : 형체의 실 치수가 그 사이에 들어가도록 정한 허용할 수 있는 대소 2개의 극한의 치수
② 기준 치수 : 위 치수 허용차 및 아래 치수 허용차를 적용하는 데 따라 허용한계 치수가 주어지는 기준이 되는 치수
③ 공차 등급 : 치수공차 방식·끼워맞춤 방식으로 전체의 기준 치수에 대하여 동일 수준에 속하는 치수 공차의 한 그룹
④ 최대 실체 치수 : 형체의 실체가 최대가 되는 쪽의 허용 한계치수로서 내측 형체에 대해서는 최대허용치수, 외측 형체에 대해서는 최소허용치수를 의미

해설 최대 실체 치수 : 형체의 실체가 최대가 되는 쪽의 허용한계 치수. 즉, 내측 형체에 대해서는 최소 허용치수, 외측 형체에 대해서는 최대 허용치수를 의미한다.

23 나사의 각 부분을 표시하는 선에 관한 설명으로 맞는 것은?

① 수나사의 골지름과 암나사의 골지름은 굵은 실선으로 표시한다.
② 완전 나사부와 불완전 나사부의 경계는 가는 실선으로 표시한다.
③ 나사의 끝면에서 본 투상도에서는 나사의 골 밑은 굵은 실선으로 그린 원주의 3/4에 거의 같은 원의 일부로 표시한다.
④ 수나사의 바깥지름과 암나사의 안지름은 굵은 실선으로 표시한다.

해설 ① 수나사의 골지름과 암나사의 골지름은 가는 실선으로 표시한다.
② 완전 나사부와 불완전 나사부의 경계는 굵은 실선으로 표시한다.
③ 수나사와 암나사의 측면 도시에서 각각의 골지름은 가는 실선으로 약 3/4원으로 그린다.
④ 수나사의 바깥지름과 암나사의 안지름은 굵은 실선으로 표시한다.

24 보기와 같은 맞춤핀에서 호칭지름은 몇 mm 인가?

[보기] 맞춤핀 KS B 1310 − 6 × 30 − A − St

① 13mm ② 6mm
③ 10mm ④ 30mm

해설 보기와 같은 맞춤핀 6×30에서 6(호칭지름)×30(맞춤핀 길이)이다.

25 그림과 같은 도면은 무슨 기어의 맞물리는 기어 간략도인가?

① 헬리컬 기어
② 베벨 기어
③ 웜 기어
④ 스파이럴 베벨 기어

해설 위 그림은 스파이럴 베벨 기어의 간략도이다.

26 나사의 유효지름 측정과 관계없는 것은?

① 삼침법   ② 피치게이지
③ 공구현미경 ④ 나사 마이크로미터

해설 수나사의 유효지름 측정 방법
① 삼침법
② 나사 마이크로미터에 의한 방법
③ 광학적인(투영기, 공구현미경) 방법

27 피복초경합금 공구의 재료가 아닌 것은?

① Tic   ② FeS$_3$C
③ TiN   ④ Al$_2$O$_3$

해설 피복 초경합금은 초경합금의 모재 위에 내마모성이 우수한 물질(TiC, TiN, TiCN, Al$_2$O$_3$)을 5~10 μm 얇게 피복한 것이다.

답 22.④ 23.④ 24.② 25.④ 26.② 27.②

28 선반을 이용하여 가공할 수 있는 가공의 종류와 거리가 먼 것은?

① 홈 가공 ② 단면 가공
④ 기어 가공 ④ 나사 가공

해설 기어 가공은 호빙머신이나 만능밀링머신에서 가공할 수 있다.

29 다음 중 절삭 유제의 사용목적이 아닌 것은?

① 공구인선을 냉각시킨다.
② 가공물을 냉각시킨다.
③ 공구의 마모를 크게 한다.
④ 칩을 씻어주고 절삭부를 닦아 준다.

해설 절삭유의 사용 목적은 절삭저항이 감소하고 공구의 수명을 연장한다.

30 밀링머신에서 생산성을 향상시키기 위한 절삭속도 선정방법으로 올바른 것은?

① 추천 절삭속도 보다 약간 낮게 설정하는 것이 커터의 수명을 연장할 수 있어 좋다.
② 거친 절삭에서는 절삭속도를 빠르게, 이송을 빠르게, 절삭 깊이를 깊게 선정한다.
③ 다듬 절삭에서는 절삭속도를 느리게, 이송을 빠르게, 절삭 깊이를 얕게 선정한다.
④ 가공물의 재질은 절삭속도와 상관없다.

해설 밀링머신에서 생산성을 향상시키기 위한 절삭속도 선정방법은 추천 절삭속도 보다 약간 낮게 설정하는 것이 커터의 수명을 연장할 수 있어 좋다.

31 연삭숫돌의 크기(규격)표시의 순서가 올바른 것은?

① 바깥지름×구멍지름×두께
② 두께×바깥지름×구멍지름
③ 구멍지름×바깥지름×두께
④ 바깥지름×두께×구멍지름

해설 연삭숫돌의 크기(규격)표시의 순서 바깥지름×두께×구멍지름

32 호닝에 대한 특징이 아닌 것은?

① 구멍에 대한 진원도, 진직도 및 표면 거칠기를 향상시킨다.
② 숫돌의 길이는 가공 구멍 길이의 1/2 이상으로 한다.
③ 혼은 회전 운동과 축방향 운동을 동시에 시킨다.
④ 치수 정밀도 3~10μm로 높일 수 있다.

해설 숫돌의 길이는 공작물 길이(구멍깊이)의 1/2 이하, 왕복운동은 양끝에서 숫돌길이의 1/4정도 구멍에서 나올 때 정지

33 선반에서 구멍이 뚫린 일감의 바깥 원통면을 등심원으로 가공할 때 사용하는 부속품은?

① 방진구 ② 돌림판
③ 면판 ④ 맨드릴

해설 ① 방진구 : 양 센터 가공시 사용되며 가늘고 긴 공작물 가공시 자중과 절삭력으로 휨이 생겨 균일한 직경을 가진 진원 단면의 절삭가공이 곤란하기 때문에 방진구가 사용된다.
② 돌림판 : 양 센터 가공시 사용되며 주축 끝 나사부에 고정된다.
③ 면판 : 주축의 나사에 고정, 돌리개를 사용하여 공작물 가공에 사용되며, 대형 공작물이나 복잡한 형상의 공작물 가공에 사용된다.
④ 맨드릴 : 구멍이 있는 공작물을 고정, 가공시 심봉 자체는 양 센터로 지지하거나 주축의 테이퍼 구멍에 끼워 사용하고, 구멍과 외경을 동심으로 가공시에 사용된다.

34 드릴을 재연삭 할 경우 틀린 것은?

① 절삭날의 길이를 좌우 같게 한다.
② 절삭날의 여유각을 일감의 재질에 맞게 한다.
③ 절삭날이 중심선과 이루는 날 끝 반각을 같게 한다.
④ 드릴의 날끝각 검사는 센터 게이지를 사용한다.

답 28. ③ 29. ③ 30. ① 31. ④ 32. ② 33. ③ 34. ④

해설 드릴의 날끝각 검사는 공구연삭기에서 드릴 연삭 시 확인한다. 센터 게이지는 선반에서 나사 절삭시 바이트의 날끝 중심선은 공작물 중심선에 정확히 직각이 되도록 맞출 때 사용한다.

35 작업대 위에 설치해야 할 만큼의 소형선반으로 시계부품, 재봉틀 부품 등의 소형물을 주로 가공하는 선반은?

① 탁상선반   ② 정면선반
③ 터릿선반   ④ 공구선반

해설
① 탁상선반 : 정밀 소형기계 및 시계부품 가공
② 정면선반 : 직경이 크고 길이가 짧은 공작물 가공(대형 풀리, 플라이휠)
③ 터릿선반 : 터릿으로 불리는 선회 공구대를 가진 것으로 너트, 와셔, 나사, 핀 등 모양이 간단한 제품의 대량 생산용. 램형, 새들형, 드럼형 등이 있다
④ 공구선반 : 릴리빙 장치(=Back off 장치)를 가진 것으로 절삭공구(호브, 커터, 탭 등)의 여유각을 가공한다.

36 지름이 250mm인 연삭숫돌로 지름 20mm인 일감을 연삭할 때 숫돌바퀴의 회전수는 얼마인가? (단, 숫돌바퀴 원주속도는 1800m/min)

① 2575rpm   ② 2363rpm
③ 2292rpm   ④ 2125rpm

해설 $N = \dfrac{1000 \times V}{\pi \times d} = \dfrac{1000 \times 1800}{\pi \times 250} = 2292\,rpm$

37 길이 측정에 사용되는 공구가 아닌 것은?

① 버니어 캘리퍼스
② 사인 바
③ 마이크로미터
④ 측장기

해설 사인 바 : 삼각함수의 사인을 이용하여 임의의 각도를 설정 및 측정

38 탭의 종류 중 파이프 탭(pipe tap)으로 가능한 작업으로 적합하지 않은 것은?

① 오일 캡
② 리머의 가공
③ 가스 파이프 또는 파이프 이음
④ 기계 결합용 암나사 가공

해설 파이프 탭(pipe tap) : 가스 탭이라고도 하며, 가스관 또는 조인트에 암나사를 깎는 탭이다. 리머 가공을 하지 않는다.

39 밀링 머신의 부속장치가 아닌 것은?

① 면판
② 분할대
③ 슬로팅 장치
④ 래크 절삭장치

해설 면판(face plate) : 선반에서 대형 공작물이나 복잡한 형상의 공작물 가공에 사용된다.

40 다음은 구성인선(built-up edge)을 방지하기 위한 가공 조건에서 틀린 것은?

① 절삭 깊이를 작게 할 것
② 경사각을 작게 할 것
③ 윤활성이 있는 절삭유제를 사용할 것
④ 절삭속도를 크게 할 것

해설 구성인선(built-up edge)을 방지하기 위해서는 공구의 윗면 경사각을 크게 한다.

41 밀링 머신을 이용한 가공에서 상향 절삭과 비교하여 하향절삭의 특징으로 틀린 것은?

① 공구 날의 마멸이 적고 수명이 길다.
② 절삭날 자리 간격이 길고, 가공면이 거칠다.
③ 절삭된 칩이 가공된 면 위에 쌓이므로, 가공면을 잘 볼 수 있다.
④ 커터 날이 공작물을 누르며 절삭하므로 공작물 고정이 쉽다.

답 35.① 36.③ 37.② 38.② 39.① 40.② 41.②

해설 하향절삭의 장점
① 커터가 공작물을 아래로 누르는 것과 같은 작용을 하므로 공작물 고정이 간단하다.
② 커터의 마모가 적고 또한 동력 소비가 적다.
③ 가공면이 깨끗하다.
④ 절단, 홈 가공 등 난점이 있는 대량생산에 유리하고 가공면을 잘 볼 수 있고, 절삭량을 크게 할 수 있다.
⑤ 커터의 절삭방향과 이송방향이 같으므로 절삭날 하나하나의 날 자리 간격이 짧다.

42 특정한 모양이나 같은 치수의 제품을 대량생산할 때 적합한 것으로 구조가 간단하고 조작이 편리한 공작기계는?
① 범용 공작기계   ② 전용 공작기계
③ 단능 공작기계   ④ 만능 공작기계

해설 전용 공작 기계 : 특정한 모양이나 같은 치수의 제품을 대량 생산할 때 적합한 것으로 구조가 간단하고 조작이 편리하다.

43 머시닝센터에서 프로그램에 의한 보정량을 입력할 수 있는 기능은?
① G33   ② G24
③ G10   ④ G04

해설 G54에 세팅하여 측정한 그 값을 입력하여 두고 공작물 좌표계 설정시 선택하는 방법이다. 수동으로 직접 하는 방법과 G10의 기능을 사용하여 자동으로 입력 할 수 있다.
• G10 : 머시닝센터에서 프로그램에 의한 보정량을 입력할 수 있는 기능이다.

44 CNC선반 프로그램에서 막깎기 가공 사이클로 지정 후 다듬질 가공 사이클(G70)로 마무리하는 가공 사이클 기능이 아닌 것은?
① G71   ② G72
③ G73   ④ G74

해설 다듬절삭 사이클(G70) : 복합 반복 사이클

G70 P(ns) Q(nf) ;

- P(ns) : 다듬절삭가공 지령절의 첫 번째 전개번호
- Q(nf) : 다듬절삭가공 지령절의 마지막 전개번호
- G71, G72, G73 사이클로 황삭작업 후 절삭작업을 하기 위해서 절삭여유를 주는데, 이때 G70사이클로 다듬절삭(절삭작업)을 한다.

45 CNC 프로그램에서 공구의 인선 반지름(R) 보정 기능이 가장 필요한 CNC 공작기계는?
① CNC 밀링
② CNC 선반
③ CNC 호빙머신
④ CNC 와이어 컷 방전가공기

해설 CNC 선반 : CNC 프로그램에서 공구의 인선 반지름(R) 보정 기능이 가장 필요한 CNC 공작기계이다.

46 다음과 같은 CNC선반의 외경 가공용 프로그램에서 공구가 공작물의 외경 30mm 부위에 도달했을 때 주축 회전수는 약 몇 rpm인가?

G96 S180 M03 ;

① 1690   ② 1910
③ 2000   ④ 1540

해설 $n = \dfrac{1000v}{\pi d} = \dfrac{1000 \times 180}{\pi \times 30} = 1910\,\mathrm{rpm}$

47 기계의 일상 점검 중 매일 점검에 가장 가까운 것은?
① 소음상태 점검
② 기계의 레벨점검
③ 기계의 정적정밀도 점검
④ 절연상태 점검

답 42.② 43.③ 44.④ 45.② 46.② 47.①

※해설   1. 매일 점검
         ① 외관 점검
         ② 유량 점검
         ③ 압력 점검
         ④ 각부의 작동 검사
       2. 매월 점검
         ① 각부의 Filter 점검
         ② 각부의 Fan 모터 점검
         ③ Grease Oil 주입
         ④ 백래쉬 보정
       3. 매년 점검
         ① 레벨(수평) 점검
         ② 기계정도 검사
         ③ 절연 상태 점검

48 CNC선반에서 복합 반복 사이클(G71)로 거친 절삭을 지령하려고 한다. 각 주소(address)의 설명으로 틀린 것은?

```
G71 U(△d) R(e) ;
G71 P(ns) Q(nf) U(△u) W(△w) F(f) ;
또는
G71 P(ns) Q(nf) U(△u) W(△w) D(△d) F(f) ;
```

① △u : X축 방향 다듬질 여유로 지름값으로 지정
② △w : Z축 방향 다듬질 여유
③ △d : Z축 1회 절입량으로 지름값으로 지정
④ F : G71 블록에서 지령된 이송속도

49 머시닝센터에서 작업평면이 Y-Z평면일 때 지령되어야 할 코드는?

① G17   ② G18
③ G19   ④ G20

※해설   ① G17 : XY평면
       ② G18 : ZX평면
       ③ G19 : YZ평면

50 CNC 프로그램에서 지령된 블록에서만 유효한 G코드(One shot G코드)는?

① G00   ② G04
③ G17   ④ G41

※해설   One Shot G-code(1회 유효 G코드) 지령된 블록(Block)에 한하여 유효한 것으로 "00" 그룹으로 구성되어있다. G04, G28, G30, G50, G70 등이다.

51 다음 그림에서 A(10, 20)에서 시계방향으로 360° 원호가공을 하려고 할 때 맞게 명령한 것은?

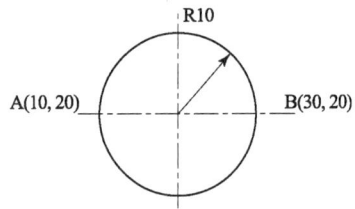

① G02 X10. R10. ;
② G03 X10. R10. ;
③ G02 I 10. ;
④ G03 I 10. ;

※해설   A(10, 20)에서 시계방향으로 360° 원호가공은 G02 I 10. ;
       A점에서는 G02 I10. ; 이고
       B점에서는 G02 I -10 ; 이 된다.

52 선반 작업시 일반적인 안전 수칙 중 잘못된 것은?

① 작업 중 일감이 튀어나오지 않도록 확실히 고정시킨다.
② 작업 중 회전 공작물에 말려들지 않도록 복장을 단정하게 한다.
③ 절삭 가공을 할 때에는 반드시 보안경을 착용하여 눈을 보호한다.
④ 바이트는 가공시간의 절약을 위해 가공 중에 교환한다.

※해설   바이트는 반드시 가공을 정지하고 교환한다.

답 48. ③ 49. ③ 50. ② 51. ③ 52. ④

53 머시닝센터 작업시 안전 및 유의 사항으로 틀린 것은?
① 기계원점 복귀는 급속이송으로 한다.
② 가공하기 전에 공구경로 확인을 반드시 한다.
③ 공구 교환 시 ATC의 작동 영역에 접근하지 않는다.
④ 항상 비상 정지 버튼을 작동시킬 수 있도록 준비한다.

해설 기계원점 복귀는 급속이송으로 하지 않는다.

54 절삭 공구재료로 사용되며 TIC를 주체로 하고 TIN, TiCN 등의 탄화물을 초미립화하여 소결시킨 합금은?
① 초경합금
② 세라믹(ceramic)
③ 서멧(cermet)
④ CBN(Cubic boron nitride)

해설 서멧 : 절삭 공구재료로 사용되며 TIC를 주체로 하고 TIN, TiCN 등의 탄화물을 초미립화하여 소결시킨 합금

55 CNC 프로그램에서 공구기능에 속하는 어드레스는?
① G   ② F
③ T   ④ M

해설 블록(Block) : 한 개의 지령단위를 블록이라 하며 각각의 블록은 기계가 한 번의 동작을 한다.

N	G	X Y Z	F	S	T	M	;
전개번호	준비기능	좌표치	이송기능	주축기능	공구기능	보조기능	EOB

56 CNC선반에서 공구 위치가 그림과 같을 때 좌표계 설정으로 올바른 내용은?

① G50 X120. Z120. ;
② G50 X240. Z120. ;
③ G50 X120. X240. ;
④ G54 X120. Z120. ;

해설 G50 X120. Z120. ;

57 DNC 시스템의 구성요소가 아닌 것은?
① CNC공작기계
② 중앙 컴퓨터
③ 통신선
④ 플로터

해설 DNC 시스템의 구성요소
중앙 컴퓨터, CNC공작기계, 통신선(RS232)

58 머시닝센터에서 가공물의 고정시간을 줄여 생산성을 높이기 위하여 부착하는 장치를 의미하는 약어는?
① FA   ② ATC
③ FMS ④ APC

해설 APC(자동 파레트 교환장치) : 기계의 효율을 높이기 위하여 로봇을 이용하여 공작물을 자동으로 교환하는 방법과는 달리 테이블을 자동으로 교환하는 장치를 말한다.

59 CNC공작기계에서 작업을 수행하기 위한 제어방식이 아닌 것은?
① 윤곽절삭 제어
② 평면 절삭 제어
③ 직선절삭 제어
④ 위치결정 제어

답 53.① 54.③ 55.③ 56.① 57.④ 58.④ 59.②

해설 NC제어방식
① 위치결정제어 : 공구의 최후 위치만 제어하는 것
[예] 드릴링, 스폿용접기 등
② 직선절삭제어 : 기계 이동 중에 절삭을 행할 수 있는 제어
[예] 선반, 밀링, 보링머신 등
③ 윤곽제어 : 곡선 등의 복잡한 형상을 연속 제어하는 것
[예] 2차원, 3차원 이상의 제어에 사용

60 다음 [보기]에서 기능 최소를 나타내는 준비기능을 모두 고른 것은?

[보기]
(A) G40 (B) G70 (C) G90
(D) G28 (E) G49 (F) G80 250A 1 Ⅱ

① (B), (C), (D)   ② (A), (C), (E)
③ (B), (D), (F)   ④ (A), (E), (F)

해설 기능 최소를 나타내는 준비 기능
: G40, G49, G80 등이다.

답 60. ④

2013년 4월 14일 제2회 컴퓨터응용선반기능사 기출문제

01 Cr 10~11%, Co 26~58%, Ni 10~16% 함유하는 철합금으로 온도변화에 대한 탄성률의 변화가 극히 적고 공기 중이나 수중에서 부식되지 않고, 스프링, 태엽, 기상관측용 기구의 부품에 사용되는 불변강은?

① 인바(invar)
② 코엘린바(coelinvar)
③ 퍼멀로이(permalloy)
④ 플래티나이트(platinite)

해설 ① 인바(invar) : Ni 36%를 함유하는 Fe-Ni 합금으로서 상온에서 열팽창계수가 매우 적고 내식성이 대단히 좋으므로 줄자, 시계의 진자, 바이메탈 등에 쓰인다.
② 코엘린바(coelinvar) : Cr 10~11%, Co 26~58%, Ni 10~16% 함유하는 철합금으로 온도변화에 대한 탄성률의 변화가 극히 적고 공기 중이나 수중에서 부식되지 않고, 스프링, 태엽 기상관측용 기구의 부품에 사용한다.
③ 퍼멀로이(permalloy) : Ni 75~80%, Co 0.5% 함유, 적당한 열처리를 하면 약한 자장으로 큰 투자율이 얻어지므로 해저전선의 장하코일용으로 사용되고 있다.
④ 플래티나이트(platinite) : Ni 40~50%, 나머지 Fe이고, 전구의 도입선과 같은 유리와 금속의 봉착용으로 쓰이는 Fe-Ni계 합금이다.

02 주철의 흑연화를 촉진시키는 원소가 아닌 것은?

① Al ② Mn
③ Ni ④ Si

해설 주철의 흑연화 촉진 : 시멘타이트(Fe_3C)를 분해시켜 철(Fe)과 흑연으로 바꾸게 하는 물질이다. Fe_3C의 분해를 조장하는 물질로서 대체로 규소(Si), 니켈(Ni), 알루미늄(Al) 등은 흑연화 촉진제로 취급되고 있다.
주철 중 탄소의 흑연화를 저해하는 원소는 Mn, V, Cr, S 등이 있다.

03 설계도면에 SM40C로 표시된 부품이 있다. 어떤 재료를 사용해야 하는가?

① 인장강도가 40MPa인 일반구조용 탄소강
② 인장강도가 40MPa인 기계구조용 탄소강
③ 탄소를 0.37%~0.43% 함유한 일반구조용 탄소강
④ 탄소를 0.37%~0.43% 함유한 기계구조용 탄소강

해설 SM40C : 탄소를 0.37%~0.43% 함유한 기계구조용 탄소강이다.

04 담금질한 탄소강을 뜨임 처리하면 어떤 성질이 증가되는가?

① 강도 ② 경도
③ 인성 ④ 취성

해설 담금질한 탄소강을 뜨임 처리하면 인성이 증가한다.

05 철강 재료에 관한 올바른 설명은?

① 용광로에서 생산된 철은 강이다.
② 탄소강은 탄소함유량이 3.0%~4.3% 정도이다.
③ 합금강은 탄소강에 필요한 합금 원소를 첨가한 것이다.
④ 탄소강의 기계적 성질에 가장 큰 영향을 끼치는 원소는 규소(Si)이다.

답 01.② 02.② 03.④ 04.③ 05.③

※해설　철강 재료
① 용광로에서 생산된 철은 선철이다.
② 탄소강은 탄소함유량이 0.05%~1.2% 정도이다.
③ 합금강은 탄소강에 필요한 합금 원소를 첨가한 것이다.
④ 탄소강의 기계적 성질에 가장 큰 영향을 끼치는 원소는 탄소(C)이다.

06 주조경질합금의 대표적인 스텔라이트의 주 성분을 올바르게 나타낸 것은?

① 몰리브덴 - 바나듐 - 탄소 - 티탄
② 크롬 - 탄소 - 니켈 - 마그네슘
③ 탄소 - 텅스텐 - 크롬 - 알루미늄
④ 코발트 - 크롬 - 텅스텐 - 탄소

※해설　주조경질 합금 : 주조한 강을 연마하여 사용하는 공구 재료로서 충분한 강도를 가지고 있으므로 열처리가 필요 없고 단조가 불가능하다. 대표적인 것으로는 Co를 주성분으로 하는 Co - Cr - W - C계의 스텔라이트(stellite)가 있으며 절삭용 공구, 다이스(dies), 드릴(drill), 의료용 기구, 착암기의 비트(bit) 등에 사용된다.

07 강괴를 탈산정도에 따라 분류할 때 이에 속하지 않는 것은?

① 림드강　　② 세미 림드강
③ 킬드강　　④ 세미 킬드강

※해설　강괴의 종류 및 특징
① 킬드강 : 페로실리콘(Fe-Si), 알루미늄(Al) 등의 강탈산제를 사용하여 완전히 탈산한 강으로 헤어크랙이 생기기 쉬우며 강괴의 중앙 상부에 큰 수축관이 생긴다.
② 세미 킬드강 : 킬드강과 림드강의 중간 정도로 탈산한 강으로 일반 구조용강, 두꺼운 판 등의 소재에 쓰인다.
③ 림드강 : 페로망간(Fe-Mn)을 첨가하여 탈산 및 기타 가스 처리가 불충분한 상태의 강으로 주형의 외벽으로 림(rim)을 형성한다.

④ 캡트강 : 림드강을 변형시킨 강으로 비등을 억제시켜 림 부분을 얇게 한 강이며 탈산제로 Fe-Si, Al, Fe-Mn 등이 쓰인다.

08 구름베어링 중에서 볼베어링의 구성요소와 관련이 없는 것은?

① 외륜　　② 내륜
③ 니들　　④ 리테이너

※해설　구름베어링 중에서 볼베어링의 구성요소
① 외륜　② 내륜　③ 리테이너

※ 구름 베어링의 구조
궤도륜(외륜과 내륜)사이에 전동체가 들어있고 전동체는 리테이너에 의하여 일정한 간격을 유지하도록 되어 있어 마멸과 소음을 방지하게 된다. 보통 내륜은 축과 결합하고 외륜은 하우징과 결합한다.

09 평기어에서 피치원의 지름이 132mm, 잇수가 44개인 기어의 모듈은?

① 1　　② 3
③ 4　　④ 6

※해설　$m = \dfrac{p}{\pi} = \dfrac{D}{Z} = \dfrac{132}{44} = 3$

10 나사 및 너트의 이완을 방지하기 위하여 주로 사용되는 핀은?

① 테이퍼 핀　　② 평행 핀
③ 스프링 핀　　④ 분할 핀

※해설　분할 핀 : 나사 및 너트의 이완을 방지하기 위하여 주로 사용한다.

11 그림에서 응력집중 현상이 일어나지 않는 것은?

① 　②

답　06. ④　07. ②　08. ③　09. ②　10. ④　11. ①

제 6 편   최근 기출문제

③   ④

해설 응력집중 : 노치, 홈 구멍, 단붙이 등 때문에 국부적으로 큰 응력이 생기는 현상이다.

12 압축코일스프링에서 코일의 평균지름(D)이 50mm, 감김수가 10회, 스프링지수(C)가 5.0일 때 스프링 재료의 지름은 약 몇 mm인가?
① 5 ② 10
③ 15 ④ 20

해설
스프링지수$(C) = \dfrac{\text{코일의 평균지름}(D)}{\text{소선의 지름}(d)}$

소선의 지름$(d) = \dfrac{\text{코일의 평균지름}(D)}{\text{스프링지수}(C)}$

$= \dfrac{50}{5.0} = 10$

13 나사결합부에 진동하중이 작용하던가, 심한 하중변화가 있으면 어느 순간에 너트는 풀리기 쉽다. 너트의 풀림 방지법으로 사용하지 않는 것은?
① 나비 너트 ② 분할 핀
③ 로크 너트 ④ 스프링 와셔

해설 나사의 풀림 방지법
① 스프링 와셔, 이붙이 와셔를 사용하는 방법
② 로크너트를 사용하는 방법
③ 자동죔너트에 의한 방법
④ 분할 핀, 작은 나사, 멈춤 나사에 의한 방법
⑤ 철사에 의한 방법
⑥ 플라스틱 플러그에 의한 방법

14 나사에 관한 설명으로 옳은 것은?
① 1줄 나사와 2줄 나사의 리드(lead)는 같다.
② 나사의 리드각과 비틀림각의 합은 90°이다.
③ 수나사의 바깥지름은 암나사의 안지름과 같다.
④ 나사의 크기는 수나사의 골지름으로 나타낸다.

해설 ① 1줄 나사와 2줄 나사의 리드(lead)는 다르다. $l(\text{리드}) = n(\text{줄수}) \times p(\text{피치})$이다.
② 나사의 리드각과 비틀림 각의 합은 90°이다.
③ 수나사의 바깥지름은 암나사의 골지름과 같다.
④ 나사의 크기는 수나사의 바깥지름으로 나타낸다.

15 체인 전동의 특징으로 잘못된 것은?
① 고속 회전의 전동에 적합하다.
② 내열성, 내유성, 내습성이 있다.
③ 큰 동력 전달이 가능하고 전동 효율이 높다.
④ 미끄럼이 없고 정확한 속도비를 얻을 수 있다.

해설 체인 전동의 단점
① 진동, 소음이 생기기 쉽다.
② 고속회전에 부적당하고 저속, 대마력에 적당하며, 윤활이 필요하다.

16 제 3각법으로 투상된 그림과 같은 투상도에서 평면도로 가장 적합한 것은?

해설 위 그림 투상도에서 평면도로 나타낸 것은 ②항이다.

답 12. ② 13. ① 14. ② 15. ① 16. ②

17 그림과 같이 물체의 구멍, 홈 등 특정 부위만의 모양을 도시하는 투상도의 명칭은?

① 보조 투상도
② 국부 투상도
③ 전개 투상도
④ 회전 투상도

해설
① 보조 투상도 : 물체의 경사면을 실형으로 그려서 바꾸기 할 필요가 있을 경우에는 그 경사면과 위치에 필요 부분만을 보조 투상도로 표시한다.
② 국부 투상도 : 물체의 구멍이나 홈 등의 한 국부만의 모양을 도시하는 것으로 충분한 경우에는 필요한 부분을 국부 투상도로 나타낸다.
③ 회전 투상도 : 투상면이 어느 각도를 가지고 있기 때문에 그 물체의 실제모형을 표시하지 못할 때에는 그 부분을 회전해서 물체의 실제모형을 도시할 수 있다.

18 표면거칠기 지시방법에서 '제거가공을 허용하지 않는다'는 것을 지시하는 것은?

①   ②
③   ④

해설
① 절삭 등 제거 가공의 필요 여부를 문제 삼지 않는 경우에는 아래 그림과 같이 면에 지시 기호를 붙여서 사용한다.

② 제거 가공을 필요로 한다는 것을 지시할 때에는 면의 지시 기호의 짧은 쪽의 다리 끝에 가로선을 부가한다.

③ 제거 가공해서는 안 된다는 것을 지시할 때에는 면의 지시 기호에 내접하는 원을 부가한다.

19 기계제도 도면에 사용되는 가는 실선의 용도로 틀린 것은?

① 치수보조선 ② 치수선
③ 지시선   ④ 피치선

해설 피치선 : 가는 1점 쇄선

20 그림과 같은 암나사 관련부분의 도시 기호의 설명으로 틀린 것은?

① 드릴의 지름은 8.5mm
② 암나사의 안지름은 10mm
③ 드릴 구멍의 깊이는 14mm
④ 유효 나사부의 길이는 10mm

해설 위 그림에서 암나사 관련부분의 도시 기호의 설명에서 암나사의 안지름(드릴지름)은 8.5mm, 암나사의 골지름(수나사 바깥지름)은 10mm, 탭 깊이(유효 나사부의 길이)는 10mm이다.

21 기계제도에서 최대 실체공차 방식의 기호는?

① Ⓝ   ② Ⓛ
③ Ⓜ   ④ Ⓟ

해설

돌출 공차역	Ⓟ
최대 실체 공차 방식	Ⓜ
형체 치수 무관계	Ⓢ

22 상용하는 공차역에서 위 치수허용차와 아래 치수허용차의 절댓값이 같은 것은?

① H   ② js
③ h   ④ E

답 17. ② 18. ② 19. ④ 20. ② 21. ③ 22. ②

✎해설 아래 치수 허용차가 0인 기호는 H이고 위 치수 허용차가 0인 기호는 h이다. 위 치수 허용차와 아래 치수허용차의 절댓값이 같은 것은 js이다.

23 베어링 호칭번호 "6308 Z NR"로 되어 있을 때 각각의 기호 및 번호에 대한 설명으로 틀린 것은?
① 63 : 베어링 계열 기호
② 08 : 베어링 안지름 번호
③ Z : 레이디얼 내부 틈새 기호
④ NR : 궤도륜 모양 기호

✎해설 Z : 시일드 기호(한쪽 시일드)

24 치수숫자와 함께 사용되는 기호로 45° 모떼기를 나타내는 기호는?
① C   ② R
③ K   ④ M

✎해설
구의 지름	Sϕ
구의 반지름	SR
정사각형의 변	□
판의 두께	t
45°의 모떼기	C

25 지시선의 화살표로 나타낸 중심면은 데이텀 중심평면 A에 대칭으로 0.08mm의 간격을 갖는 평행한 두 개의 평면 사이에 있어야 한다고 할 때 들어가야 할 기하공차 기호로 옳은 것은?

① ⊥   ② ═
③ ⌖   ④ ∥

✎해설 위 그림에서 들어가야 할 기하공차 기호는 대칭도 공차(═)이다.

26 피측정물을 양 센터에 지지하고, 360° 회전시켜 다이얼 게이지의 최댓값과 최솟값의 차이로서 진원도를 측정하는 것은?
① 직경법   ② 반경법
③ 3점법   ④ 센터법

✎해설 피측정물을 양 센터에 지지하고, 360° 회전시켜 다이얼 게이지의 최대값과 최소값의 차이로서 진원도를 측정방법은 반경법(반지름법)이다.

27 다음과 같은 숫돌바퀴의 표시에서 숫돌입자의 종류를 표시한 것은?

| WA 60 K m V |

① 60   ② m
③ WA   ④ V

✎해설
- WA : 숫돌입자   • 60 : 입도
- K : 결합도   • m : 조직
- V : 결합제

28 자동 모방장치를 이용하여 모형이나 형판을 따라 절삭하는 선반은?
① 모방선반   ② 공구선반
③ 정면선반   ④ 터릿선반

✎해설 ① 모방선반 : 자동 모방장치를 이용하여 모형이나 형판을 따라 절삭가공 한다.
② 공구선반 : 릴리빙 장치(=Back off 장치)를 가진 것으로 절삭공구(호브, 커터, 탭 등)의 여유각을 가공한다.
③ 정면선반 : 직경이 크고 길이가 짧은 공작물 가공(대형 풀리, 플라이휠)
④ 터릿선반 : 터릿으로 불리는 선회 공구대를 가진 것으로 너트, 와셔, 나사, 핀 등 모양이 간단한 제품의 대량 생산용. 램형, 새들형, 드럼형 등이 있다.

답 23. ③ 24. ① 25. ② 26. ② 27. ③ 28. ①

29 절삭 저항을 변화시키는 요소에 대한 설명으로 올바른 것을 [보기]에서 모두 고른 것은?

[보기]
ㄱ. 절삭 면적이 커지면 절삭 저항은 감소한다.
ㄴ. 절삭 속도가 증가하면 절삭 저항은 감소한다.
ㄷ. 윗면 경사각이 감소하면 절삭 저항은 감소한다.
ㄹ. 연한 재질의 일감보다는 단단한 재질일수록 절삭 저항은 커진다.

① ㄱ, ㄷ   ② ㄴ, ㄹ
③ ㄱ, ㄴ, ㄷ   ④ ㄴ, ㄷ, ㄹ

해설 절삭 저항을 변화시키는 요소
① 절삭 면적이 커지면 절삭 저항은 증가한다.
② 절삭 속도가 증가하면 절삭 저항은 감소한다.
③ 윗면 경사각이 클수록 저항이 작아지며(α<30°일 때) 윗면 경사각이 감소하면 절삭저항은 증가한다. 90° 이내의 각도에서는 클수록 저항력이 감소한다.
④ 연한 재질의 일감보다는 단단한 재질일수록 절삭 저항 커진다.

30 밀링 작업에서 하향 절삭과 비교한 상향 절삭의 특징으로 올바른 것은?

① 절삭력이 상향으로 작용하여 고정이 불리하다.
② 가공할 때 충격이 있어 높은 강성이 필요하다.
③ 절삭날의 마멸이 적고 공구수명이 길다.
④ 백래시를 제거하여야 한다.

해설 상향절삭과 하향절삭의 비교

구 분	상향 절삭	하향 절삭
칩에 영향	절삭에 방해 없다.	절삭에 방해 있다.
백래쉬 제거	백래쉬 제거장치 필요 없다.	백래쉬 제거장치 필요 하다.
공작물 고정	불안함으로 확실히 고정해야 한다.	안정된 고정이 된다.
공구수명	수명이 짧다. 날 파손은 적으나 마멸이 심하다.	수명이 길다. 날 파손은 생길 수 있으나 마모가 적다.
소비동력	소비가 크다.	소비가 적다.
가공면	거칠다.	깨끗하다.

31 호닝(honing)에서 교차각(a)이 몇 도일 때 다듬질량이 가장 큰가?

① 10°~15°   ② 23°~35°
③ 40°~50°   ④ 55°~65°

해설 호닝의 교차각 거친 호닝에서 40~50°, 다듬질 호닝에서는 20~40°이다. 거친 호닝일 때 다듬질량이 가장 크다.

32 기어 가공시 잇수 분할에 사용되는 밀링 부속장치는?

① 수직축 장치   ② 분할대
③ 회전 테이블   ④ 래크 절삭장치

해설 분할대(Indexing head) : 밀링머신의 테이블에 설치하고 공작물을 분할대의 스핀들과 심압대 센터 사이에 지지하거나 스핀에 장치한 척에 공작물을 고정하고, 필요한 각도나 등분으로 분할할 때 사용한다. 또한, 변환기어로 테이블과 연결하여 비틀림 홈, 스파이럴 기어 등을 가공할 수 있다.

33 주로 일감의 평면을 가공하며, 기둥의 수에 따라 쌍주식과 단주식으로 구분하는 공작 기계는?

① 셰이퍼   ② 슬로터
③ 플레이너   ④ 브로칭 머신

해설
① 셰이퍼 : 공작물은 고정되어 있고 바이트가 왕복 운동하며 공작물을 이송시키면서 평면, 수직면, 혹은 다소 복잡한 형상의 키홈, 더브테일, 곡면, 측면의 경사 면적을 절삭한다.
② 슬로터 : 공작물 고정, 공구의 상하 이동으로 구멍, (내경의)키홈, 스플라인, 내접기어 등을 가공한다.
③ 플레이너 : 공구(bite)는 고정되고 공작물이 직선(수평)운동을 하고 공구는 직각방향으로 이송운동을 한다. 테이블 직선 운동과 바이트의 횡 이송으로 평면을 절삭한다.
④ 브로칭 머신 : 다수의 절삭날을 일직선상에 가진 브로치(Broach)라는 공구를 사용해서 공작물의 구멍 내면 및 표면을 필요한 형상으로 가공을 위해 인발 또는 압입하여 절삭한다.

답 29. ② 30. ① 31. ③ 32. ② 33. ③

제 6 편　최근 기출문제

34 다음 중 공작물에 암나사를 가공하는 작업은?
① 보링 작업　② 탭 작업
③ 리머 작업　④ 다이스 작업

해설　① 보링 작업 : 뚫린 구멍을 다시 절삭, 구멍을 넓히고 다듬질하는 것
② 탭 작업 : 암나사를 가공
③ 리머 작업 : 구멍의 정밀도를 높이기 위한 작업
④ 다이스 작업 : 수나사를 가공

35 회전하는 원형 테이블에 작은 공작물을 여러 개 올려놓고 동시에 연삭할 때 주로 사용하는 평면 연삭 방식은?
① 수평 평면 연삭　② 수직 평면 연삭
③ 플런지 컷팅　④ 회전 테이블 연삭

해설　① 수평 평면 연삭 : 연삭숫돌이 수평축에 끼워 테이블의 왕복 운동과 가로 이송은 유압장치와 수동으로 작업한다.
② 수직 평면 연삭 : 연삭숫돌은 수직축에 끼워지고 원형 테이블이 회전하게 되어 있다. 숫돌지지대는 수동과 자동으로 상하로 움직이며, 공작물은 테이블 위에 설치된 마그네틱 척으로 고정한다.
③ 플런지 컷팅 : 숫돌 절입 방식으로 공작물과 숫돌에 이송을 주지 않고 전후(가로)이송으로 연삭한다.
④ 회전 테이블 연삭 : 회전하는 원형 테이블에 작은 공작물을 여러 개 올려놓고 동시에 연삭할 때 주로 사용하는 평면 연삭한다.

36 절삭 공구의 구비 조건으로 틀린 것은?
① 충격에 견딜 수 있는 강인성이 있을 것
② 고온에서도 경도가 감소하지 않을 것
③ 인장강도와 내마모성이 작을 것
④ 쉽게 원하는 모양으로 제작이 가능할 것

해설　공구재료의 구비 조건
① 가공 재료보다 경도가 클 것
② 고온에서 경도가 감소되지 않아야 한다.
③ 인성, 강도와 내마모성이 클 것
④ 마찰계수가 적을 것

37 다음 끼워맞춤에서 요철틈새 0.1mm를 측정할 경우 가장 적당한 것은?

① 내경 마이크로미터
② 다이얼게이지
③ 버니어 캘리퍼스
④ 틈새게이지

해설　틈새게이지 : 미세한 틈새측정에 사용된다.

38 절삭 유제의 특징에 해당하지 않는 것은?
① 공구수명을 감소시키고, 절삭성능을 높여준다.
② 공구와 칩 사이의 마찰을 감소시킨다.
③ 절삭열을 냉각시킨다.
④ 칩을 씻어주고 절삭부를 깨끗이 닦아 절삭작용을 쉽게 한다.

해설　절삭유를 사용하면 절삭저항이 감소하고 공구의 수명을 연장한다.

39 일반적으로 밀링머신에서 사용하는 테이블 이송과 커터 1회전 당 이송으로 가장 적합한 것은?
① mm/min, mm/rev
② mm/min, mm/stroke
③ mm/min, mm/sec
④ mm/sec, mm/stroke

해설　• 밀링머신에서 사용하는 테이블 이송
　　: mm/min
• 커터 1회전당 이송
　　: mm/rev

답　34. ②　35. ④　36. ③　37. ④　38. ①　39. ①

40 공작기계가 갖춰야 할 구비조건으로 틀린 것은?
① 높은 정밀도를 가질 것
② 가공능력이 클 것
③ 내구력이 작을 것
④ 기계효율이 좋을 것

해설 공작기계가 갖춰야할 구비조건으로 내구력이 커야 한다.

41 일반적으로 구성인선 방지대책으로 적절하지 않은 방법은?
① 절삭 깊이를 깊게 할 것
② 경사각을 크게 할 것
③ 윤활성이 좋은 절삭 유제를 사용할 것
④ 절삭속도를 크게 할 것

해설 구성인선 방지대책으로 절삭 깊이를 얕게 해야 한다.

42 선반 가공에서 가늘고 긴 가공물을 절삭할 때 사용하는 부속 장치는?
① 돌리개   ② 방진구
③ 콜릿 척   ④ 돌림판

해설
① 돌리개 : 돌림판과 공작물에 회전 전달에 쓰인다.
② 방진구 : 선반 가공에서 가늘고 긴 가공물을 절삭할 때 사용하는 부속 장치이다.
③ 콜릿 척 : 가는 지름의 환봉 재료 고정. 탁상, 터릿 선반용으로 사용된다.
④ 돌림판 : 주축 끝 나사 부에 고정된다.

43 컴퓨터에 의한 통합 생산 시스템으로 설계, 제조, 생산, 관리 등을 통합하여 운영하는 시스템은?
① CAM   ② FMS
③ DNC   ④ CIMS

해설
① CAM(computer aided manufacturing) 컴퓨터 제작, 컴퓨터 프로그램의 제품 생산 공정 컨트롤로 정밀한 다품종 소량 생산이 가능하도록 하는 시스템이다.
② FMS(Flexible Manufacturing System) 유연생산체계라 하며 생산성을 떨어뜨리지 않고 수 종류의 제품을 생산할 수 있는 유연성이 풍부한 자동생산라인을 말한다.
③ DNC(direct numerical control) 직접 수치 제어로 대 이상의 수치제어 기계의 NC 프로그램을 공통의 기억장치에 격납하여 수치 제어기계의 요구에 따라 필요한 프로그램을 그 기계에 분배하는 기능을 가진 수치제어 방식이다.
④ CIMS(Computer Integrated Manufacturing system) 컴퓨터에 의한 통합 생산 시스템으로 설계, 제조, 생산, 관리 등을 통합하여 운영하는 시스템이다.

44 CNC선반에서 지령값 X를 ∅50mm로 가공한 후 측정한 결과 ∅49.97mm이었다. 기존의 X축 보정 값이 0.005이라면 보정값을 얼마로 수정해야 하는가?
① 0.035   ② 0.135
③ 0.025   ④ 0.125

해설 가공 시 X축 보정값 = 50 − 49.97 = 0.03mm
기존 X축 보정값 : 0.005mm
∴ 공구보정값 = 0.03 + 0.005 = 0.035mm

45 CAD/CAM 시스템에서 입력장치에 해당되는 것은?
① 프린터   ② 플로터
③ 모니터   ④ 스캐너

해설 스캐너는 입력장치이고, 프린터, 플로터, 모니터는 출력장치이다.

답 40. ③ 41. ① 42. ② 43. ④ 44. ① 45. ④

46 CNC선반에서 점 B에서 점 C까지 가공하는 프로그램을 올바르게 작성한 것은?

① G02 U10. W-5. R5. ;
② G02 X10. Z-5. R5. ;
③ G03 U10. W-5. R5. ;
④ G03 X10. Z-5. R5. ;

해설 위 그림에서 점 B에서 점 C까지 가공하는 프로그램은 G02 U10. W-5. R5. ;

47 선반 작업의 안전 사항에 대한 내용 중 틀린 것은?
① 작업 중 칩의 처리는 기계를 멈추고 한다.
② 절삭공구는 될 수 있으면 길게 설치한다.
③ 면장갑을 끼고 작업해서는 안 된다.
④ 회전 중 속도를 변경할 때는 주축이 정지한 다음 변경한다.

해설 절삭공구는 될 수 있으면 짧게 설치한다.

48 선반작업에서 공작물의 가공 길이가 240 mm이고, 공작물의 회전수가 1200rpm, 이송속도가 0.2mm/rev일 때 1회 가공에 필요한 시간은 몇 분(min)인가?
① 0.2   ② 0.5
③ 1.0   ④ 2.0

해설 $T = \dfrac{L}{nf}$, $i = \dfrac{240}{1200 \times 0.2} = 1$분

49 CNC 공작기계에 대한 기계좌표계의 설명으로 올바른 것은?
① 자동 실행 중 블록의 나머지 이동거리를 표시해 준다.
② 일시적으로 좌표를 0(zero)으로 설정할 때 사용한다.
③ 전원 투입 후 기계 원점 복귀시 이루어진다.
④ 프로그램 작성자가 임의로 정할 수 있다.

해설 기계 좌표계(machine coordinate system) 기계의 기준점, 즉 기계 원점을 기준으로 기계좌표계가 설정되며, 기계 제작사가 파라미터에 의해 정한 점으로 사용자가 임의로 변경해서는 안 된다.
이 기준점은 기계가 일정한 위치로 복귀하는 기준점이고 공작물의 프로그램 원점과 거리를 알려줄 때 기준이 되는 점이며, 금지영역, Over travel, 제2원점 등을 설정할 때 이용한다.

50 서보기구 중 가장 널리 사용되는 다음과 같은 제어 방식은?

① 반폐쇄회로 방식
② 하이브리드 서보 방식
③ 개방회로 방식
④ 폐쇄회로 방식

해설 반폐쇄회로 방식(semi-closed loop system) 위 그림에서와 같이 AC서보모터에 내장된 디지털형 검출기인 로터리 엔코더에서 위치검출을 행하기 때문에 정밀도는 다소 폐쇄회로 방식보다 떨어지나 고정도의 볼 스크루 등에 의해 실용상으로 정밀도 문제가 거의 해결되므로 CNC공작기계에서 가장 많이 사용된다.

답 46.① 47.② 48.③ 49.③ 50.①

51 CNC공작기계가 가지고 있는 M(보조기능) 기능이 아닌 것은?
① 스핀들 정, 역회전 기능
② 절삭유 on, off 기능
③ 절삭속도 선택기능
④ 프로그램의 선택적 정지기능

해설 절삭속도 선택기능은 S(주축기능)이다.

52 CNC선반작업 중 측정기 및 공구를 사용할 때 안전사항이 틀린 것은?
① 공구는 항상 기계 위에 올려놓고 정리정돈하며 사용한다.
② 측정기는 서로 겹쳐 놓지 않는다.
③ 측정 전 측정기가 맞는지 0점 셋팅(setting)한다.
④ 측정을 할 때는 반드시 기계를 정지한다.

해설 공구는 기계 위에 올려놓고 사용하지 않는다.

53 CNC선반에서 G71로 황삭가공한 후 정삭가공하려면 G코드는 무엇을 사용해야 하는가?
① G70   ② G72
③ G74   ④ G76

해설 다듬절삭 사이클(G70) : G71, G72, G73 사이클은 거친 절삭하는 기능이고, G70은 다듬절삭을 하는 기능이다. 그러므로 G71, G72, G73 사이클 가공을 한 다음 G70으로 정삭 다듬질 가공을 한다.

54 다음은 머시닝센터에서 프로그램에 의한 보정량 입력을 나타낸 것이다. 설명으로 올바른 것은?

G10 P___ R___ ;

① P : 보정번호, R : 공구번호
② P : 보정번호, R : 보정량
③ P : 공구번호, R : 보정번호
④ P : 보정량,   R : 보정취소

해설 머시닝센터 자동 offset량 설정(G10) : G10 P보정번호 R보정량 ;

55 CNC선반 프로그램에서 주축회전수(rpm) 일정제어 G 코드는?
① G96   ② G97
③ G98   ④ G99

해설 ① G96 : 절삭속도 일정제어(절삭속도가 [m/min]가 되도록 공작물의 지름에 따라 주축회전수가 변한다.
② G97 : 절삭속도 일정제어 취소(주축회전수[rpm] 일정제어)
③ G98 : 분당 이송[mm/min]
④ G99 : 회전당 이송[mm/rev]

56 다음과 같은 CNC선반의 평행 나사절삭 프로그램에서 F2.0의 설명으로 맞는 것은?

G92 X48.7 Z-25. F2.0 ;
    X48.2 ;

① 나사의 높이 2mm
② 나사의 리드 2mm
③ 나사의 피치 2mm
④ 나사의 줄 수 2줄

해설 위 프로그램에서 F2.0은 나사의 리드 2mm이다.

57 인서트의 크기는 절삭이 가능한 범위 내에서 최소의 크기로 하는데 최대 절삭깊이는 인선 길이의 얼마 정도로 유지하는 것이 좋은가?
① 1/2   ② 1/3
③ 1/4   ④ 1/5

해설 인서트의 크기는 최대 절삭깊이는 인선길이의 1/2로 유지하는 것이 좋다.

답 51. ③ 52. ① 53. ① 54. ② 55. ② 56. ② 57. ①

58 다음 중 CNC선반에서 증분지령(incremental)으로만 프로그래밍한 것은?

① G01 X20. Z-20. ;
② G01 U20. W-20. ;
③ G01 X20. W-20. ;
④ G01 U20. Z-20. ;

해설 ① 절대지령 방식 : 공작물원점을 기준으로 직교좌표계의 좌표값을 입력하는 방식
[예] • CNC선반의 경우
  G00 X60.0 Z80.0 ;
• 머시닝센터의 경우
  G00 G90 X100.0 Y100.0 Z50.0 ;
  G01 G90 X50.0 Y30.0 Z50.0 F200 ;
② 증분지령 방식 : 현재 공구위치를 기준으로 다음 위치까지의 거리를 입력하는 방식
[예] • CNC선반의 경우
  G00 U35.0 W42.0 ;
• 머시닝센터의 경우 :
  G00 G91 X23.0 Y43.0 Z17.0 ;

59 CNC공작기계 작동 중 이상이 생겼을 때 취할 행동과 거리가 먼 것은?

① 프로그램에 문제가 없는가 점검한다.
② 비상정지 버튼을 누른다.
③ 주변상태(온도, 습도, 먼지, 노이즈)를 점검한다.
④ 일단 파라미터를 지운다.

해설 파라미터는 작업자가 변경하거나 삭제하면 안 된다.

60 CNC선반의 준비기능은 한번 지령 후 계속 유효한 기능과 1회 유효한 기능으로 나누어진다. 다음 중 계속 유효한 모달(Modal) G코드는?

① G01   ② G04
③ G28   ④ G30

해설

구 분	의 미
1회 유효 G코드 (one shot G-code)	지령된 블록에 한해서 유효한 기능
연속 유효 G코드 (modal G-code)	동일 그룹의 다른 G-code가 나올 때까지 유효한 기능(G01, G02, G03 등)

답 58.② 59.④ 60.①

2013년 7월 21일 제4회 컴퓨터응용선반기능사 기출문제

01 구리의 일반적 특성에 관한 설명으로 틀린 것은?

① 전연성이 좋아 가공이 용이하다.
② 전기 및 열의 전도성이 우수하다.
③ 화학적 저항력이 작아 부식이 잘된다.
④ Zn, Sn, Ni, Ag 등과는 합금이 잘된다.

※해설 구리의 성질 : 비중이 8.9정도이며, 용융점이 1083℃ 정도이다.
① 전기 및 열전도성이 우수하다.
② 전연성이 좋아 가공이 용이하다.
③ 내식성이 강해 부식이 안 된다.
④ 아름다운 광택과 귀금속적 성질이 우수하다.
⑤ Zn, Sn, Ni, Ag등과 용이하게 합금을 만든다.
⑥ 구리는 철과 같은 동소변태가 없고 재결정온도는 약 200℃ 정도이다. 또 상온 중 크리프 현상이 일어난다.

02 유리섬유에 함침(含浸)시키는 것이 가능하기 때문에 FRP(fiber reinforced plastic)용으로 사용되는 열경화성 플라스틱은?

① 폴리에틸렌계
② 불포화 폴리에스테르계
③ 아크릴계
④ 폴리염화비닐계

※해설 불포화 폴리에스테르계
유리섬유에 함침(含浸)시키는 것이 가능하기 때문에 FRP(Fiber Reinforced Plastic) 용으로 사용되는 열경화성 플라스틱이다.

03 구리에 니켈 40~50% 정도를 함유하는 합금으로서 통신기, 전열선 등의 전기저항 재료로 이용되는 것은?

① 모넬메탈
② 콘스탄탄
③ 엘린바
④ 인바

※해설 ① 모넬메탈 : 내산(耐酸)합금의 일종으로서 Ni 64~69%, Cu 26~32%를 주성분으로 하고, Fe, Mn을 미량씩 함유한다. 주로 화학 기계, 염색기, 터빈 날개 등에 사용되며 미국인 모넬(Ambrose Monel)의 발명품이다.
② 콘스탄탄 : 구리에 니켈 40~50% 정도를 함유하는 합금으로서 통신기, 전열선 등의 전기저항 재료로 이용된다.
③ 엘린바 : Ni 36%, Cr 12%를 함유하는 Ni 합금으로 상온에 있어서 실용상 탄성률이 불변하며 열팽창계수가 적기 때문에 고급 시계, 크로노미터 등에 단일 금속 밸런스로 사용된다.
④ 인바 : Fe 60%, Ni 36%의 합금으로서 불변강(不變鋼)이라고 하며 선팽창 계수 1.2×10^{-6}/℃로서 Fe의 1/10이다. 표준 시계의 흔들이(振子)나 길이의 표준용 기구에 사용된다.

04 일반적으로 탄소강에서 탄소함유량이 증가하면 용해온도는?

① 낮아진다. ② 높아진다.
③ 불변이다. ④ 불규칙적이다.

※해설 일반적으로 탄소강에서 탄소함유량이 증가하면 용해온도는 낮아진다.

05 강재의 크기에 따라 표면이 급랭되어 경화하기 쉬우나 중심부에 갈수록 냉각속도가 늦어져 경화량이 적어지는 현상은?

① 경화능 ② 잔류응력
③ 질량효과 ④ 노치효과

답 01.③ 02.② 03.② 04.① 05.③

해설
① 경화능 : 철강을 담금질 경화시킨 경우에 경화가 되기 쉬운 정도. 담금질에 의해 강이 마텐자이트(martensite)로 경화하는 성능을 말한다. 이는 열처리용 강에서는 매우 중요한 성질로 결정립도 및 화학성분에 따라 달라지며, 경화능을 증대시키는 원소로는 Mn, Cr, Mo, Ni 등과 약 0.8%까지의 C의 함유량 증가와 함께 증대한다.
② 잔류응력 : 외력을 제거한 후 재료 내부에 존재하는 응력. 냉간가공이나 담금질, 용접 등에 의한 불균일 소성변형의 결과 때문에 생긴다. 잔류응력에는 인장 잔류응력(residual tension stress)과 압축잔류응력(residual compression stress)의 두 가지가 있다. 일반으로 인장잔류응력은 표면에 압축잔류응력이 나타나고 내부에는 인장잔류응력을 발생한다.
③ 질량효과 : 강재의 크기에 따라 표면이 급랭되어 경화하기 쉬우나 중심부에 갈수록 냉각속도가 늦어져 경화량이 적어지는 현상
④ 노치효과 : 재료에 노치를 만들면, 피로나 충격과 같은 외력이 작용할 때, 집중 응력이 생겨서, 파괴되기 쉬운 성질을 갖게 된다. 이 효과를 노치효과라고 한다.

06 열간가공이 쉽고 다듬질 표면이 아름다우며 특히 용접성이 좋고 고온강도가 큰 장점을 갖고 있어 각종 축, 기어, 강력볼트, 암, 레버 등에 사용하는 것으로 기호표시를 SCM으로 하는 강은?
① 니켈 - 크롬강
② 니켈 - 크롬 - 몰리브덴강
③ 크롬 - 몰리브덴강
④ 크롬 - 망간 - 규소강

해설
① 니켈-크롬강 : 보통 Ni은 5% 이하이며, Ni과 Cr의 비율은 2 : 1 또는 3 : 1 정도이다. 이 강은 다른 강에 비하여 아주 강인(强靭)만 하는 것이 아니라 질량 효과도 적고, 대형강(大型鋼)으로도 내부 깊숙이 담금질 효과를 줄 수가 있다.
② 니켈-크롬-몰리브덴강 : 니켈크롬강에 소량의 Mo을 첨가한 것으로서 인성(靭性)이 증가하고, 열처리도 용이하며 구조용강(構造用鋼)으로 매우 적합하다.
③ 크롬-몰리브덴강 : 열간가공이 쉽고 다듬질 표면이 아름다우며 특히 용접성이 좋고 고온강도가 큰 장점을 갖고 있어 각종 축, 기어, 강력볼트, 암, 레버 등에 사용하는 것으로 기호표시를 SCM으로 하는 강
④ 크롬-규소강 : 내열강으로써 내연기관의 밸브 등에 쓰인다.
⑤ 망간-크롬강 : 망간에 크롬을 첨가하여 담금질성을 향상시킨 강

07 탄소강의 가공에 있어서 고온가공의 장점 중 틀린 것은?
① 강괴 중의 기공이 압착된다.
② 결정립이 미세화 되어 강의 성질을 개선시킬 수 있다.
③ 편석에 의한 불균일 부분이 확산되어서 균일한 재질을 얻을 수 있다.
④ 상온가공에 비해 큰 힘으로 가공도를 높일 수 있다.

해설 고온가공(열간가공) : 금속의 재결정온도 이상에서의 가공을 말한다. 너무 높은 고온에서는 재결정립이 최대화되고 표면 산화가 너무 지나치게 일어나 일부 융해되는 경우도 있기 때문에 적당한 온도 범위에서 행한다. 가공경화가 일어나도 곧바로 어닐링되어 연화되기 때문에 가공도, 가공속도를 크게 할 수 있으며 또 재료조직을 변화시켜 성질 개선도 가능하다. 탄소강의 가공에 있어서 상온가공에 비해 큰 힘으로 가공도를 높일 수 없다.

08 24산 3줄 유니파이 보통 나사의 리드는 몇 mm인가?
① 1.175   ② 2.175
③ 3.175   ④ 4.175

해설 리드=줄 수×피치=3×(25.4/24)=3.175mm

답 06.③ 07.④ 08.③

09 단면적이 100mm²인 강재에 300N의 전단하중이 작용할 때 전단응력(N/mm²)은?

① 1　　② 2
③ 3　　④ 4

해설 전단응력(τ) : $\tau = \dfrac{P}{A} = \dfrac{300}{100} = 3 \text{ N/mm}^2$

10 주로 강도만을 필요로 하는 리벳이음으로서 철교, 선박 차량 등에 사용하는 리벳은?

① 용기용 리벳　　② 보일러용 리벳
③ 코킹　　④ 구조용 리벳

해설
① 용기용 리벳 : 강도보다는 수밀을 필요로 하는 리벳으로 저압 탱크 등에 사용
② 보일러용 리벳 : 강도와 기밀을 필요로 하는 리벳이음으로, 보일러, 고압탱크 등에 사용
③ 코킹 : 고압 탱크, 보일러와 같이 기밀을 필요로 할 때에는 리벳팅이 끝난 후 리벳 머리의 주위와 강판의 가장자리를 정으로 때려 그 부분을 밀착시켜서 틈을 없애는 작업
④ 구조용 리벳 : 주로 강도를 목적으로 하는 리벳 이음. 차량, 철교, 구조물 등에 사용

11 평판 모양의 쐐기를 이용하여 인장력이나 압축력을 받는 2개의 축을 연결하는 결합용 기계요소는?

① 코터　　② 커플링
③ 아이 볼트　　④ 테이퍼 키

해설 코터 : 평판 모양의 쐐기를 이용하여 인장력이나 압축력을 받는 2개의 축을 연결하는 결합용 기계요소이다.

12 회전운동을 하는 드럼이 안쪽에 있고 바깥에서 양쪽 대칭으로 드럼을 밀어 붙여 마찰력이 발생하도록 한 브레이크는?

① 블록 브레이크
② 밴드 브레이크
③ 드럼 브레이크
④ 캘리퍼형 원판브레이크

해설
① 블록 브레이크 : 차량, 기중기 등에 많이 사용되는 장치로 브레이크 드럼의 원주상에 1개 또는 2개의 브레이크 블록을 브레이크 레버로 밀어 붙여 마찰에 의해 제동작동을 하는 브레이크이다.
② 밴드 브레이크 : 브레이크륜의 외주에 강철밴드를 감고 밴드에 장력을 주어 밴드와 브레이크륜 사이의 마찰에 의하여 제동작동을 하는 것으로 마찰계수를 크게 하기 위하여 밴드의 안쪽에 나무조각, 가죽, 석면직물 등을 라이닝 한다.
③ 드럼 브레이크 : 마찰면이 안쪽에 있어 먼지와 기름 등이 마찰면에 부착되지 않으며 브레이크륜의 바깥 면에서 열을 발산시키는 데 편리하다. 유압장치를 사용하는 것은 자동차용으로 널리 쓰인다.
④ 캘리퍼형 원판브레이크 : 회전운동을 하는 드럼이 안쪽에 있고 바깥에서 양쪽 대칭으로 드럼을 밀어 붙여 마찰력이 발생하도록 한 브레이크이다.

13 평 벨트 전동과 비교한 V벨트 전동의 특징이 아닌 것은?

① 고속운전이 가능하다.
② 미끄럼이 적고 속도비가 크다.
③ 바로걸기와 엇걸기 모두 가능하다.
④ 접촉 면적이 넓으므로 큰 동력을 전달한다.

해설 V벨트의 특징
① 고속운전이 가능하며 속도비가 크다. ($i = 7 \sim 10$)
② 짧은 거리의 운전이 가능, 2~5m까지 전동 가능하다.
③ 미끄럼이 적고 능률이 높다. 효율은 보통 90~95% 정도이다.
④ 운전이 원활하고 정숙하며, 충격이 아주 작다.
⑤ 이음이 없어 전체가 균일한 강도를 갖으나 끊어졌을 때 접합이 불가능하다.

답 09. ③　10. ④　11. ①　12. ④　13. ③

⑥ V벨트 단면의 형상은 M, A, B, C, D, E형의 6종류가 있으며 M에서 E쪽으로 가면 단면이 커진다.
⑦ V벨트의 길이는 사다리꼴 단면의 중앙을 통과하는 원둘레의 길이를 유효길이라 부른다.

14 키의 종류 중 페더 키(feather key)라고도 하며, 회전력 전달과 동시에 축 방향으로 보스를 이동시킬 필요가 있을 때 사용되는 것은?

① 미끄럼 키
② 반달 키
③ 새들 키
④ 접선 키

∭해설 ① 미끄럼 키 : 페더 키(feather key)라고도 하며, 회전력의 전달과 동시에 축 방향으로 보스를 이동시킬 필요가 있을 때 사용한다.
② 반달 키 : 반월상의 키로서 축의 홈이 깊게 되어 축의 강도가 약하게 되는 하나 축과 키 홈의 가공이 쉽고, 키가 자동적으로 축과 보스 사이에 자리를 잡을 수 있어 60mm 이하의 작은 축이나 테이퍼 축에 사용한다.
③ 새들 키 : 축에는 홈을 파지 않고 축과 키 사이의 마찰력으로 회전력을 전달. 축의 강도를 감소시키지 않고 고정할 수 있으나, 큰 동력을 전달시킬 수 없으므로 경하중소직경에 사용된다.
④ 접선 키 : 접선 방향에 설치하는 키로서 1/100의 기울기를 가진 2개의 키를 한 쌍으로 하여 사용된다. 회전방향이 양 방향일 경우 중심각이 120°되는 위치에 2조 설치한다. 아주 큰 회전력의 경우에 사용된다.

15 동력 전달용 기계요소가 아닌 것은?

① 기어
② 체인
③ 마찰차
④ 유압 댐퍼

∭해설 동력 전달용 기계요소
벨트, 로프, 체인, 링크, 마찰차, 캠, 기어 등

16 줄무늬 방향의 기호와 그에 대한 설명으로 틀린 것은?

① C : 가공으로 생긴 컷의 줄무늬가 기호를 기입한 면의 중심에 거의 동심원 모양
② R : 가공으로 생긴 컷의 줄무늬가 기호를 기입한 면의 중심에 대하여 거의 방사 모양
③ M : 가공으로 생긴 컷의 줄무늬 방향이 기호를 기입한 그림의 투영면에 평행
④ X : 가공으로 생긴 컷의 줄무늬 방향이 기호를 기입한 그림의 투영면에 비스듬하게 2방향으로 교차

∭해설 M : 가공으로 생긴 컷이 다방면으로 교차 또는 무방향

17 절단된 면을 다른 부분과 구분하기 위하여 가는 실선으로 규칙적으로 줄을 늘어 놓은 선들의 명칭은?

① 기준선
② 파단선
③ 피치선
④ 해칭선

∭해설 ① 기준선 : 가는 1점 쇄선
② 파단선 : 불규칙한 파형의 가는 실선 또는 지그재그선
③ 피치선 : 가는 1점 쇄선
④ 해칭선 : 가는 실선

18 다음과 같은 도면에서 100 으로 표현된 치수 표시가 의미하는 것은?

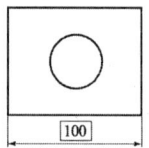

① 정사각형의 변을 표시
② 평면도를 표시
③ 이론적으로 정확한 치수 표시
④ 참고 치수 표시

답 14. ① 15. ④ 16. ③ 17. ④ 18. ③

해설

참고 치수	( )
이론적으로 정확한 치수	□

19 스퍼기어의 도면에서 항목표에 기입해야 하는 사항으로 가장 거리가 먼 것은?
① 치형   ② 모듈
③ 압력각 ④ 리드

해설 [예] 스퍼기어의 요목표

스퍼기어 요목표		
기어 치형		표준
공구	치형	보통이
	모듈	3
	압력각	20°
잇수		40
피치원 지름		PCD Ø120
전체 이높이		4.5
다듬질 방법		호브 절삭
정밀도		KS B1405, 5급

20 그림과 같은 입체도에서 화살표 방향이 정면일 경우 평면도로 가장 적합한 것은?

21 Ø50 H7/g6으로 표시된 끼워맞춤 기호 중 "g6"에서 "6"이 뜻하는 것은?
① 공차의 등급
② 끼워맞춤의 종류
③ 공차역의 위치
④ 아래 치수 허용차

해설 상용하는 축 기준 끼워맞춤 : Ø50 H7/g6에서 "6"은 공차의 등급이다.

22 최대 실체 공차 방식의 적용을 표시하는 방법으로 옳지 못한 것은?

① ⊕ | Ø0.04 Ⓜ | A
② ⊕ | Ø0.04 | AⓂ
③ ⊕ Ⓜ | Ø0.04 | A
④ ⊕ | Ø0.04 Ⓜ | AⓂ

해설 최대 실체 공차 방식의 적용을 표시하는 방법이 아닌 것은 ③항이다.

돌출 공차역	돌출된 부분까지 포함하는 공차표시	Ⓟ
최대 실체 공차 방식	최대질량의 실체를 갖는 조건	Ⓜ
형체 치수 무관계	규제기호로 표시되지 않음	Ⓢ

23 투상도법 중 제1각법과 제3각법이 속하는 투상도법은?
① 경사 투상법
② 등각 투상법
③ 정 투상법
④ 다이메트릭 투상법

해설 정 투상법
물체를 네모진 유리상자 안에 넣고 바깥쪽에서 들여다보면 물체를 유리판에 투상하여 보고 있는 것 같다. 투상선이 투상면에 대하여 수직으로 되어있는 것, 즉 시점이 물체로부터 무한대의 거리에 있는 것으로 생각한 투상법으로 제1각법과 제3각법이 속하는 투상도법이다.

답 19. ④ 20. ④ 21. ① 22. ③ 23. ③

24 기계제도에서 스프링의 도시 방법에 관한 설명으로 틀린 것은?

① 스프링의 종류 및 모양만을 간략도로 나타내는 경우에는 스프링 재료의 중심선만을 굵은 실선으로 도시한다.
② 조립도, 설명도 등에서 코일 스프링을 도시하는 경우에는 그 단면만을 나타내어도 좋다.
③ 코일 스프링에서 양 끝을 제외한 동일 모양 부분의 일부를 생략하는 경우에는 생략하는 부분의 선지름의 중심선을 굵은 2점 쇄선으로 나타낸다.
④ 코일 스프링, 벌류트 스프링, 스파이럴 스프링 및 접시 스프링은 일반적으로 무하중 상태에서 그리며, 겹판 스프링은 일반적으로 스프링 판이 수평인 상태에서 그린다.

해설 코일 부분의 투상은 나선이 되고, 시트에 근접한 부분의 피치 및 각도가 연속적으로 변하는 것은 직선으로 표시하며 코일 부분의 중간 부분을 생략할 때에는 생략한 부분을 가는 1점 쇄선으로 표시하거나, 또는 가는 2점 쇄선으로 표시해도 좋다.

25 기하 공차의 종류와 기호의 연결이 잘못된 것은?

① ○ 진원도 ② ▱ 평행도
③ ◎ 동심도 ④ ↗ 원주흔들림

해설
▱	평면도 공차
○	진원도 공차
//	평행도 공차
◎	동심도 공차
↗	원주 흔들림 공차

26 공작기계를 구성하는 중요한 구비조건이 아닌 것은?

① 가공 능력이 클 것
② 높은 정밀도를 가질 것
③ 내구력이 클 것
④ 기계효율이 적을 것

해설 공작기계를 구성하는 중요한 구비조건
① 제품의 공작 정밀도가 좋을 것
② 절삭 가공능률이 우수할 것
③ 융통성이 풍부할 것
④ 조작이 용이하고, 안전성이 높을 것
⑤ 동력 손실이 적고, 기계 강성이 높을 것

27 주로 각도 측정에 사용되는 측정기는?

① 측장기 ② 사인바
③ 직선자 ④ 지침 측미기

해설
① 측장기 : 자체에 표준자와 기타의 길이 기준을 갖고 있어 이것과 축미현미경에 의하여 길이를 직접 측정한다.
② 사인바 : 삼각함수의 사인을 이용해 임의의 각도를 설정 및 측정하는 측정기이다.
③ 직선자 : 선도기로서 면 또는 변을 직각으로 가공하여 다듬질한 것으로써 곧은 직선의 금긋기에 사용하기도 하고, 평면도의 검사에도 사용한다.
④ 지침 측미기 : 미니미터로서 레버를 확대 기구로 이용한 길이 측정기이다.

28 밀링절삭에서 상향절삭과 하향절삭에 대한 설명으로 틀린 것은?

① 공구의 회전 방향과 반대 방향으로 공작물을 이송하는 것을 하향절삭이라고 한다.
② 상향절삭을 하면 면은 좋게 보이나 하향절삭보다 다듬질면은 거칠게 된다.
③ 하향절삭을 할 때는 백래시를 완전히 제거하여야 한다.
④ 상향절삭을 하게 되면 절삭날이 공작물을 들어 올리는 방향으로 작용하므로 공작물의 고정이 불안하다.

해설 상향절삭은 밀링커터의 회전방향과 반대 방향으로 공작물을 이송하는 경우이고, 하향절삭은 밀링커터의 회전방향과 공작물의 이송방향이 같은 방향인 경우이다.

답 24. ③ 25. ② 26. ④ 27. ② 28. ①

29 다음 중 탭의 파손원인으로 틀린 것은?

① 구멍이 너무 작거나 구부러진 경우
② 탭이 경사지게 들어간 경우
③ 너무 느리게 절삭한 경우
④ 막힌 구멍의 밑바닥에 탭의 선단이 닿았을 경우

해설 탭의 파손원인
① 구멍이 너무 작거나 구부러진 경우
② 탭이 경사지게 들어간 경우
③ 탭의 지름에 적합한 핸들을 사용하지 않는 경우
④ 너무 무리하게 힘을 가하거나 빨리 절삭할 경우
⑤ 막힌 구멍의 밑바닥에 탭의 선단이 닿았을 경우

30 다음 중 공구 재질이 일정할 때 공구 수명에 가장 영향을 크게 미치는 것은?

① 이송량
② 절삭 깊이
③ 절삭 속도
④ 공작물 두께

해설 공구수명은 절삭속도, 이송, 절삭 깊이 순으로 영향을 받는다.
⇒ 경제적 절삭을 위해 절삭 깊이를 크게 하는 것이 유리하다.

31 마이크로미터의 나사 피치가 0.5mm이고, 딤블(thimble)의 원주를 50등분하였다면 최소 측정값은 몇 mm인가?

① 0.1   ② 0.01
③ 0.001   ④ 0.0001

해설 $M = 0.5 \times \dfrac{1}{50} = \dfrac{1}{100}$mm
즉 딤블의 1눈금은 0.01mm를 나타내게 된다.

32 칩(chip)의 형태 중 유동형칩의 발생조건으로 틀린 것은?

① 연성이 큰 재질(연강, 구리 등)을 절삭할 때
② 윗면경사각이 작은 공구로 절삭할 때
③ 절삭깊이가 적을 때
④ 절삭속도가 높고 절삭유를 사용하여 가공할 때

해설 유동형칩의 발생조건
① 공작물의 재질이 연하고 인성이 큰 재질일 때
② 윗면 경사각이 클 때
③ 절삭 깊이가 작을 때
④ 고속 절삭할 때(절삭속도가 높을 때) 절삭제를 사용할 때

33 다음 중 선반에서 절삭속도에 대한 설명으로 맞는 것은?

① 바이트가 일감의 회전당 길이 방향으로 이동되는 거리이다.
② 바이트에 대한 일감의 원둘레 또는 표면속도이다.
③ 일감의 회전수이다.
④ 바이트의 회전수이다.

해설 선반에서 절삭속도는 바이트에 대한 일감의 원둘레 또는 표면속도이다.

34 수평 밀링머신에서 금속을 절단하는 데 사용하는 커터는?

① 메탈 쏘   ② 측면 커터
③ 평면 커터   ④ 총형 커터

해설 ① 메탈 쏘 : 수평 밀링머신에서 금속을 절단과 홈파기에 사용
② 측면 커터 : 비교적 날 폭이 좁으며 날은 원주와 양측에 있다. 홈파기, 정면 밀링에 사용
③ 평면 커터 : 주축과 평행한 평면을 절삭할 때 사용
④ 총형 커터 : 윤곽을 갖는 커터이며 기어, 커터, 리머, 탭 등 윤곽을 가공시 사용

답 29.③ 20.③ 31.② 32.② 33.② 34.①

35 다음 중 윤활제가 갖추어야 할 조건이 아닌 것은?

① 사용 상태에서 충분한 점도가 있어야 한다.
② 화학적으로 활성이며, 균질하여야 한다.
③ 산화나 열에 대하여 안정성이 높아야 한다.
④ 한계윤활상태에서 견딜 수 있는 유성이 있어야 한다.

해설 윤활제가 갖추어야 할 조건
① 사용 상태에서 충분한 점도가 있어야 한다.
② 한계 윤활상태에서 견딜 수 있는 유성이 있어야 한다.
③ 산화나 열에 대하여 안정성이 높아야 한다.
④ 화학적으로 불활성이며, 균질하여야 한다.

36 연마제를 가공액과 혼합하여 가공물 표면에 압축 공기고압과 고속으로 분사시켜 가공물 표면과 충돌시켜 표면을 가공하는 방법은?

① 래핑(lapping)
② 버니싱(burnishing)
③ 수퍼 피니싱(super finishing)
④ 액체 호닝(liquid honing)

해설 ① 래핑 : 랩이라는 공구와 공작물 사이에 랩제를 넣고, 공작물을 누르면서 상대 운동으로 공작물을 매끈하고 정밀하게 다듬질하는 마모(마멸)가공에 응용한 방법
② 버니싱 : 원통의 내면 및 외면을 매끈히 다듬질된 강구(steel ball) 또는 롤러로 공작물에 압입하여 표면을 매끈하게 다듬는 가공법으로 일종의 소성가공이다.
③ 수퍼 피니싱 : 회전하는 원통의 공작물 표면에 미세하고 연한 숫돌을 접촉하고, 숫돌을 수직으로 낮은 압력과 짧은 진폭을 주면서 왕복운동과 축 방향으로 이송을 하면 공작물의 표면이 가볍게 연삭되고, 단시간에 매끈하고 고정밀도의 표면으로 가공하는 방법

④ 액체 호닝 : 연마제를 가공액과 혼합하여 가공물 표면에 압축 공기고압과 고속으로 분사시켜 가공물 표면과 충돌시켜 표면을 가공하는 방법

37 다음 중 선반을 이용하여 가공하기 가장 어려운 작업은?

① 원통 가공   ② 나사 가공
③ 키 홈 가공   ④ 구멍 가공

해설 일반적으로 외경 축에 키 홈 가공은 밀링에서, 내경의 키 홈 가공은 슬로터에서 작업한다.

38 소형 가공물을 한 번에 다량으로 고정하여 연삭하는 연삭기는?

① 공구 연삭기   ② 평면 연삭기
③ 내면 연삭기   ④ 외경 연삭기

해설 ① 공구 연삭기 : 절삭 공구를 정확히 연삭하여 사용할 목적으로 하는 연삭
② 평면 연삭기 : 일반적으로 마그네틱 척을 이용하여 소형 가공물을 한 번에 다량으로 고정하여 연삭
③ 내면 연삭기 : 보통 공작물과 연삭숫돌 둘 다에 회전운동을 주어 연삭
④ 외경 연삭기 : 공작물을 양 센터로 지지, 테이블 좌우이송, 숫돌대 전후이송 연삭

39 크고 무거워서 이동하기 곤란한 대형 공작물에 구멍을 뚫는 데 적합한 기계는?

① 레이디얼 드릴링 머신
② 직립 드릴링 머신
③ 탁상 드릴링 머신
④ 다축 드릴링 머신

해설 ① 레이디얼 드릴링 머신 : 비교적 대형이며 무거운 공작물의 구멍 뚫기에 사용하는 공작기계이다. 컬럼을 중심으로 레이디얼 암을 선회시킬 수 있고, 주축 헤드는 암에서 좌우로 이동

답 35. ② 36. ④ 37. ③ 38. ② 39. ①

② 직립 드릴링 머신 : 주축이 수직으로 되어있고 기둥, 주축, 베이스, 테이블로 구성되어 있으며, $\phi 13$ 이상 $\phi 50$ 이하 가공
③ 탁상 드릴링 머신 : 베이스를 탁상 위에 올려놓고 고정하여 작업하는 소형 드릴링 머신으로, 주로 지름이 13mm 이하의 작은 드릴을 이용
④ 다축 드릴링 머신 : 스핀들 1개의 구동축에 유니버설 조인트 등을 이용하여 구동하므로 1대의 기계에서 많은 수의 구멍을 동시에 뚫을 때 사용

40 테이블의 전후 및 좌우 이송으로 원형, 윤곽가공 및 분할작업에 적합한 밀링머신의 부속장치는?
① 회전 바이스
② 회전 테이블
③ 분할대
④ 슬로팅 장치

해설 ① 회전 바이스 : 테이블에 고정한 후 수평방향으로 바이스가 회전시킬 수 있으므로 조의 방향을 임의로 돌려 고정할 수 있다.
② 회전 테이블 : 밀링머신의 테이블에 올려놓고 주로 원형 공작물을 가공하며 공작물은 회전 테이블 위의 바이스에 고정하고, 수동 또는 테이블 자동이송으로 가공한다. 원판도 가공할 수 있고, 또한 테이블의 좌우 및 전후이송을 사용하면 윤곽가공도 할 수 있고, 회전 테이블 핸들을 사용하면 간단한 분할 작업도 할 수 있다.
③ 분할대 : 밀링머신의 테이블에 설치하고 공작물을 분할대의 스핀들과 심압대 센터 사이에 지지하거나 스핀들에 장치한 척에 공작물을 고정하고, 필요한 각도나 등분으로 분할할 때 사용한다. 또한, 변환기어로 테이블과 연결하여 비틀림 홈, 스파이럴 기어 등을 가공할 수 있다.
④ 슬로팅 장치 : 수평 밀링머신이나 만능 밀링머신의 컬럼에 설치하며 주축 회전운동을 직선 왕복운동으로 변환시켜 슬로터작업을 할 수 있도록 한 장치로 공작물 안지름에 키홈, 스플라인, 세레이션 등을 가공한다. 슬로팅 장치는 주축을 중심으로 좌우 90°씩 선회할 수 있다.

41 다음은 숫돌의 표시이다. 「WA 60 K m V」중 m이 의미하는 것은 무엇인가?
① 입도
② 결합도
③ 조직
④ 결합제

해설 • WA : 입자 • 60 : 입도
• K : 결합도 • m : 조직
• V : 결합제

42 다음 선반 바이트의 공구각 중 공구의 날끝과 일감의 마찰을 방지하기 위한 것은?
① 경사각
② 날끝각
③ 여유각
④ 날끝 반지름

해설 ① 경사각 : 상부 경사각은 직접 절삭력에 영향을 끼치며, 이 각이 크면 절삭 성능이 좋고 공작물 표면은 아름답게 다듬어지지만 날 끝이 약해진다.
② 날끝각 : 바이트 용도, 표면거칠기, 공구 수명, 마멸 상태, 공작물의 기계적 성질과 공구 재료 등을 고려하여 결정한다.
③ 여유각 : 공구의 끝과 공작물의 마찰을 방지하기 위한 것이며, 필요 이상으로 크게 할 필요는 없다.
④ 날끝 반지름 : 다듬질 면의 거칠기를 결정하며 날 끝의 강도를 좌우한다.

43 CNC 공작기계 조작판에서 공구 교환, 주축 회전, 간단한 절식 이송 등을 명령할 때 사용하는 반자동 운전 모드는?
① MDI
② JOG
③ EDIT
④ TAPE

해설 ① MDI : CNC 공작기계 조작판에서 공구 교환, 주축 회전, 간단한 절식 이송 등을 명령할 때 사용하는 반자동 운전 모드이다.
② JOG : 공구이송을 연속적으로 외부 이송속도 조절 스위치의 속도로 이송시키며, 주로 엔드밀(end mill)의 직선절삭, face mill의 직선절삭 등 간단한 수동 작업에 쓰인다.

답 40. ② 41. ③ 42. ③ 43. ①

③ EDIT : 프로그램의 신규 작성 및 메모리에 등록된 프로그램을 수정에 쓰인다.
④ TAPE : 테이프 운전 및 DNC 운전 등 외부 장치에 의한 프로그램 입력 및 실행

44 다음 중 CAM시스템의 처리과정을 나타내었다. 옳은 것은?

① 도형 정의 → 곡선 정의 → 곡면 정의 → 공구경로생성
② 곡선 정의 → 곡면 정의 → 도형 정의 → 공구경로생성
③ 곡면 정의 → 곡선 정의 → 도형 정의 → 공구경로생성
④ 곡선 정의 → 곡면 정의 → 공구경로생성 → 도형 정의

해설 CAM시스템의 처리과정 : 도형 정의 → 곡선 정의 → 곡면 정의 → 공구경로생성

45 CNC선반 프로그래밍에서 매분 당 150mm씩 공구의 이송을 나타내는 지령으로 알맞은 것은?

① G98 F150
② G99 F0.15
③ G98 F0.15
④ G99 F150

해설 공작물에 대하여 공구를 이송시켜주는 기능을 말하며 G98코드의 분당 이송(mm/min)과 G99코드의 회전당 이송(mm/rev)으로 지령할 수 있는데 CNC선반에서는 G99코드를 사용한 회전당 이송으로 프로그램 한다.
[예] G98 G01 Z-50. F150 ;
　　공구의 이송이 1분당 150mm 이송한다.

46 머시닝센터 가공시 칩이 공구나 일감에 부착되는 경우 처리 방법으로 틀린 것은?

① 고압의 압축 공기를 이용하여 불어 낸다.
② 가공 중에 수시로 헝겊 등을 이용해서 닦아 낸다.
③ 칩이 가루로 배출되는 경우는 집진기로 흡입한다.
④ 많은 양의 절삭유를 공급하여 칩이 흘러내리게 한다.

해설 머시닝센터 가공시 칩이 공구나 일감에 부착되는 경우 가공 중에 수시로 헝겊 등을 이용해서 칩을 제거해서는 안 된다.

47 CNC선반에서 주축속도 일정제어와 주축속도 일정제어 취소를 지령하기 위한 코드는?

① G30, G31
② G90, G91
③ G96, G97
④ G41, G42

해설 ① 절삭속도 일정제어(G96) : 단면이나 테이퍼(taper) 절삭에서는 지름이 절삭과정에 따라 변화하여 절삭속도도 이에 따라 달라지므로 가공면의 표면 거칠기도 나빠진다. 이러한 문제를 해결하기 위하여 지름 값의 차이에 따라 달라지는 절삭속도를 일정하게 유지시켜 주는 기능이 절삭속도 일정제어이며 단이 많은 계단축 가공 및 단면가공에 주로 사용한다.
[예] G96 S180 M03 ;
절삭속도가 180[m/min]가 되도록 공작물의 지름에 따라 주축회전수가 변한다. 그리고 G96에서 단면절삭과 같이 공작물의 지름이 작아질 경우 주축의 회전수가 무리하게 높아지는 것을 방지하기 위하여 G50에서 최고회전수를 지령하게 된다.
② 절삭속도 일정제어 취소(G97) : 절삭속도 일정제어 취소 기능은 회전수만을 일정하게 제어하는 기능으로 드릴작업, 나사작업, 공작물 지름의 변화가 심하지 않는 공작물을 가공할 때 사용한다.
[예] G97 S500 M03 ;
주축은 500[rpm]으로 회전한다.

답 44.① 45.① 46.② 47.③

48 다음은 머시닝센터에서 고정사이클을 지령하는 방법이다. G__ X__ Y__ Z__ R__ Q__ P__ F__ K__ 또는 L__ ; 에서 K0 또는 L0 라면 어떤 의미를 나타내는가?

① 고정사이클을 1번만 반복하라는 뜻이다.
② 구멍 바닥에서 휴지시간을 갖지 말라는 뜻이다.
③ 구멍가공을 수행하지 말라는 뜻이다.
④ 초기점 복귀를 하지 말고 가공하라는 뜻이다.

해설 K0 또는 L0 의미 : 구멍가공을 수행하지 말라는 뜻

49 1000rpm으로 회전하는 주축에서 2회전 일시 정지 프로그램을 할 때 맞는 것은?

① G04 X1.2 ;   ② G04 W120 ;
③ G04 U1.2 ;   ④ G04 P120 ;

해설 G04기능(휴지 : Dwell)
단위는 X, U, P를 사용하는데 X, U는 소수점을, P는 0.001 단위를 사용
G04 X0.12   G04 U0.12   G04 P120
정지시간(sec) = $\dfrac{60}{rpm} \times 회전수$
= $\dfrac{60}{1000} \times 2 = 0.12$

50 CNC 프로그램을 작성하기 위하여 가공계획을 수립하여야 한다. 이때 고려해야 할 사항이 아닌 것은?

① 가공물의 고정방법 및 필요한 치공구의 선정
② 범용공작기계에서 가공할 범위 결정
③ 가공순서 결정
④ 절삭 조건의 설정

해설 가공계획
① NC기계로 가공하는 범위와 사용하는 공작기계의 선정
② 공작물 고정방법 및 필요한 지그의 선정
③ 절삭순서(공정의 분할, 공구 출발점, 절입량, 공구경로 등)의 결정
④ 절삭공구 및 공구홀더, 공구척킹(chuking) 방법의 결정
⑤ 절삭조건(주축 회전속도, 이송속도, 절삭유의 유무 등)의 결정
⑥ 프로그램 작성

51 CNC선반 원호보간 프로그램에 대한 설명으로 틀린 것은?

G02(G03) X(U)__ Z(W)__ R__ F__ ;
G02(G03) X(U)__ Z(W)__ I__ K__ F__ ;

① G03 : 반시계방향 원호보간
② I, K : 원호 시작점에서 끝점까지의 벡터량
③ X, Z : 끝점의 위치(절대지령)
④ R : 반지름값

해설 I, K : 시작점에서 중심까지의 거리
(I는 항상 반경지정)

52 서보기구에서 검출된 위치를 피드백하여 이를 보정하여 주는 회로는?

① 비교 회로
② 정보처리 회로
③ 연산 회로
④ 개방 회로

해설 비교 회로 : 서보기구에서 검출된 위치를 피드백하여 이를 보정하여 주는 회로이다.

53 CNC선반에서 제2원점으로 복귀하는 준비기능은?

① G27   ② G28
③ G29   ④ G30

해설 ① G27 : 기계원점 복귀점검
② G28 : 자동원점 복귀(제1원점)
③ G29 : 원점으로 부터의 귀환
④ G30 : 제2원점 복귀

답 48. ③ 49. ④ 50. ② 51. ② 52. ① 53. ④

54 머시닝센터에서 지름 10mm인 엔드밀을 사용하여 외측 가공 후 측정값이 ⌀62.0mm가 되었다. 가공 치수를 ⌀61.5mm로 가공하려면 보정값을 얼마로 수정하여야 하는가? (단, 최초 보정은 5.0으로 반지름 값을 사용하는 머시닝센터이다.)

① 4.5 ② 4.75
③ 5.5 ④ 5.75

해설 반지름 보정값 만큼 지령위치를 기준에서 5mm가 시프트되어 가공한 것으로 안지름이 작게 가공되었으므로 보정값을 적게 해야 한다.

55 CNC선반에서 공구보정 번호 4번을 선택하여, 2번 공구를 사용하려고 할 때 공구지령으로 옳은 것은?

① T0402 ② T4020
③ T0204 ④ T2040

해설
- T04 : 공구선택번호
- 02 : 공구보정번호

56 다음 중 CNC 선반에서 절대지령(absolute)으로만 프로그래밍 한 것은?

① G00 U10. Z10. ;
② G00 X10. W10. ;
③ G00 U10. W10. ;
④ G00 X10. Z10. ;

해설 CNC 선반에서
① 절대지령 : G00 X10. Z10. ;
② 증분지령 : G00 U10. W10. ;

57 작업상 안전수칙과 가장 거리가 먼 것은?

① 연삭기의 커버가 없는 것은 사용을 금한다.
② 드릴 작업시 작은 일감은 손으로 잡고 한다.
③ 프레스 작업시 형틀에 손이 닿지 않도록 한다.
④ 용접 전에는 반드시 소화기를 준비한다.

해설 드릴 작업시 작은 일감이라도 손으로 잡지 말고 클램프 장치를 이용하여 고정하고 작업한다.

58 CNC선반에서 바깥지름 거친 가공 프로그램에 대한 설명으로 옳은 것은?

```
N32 G71 U2.0 R0.5 ;
N34 G71 P36 Q48 U0.4 W0.1 F0.25 ;
N36 G00 X30.0 ;
```

① Z축 방향의 1회 절입량은 2mm이다.
② Z축 방향의 도피량은 0.5mm이다.
③ 고정 사이클 시작 번호는 N36이다.
④ Z축 방향의 다듬질 여유는 0.4mm이다.

해설 바깥지름 거친 가공 프로그램에 대한 설명

```
G00 A ; G71사이클 … 시작위치
G71 U2.0 R0.5 ;
G71 P36 Q48 U0.4 W0.1 F0.25 ; … N36에서 N48까지를 사이클 가공함
N36 G00 P ; …………………… P는 G71사이클을 이용한 절삭가공 시작위치
    :                         (이때 Z값이 있으면 알람이 발생함)
    :
N48 Q ; Q는 G71사이클을 이용한 절삭가공 마지막 위치
```

59 CNC선반에서 안전을 고려하여 프로그램을 테스트할 때 축 이동을 하지 않게 하기 위해 사용하는 조작판은?

① 옵쇼날 프로그램 스톱(Optional Program Stop)
② 머신 록(Machine Lock)
③ 옵쇼날 블록 스킵(Optional Block Skip)
④ 싱글 블록(Single Block)

답 54. ② 55. ③ 56. ④ 57. ② 58. ③ 59. ②

해설 머신 록(Machine Lock)
안전을 고려하여 프로그램을 테스트할 때 축 이동을 하지 않게 하기 위해 사용하는 조작판으로, 이송 지령에 대해 기계를 고정시키기 위하여 사용된다.

60 몇 개의 단어(Word)가 모여 CNC기계가 동작을 하도록 하는 하나의 지령단위를 무엇이라고 하는가?

① 주소(Address)
② 데이터(Data)
③ 전개번호(Sequence number)
④ 지령절(Block)

해설 ① 어드레스(Address) : 영문 대문자(A~Z) 중 1개로 표시한다.
② 데이터(Data) : 수치는 주소의 기능에 따라 주로 2자리의 수치와 4자리의 수치가 사용되며, 좌표치를 입력할 때는 원칙적으로 소수점을 사용해야 하는데, 만약 소수점을 사용하지 않으면 좌표치의 제1자리를 0.001mm로 인식하게 된다.
③ 전개번호 : 복합 반복 주기에서의 호출, 종료 번호(P, Q)
④ 지령절(Block) : 몇 개의 단어(Word)가 모여 CNC기계가 동작을 하도록 하는 하나의 지령단위를 말한다.

답 60. ④

2013년 10월 12일 제5회 컴퓨터응용선반기능사 기출문제

01 다음 중 로크웰 경도를 표시하는 기호는?
① HBS ② HS
③ HV   ④ HRC

해설
- 로크웰 경도 : HRC
- 비커즈 경도 : HV
- 브리넬 경도 : HB
- 쇼어 경도 : HS

02 형상기억합금의 종류에 해당되지 않는 것은?
① 니켈 – 티타늄계 합금
② 구리 – 알루미늄 – 니켈계 합금
③ 니켈 – 티타늄 – 구리계 합금
④ 니켈 – 크롬 – 철계 합금

해설 형상기억합금 : 가공된 어떤 물체가 망가지거나 변형되어도 끓는 물 등으로 열을 가하면 원래의 형상으로 되돌아가는 합금을 말한다. 합금으로서는 니켈 – 티타늄 합금, 구리 – 아연 – 알루미늄 합금, 구리 – 알루미늄 – 니켈 합금, 니켈 – 티타늄 – 구리 합금이 있다.

03 열가소성 수지가 아닌 재료는?
① 멜라민 수지
② 초산비닐 수지
③ 폴리에틸렌 수지
④ 폴리염화비닐 수지

해설 열경화성 수지에는 페놀계 수지, 요소 수지, 멜라민 수지, 실리콘 수지, 푸란 수지, 폴리에스테르 수지 및 에폭시 수지 등이 있고 열가소성 수지에는 스티렌 수지, 염화비닐 수지, 폴리에틸렌 수지, 초산비닐 수지, 아크릴 수지, 폴리아미드 수지, 불소 수지 및 쿠마론인덴 수지 등이 있다.

04 베릴륨 청동 합금에 대한 설명으로 옳지 않은 것은?
① 구리에 2~3%의 Be을 첨가한 석출경화성 합금이다.
② 피로한도, 내열성, 내식성이 우수하다.
③ 베어링, 고급 스프링 재료에 이용된다.
④ 가공이 쉽게 되고 가격이 싸다.

해설 베릴륨 청동 : Cu에 2~3%의 Be를 첨가한 시효 경화성 합금으로 구리합금 중 최고 강도(약 980 MPa)를 가진다. 담금질하여 시효 경화시키면 기계적 성질이 합금강에 뒤떨어지지 않으며, 피로한도, 내열성, 내식성도 우수하여 기어, 베어링, 판스프링 등에 이용된다.

05 주철의 성장 원인 중 틀린 것은?
① 펄라이트 조직 중의 Fe_3C분해에 따른 흑연화
② 페라이트 조직 중의 Si의 산화
③ A_1 변태의 반복과정에서 오는 체적변화에 기인되는 미세한 균열의 발생
④ 흡수된 가스의 팽창에 따른 부피의 감소

해설 주철의 성장원인
① 펄라이트 조직 중의 Fe_3C분해에 따른 흑연화에 의한 팽창
② 페라이트 조직 중의 규소의 산화에 의한 팽창
③ A_1 변태의 반복 과정에서 오는 체적 변화에 따른 미세한 균열이 형성되어 생기는 팽창
④ 흡수된 가스에 의한 팽창에 따른 부피의 증가
⑤ 불균일한 가열로 생기는 균열에 의한 팽창
⑥ 시멘타이트의 흑연화에 의한 팽창

답 01. ④ 02. ④ 03. ① 04. ④ 05. ④

06 Al-Gu-Mg-Mn의 합금으로 시효경화 처리한 대표적인 알루미늄 합금은?
① 두랄루민
② Y-합금
③ 코비탈륨
④ 로우엑스 합금

해설 ① 두랄루민 : 알루미늄(Al)에 구리(Cu), 마그네슘(Mg), 망간(Mn)을 섞어 만들어서 가볍고 구리가 섞여 있어 내식성이 떨어지지만, 경도가 높고 기계적 성질이 우수하여 항공기나 경주용 자동차 등을 만드는 데 쓴다.
② Y-합금 : Cu 4%, Ni 2%, Mg 1.5% 정도이고, 나머지가 Al인 합금이다. 내열용 합금으로서 고온에서 강한 것이 특징이며, 사형 또는 금형 주물 및 단조물로 사용한다. 피스톤, 베어링 등에 사용된다.

07 다이캐스팅용 합금의 성질로서 우선적으로 요구되는 것은?
① 유동성
② 절식성
③ 내산성
④ 내식성

해설 다이캐스팅용 합금은 유동성이 우선적으로 요구된다.

08 스프링에서 스프링 상수(k)값의 단위로 옳은 것은?
① N
② N/mm
③ N/mm^2
④ mm

해설 스프링 상수 : 스프링의 변형은 δ은 탄성한도 내에서 하중 W에 비례하고 인장바축 선형 스프링에는 $W = K\delta$의 관계가 성립된다.
∴ $K = \dfrac{W}{\delta}$[N/mm]

09 다음 ISO 규격 나사 중에서 미터 보통 나사를 기호로 나타내는 것은?
① Tr
② R
③ M
④ S

해설
미터 보통 나사		M
미니추어 나사		S
미터 사다리꼴 나사		Tr
관용테이퍼 나사	테이퍼 수나사	R
	테이퍼 암나사	Rc
	평행 암나사	Rp

10 분할 핀에 관한 설명이 아닌 것은?
① 테이퍼 핀의 일종이다.
② 너트의 풀림을 방지하는 데 사용된다.
③ 핀 한쪽 끝이 두 갈래로 되어 있다.
④ 축에 끼워진 부품의 빠짐을 방지하는 데 사용된다.

해설 분할 핀(split pin) : 너트의 풀림 방지나 바퀴가 축에서 빠지는 것을 방지하기 위하여 사용하며 핀 한쪽 끝이 두 갈래로 되어 있다.

11 하중 3000N이 작용할 때, 정사각형 단면에 응력 30이 발생했다면 정사각형 단면 한 변의 길이는 몇 mm인가?
① 10
② 22
③ 100
④ 200

해설 $a = \sqrt{\dfrac{3000}{30}} = 10cm = 100mm$

12 축이음 설계 시 고려사항으로 틀린 것은?
① 충분한 강도가 있을 것
② 진동에 강할 것
③ 비틀림각의 제한을 받지 않을 것
④ 부식에 강할 것

해설 축이음 설계 시 고려사항
• 비틀림각 변형 : 주기적 또는 확실한 전동을 요하는 축은 비틀림 각에 제한을 받게 된다.

답 06.① 07.① 08.② 09.③ 10.① 11.③ 12.③

13 모듈이 m인 표준 스퍼기어(미터식)에서 총 이 높이는?

① 1.25m ② 1.5708m
③ 2.25m ④ 3.2504m

해설 • 기어의 이에 있어서 이뿌리부터 이끝까지의 높이
• 보통 이의 총 이 높이 h는 h≧2.25m, m : 모듈

14 레디얼 볼 베어링 번호 6200의 안지름은?

① 10mm ② 12mm
③ 15mm ④ 17mm

해설 안지름 번호(세 번째, 네 번째 숫자)
안지름 번호 1에서 9까지는 안지름 번호와 안지름이 같고 안지름 번호의
00 안지름 10mm, 01 안지름 12mm,
02 안지름 15mm, 03 안지름 17mm
안지름 20mm 이상 480mm 미만은 안지름을 5로 나눈 수가 안지름 번호(2자리)이다.

15 3줄 나사, 피치가 4mm인 수나사를 1/10 회전시키던 방향으로 이동하는 거리는 몇 mm인가?

① 0.1 ② 0.4
③ 0.6 ④ 1.2

해설 3줄 나사×피치4=12mm=$\frac{12}{10}$=1.2 mm

16 그림과 같은 입체도의 화살표 방향 투상이 정면일 경우 우측면도로 가장 적합한 것은?

해설 위 그림에서 우측면도는 ②항이다.

17 다음 중 긴 쪽 방향으로 절단하여 단면도로 나타내기에 가장 적합한 것은?

① 리브 ② 기어의 이
③ 하우징 ④ 볼트

해설 긴 쪽 방향으로 절단하여 단면도로 나타내는 것은 하우징이다.

18 그림과 같은 육각 볼트로 제도할 때 옳지 않은 설명은?

① 볼트 머리의 외형선은 굵은 실선으로 그린다.
② 나사의 골지름을 나타내는 선은 가는 실선으로 그린다.
③ 나사의 피치원 지름선은 가는 2점 쇄선으로 그린다.
④ 완전 나사부와 불완전 나사부의 경계선은 굵은 실선으로 그린다.

해설 피치원 지름선(수나사와 암나사의 골)을 표시하는 선은 가는 실선으로 그린다.

19 다음 중 기하공차 도시와 관련하여 이론적으로 정확한 치수를 나타낸 것으로 옳은 것은?

① "50" ② (50)
③ 50 ④ 50

해설 ① 이론적으로 정확한 치수 : 50
② 참고치수 : (50)
③ 비례척이 아님 : 50

답 13.③ 14.① 15.④ 16.② 17.③ 18.③ 19.③

20 그림과 같은 면의 지시기호 의미로 가장 적합한 설명은?

① 제거 가공을 필요로 한다는 것을 지시하는 경우
② 제거 가공을 허락하지 않는 것을 지시하는 경우
③ 제거 가공을 자유롭게 하도록 지시하는 경우
④ 특별히 규정하지 않는다는 것을 지시하는 경우

해설 ∇ : 제거 가공을 허락하지 않는 것을 지시

21 도면을 마이크로필름으로 촬영하거나 복사하고자 할 때 도면의 위치결정에 편리하도록 도면에 나타내야 하는 것은?
① 비교눈금   ② 중심마크
③ 도면구역   ④ 표제란

해설
① 비교눈금 : 비교 눈금은 도면을 축소 또는 확대했을 경우, 그 정도를 알기 위해 도면의 아래쪽에 중심마크를 중심으로 하여 마련한다.
② 중심마크 : 중심 마크는 도면을 마이크로 필름에 촬영하거나 복사할 때의 편의를 위하여 마련한다.
③ 표제란 : 표제란은 도면 관리에 필요한 사항과 도면 내용에 관한 정형적인 사항 등을 정리하고 기입하기 위하여 윤곽선 오른편 아래 구석의 안쪽에 설정하고, 이것을 정위치로 한다.

22 다음과 같은 부품란에 대한 설명 중 틀린 것은?

4	세트 스크류	SM30C	4		M4×0.7
3	커넥팅 로드	SF440A			
2	육각 너트	SM30C			3×18
1	실린더	GC200			
품번	품 명	재질	수량	중량	비 고

① 실린더의 재질은 회주철이다.
② 육각 너트의 재질은 공구강이다.
③ 커넥팅 로드는 탄소강 단강품이며 최저 인장강도가 440N/mm²이다.
④ 세트 스크류는 호칭지름이 4mm이고, 피치 0.7mm인 미터나사이다.

해설 육각너트의 재질은 기계구조용 탄소강재이다.

23 베어링이 "6203ZZ"라 표시되어 있을 경우 다음 중 알 수 없는 것은?
① 베어링 계열   ② 베어링 안지름
③ 실드 사양   ④ 정밀도 등급

해설
62 : 베어링 계열 기호
03 : 안지름 번호(베어링 안지름 170mm)
ZZ : 실드 기호

24 다음 축과 구멍의 공차치수에서 최대 틈새는?

구멍 : $\varnothing 50^{+0.025}_{-0}$ 축 : $\varnothing 50^{-0.025}_{-0.050}$

① 0.075   ② 0.050
③ 0.025   ④ 0.015

해설 최대 틈새=구멍의 최대 허용 치수-축의 최소 허용 치수=0.025-(-0.050)=0.075

25 기계가공 도면의 척도가 2 : 1로 나타났을 때, 실선으로 표시된 형상의 치수가 30으로 표시되었다면 가공제품의 해당부분 실제 가공치수는?
① 15mm   ② 30mm
③ 60mm   ④ 90mm

해설 척도가 2 : 1로 나타내고 도면의 치수가 30일 때 실제 가공치수도 30이다.

답 20. ② 21. ② 22. ② 23. ④ 24. ① 25. ②

26 절삭 공구 재료의 구비조건으로 틀린 것은?
① 고온에서 경도가 저하되지 않을 것
② 일감보다 단단하고 인성이 전혀 없을 것
③ 내마멸성이 클 것
④ 성형성이 좋고 가격이 저렴할 것

해설 절삭공구재료의 구비조건
① 가공재료(피 절삭재)보다는 경도와 인성이 클 것
② 고온에서 경도가 감소하지 않을 것
③ 마찰계수가 작고 내마모성이 우수할 것
④ 절삭저항을 받으므로 강도가 클 것
⑤ 피삭재와 친화력이 적을 것
⑥ 조형이 용이하고 경제성이 있을 것

27 연삭작업 시 발생하는 무딤(glazing)현상의 발생 원인으로 거리가 먼 것은?
① 마찰에 의한 연삭열 발생이 너무 작다.
② 연삭숫돌의 결합도가 높다.
③ 연삭숫돌의 원주속도가 너무 빠르다.
④ 숫돌재료가 공작물 재료에 부적합하다.

해설 무딤 원인
① 숫돌의 결합도가 클 경우
② 원주속도가 너무 클 경우
③ 공작물과 숫돌의 재질이 맞지 않을 경우

28 나사의 유효지름 측정방법에 해당하지 않는 것은?
① 나사마이크로미터에 의한 유효지름 측정방법
② 삼침법에 의한 유효지름 측정 방법
③ 공구현미경에 의한 유효지름 측정 방법
④ 사인바에 의한 유효지름 측정 방법

해설 나사의 유효지름을 측정은 나사 마이크로미터, 삼선(침)법, 공구 현미경 등의 광학적 측정기로 하는 방법이 있다.

29 기계공작법 중 재료에 열, 압축력, 충격력 등의 하중을 가하여, 모양을 변형시켜 제품을 만드는 가공법은?
① 접합가공법 ② 절삭가공법
③ 소성가공법 ④ 분말야금법

해설 소성가공법 : 기계공작법 중 재료에 열, 압축력, 충격력 등 하중을 가하여 모양을 변형시켜 제품을 만드는 가공법

30 그림의 마이크로미터가 지시하는 측정값은?

① 1.23mm ② 1.53mm
③ 1.73mm ④ 2.23mm

해설
슬리브의	1mm	눈금	1
슬리브의	0.5mm	눈금	0.5
딤블의	0.01mm	눈금	0.23(+)
			1.73mm

31 표와 같은 회전수를 가진 밀링머신에서 커터의 지름 120mm이고, 한 날당 이송이 0.2mm, 커터의 날수가 8개인 초경 절삭공구를 사용하여 절삭하고자 한다. 이때, 절삭속도는 약 150m/min로 하고자 할 때 적합한 회전수는?

회전수	1450	1050	780	540
(rpm)	390	290	190	135

① 1050rpm ② 780rpm
③ 540rpm ④ 390rpm

해설 $n = \dfrac{1000V}{\pi d} = \dfrac{1000 \times 150}{\pi \times 120} = 397$
(⇒ 표에서 390 선택)

답 26.② 27.① 28.④ 29.③ 30.③ 31.④

32 볼트자리가 평면이 아니거나 구멍과 직각이 되지 않을 때 행하는 작업은?
① 카운터 보링　② 카운터 싱킹
③ 스폿 페이싱　④ 보링

해설
① 카운터 보링(counter boring) : 드릴링 작업한 후에 평 볼트, 소형 볼트의 머리를 가공물의 몸체 내에 삽입하기 위하여 구멍의 상부를 원통형으로 크게 단이 있는 작업이다.
② 카운터 싱킹(counter sinking) : 드릴링 작업한 후에 접시머리 나사를 가공물 구멍에 나사머리가 들어갈 수 있도록 원추형으로 가공하는 작업이다.
③ 스폿 페이싱(spot facing) : 단조품 및 주물품에 볼트, 너트를 고정할 때 접촉부를 안정되게 하기 위하여 구멍 주위를 평면으로 가공하는 작업이다.
④ 보링(boring) : 드릴링 작업한 후에 보링 바에 바이트를 붙여 구멍을 다시 절삭해서 구멍을 넓히고 다듬질하는 작업이다.

33 그림에서와 같이 ϕ를 전단각, α를 윗면 경사각이라 할 때 α가 커지면 일반적으로 어떤 현상이 발생하는가?

① 칩은 두껍고 짧아지며, 절삭저항이 커진다.
② 칩은 두껍고 짧아지며, 절삭저항이 작아진다.
③ 칩은 얇고 길어지며, 절삭저항이 커진다.
④ 칩은 얇고 길어지며, 절삭저항이 작아진다.

해설 위 그림에서 윗면 경사각이 커지면 유동형 칩이 발생하므로 칩은 얇고 길어지며, 절삭저항은 작아진다.

34 작은 지름의 일감에 수나사를 가공할 때 사용하는 공구는?
① 리머　② 다이스
③ 정　④ 탭

해설 다이스는 수나사가공, 탭은 암나사 가공에 사용된다.

35 대형이며 중량의 가공물을 가공하기 위한 밀링 머신으로 플레이너와 비슷한 구조로 되어 있으며, 플레이너의 공구대를 밀링 헤드로 바꾸어 정착함으로서 플레이너보다 효율적이고, 강력한 중절삭이 가능한 밀링 머신은?
① 만능 밀링 머신(Universal Milling Machine)
② 생산형 밀링 머신(Production Milling Machine)
③ 모방 밀링 머신(Copy Milling Machine)
④ 플레이너형 밀링 머신(Planer Milling Machine)

해설 플레이너형 밀링머신(planer type milling machine) : 플레이너의 공구대 대신 밀링 헤드가 장치된 형식이다. 대형 공작물과 중량물의 공작물을 강력 절삭에 적합하며, 쌍두형과 단두형이 있다.

36 윤활제의 급유방법 중 마찰면이 넓거나 시동되는 횟수가 많을 때 사용하며 저속 및 중속 축의 급유에 주로 사용되는 방법은?
① 강제 급유방법　② 적하 급유방법
③ 오일링 급유방법　④ 패드 급유방법

해설
① 강제 급유법 : 순환펌프를 이용하여 강제로 급유하는 방법이며, 고속 베어링의 급유에 많이 이용한다.
② 적하 급유법 : 유리에 눈금이 새겨진 적하 급유법이 많이 이용하고, 저속 및 중속 축의 급유와 마찰 면이 넓고 시동횟수가 많은 곳에 주로 사용한다.

답 32. ③ 33. ④ 34. ② 35. ④ 36. ②

③ 오일링 급유법 : 고속 주축에 급유를 균등히 하는 곳에 주로 사용하고, 회전축보다 큰 링이 축에 걸쳐 회전하면서 기름통에서 링을 통하여 축 윗면에 급유한다.
④ 패드 급유법 : 무명이나 털 등을 섞어 만든 패드 일부를 오일 통에 담가 저널의 아래면에 모세관 현상으로 급유하는 방법

37 선반의 테이퍼 구멍 안에 부속품을 설치하여 가공물 지지, 센터드릴 가공, 드릴 가공 등을 하거나 중심축의 편위를 조정하여 테이퍼 절삭에 사용하는 부분은?
① 심압대 ② 베드
③ 왕복대 ④ 주축대

해설 심압대는 우측 베드상에 있으며, 작업내용에 따라 좌우로 움직여 위치조정이 할 수 있도록 되어 있고 축에 정지 센터를 끼워 긴 공작물을 고정하거나 센터 대신 드릴·리머 등을 고정할 수 있다.

38 강성이 크고 강력한 연삭기 및 연삭 숫돌이 개발되어 나타난 연삭가공 방법으로 연삭작업에서 한 번에 연삭깊이를 크게 하여 가공하는 방법은?
① 경면 연삭(Mirror Grinding)
② 고속 연삭(High Speed Grinding)
③ 자기 연삭(Magnetic Grinding)
④ 크립 피드 연삭(Creep Feed Grinding)

해설 크립 피드 연삭 : 강성이 크고 강력한 연삭기 및 연삭숫돌이 개발되어 나타난 연삭가공 방법으로 연삭작업에서 한 번에 연삭 깊이를 크게 하여 가공하는 방식이다.

39 다음 중 분할대를 이용한 분할법의 종류가 아닌 것은?
① 직접 분할 방법
② 단식 분할 방법
③ 복식 분할 방법
④ 차동 분할 방법

해설 분할 방법에는 직접분할, 단식분할, 차동 분할방법이 있다.

40 래핑의 일반적인 특징으로 잘못된 것은?
① 가공면이 매끈한 경면을 얻을 수 있다.
② 가공면은 내식 내마모성이 좋다.
③ 작업 방법은 간단하나 대량생산이 어렵다.
④ 정밀도가 높은 제품을 얻을 수 있다.

해설 래핑의 장점
① 가공면이 매끈한 거울면
② 높은 정밀도(평면도, 진원도, 진직도 등)
③ 가공된 면의 내식성, 내마모성 상승
④ 작업 방법이 간단하고 대량생산 가능

41 다음 중 일반적으로 절삭 저항에 영향을 주는 요소로 가장 거리가 먼 것은?
① 절삭유의 온도 ② 절삭 면적
③ 절삭 속도 ④ 날끝의 모양

해설 절삭저항을 변화시키는 요소는 다음과 같다.
① 가공물의 재질 : 단단한 재질일수록 절삭 저항은 증가한다.
② 공구날끝의 모양 및 공구각 : 경사각이(약 30℃까지)커질수록 감소한다.
③ 절삭면적(이송×깊이) : 절삭면적이 커질수록 절삭저항이 증가한다.
④ 절삭속도 : 절삭속도가 클수록 절삭저항은 감소한다.
⑤ 절삭제 : 절삭유를 사용하면 절삭저항은 감소한다.

42 이송 절삭력은 그림과 같이 서로 직각으로 된 세 가지 분력으로 나누어서 생각 할 수 있다. 그림에서 ㉠은 어떤 분력인가?
① 주분력
② 배분력
③ 이송분력
④ 황분력

답 37.① 38.④ 39.③ 40.③ 41.① 42.①

해설 위 그림에서
① 주분력(P1 : Principal Culting Force) : 절삭방향으로 작용하는 분력
② 이송분력(P2 : Feed Force) : 이송방향(평행)으로 작용하는 분력
③ 배분력(P3 : Radial Force) : 공구의 축방향으로 작용하는 분력

43 CNC선반에서 공구 인선 반지름 보정을 하고자 할 때 보정값 입력란에 공구의 인선 반지름 값과 함께 반드시 입력하여야 하는 것은?

① 공구의 길이 번호
② 공구의 가상 인선 번호
③ 공구보정값의 X 성분값
④ 공구보정값의 Z 성분값

해설 CNC선반에서 공구인선 반지름 보정을 하고자 할 때 보정값 입력란에 공구의 인선 반지름과 공구의 가상 인선 번호를 반드시 함께 입력해야 한다.
• 가상인선 : 공구의 인선 반지름이 없는 것으로 가상하여 가상인선을 정해 놓고 이 점을 기준점으로 나타낸 것을 가상인선이라고 한다.

44 CNC 선반의 보조 장치들을 제어하는 M코드와 그 의미가 올바르게 연결된 것은?

① M04 - 주축 정회전
② M08 - 절삭유 OFF
③ M30 - 프로그램 Rewind & Restart
④ M48 - 주축 오버라이드 무시

해설 ① M04 - 주축 역회전
② M08 - 절삭유 On
③ M30 - 프로그램 종료+리셋(program rewind & restart)
④ M48 - 스핀들 오버라이드 무시 OFF

45 다음 중 머시닝 센터에서 X, Y, Z 축에 회전하는 부가축이 아닌 것은?

① A   ② B
③ C   ④ D

해설 머시닝 센터에서
① 기본축(X, Y, Z)
서로 직교하는 3축에 대응하는 어드레스로 좌표의 위치나 거리를 지정
② 부가축(A, B, C, U, V, W)
부가축의 어드레스로 회전축의 각도와 축의 길이 및 위치를 지정

46 다음 중 CNC 공작기계를 사용할 때의 특징으로 알맞은 것은?

① 가공의 능률화와 정밀도 향상이 가능하다.
② 치공구가 다양하게 되어 공구의 수가 증가한다.
③ 작업 조건의 설정으로 숙련자의 수를 증가시킨다.
④ 다품종 소량생산보다 소품종 대량생산에 더 적합하다.

해설 CNC공작기계의 특징
① 가공의 능률화와 정밀도 향상이 가능하다.
② 생산성을 향상시킬 수 있고 제품의 균일성을 유지할 수 있다.
③ 미숙련자도 작업이 가능하고 다품종 소량생산에 적합하다.
④ 치공구(특수 공구제작)의 불필요로 공구 관리비를 절감할 수 있다.

47 그림의 a에서 360°의 원을 가공하는 머시닝 센터 프로그램으로 옳은 것은?

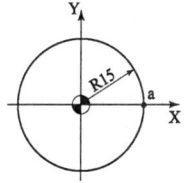

① G02 I15. F100. ;
② G02 I-15. F100. ;
③ G02 J15. F100. ;
④ G02 J-15. F100. ;

답 43. ② 44. ③ 45. ④ 46. ① 47. ②

해설 위 그림에서 프로그램은 G02 I-15, F100. ;
이다.

48 다음 중 CNC 선반 프로그램에 관한 설명으로 틀린 것은?

① 절대지령은 X, Z 어드레스로 결정한다.
② 증분지령은 U, W 어드레스로 결정한다.
③ 절대지령과 증분지령은 한 블록에 지령할 수 없다.
④ 프로그램 작성은 절대지령과 증분지령을 혼용해서 사용할 수 있다.

해설 절대지령과 증분지령은 한 블록에 함께 지령할 수 있다.

49 다음과 같이 ㉠ → ㉡까지 이동하기 위한 프로그램으로 옳은 것은?

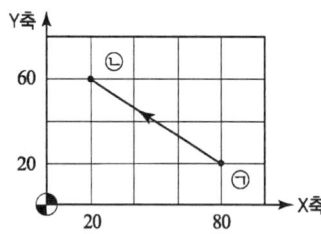

① G90 G00 X-60. Y-40. ;
② G91 G00 X20. Y60. ;
③ G90 G00 X20. Y60. ;
④ G91 G00 X60. Y-40. ;

해설 위 그림에서 프로그램은 G90 G00 X20. Y60. ; 이다.

50 CNC선반에서 나사 가공 시 이송 속도(F 코드)에 무엇을 지령해야 하는가?

① 줄수 ② 피치
③ 리드 ④ 호칭

해설 CNC선반에서 나사 가공 시 이송 속도 F는 나사의 리드를 지령한다.

• 나사의 리드는 나사를 한 바퀴 회전 하였을 때 진행한 거리
리드(L)=나사의 피치(P)×나사의 줄 수

51 고속가공기의 장점을 설명한 것으로 틀린 것은?

① 난삭재의 가공이 가능하다.
② 절삭저항이 저하되고, 공구의 수명이 길어진다.
③ 칩이 가공열을 가지고 제거되기 때문에 공작물에 열이 남지 않는다.
④ 공구지름이 큰 것을 사용하므로, 효과적 가공이 가능하고 공구가 부러지지 않는다.

해설 고속가공기의 장점
① 난삭재 가공이 가능하다.
② 절삭저항이 저하되고 공구수명이 길어진다.
③ 칩이 가공열을 가지고 제거되기 때문에 공작물에 열이 남지 않는다.
④ 표면조도를 향상시킨다.
⑤ 엔드밀의 경우에는 절삭저항이 저하됨으로써 매우 얇은 가공물도 변형을 주지 않고 정밀도를 유지하면서 가공할 수 있다.
⑥ 버(Burr) 생성이 감소한다.

52 다음과 같은 CNC선반 프로그램에서 N03 블록 끝에서의 주축의 회전수는 얼마인가?

N01 G50 X100.0 Z100.0 S1000 T0100 M41;
N02 G96 S100 M03;
N03 G00 X10.0 Z5.0 T0101 M08 ;

① 100rpm ② 1000rpm
③ 2000rpm ④ 3183rpm

해설 G50 S1000 ; 주축 최고회전수 : 1000rpm
G96 S100 M03 ; 주속일정제어 $v=100$m/min
$$n = \frac{1000v}{\pi d} = \frac{1000 \times 100}{\pi \times 10} = 3183 rpm$$
∴ 주축 최고회전수를 넘을 수 없으므로 주축은 1000rpm으로 회전한다.

답 48.③ 49.③ 50.③ 51.④ 52.②

53 다음 중 CNC 공작기계에서 "P/S_ALARM"이라는 메시지의 원인으로 가장 적합한 것은?
① 프로그램 알람
② 금지영역 침범 알람
③ 주축 모터 과열 알람
④ 비상정지 스위치 ON 알람

해설 P/S_ALARM의 원인은 프로그램 알람이다.

54 다음 중 CNC 공작기계의 안전을 위하여 기계가공을 준비하는 순서로 가장 적합한 내용은?
① 전원투입 → 원점복귀 → 프로그램 입력 → 공구장착 및 세팅 → 공구경로 확인 → 가공
② 전원투입 → 프로그램 입력 → 공구장착 및 세팅 → 공구경로 확인 → 원점복귀 → 가공
③ 전원투입 → 공구장착 및 세팅 → 프로그램 입력 → 공구경로 확인 → 원점복귀 → 가공
④ 전원투입 → 공구경로 확인 → 원점복귀 → 프로그램 입력 → 공구장착 및 세팅 → 가공

해설 NC 공작기계에서 기계가공을 준비하는 순서
전원투입 → 원점복귀 → 프로그램 입력 → 공구 장착 및 세팅 → 공구경로 확인 → 가공

55 일반적으로 프로그램 작성자가 프로그램을 쉽게 작성하기 위하여 공작물 좌표계 원점과 일치시키는 것은?
① 기계 원점
② 제 2 원점
③ 제 3 원점
④ 프로그램 원점

해설 프로그램 원점 : 일반적으로 프로그램 작성자가 프로그램을 쉽게 작성하기 위하여 공작물 좌표계의 원점과 일치시키는 것이다.

56 머시닝 센터에서 엔드밀을 사용하여 ∅30을 원가공한 후 내경을 측정한 결과 ∅29.960이었다. 이때 공구경 보정값은 얼마로 수정해야 하는가? (단, 기존 보정값은 6.00mm이었다.)
① 5.94mm
② 5.98mm
③ 6.02mm
④ 6.04mm

해설 가공 시 보정값=30−29.96=0.04÷2=0.02
기존 보정값 : 6.0mm
∴ 공구보정값=6.0−0.02=5.98mm

57 CNC 공작기계에서 백래쉬의 오차를 줄이기 위해 사용하는 기계부품으로 가장 적합한 것은?
① 볼나사
② 리드스크루
③ 사각나사
④ 유니파이나사

해설 볼 스크루(Ball Screw) : 회전운동을 직선운동으로 바꿀 때 사용되며, 주로 CNC공작기계에 적용하고 있으며, 높은 정밀도를 얻을 수 있으며, 마찰이 적고 너트를 조정함으로써 백래시(Backlash)를 "0"에 가깝도록 할 수 있다.

58 "G□□ X_ Y_ Z_ R_ Q_ P_ F_ L_;"는 머시닝 센터의 고정사이클 구멍 가공 모드 지령 방법이다. 이때 P가 의미하는 것은?
① 절삭 이송 속도를 지정
② 초기점에서부터 거리를 지정
③ 고정사이클 반복 횟수를 지정
④ 구멍 바닥에서 휴지 시간을 지정

해설 고정 사이클 기본 형식
- R : 구멍가공 후 R점(구멍가공 시작점)을 지령
- Q : 1회 절입량 또는 Shift량을 지령
- P : 구멍바닥에서의 휴지(Dwell, 정지) 시간
- F : 이송속도(구멍가공 이송속도)
- L(K) : 고정 사이클의 반복회수를 지령

답 53. ① 54. ① 55. ④ 56. ② 57. ① 58. ④

제 6 편 최근 기출문제

59 다음 중 드릴작업에 있어 안전사항에 관한 설명으로 옳지 않은 것은?

① 장갑을 끼고 작업하지 않는다.
② 드릴을 회전시킨 후에는 테이블을 조정하지 않도록 한다.
③ 얇은 판에 구멍을 뚫을 때에는 나무판을 밑에 받치고 구멍을 뚫도록 해야 한다.
④ 가공 중 드릴 끝이 마모되어 이상한 소리가 나면 공구의 이송속도를 더욱 크게 한다.

해설 가공 중 드릴 끝이 마모되어 이상한 소리가 나면 정지하고 공구를 교환한다.

60 CNC선반에서 그림과 같이 다듬질 여유로 절삭하는 외경 황삭의 고정사이클 프로그램으로 옳은 것은?

① G90 X28.2 Z-19.9 F0.2 ;
② G90 X28.4 Z-19.9 F0.2 ;
③ G90 X28.2 Z-20.1 F0.2 ;
④ G90 X28.4 Z-20.1 F0.2 ;

해설 위 그림에서 프로그램은
G90 X28.4 Z-19.9 F0.2. ; 이다.

답 59. ④ 60. ②

2014

컴/퓨/터/응/용/선/반/기/능/사

기출문제

2014년 1월 26일 제1회 컴퓨터응용선반기능사 기출문제

01 금속재료를 고온에서 오랜 시간 외력을 걸어 놓으면 시간의 경과에 따라 서서히 그 변형이 증가하는 현상은?
① 크리프 ② 스트레스
③ 스트레인 ④ 템퍼링

해설 크리프 : 금속재료를 고온에서 오랜 시간 외력을 걸어놓으면 시간의 경과에 따라 서서히 그 변형이 증가하는 현상이다.

02 황동의 연신율이 가장 클 때 아연(Zn)의 함유량은 몇% 정도인가?
① 30 ② 40
③ 50 ④ 60

해설 황동의 성질
① 전기(열)전도도가 Zn 40%까지 감소, 그 이상에서는 50%에서 최대이고, 연신율은 Zn 30% 최대이다.
② 주조성, 가공성, 내식성, 기계적 성질이 좋다. 압연과 단조가 가능하다.
③ 인장강도는 Zn 45% 최대가 되며 그 이상에서는 급감한다. 따라서 Zn 50% 이상의 황동은 취약해진다.

03 공구용 합금강을 담금질 및 뜨임처리하여 개선되는 재질의 특성이 아닌 것은?
① 조직의 균질화 ② 경도 조절
③ 가공성 향상 ④ 취성 증가

해설 뜨임 : 인성을 부여하고 취성을 감소한다.

04 주철의 장점이 아닌 것은?
① 압축 강도가 작다.
② 절삭 가공이 쉽다.
③ 주조성이 우수하다.
④ 마찰 저항이 우수하다.

해설 주철의 장점은 압축 강도가 크다.

05 구상 흑연주철을 조직에 따라 분류했을 때 이에 해당하지 않는 것은?
① 마르텐자이트형 ② 페라이트형
③ 펄라이트형 ④ 시멘타이트형

해설 구상 흑연주철
① 주철은 보통 주방 상태에서 흑연이 편상으로 된다. 그러나 특수한 처리(특수원소 첨가, 열처리)를 하면 흑연이 구상으로 되는데 이것을 구상 흑연주철이라 하다.
② 인장강도는 주조상태가 50~70(N/mm^2), 풀림상태가 45~55(N/mm^2)이다.
③ 구상 흑연주철은 조직에 따라 페라이트형, 펄라이트형, 시멘타이트형을 분류되다. 페라이트형은 그 모양이 마치 황소의 눈과 같다고 하여 소눈 조직(bull's eye structure)이라고 한다.

06 절삭공구류에서 초경합금의 특성이 아닌 것은?
① 경도가 높다. ② 텅스텐 합금
③ 마그네슘 합금 ④ 알루미늄 합금

해설 초경합금
① W-Ti-Ta 등의 탄화물 분말을 Co 또는 Ni를 결합하여 1400℃ 이상에서 소결시킨 것.(주성분 : W, Ti, Co, C 등이다.)
② 경도 및 고온경도가 높다.
③ 내마모성과 취성이 크다.
④ 피복 초경합금은 내열성, 내마모성, 내용착성이 우수하며 일반 초경합금에 비해 2~5배의 공구수명이 증대되며, 고온, 고속절삭에서 우수한 성능을 갖는다.

답 01.① 02.① 03.④ 04.① 05.① 06.②

07 합금의 종류 중 고용융점 합금에 해당하는 것은?

① 티탄 합금 ② 텅스텐 합금
③ 마그네슘 합금 ④ 알루미늄 합금

해설 용융점
① 티탄 : 1,668℃
② 텅스텐 : 3,410℃
③ 마그네슘 : 650℃
④ 알루미늄 : 660℃

08 지름이 50mm 축에 폭이 10mm인 성크 키를 설치했을 때, 일반적으로 전단하중만을 받을 경우 키가 파손되지 않으려면 키의 길이는 몇 mm인가?

① 25mm ② 75mm
③ 150mm ④ 200mm

해설 $l = h(0.15b) \times d = 0.15 \times 10 \times 50 = 75mm$

09 롤링 베어링의 내륜이 고정되는 곳은?

① 저널 ② 하우징
③ 궤도면 ④ 리테이너

해설 저널 : 롤링 베어링의 내륜이 고정되는 곳이다.

10 모듈 5, 잇수가 40인 표준 평기어의 이끝원 지름은 몇 mm인가?

① 200mm ② 210mm
③ 220mm ④ 240mm

해설 이끝원 지름=모듈×(잇수+2)
=5×(40+2)
=210mm

11 두 축이 평행하고 거리가 아주 가까울 때 각속도의 변동없이 토크를 전달할 경우 사용되는 커플링은?

① 고정 커플링(fixed coupling)
② 플렉시블 커플링(flexible coupling)
③ 올덤 커플링(Oldham's coupling)
④ 유니버설 커플링(universal coupling)

해설 ① 원통 커플링 : 가장 간단한 구조로 원통 속에 두 축을 끼워 넣고 일직선이 될 수 있도록 키, 볼트로 결합시켜 키의 전단력이나 마찰력으로 전동하는 이음.
② 플렉시블 커플링 : 두 축의 중심선을 완전히 일치시키기 어려울 때, 또 내연 기관과 같이 전달 토크의 변동이 많은 원동기에서 다른 기계로 동력을 전달하는 경우 및 고속 회전으로 진동을 일으키는 경우에 사용된다.
③ 올덤 커플링 : 두 축이 평행하며, 그 거리가 비교적 짧고 축선의 위치가 어긋나 있으나 각속도의 변화 없이 회전력을 전달시키려 할 때 사용하고, 밸런스와 마찰의 난점이 있고 편심량이 큰 회전 전달이나 고속의 경우에는 적합하지 않다.
④ 유니버설 커플링 : 두 축이 동일 평면 내에 있고 그 중심선이 α 각도($\alpha \leq 30°$)로 교차하는 경우의 전동 장치로 자동차, 공작기계, 압연롤러, 전달기구 등에 많이 사용

12 기계재료의 단단한 정도를 측정하는 가장 적합한 시험법은?

① 경도시험 ② 수축시험
③ 파괴시험 ④ 굽힘시험

해설 경도시험 : 기계재료의 단단한 정도를 측정하며 경도의 본질은 마모 및 절삭성 등에 대한 저항으로 측정한다.

13 인장응력을 구하는 식으로 옳은 것은? (단, A는 단면적, W는 인장하중이다.)

① $A \times W$ ② $A + W$
③ $\dfrac{A}{W}$ ④ $\dfrac{W}{A}$

해설 인장응력= $\dfrac{W(하중)}{A(단면적)}$

답 07.② 08.② 09.① 10.② 11.③ 12.① 13.④

14 다음 중 구름 베어링의 특성이 아닌 것은?
① 감쇠력이 작아 충격 흡수력이 작다.
② 축심의 변동이 작다.
③ 표준형 양산품으로 호환성이 높다.
④ 일반적으로 소음이 작다.

해설 구름 베어링의 장·단점
① 동력이 절약되고, 가동저항이 크다. 슬라이딩 베어링의 10~50% 정도로 한다.
② 윤활유가 절약되고, 윤활유에 의한 기계의 오손이 적다.
③ 신뢰성이 있고, 유지비가 감소된다.
④ 기계의 정밀도를 장시간 유지할 수 있고 고속회전 할 수 있다.
⑤ 베어링 교환과 선택이 쉽고 베어링 길이를 단축 할 수 있다.
⑥ 가격이 비교적 비싸고 외경이 크게 된다.
⑦ 소음이 생기고 충격에 약하다.
⑧ 제작, 설치와 조립이 어렵고, 부분적 수리가 불가능하다.

15 자동차의 스티어링 장치, 수치제어 공작기계의 공구대, 이송장치 등에 사용되는 나사는?
① 둥근 나사   ② 볼나사
③ 유니파이나사 ④ 미터나사

해설 볼나사 용도 : 자동차의 스티어링부, 공작 기계의 이송나사, 항공기의 이송나사

16 그림과 같은 제 3각 정투상도에 가장 적합한 입체도는?

[보기]

17 원통이나 축 등의 투상도에서 대각선을 그어서 그 면이 평면임을 나타낼 때에 사용되는 선은?
① 굵은 실선   ② 가는 파선
③ 가는 실선   ④ 굵은 1점 쇄선

해설 원통이나 축 등의 투상도에서 대각선을 그어서 그 면이 평면임을 나타내는 선은 가는 실선이다.

18 스프로킷 휠의 도시방법에 관한 내용으로 옳은 것은?
① 바깥지름은 굵은 실선으로 그린다.
② 이뿌리원은 가는 1점 쇄선으로 그린다.
③ 피치원은 가는 파선으로 그린다.
④ 요목표는 작성하지 않는다.

해설 스프로킷 휠 제도법
① 바깥지름(이끝원)은 굵은 실선으로 그린다.
② 피치원은 가는 1점 쇄선으로 그린다.
③ 이뿌리원은 가는 실선으로 그린다.
④ 정면도를 단면으로 도시할 경우 이뿌리는 굵은 실선으로 그린다.

19 다음 도면에 대한 설명으로 잘못된 것은?

[보기]

① 긴 축은 중간을 파단하여 짧게 그렸고, 치수는 실제치수를 기입하였다.
② 평행키 홈의 깊이 부분을 회전도시 단면도로 나타내었다.
③ 평행키 홈의 폭 부분을 국부투상도로 나타내었다.
④ 축의 양 끝을 1×45°로 모떼기 하도록 지시하였다.

답 14. ④ 15. ② 16. ③ 17. ③ 18. ① 19. ②

해설 평행 키 홈의 깊이 부분을 부분 단면도로 나타내었다.

20 다음 중 나사의 표시를 옳게 나타낸 것은?

① 왼 M25×2 - 2줄
② 왼 M25-2-2 - 6줄
③ 2줄 왼 M25×2 - 2A
④ 왼 2줄 M25×2 - 6H

해설 나사표기 방법의 예

구 분	감긴 방향	줄 수	호칭	등급	설 명
좌2줄 M25×2-6H	좌	2줄	M25×2	6H	·2줄 왼나사 미터 가는 나사 ·지름이 25mm이고 피치가 2mm인 공차 6H인 암나사
좌 M25-6H/6g	좌	1줄	M25	6H/6g	·1줄 왼나사 나사 로미터 나사 지름이 25mm인 암나사 ·6H와 수나사 6g의 조합
No.4-40 UNC-2A	우	1줄	4-40UNC	2A	·1줄 오른나사 유니 파이 ·보통나사 A급 (피치 25.4/40=0.6350mm)

21 부품의 기능과 역할에 따라 틈새 또는 죔새가 생기는 끼워 맞춤은?

① 헐거운 끼워 맞춤
② 억지 끼워 맞춤
③ 표준 끼워 맞춤
④ 중간 끼워 맞춤

해설 중간 끼워 맞춤 : 중간 끼워 맞춤은 축, 구멍의 치수에 따라 틈새 또는 죔새가 생기는 끼워 맞춤으로, 헐거운 끼워 맞춤이나 억지 끼워 맞춤으로 얻을 수 없는 더욱 작은 틈새나 죔새를 얻는 데 적용하며, 베어링 조립은 중간 끼워 맞춤의 대표적인 보기이다.

22 표면의 결 도시기호에서 가공에 의한 컷의 줄무늬가 여러 방향으로 교차 또는 무방향으로 도시된 기호는?

해설

X	가공으로 생긴 선이 두 방향으로 교차	
M	가공으로 생긴 선이 다방면으로 교차 또는 무방향	
C	가공으로 생긴 선이 거의 동심원	
R	가공으로 생긴 선이 거의 방사상(레이디얼형)	

23 도면에서 치수 숫자와 함께 사용되는 기호를 올바르게 연결한 것은?

① 지름 : D
② 정 사각형의 변 : □
③ 반지름 : R
④ 45° 모따기 : 45°

해설

지 름	Φ
반 지 름	R
구의 지름	SΦ
구의 반지름	SR
정사각형의 변	□
45°의 모따기	C

답 20.④ 21.④ 22.② 23.③

24 도면에서 어떤 경우에 해칭(hatching)하는가?

① 가상 부분을 표시할 경우
② 절단 단면을 표시할 경우
③ 회전 부분을 표시할 경우
④ 부품이 겹치는 부분을 표시할 경우

해설 물체의 내부 모양을 알기 쉽게 도시하기 위하여 단면도를 활용한다. 물체를 절단하였다고 가정하고 절단한 부분을 떼어 내고 도시한다. 이때 절단한 면을 해칭 처리하여 절단하였음을 나타낸다.

25 최대 실체 공차 방식의 적용을 올바르게 나타낸 것은?

① 공차 붙이 형체에 적용하는 경우 공차 값 뒤에 기호 ⓜ을 기입한다.
② 공차 붙이 형체에 적용하는 경우 공차 값 앞에 기호 ⓜ을 기입한다.
③ 공차 붙이 형체에 적용하는 경우 공차 값 뒤에 기호 ⓢ을 기입한다.
④ 공차 붙이 형체에 적용하는 경우 공차 값 앞에 기호 ⓢ을 기입한다.

해설 최대 실체 공차 방식 : 최대 질량의 실체를 갖는 조건으로 공차 붙이 형체에 적용하는 경우 공차 값 뒤에 기호 ⓜ을 기입한다.

26 연삭숫돌의 자생 작용이 일어나는 순서로 올바른 것은?

① 입자의 마멸 → 생성 → 파쇄 → 탈락
② 입자의 탈락 → 마멸 → 파쇄 → 생성
③ 입자의 파쇄 → 마멸 → 생성 → 탈락
④ 입자의 마멸 → 파쇄 → 탈락 → 생성

해설 절삭날은 자생 작용(마모 → 파쇄 → 탈락 → 생성)을 반복한다.

27 수평 밀링 머신에서 슬로팅 장치는 어디에 설치하는가?

① 헤드   ② 분할대
③ 새들 위   ④ 테이블 위

해설 수평 밀링 머신이나 만능 밀링 머신의 헤드(컬럼 앞면)에 주축과 연결하여 사용하며 주축의 회전운동을 공구대 램의 직선 왕복 운동으로 변화시켜 바이트로써 직선 절삭가능(키이, 스플라인, 세레이션, 기어가공 등)

28 버니어 캘리퍼스의 측정 시 주의사항 중 잘못된 것은?

① M형 버니어 캘리퍼스로 특히 작은 구멍의 안지름을 측정할 때는 실제 치수보다 작게 측정됨을 유의 해야 한다.
② 사용하기 전 각 부분을 깨끗이 닦아서 먼지, 기름 등을 제거한다.
③ 측정 시 공작물을 가능한 힘 있게 밀어 붙여 측정한다.
④ 눈금을 읽을 때는 시차를 없애기 위해 눈금면의 직각 방향에서 읽는다.

해설 측정 시 공작물을 가볍게 밀착하여 측정한다.

29 다음 중 내면 연삭기 형식의 종류에 속하지 않는 것은?

① 보통형   ② 유성형
③ 센터리스형   ④ 플랜지 컷형

해설 내면 연삭방식에는 공작물 회전형(보통형)과 공작물 고정형(유성형), 센터리스형이 있다.

30 가늘고 긴 일감은 절삭력과 자중으로 휘거나 처짐이 일어나 정확한 치수로 깎기 어렵다. 이것을 방지하는 선반의 부속장치는 무엇인가?

① 센터   ② 방진구
③ 맨드릴   ④ 면판

답 24.② 25.① 26.④ 27.① 28.③ 29.④ 30.②

해설 ① 센터 : 공작물을 지지하는 부속장치이다. 회전센터는 주축에서 사용(모스테이퍼 사용 약 1/20)하고 정지센터는 심압대에서 사용(모스테이퍼 사용 약 1/20)
② 방진구 : 양센터 가공시 사용된다. 가늘고 긴 공작물 가공시 자중과 절삭력으로 휨이 생겨 균일한 직경을 가진 진원 단면의 절삭가공이 곤란하기 때문에 방진구 사용된다.
③ 맨드릴 : 구멍이 있는 공작물을 고정, 가공시 심봉 자체는 양센터로 지지하거나 주축의 테이퍼 구멍에 끼워 사용하고, 구멍과 외경을 동심으로 가공시에 사용된다.
④ 면판 : 주축의 나사에 고정, 돌리개를 사용하여 공작물 가공에 사용된다. 대형 공작물이나 복잡한 형상의 공작물 가공에 사용된다.

31 다음 중 절삭유제의 작용이 아닌 것은?
① 마찰을 줄여준다.
② 절삭성능을 높여준다.
③ 공구 수명을 연장시킨다.
④ 절삭열을 상승시킨다.

해설 절삭제의 역할(사용목적)
① 냉각 작용
 ㉠ 공구의 경도 저하방지 및 공구 수명 연장
 ㉡ 공작물의 냉각으로 가공정밀도 저하 방지
② 윤활 작용 : 칩과 공구 경사면의 마찰을 감소시켜 전단각이 증대되며, 유동형 칩이 생성
③ 세척 작용 : 칩 제거 작용
④ 방청 작용 : 공작물과 공작기계가 녹에 의해 부식되는 것을 방지한다.

32 드릴에서 절삭 날의 웹(web)이 커지면 드릴 작업에 어떤 영향이 발생하는가?
① 공작물에 파고 들어갈 염려가 있다.
② 전진하지 못하게 하는 힘이 증가한다.
③ 절삭성능은 증가하나 드릴 수명이 줄어든다.
④ 절삭 저항을 감소시킨다.

해설 웨브(web)는 홈과 홈 사이에 두께를 말하며, 자루쪽으로 갈수록 두꺼워지고, 드릴이 커지면 두꺼워진다. 또한, 절삭날의 각도가 중심에 가까울수록 웨브로 인하여 절삭성이 나빠지게 된다. 이를 방지하기 위하여 드릴의 웨브 부분을 약간 연삭하는 것을 씨닝(thinning)이라 한다.

33 다음 중 소품종 대량생산에 가장 적합한 공작기계는?
① 만능 공작기계 ② 범용 공작기계
③ 전용 공작기계 ④ 표준 공작기계

해설 ① 만능 공작기계 : 다품종 소량생산
② 범용 공작기계 : 다품종 소량생산
③ 전용 공작기계 : 소품종 대량생산
④ 표준 공작기계 : 다품종 소량생산

34 절삭 속도 126m/min, 밀링커터의 날 수 8개, 지름 100mm, 1날 당 이송을 0.05mm라 하면 테이블의 이송속도는 몇 mm/min인가?
① 180.4 ② 160.4
③ 129.1 ④ 80.4

해설 $f = f_z \times Z \times N = 0.05 \times 8 \times \dfrac{1000 \times 126}{\pi \times 100} = 160.4$

35 절삭공구가 갖추어야 할 조건으로 틀린 것은?
① 고온 경도를 가지고 있어야 한다.
② 내마멸성이 커야 한다.
③ 충격에 잘 견디어야 한다.
④ 공구보호를 위해 인성이 적어야 한다.

해설 절삭공구는 인성이 커야 한다.

답 31.④ 32.② 33.③ 34.② 35.④

36 다음 중 선반의 주요 부분이 아닌 것은?
① 컬럼   ② 왕복대
③ 심압대   ④ 주축대

해설 컬럼은 밀링의 주요 부분이다.

37 만능 밀링에서 127개의 이를 가진 기어를 절삭하려고 할 때 가장 적당한 분할방식은?
① 차동 분할법   ② 직접 분할법
③ 단식 분할법   ④ 복식 분할법

해설 차동 분할법(differential indexing method) 직접 분할법이나 단식 분할법으로 나눌 수 없는 67, 97, 121, 127 등의 소수나 특수한 수의 분할을 하는 방법이다.

38 입도가 작고, 연한 숫돌을 작은 압력으로 가공물의 표면에 가압하면서 가공물에 이송을 주고, 동시에 숫돌에 진동을 주어 표면 걸치기를 높이는 가공 방법은?
① 슈퍼 피니싱   ② 호닝
③ 래핑   ④ 배럴 가공

해설 ① 슈퍼 피니싱 : 연삭숫돌을 공작물 표면에 가압(스프링, 유압)하면서 공작물 이송과 진동을 주고 공작물을 회전시켜 균일한 표면을 얻는 법으로 저압, 저속도의 가공이므로 발열이 적고 가공 변질층을 제거 할 수 있으며 내마모성, 내식성이 우수하고 다듬질 시간이 짧다.(방향성이 없는 다듬질 면을 얻는다.)
② 호닝 : 직사각형 단면의 긴 숫돌을 여러 개 붙여 회전 공구로 사용하며 진직도, 진원도, 테이퍼 등을 바로 잡고 발열이 적은 경제적인 작업(실린더 내면 가공용)
③ 래핑 : 마모(마멸)현상을 가공에 응용으로 공작물과 랩 공구사이에 미분말 상태의 랩제와 윤활제를 넣고 상대운동으로 표면을 매끈하게 가공하는 방법
④ 배럴 가공 : 충돌가공(주물귀, 돌기 부분, 스케일 제거)으로 회전하는 상자 속에 공작물과 미디어, 콤파운드(유지+직물), 공작액 등을 넣고 회전과 진동을 주어 표면을 다듬질(회전형, 진동형)

39 탭 작업 시 탭의 파손 원인으로 가장 적절한 것은?
① 구멍이 너무 큰 경우
② 탭이 경사지게 들어간 경우
③ 탭의 지름에 적합한 핸들을 사용한 경우
④ 구멍이 일직선인 경우

해설 탭 작업 시 탭이 부러지는 이유
① 구멍이 너무 작거나 구부러진 경우
② 탭이 경사지게 들어간 경우
③ 탭의 지름에 적합한 핸들을 사용하지 않는 경우
④ 너무 무리하게 힘을 가하거나 빨리 절삭할 경우
⑤ 막힌 구멍의 밑바닥에 탭의 선단이 닿았을 경우

40 연성재료를 절삭할 때 유동형 칩이 발생하는 조건으로 가장 알맞은 것은?
① 절삭 깊이가 적으며 절삭 속도가 빠를 때
② 저속 절삭으로 절삭 깊이가 클 때
③ 점성이 큰 가공물을 경사각이 적은 공구로 가공할 때
④ 주철과 같이 메진 재료를 저속으로 절삭할 때

해설 유동형 칩이 발생하는 조건
① 공작물의 재질이 연하고 인성이 큰 재질일 때
② 윗면 경사각이 클 때
③ 절삭 깊이가 작을 때
④ 고속 절삭 할 때(절삭 속도가 높을 때) 절삭제를 사용할 때

41 머시닝센터에서 ⌀12mm 엔드밀로 가공하려 할 때 절삭 속도가 32m/min이면 공구의 분당 회전수는 약 몇 rpm이어야 하는가?
① 약 750rpm   ② 약 800rpm
③ 약 850rpm   ④ 약 900rpm

해설 $n = \dfrac{1000 \times 32}{\pi \times 12} = 848.8$

답 36. ① 37. ① 38. ① 39. ② 40. ① 41. ③

42 기포의 위치에 의하여 수평면에서 기울기를 측정하는 데 사용하는 액체식 각도 측정기는?
① 사인바
② 수준기
③ NPL식 각도기
④ 콤비네이션 세트

해설 수준기는 수평 또는 수직을 정하는 데 쓰이며, 그 외에 수평·수직으로부터 약간 경사진 부분을 측정한다.

43 다음 중 CNC 프로그램에서 주축의 회전수를 350rpm으로 직접 지정하는 블록은?
① G50 S350; ② G96 S350;
③ G97 S350; ④ G99 S350;

해설 ① G50 S350;
⇒ 주축 최고회전수 350rpm
② G96 S350;
⇒ 주축속도 일정제어 350m/min
③ G97 S350; 주축속도 일정제어 취소
⇒ 주축의 회전수를 350rpm

44 조작판의 급속 오버라이드 스위치가 그림과 같이 급속위치 결정(G00) 동작을 실행할 경우 실제 이송속도는 얼마인가? (단, 기계의 급속 이송속도는 1000mm/min이다.)

① 100mm/min ② 150mm/min
③ 200mm/min ④ 250mm/min

해설 급속 오버라이드에서 F25는 250mm/min 이다.

45 다음 중 나사가공 프로그램에 관한 설명으로 가장 적절하지 않은 것은?

① 주축의 회전은 G97로 지령한다.
② 이송속도는 나사의 피치 값으로 지령한다.
③ 나사의 절입 회수는 절입표를 참조하여 여러 번 나누어 가공한다.
④ 복합. 고정형 나사 절삭 사이클은 G76이다.

해설 선반에서 나사가공시 이송속도는 리드 값으로 해야 하므로 리드=줄수×피치

46 ⌀30 드릴 가공에서 절삭 속도가 150m/min, 이송이 0.08mm/rev일 때, 회전수와 이송속도(feed rate)는?
① 150rpm, 0.08mm/min
② 300rpm, 0.16mm/min
③ 1592rpm, 127.4mm/min
④ 3184rpm, 63.7mm/min

해설 $n = \dfrac{1000 \times 150}{\pi \times 30} = 1591.5$
$F = n \times f = 1591.5 \times 0.08 = 127.3$

47 다음 중 지령된 블록에서만 유효한 G 코드(One shot G code)가 아닌 것은?
① G04 ② G30
③ G40 ④ G50

해설 G 코드의 종류
① One Shot G-code(1회 유효 G코드) 지령된 블록(Block)에 한하여 유효한 것으로 "00" 그룹으로 구성되어 있다.(G04 등)
② Model G-code(연속 유효 G코드) 한번 지령된 G 코드는 동일 그룹의 다른 G코드가 나올 때까지 유효한 기능으로 "00" 이외의 그룹으로 구성되어 있다.(G50 등)

48 CNC 기계의 움직임을 전기식 신호로 변환하여 속도제어와 위치 검출을 하는 일종의 피드백 장치는?

답 42.② 43.③ 44.④ 45.② 46.③ 47.③ 48.①

① 엔코더(encoder)
② 컨트롤러(controller)
③ 서보모터(servo motor)
④ 볼 스크루(ball screw)

해설 ① 엔코더(encoder) : 서보모터 회전운동의 위치검출 및 이송속도를 검출하는 장치이고 서보모터 뒤쪽에 부착되어 있다.
② 컨트롤러(controller) : 천공테이프에 기록된 언어, 즉 정보를 받아서 펄스(pulse)화 시킨다. 이 펄스화된 정보는 서보기구에 전달되어 여러 가지 제어 역할을 한다.
③ 서보모터(servo motor) : 펄스에 의한 각각 지령에 의하여 대응하는 회전운동을 한다.
④ 볼 스크루(ball screw) : 서보모터에 연결되어 있어 서보모터의 회전운동을 직선운동으로 바꾸어 주는 장치.

49 다음 프로그램에서 P가 의미하는 것은?

```
G71 U R ;
G71 P Q U W F ;
```

① X축 방향의 도피향
② 고정 사이클 시작 번호
③ X축 방향의 1회 절입량
④ 고정 사이클 끝 번호

해설 ① U(△d') : 1회 가공깊이(절삭깊이) - (반지름 지령, 소수점 지령 가능)
② R(e) : 도피량(절삭 후 간섭 없이 공구가 빠지기 위한 양)
③ P(ns) : 다듬절삭가공 지령절의 첫 번째 전개번호
④ Q(nf') : 다듬절삭가공 지령절의 마지막 전개번호
⑤ U(△U) : X축 방향 다듬절삭 여유(지름지령)
⑥ W(△W) : Z축 방향 다듬절삭 여유
⑦ F, S, T : 거친절삭 가공시 이송속도, 주축속도, 공구선택, 즉 P와 Q 사이의 데이터는 무시되고 G71블록에서 지령된 데이터가 유효

50 다음 중 CNC선반 작업에서 전원 투입 전에 확인해야하는 사항과 가장 거리가 먼 것은?
① 전장(NC)박스 및 외관 상태를 점검한다.
② 공기 압력이 적당한지 점검한다.
③ 윤활유의 급유 탱크를 점검한다.
④ X축, Z축의 백래시(Back lash)를 점검한다.

해설 백래시(Back lash) 보정은 매월 점검이다.

51 다음 중 밀링 가공의 작업 안전에 관한 설명으로 틀린 것은?
① 절삭 중 작업화를 착용한다.
② 절삭 중 보안경을 착용한다.
③ 절삭 중 장갑을 착용하지 않는다.
④ 칩(chip) 제거는 절삭 중 브러쉬를 사용한다.

해설 칩(chip) 제거는 가공을 정지하고 브러쉬를 사용한다.

52 다음은 머시닝 센터에서 ⌀10mm 엔드밀로 ⌀50mm인 내경을 윤곽 가공하는 프로그램이다. 절삭 속도는 약 몇 m/min인가?

```
G97 S800 W03 ;
G02 I-25. F300 ;
```

① 12.6   ② 25.1
③ 125.7   ④ 251

해설 $V = \dfrac{\pi DN}{1000} = \dfrac{\pi \times 10 \times 800}{1000} = 25.1 \text{ m/min}$

답 49. ② 50. ④ 51. ④ 52. ②

53 다음 중 CNC 선반에서 원호가공을 하는데 적합하지 않은 WORD는?

① R-8. ② I-3. K-5.
③ G02 ④ R8.

해설 CNC 선반에서 원호가공시 R값은 (-)부호를 사용 못한다.

54 다음 중 CNC 공작기계에서 사용되는 좌표치의 기준으로 사용하지 않는 좌표계는?

① 고정 좌표계 ② 기계 좌표계
③ 공작물 좌표계 ④ 구역 좌표계

해설 ① 기계 좌표계 : 기계 원점, 즉 원점 복귀가 되는 위치를 기준으로 기계 좌표계가 설정되며, 사용자가 임의로 변경할 수 없도록 되어 있다.
② 공작물 좌표계 : 절대 좌표계의 원점은 도면을 보고 기준을 쉽게 잡을 수 있는 곳의 한 점을 원점으로 정하는데 이 점을 프로그램 원점이라고 하며, 이 점을 원점으로 한 좌표계를 절대 좌표계 또는 공작물 좌표계라고도 한다.
③ 구역 좌표계 : 공작물 좌표계로 프로그램이 되어 있을 때 특정 영역의 프로그램을 쉽게 하기 위하여 특정 영역에만 적용되는 좌표계를 만들 수 있는데 이것을 구역 좌표계라 한다.

55 다음 중 CNC 선반 프로그램과 공구보정 화면을 보고, 3번 공구의 날 끝(인선) 반경 보정 값으로 옳은 것은?

G00 X20. Z0 T0303 ;

보정번호	X축	Z축	R	T
01	0.000	0.000	0.8	3
02	2.456	4.321	0.2	2
03	5.765	7.987	0.4	3
04	.	.	.	.
05	.	.	.	.
.	.	.	.	.

① 0.2mm ② 0.4mm
③ 0.8mm ④ 3.0mm

해설 3번 공구의 날 끝(인선) 반경 보정 값은 R의 0.4mm이다.

56 다음 중 CAD/CAM 시스템에서 입·출력장치에 해당되지 않는 것은?

① 메모리 ② 프린터
③ 키보드 ④ 모니터

해설 메모리는 저장장치이다.

57 NC 기계 작업 중 안전사항으로 틀린 것은?

① NC 기계 주변을 정리정돈한 후 작업을 하였다.
② 작업 도중 정전이 되어 전원스위치를 내렸다.
③ 작업시간과 작업량을 높이기 위하여 작업 중 안전장치를 제거하였다.
④ 작업 공구와 측정기기는 따로 구분하여 정리하였다.

해설 작업 중에 안전장치를 제거하면 안 된다.

58 다음 중 머시닝센터 프로그램에서 공구 지름 보정에 관한 설명으로 옳은 것은?

① 일반적으로 공구의 지름만큼 보정한다.
② 공구의 진행방향을 기준으로 오른쪽 보정은 G40을 사용한다.
③ 공구를 교환하기 전에 공구 지름 보정을 취소해야 한다.
④ 공구 지름 보정 취소에는 G49를 사용한다.

해설 머시닝센터 프로그램에서 공구를 교환하기 전에 공구 지름 보정을 취소해야 한다.

59 다음 보조 기능 중 "M02"를 대신하여 쓸 수 있는 것은?

① M00 ② M05
③ M09 ④ M30

답 53.① 54.① 55.② 56.① 57.③ 58.③ 59.④

해설 ① M02 : 프로그램 종료
② M30 : 프로그램 종료 후 선두로 되돌리는 기능

60 다음 중 머시닝센터에서 공구의 길이 차를 측정하는데 가장 적합한 것은?
① R 게이지
② 사인 바
③ 한계 게이지
④ 하이트 프레세터

해설 하이트 프레세터 : 머시닝센터에서 공구의 길이 차를 측정하는 데 사용된다.

답 60. ④

2014년 4월 6일 제2회 컴퓨터응용선반기능사 기출문제

01 열처리란 탄소강을 기본으로 하는 철강에서 매우 중요한 작업이다. 열처리의 특성을 잘못 설명한 것은?

① 내부의 응력과 변형을 감소시킨다.
② 표면을 연화시키는 등의 성질을 변화시킨다.
③ 기계적 성질을 향상시킨다.
④ 강의 전기적/자기적 성질을 향상시킨다.

해설 열처리는 경도, 항장력의 증가와 조직연화 및 기계가공성의 향상된다.

02 5~20% Zn의 황동으로 강도는 낮으나 전연성이 좋고 황금색에 가까우며 금박대용, 황동단추 등에 사용되는 구리 합금은?

① 톰백   ② 문쯔메탈
③ 델터메탈   ④ 주석황동

해설 톰백 : 5~20% Zn의 황동으로 강도는 낮으나 전연성이 좋고 황금색에 가까우며 금박대용, 황동단추 등에 사용되는 구리 합금이다.

03 다음 중 플라스틱 재료로서 동일 중량으로 기계적 강도가 강철보다 강력한 재질은?

① 글라스 섬유   ② 폴리카보네이트
③ 나일론   ④ FRP

해설 FRP : 플라스틱 재료로서 동일 중량으로 기계적 강도가 강철보다 강력하다.

04 일반 구조용 압연강재의 KS 기호는?

① SS330   ② SM400A
③ SM45C   ④ SNC415

해설 ① SS330 : 일반 구조용 압연강재
② SM400A : 용접 구조용 압연강재
③ SM45C : 기계 구조용 탄소강재
④ SNC415 : 니켈크롬강

05 철과 탄소는 약 6.68% 탄소에서 탄화철이라는 화합물을 만드는데 이 탄소강의 표준조직은 무엇인가?

① 펄라이트   ② 오스테나이트
③ 시멘타이트   ④ 솔바이트

해설 시멘타이트 : 철과 탄소는 약 6.68% 탄소에서 탄화철이라는 화합물을 만드는데 이 탄소강의 표준조직이다.

06 비철금속 구리(Cu)가 다른 금속재료와 비교해 우수한 것 중 틀린 것은?

① 연하고 전연성이 좋아 가공하기 쉽다.
② 전기 및 열전도율이 낮다.
③ 아름다운 색을 띠고 있다.
④ 구리합금은 철강 재료에 비하여 내식성이 좋다.

해설 구리의 성질 : 비중이 8.9 정도이며, 용융점이 1083℃ 정도이다.
① 전기 및 열전도성이 우수하다.
② 전연성이 좋아 가공이 용이하다.
③ 내식성이 강해 부식이 안 된다.
④ 아름다운 광택과 귀금속적 성질이 우수하다.
⑤ Zn, Sn, Ni, Ag 등과 용이하게 합금을 만든다.
구리는 철과 같은 동소변태가 없고 재결정 온도는 약 200℃ 정도이다. 또 상온 중 크리프 현상이 일어난다.

답 01. ② 02. ① 03. ④ 04. ① 05. ③ 06. ②

07 강의 표면 경화법으로 금속 표면에 탄소(C)를 침입 고용시키는 방법은?
① 질화법   ② 침탄법
③ 화염경화법 ④ 숏피닝

해설 ① 질화법(nitriding) : 암모니아가스(NH_3)와 같은 질소를 포함한 가스 속에서 강재를 가열하여 질소를 강재 표면에 작용시켜 경도가 큰 질화철 층을 만드는 표면경화법이다.
② 침탄법(carburizing) : 침탄법은 0.2%C 이하의 저탄소강의 표면에 탄소(C)를 침투시켜 고탄소강을 만든 후 담금질시키는 방법이며, 침탄과 담금질작업을 합하여 표면경화라 한다.

08 왕복운동 기관에서 직선운동과 회전운동을 상호 전달할 수 있는 축은?
① 직선 축   ② 크랭크 축
③ 중공 축   ④ 플렉시블 축

해설 ① 직선 축(Straight shaft) : 일직선으로 곧은 원통형의 축이며, 일반적인 동력 전달용
② 테이퍼 축(Taper shaft) : 원뿔형의 축으로 연삭기, 밀링 머신, 드릴링 머신 등의 주축에 사용
③ 크랭크 축(Crank shaft) : 몇 개 축의 중심을 서로 어긋나게 한 것으로, 왕복 운동기관 등의 직선운동과 회전운동을 서로 변환시키는 데 사용하며 곡축이라고도 하며 내연 기관에 많이 사용(내연 기관, 압축기에 사용)
④ 플렉시블 축(Flexible shaft) : 강선을 2중, 3중으로 감은 나사 모양의 축으로 축 방향이 수시로 변하는 작은 동력 전달축으로 공간상의 제한으로 일직선 형태의 축을 사용할 수 없을 때 사용된다. 비틀림 강도는 크나 굽힘 강도는 작다.

09 재료의 안전성을 고려하여 허용할 수 있는 최대응력을 무엇이라 하는가?
① 주 응력   ② 사용 응력
③ 수직 응력 ④ 허용 응력

해설 허용 응력 : 재료의 안전성을 고려하여 허용할 수 있는 최대응력이다.

10 스퍼 기어에서 Z는 잇수(개)이고, P가 지름 피치(인치)일 때 피치원 지름(D, mm)를 구하는 공식은?
① $D = \dfrac{PZ}{25.4}$ ② $D = \dfrac{25.4}{PZ}$
③ $D = \dfrac{P}{25.4Z}$ ④ $D = \dfrac{25.4Z}{P}$

해설 ① 원주피치(p)
$$p = \frac{\pi D}{Z} = \pi m$$
② 모듈(m)
$$m = \frac{p}{\pi} = \frac{D}{Z}$$
③ 지름 피치(P_d 또는 $D \cdot P$)
$$P_d = \frac{\pi}{P} = \frac{Z}{D} = \frac{1}{m} [\text{inch}],$$
$$P_d = \frac{25.4}{m} [\text{mm}]$$
④ 피치원의 지름
$$D = MZ, \quad D = \frac{25.4Z}{P}$$

11 큰 토크를 전달시키기 위해 같은 모양의 키 홈을 등 간격으로 파서 축과 보스를 잘 미끄러질 수 있도록 만든 기기 요소는?
① 코터   ② 묻힘 키
③ 스플라인 ④ 테이퍼 키

해설 스플라인 : 축의 원주에 수많은 키를 깎은 것으로 큰 토크를 전달시키고, 내구력이 크며 축과 보스의 중심축을 정확하게 맞출 수 있고 축 방향으로 이동도 가능하다.

12 스프링의 길이가 100mm인 한 끝을 고정하고, 다른 끝에 무게 40N의 추를 달았더니 스프링의 전체 길이가 120mm로 늘어났을 때 스프링 상수는 몇 N/mm인가?
① 8   ② 4
③ 2   ④ 1

답 07. ② 08. ② 09. ④ 10. ④ 11. ③ 12. ③

해설 변형량(δ) = 120 - 100 = 20mm

스프링상수(k) = $\dfrac{W}{\delta} = \dfrac{40}{20} = 2\,\text{N/mm}$

13 다음 벨트 중에서 인장강도가 대단히 크고 수명이 가장 긴 벨트는?

① 가죽 벨트   ② 강철 벨트
③ 고무 벨트   ④ 섬유 벨트

해설
① 가죽 벨트 : 소가죽을 탄닝, 크롬 처리하여 탄성을 준 것으로 마찰계수가 크며, 방열성도 좋다.
② 강철 벨트 : 강도가 제일 크나 벨트 풀리의 외주의 모양과 두 축의 평행도가 일치해야 한다. 수명이 길고 신장률이 작으므로 고정밀도의 회전각 전달용 등으로 사용된다.
③ 고무 벨트 : 직물벨트에 고무를 입혀서 만든 것으로 유연하고 풀리에 잘 밀착하므로 미끄럼이 적고 비교적 수명이 길다. 습기에는 강하나 열, 기름 등에는 약하다. 인장강도가 크다.
④ 섬유 벨트 : 무명, 삼, 합성섬유의 직물로 만들며 길이와 너비에 제한이 없다. 습기에 약하지만 가죽보다 가격이 저렴하여 많이 사용하고 있다.

14 축이음 기계요소 중 플렉시블 커플링에 속하는 것은?

① 올덤 커플링   ② 셀러 커플링
③ 클램프 커플링   ④ 마찰 원통 커플링

해설 올덤 커플링 : 두 축이 평행하고 축의 중심선이 약간 어긋났을 때 각 속도의 변동 없이 토크를 전달하는 데 사용하는 축이음이다.

15 회전체의 균형을 좋게 하거나 너트를 외부에 돌출시키지 않으려고 할 때 주로 사용하는 너트는?

① 캡 너트   ② 둥근 너트
③ 육각 너트   ④ 와셔붙이 너트

해설 둥근 너트 : 회전체의 균형을 좋게 하거나 너트를 외부에 돌출시키지 않으려고 할 때 주로 사용하며 너트의 높이를 작게 할 경우에 사용한다.

16 그림의 치수 기입 방법 중 옳게 나타난 것을 모두 고른 것은?

㉠ 현의 치수 기입   ㉡ 호의 치수 기입
㉢ 반지름의 치수 기입   ㉣ 각도의 치수 기입

① ㉠, ㉡, ㉢, ㉣   ② ㉡, ㉢, ㉣
③ ㉠, ㉡, ㉢   ④ ㉡, ㉢

해설 ㉠의 올바른 표기법

17 그림과 같은 입체도에서 화살표 방향에서 본 것을 정면도로 하여 3각법으로 투상한 것으로 가장 적합한 것은?

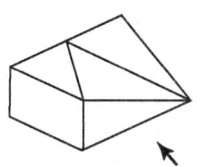

① ② ③ ④

답 13. ② 14. ① 15. ② 16. ② 17. ③

18 다음 중 분할핀의 호칭 지름에 해당하는 것은?
① 분할 핀 구멍의 지름
② 분할 상태의 핀의 단면지름
③ 분할 핀의 길이
④ 분할 상태의 두께

해설 분할 핀(스플릿 핀)의 호칭 지름 : 분할 핀 구멍의 지름

19 투상면이 어느 각도를 가지고 있기 때문에 그 실형을 도시하기 위하여 그림과 같이 나타내는 투상법의 명칭은?

① 보조 투상도   ② 부분 투상도
③ 회전 투상도   ④ 국부 투상도

해설 회전투상도 : 투상면이 어느 각도를 가지고 있기 때문에 그 물체의 실제모형을 표시하지 못할 때에는 그 부분을 회전해서 물체의 실제모형을 도시할 수 있다.

20 기하 공차의 종류별 기호가 잘못 연결된 것은?
① 평면도 : ▱   ② 원통도 : ○
③ 위치도 : ⊕   ④ 진직도 : —

해설
기호	공차의 종류
—	진직도 공차
▱	평면도 공차
○	진원도 공차
⊕	위치도 공차

21 베어링 기호가 "F684C2P6"으로 나타나 있을 때 "68"이 나타내는 뜻은?
① 안지름 번호
② 베어링 계열 기호
③ 궤도륜 모양 기호
④ 정밀도 등급 기호

해설
• F : 플랜지 붙이
• 68 : 베어링 계열 기호
• 4 : 안지름 번호
• C2 : 틈새 기호
• P6 : 정밀도 등급 기호

22 오른쪽 그림과 같이 절단면에 색칠한 것을 무엇이라고 하는가?
① 해칭
② 단면
③ 투상
④ 스머징

해설 단면도에 재료 등을 표시하기 위하여 특수한 스머징을 해도 좋다.

23 끼워 맞춤 방식에서 구멍의 치수가 축의 치수보다 큰 경우 그 치수의 차를 무엇이라고 하는가?
① 위치수 공차   ② 죔새
③ 틈새   ④ 허용차

해설 구멍의 지름이 축의 지름보다 큰 경우 두 지름의 차를 틈새, 축의 지름이 구멍의 지름보다 큰 경우 두 지름의 차를 죔새라 한다.

24 미터 사다리꼴 나사에서 나사의 호칭 지름인 것은?
① 수나사의 골지름
② 수나사의 유효지름
③ 암나사의 유효지름
④ 수나사의 바깥지름

답 18.① 19.③ 20.② 21.② 22.④ 23.③ 24.④

해설 | 미터 사다리꼴 나사에서 나사의 호칭 지름은 수나사의 바깥지름으로 표시한다.

25 가공에 의한 컷의 줄무늬가 기호를 기입한 면의 중심에 대하여 거의 동심원 모양인 경우의 기호는?

① C ② M
③ R ④ X

해설 |
X	가공으로 생긴 선이 두 방향으로 교차
M	가공으로 생긴 선이 다방면으로 교차 또는 무방향
C	가공으로 생긴 선이 거의 동심원
R	가공으로 생긴 선이 거의 방사상(레이디얼형)

26 다음과 같은 연삭숫돌 표시 기호 중 밑줄 친 K가 뜻하는 것은?

WA · 60 · <u>K</u> · 5 · V

① 숫돌입자 ② 조직
③ 결합도 ④ 결합제

해설 | • WA : 입자   • 60 : 입도
• K : 결합도   • 5 : 조직
• V : 결합제

27 밀링 커터의 주요 공구각 중에서 공구와 공작물이 서로 접촉하여 마찰이 일어나는 것을 방지하는 역할을 하는 것은?

① 여유각 ② 경사각
③ 날끝각 ④ 비틀림각

해설 | ① 경사각 : 밀링 커터의 중심선과 경사면이 이루는 각 경사각이 크면 절삭저항 감소, 초경 커터에서는 치핑을 감소하기 위하여 0도 혹은 부각(−)으로 연삭한다.
② 여유각 : 인선의 뒷면과 공작물이 마찰하지 않도록 만든 각으로 연한 재료는 다소 크게 경한 재료로 다소 작게 한다.

③ 비틀림각 : 곧은날 밀링 커터의 경우 날에 비틀림각을 주면 절삭이 순조롭고 좋은 가공면을 얻을 수 있다. 비틀림각의 경절삭용은 15도, 중절삭용은 25도로서 날의 수가 적다.

28 절삭 공구를 재연삭하거나 새로운 절삭공구로 바꾸기 위한 공구수명 판정기준으로 거리가 먼 것은?

① 가공면에 광택이 있는 색조 또는 반점이 생길 때
② 공구 인선의 마모가 일정량에 달했을 때
③ 완성치수의 변화량이 일정량에 달했을 때
④ 주철과 같은 메진 재료를 저속으로 절삭했을 시 균열형 칩이 발생할 때

해설 | 공구의 수명 판정
① 가공 후 표면에 광택이 있는 색조, 무늬, 반점이 있을 때
② 공구 인선의 마모가 일정량에 달했을 때
③ 완성 가공된 치수의 변화가 일정량에 달했을 때
④ 주분력에는 변화가 없더라도 이송분력, 배분력이 급격히 증가할 때

29 다음 중 일반적으로 각도 측정에 사용되는 측정기는?

① 사인 바(sine bar)
② 공기 마이크로미터(air micrometer)
③ 하이트 게이지(height gauge)
④ 다이얼 게이지(dial gauge)

해설 | 사인 바 : 삼각함수의 사인을 이용하여 임의의 각도를 설정 및 측정하는 측정기로서, 크기는 롤러 중심 간의 거리로 표시하며 일반적으로 100mm, 200mm를 많이 사용한다.

30 일반 드릴에 대한 설명으로 틀린 것은?

① 사심(dead center)은 드릴 날 끝에서 만나는 부분이다.
② 표준 드릴의 날끝각은 118°이다.

답 25. ① 26. ③ 27. ① 28. ④ 29. ① 30. ④

③ 마진(margin)은 드릴을 안내하는 역할을 한다.
④ 드릴의 지름이 13mm 이상의 것은 곧은 자루 형태이다.

해설 드릴의 지름이 13mm 이하의 것은 곧은 자루 형태이고 3mm 이상의 것은 테이퍼 자루 형태이다.

31 선반에서 양 센터 작업을 할 때, 주축의 회전력을 가공물에 전달하기 위해 사용하는 부속품은?
① 연동척과 단동척
② 돌림판과 돌리개
③ 연판과 클램프
④ 고정 방진구와 이동 방진구

해설 돌림판과 돌리개 → 양 센터 작업 시 사용된다.
① 돌림판 : 주축 끝 나사 부에 고정된다.
② 돌리개 : 돌림판과 공작물에 회전 전달에 쓰인다.

32 주로 대형 공작물이 테이블 위에 고정되어 수평 왕복 운동을 하고 바이트를 공작물의 운동 방향과 직각 방향으로 이송시켜서 평면, 수직면, 홈, 경사면 등을 가공하는 공작기계는?
① 플레이너   ② 호빙 머신
③ 보링 머신   ④ 슬로터

해설 플레이너(평삭기) : 공구(bite)는 고정되고 공작물이 직선(수평)운동을 하고 공구는 직각 방향으로 이송운동을 한다. 테이블 직선 운동과 바이트의 횡 이송으로 평면을 절삭하는 것이 주목적이며 직선 평면을 갖고 있는 대형 가공물(보통 공작물길이 1000mm 이상의 대형물)을 절삭한다.

33 다음 중 비교 측정기에 해당하는 것은?
① 버니어 캘리퍼스
② 마이크로미터
③ 다이얼 게이지
④ 하이트 게이지

해설 비교 측정 : 기준이 되는 일정한 치수와 피측정물을 비교하여 그 측정치의 차이를 읽는 방법으로 비교측정은 다이얼 게이지, 미니미터, 공기마이크로미터(공기의 흐름을 확대 기구를 이용하여 길이를 측정하는 방식), 전기마이크로미터 등이 있다.

34 밀링 머신의 주요 구성 요소로 틀린 것은?
① 니(knee)
② 컬럼(column)
③ 테이블(table)
④ 맨드릴(mandrel)

해설 맨드릴(mandrel)은 선반 부속품으로 구멍이 있는 공작물을 고정, 가공시 심봉 자체는 양센터로 지지하거나 주축의 테이퍼 구멍에 끼워 사용하고, 구멍과 외경을 동심으로 가공시에 사용된다.

35 구성인선(built-up edge)의 방지 대책으로 틀린 것은?
① 경사각(rake angle)을 크게 할 것
② 절삭 깊이를 크게 할 것
③ 윤활성이 좋은 절삭유를 사용할 것
④ 절삭 속도를 크게 할 것

해설 구성인선의 방지(억제)법
① 공구의 윗면 경사각을 크게 한다.
② 절삭 깊이를 작게 한다.
③ 절삭 속도 크게 한다.
④ 이송을 작게 한다.(저속회전일 때 이송을 크게 한다.)
⑤ 칩의 절삭저항을 작게 한다.
  ㉠ 마찰계수가 적은 초경합금 이상의 공구 사용.
  ㉡ 윤활성이 좋은 절삭유 사용.
  ㉢ 공구의 경사면(상면)을 매끄럽게 잘 연마함.

답 31. ② 32. ① 33. ③ 34. ④ 35. ②

36 수용성 절삭유제의 특징에 관한 설명으로 옳은 것은?
① 윤활성은 좋으나 냉각성이 적어 경절삭용으로 사용한다.
② 윤활성과 냉각성이 떨어져 잘 사용되지 않고 있다.
③ 점성이 낮고 비열이 커서 냉각효과가 크다.
④ 광유에 비눗물을 첨가하여 사용하며 비교적 냉각효과가 크다.

해설 ① 수용성 절삭유 : 점성이 낮고 비열이 높으며 냉각작용이 우수하다.
② 에멀션형(유화유) : 광유에 비눗물을 첨가하여 사용한 것으로 냉각작용이 비교적 크고 윤활성이 좋으며 원액에 10~20배의 물을 희석해서 사용한다. 일반 절삭제로 널리 사용, 값이 싸다.

37 밀링 머신에서 테이블의 이송속도를 나타내는 식은? (단, f : 테이블의 이송속도(mm/min), f_z : 커터 날 1개마다의 이송(mmm), z : 커터의 날수, n : 커터의 회전수(rpm))
① $f = f_z \times z \times n$
② $f = \dfrac{f_z \times z \times n}{1000}$
③ $f = \dfrac{f_z \times z}{n}$
④ $f = \dfrac{1000}{f_z \times z \times n}$

38 래핑 가공에 대한 설명으로 옳지 않은 것은?
① 래핑은 랩이라고 하는 공구와 다듬질하려고 하는 공작물 사이에 랩제를 넣고 공작물을 누르며 상대운동을 시켜 다듬질하는 가공법을 말한다.
② 래핑 방식으로는 습식래핑과 건식래핑이 있다.
③ 랩은 공작물 재료보다 경도가 낮아야 공작물에 흠집이나 상처를 일으키지 않는다.
④ 건식래핑은 절삭량이 많고 다듬면은 광택이 적어 일반적으로 초기 래핑작업에 많이 사용한다.

해설 래핑작업에는 습식(거친)래핑과 건식(다듬)래핑이 있다. 습식래핑은 절삭량이 많고 다듬면은 광택이 적어 일반적으로 초기 래핑작업에 많이 사용한다.

39 연삭기의 연삭 방식 중 외경 연삭의 방법에 해당하지 않는 것은?
① 유성형
② 테이블 왕복형
③ 숫돌대 왕복형
④ 플랜지 컷형

해설 내경 연삭에서 공작물은 정지시키고 숫돌축이 회전 운동과 동시에 공전 운동을 하는 방식으로 플래너터리(planetary)형 또는 유성형이라고 한다.

40 선반의 종류 중 볼트, 작은 나사 등을 능률적으로 가공하기 위하여 보통 선반의 심압대 대신에 회전공구대를 설치하여 여러 가지 절삭공구를 공정에 맞게 설치한 선반은?
① 자동선반(automatic lathe)
② 터릿선반(turret lathe)
③ 모방선반(copying lathe)
④ 정면선반(face lathe)

해설 ① 자동선반(automatic lathe) : 캠이나 유압기구를 사용하여 자동화한 것으로 핀, 볼트, 시계, 자동차 생산에 사용된다.
② 터릿선반(turret lathe) : 터릿으로 불리는 회전 공구대를 가진 것으로 너트, 와셔, 나사, 핀 등 모양이 간단한 제품의 대량 생산용. 램형, 새들형, 드럼형 등이 있다.
③ 모방선반(copying lathe) : 형상이 복잡하거나 곡선형 외경만을 가진 일감을 많이 가공할 때 편리하며 트레이서를 접촉시켜 형판모양으로 공작물을 가공한다. 자동모방 장치이용, 테이퍼 및 곡면 등을 모방 절삭을 한다.
④ 정면선반(face lathe) : 직경이 크고 길이가 짧은 공작물 가공(대형 풀리, 플라이휠)한다.

답 36.③ 37.① 38.④ 39.① 40.②

41 다음 가공물의 테이퍼 값은 얼마인가?

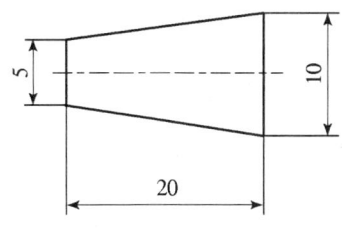

① 0.25   ② 0.5
③ 1.5   ④ 2

해설 $T = \dfrac{D-d}{l} = \dfrac{10-5}{20} = 0.25$

42 다음 중 정밀입자에 의하여 가공하는 기계는?

① 밀링 머신
② 보링 머신
③ 래핑 머신
④ 와이어 컷 방전 가공기

해설 정밀입자에 의하여 가공하는 기계
  ① 고정입자 : 연삭, 호닝, 슈퍼피니싱, 버핑
  ② 분말입자 : 래핑, 액체호닝, 배럴

43 다음은 CNC 프로그램의 일부분이다. 여기에서 L4가 의미하는 것으로 가장 올바른 것은?

N0034 M98 P2345 L4 ;

① 보조프로그램 호출번호 명령이 4번임을 뜻한다.
② 보조프로그램의 반복 횟수를 4회 실행하라는 뜻이다.
③ 나사 가공프로그램에서 나사의 리드가 4mm임을 뜻한다.
④ 보조프로그램 호출 후 다른 보조프로그램을 4번 호출한다는 뜻이다.

해설 보조프로그램 : 보조프로그램은 주프로그램 또는 다른 보조프로그램에서 호출하여 실행하다.

M 98 P2345 L4 ;

- M 98 : 주프로그램에서 보조프로그램의 호출
- P : 보조프로그램 번호
- L : 반복 호출 횟수(2345를 4회 호출하라는 지령)

44 ∅50mm SM20C 재질의 가공물을 CNC선반에서 작업할 때 절삭 속도가 80m/min이라면, 적절한 스핀들의 회전수는 약 얼마인가?

① 510rpm   ② 1020rpm
③ 1600rpm ④ 2040rpm

해설 $n = \dfrac{1000v}{\pi d} = \dfrac{1000 \times 80}{\pi \times 50} = 509 \fallingdotseq 510\,rpm$

45 다음 중 드릴가공에서 휴지기능을 이용하여 바닥면을 다듬질하는 기능은?

① 머신 록   ② 싱글블록
③ 오프셋   ④ 드웰

해설 드웰 기능(G04) : 지령된 시간 동안 프로그램의 진행을 정지시킬 수 있는 기능이다. 구멍가공, 카운터 보링(Counter Boring), 면취(Chamfering) 등에 있어서 바닥면에서 공구 이동을 일시 정지시켜 면을 깨끗하게 하거나, 모서리 부분을 정밀하게 가공할 때도 사용된다.

46 다음 중 CNC선반 프로그래밍에서 소수점을 사용할 수 있는 어드레스로 구성된 것은?

① X, U, R, F   ② W, I, K, P
③ Z, G, D, Q   ④ P, X, N, E

답 41. ① 42. ③ 43. ② 44. ① 45. ④ 46. ①

해설 CNC선반 프로그래밍에서 소수점을 사용할 수 있는 어드레스

좌표어	각 축의 이동위치	X, Z, U, W
	원호의 반경	R
	원호의 중심위치	I, K
이송속도(각 축의 이송속도)		F
휴지		X, U

47 근래에 생산되는 대형 정밀 CNC 고속가공기에 주로 사용되며 모터에서 속도를 검출하고, 테이블에 리니어 스케일을 부착하여 위치를 피드백 하는 서보기구 방식은?

① 개방회로 방식　② 반폐쇄회로 방식
③ 폐쇄회로 방식　④ 복합회로 방식

해설 서보기구 종류
① 개방회로 방식(Open Loop System)
구동모터로는 스태핑 모터(Stepping Motor)가 사용되며, 검출기나 피드백 회로를 가지지 않기 때문에 정밀도가 낮아 오늘날 NC 기계에는 거의 사용하지 않는다.
② 반폐쇄회로 방식(Semi-Closed Loop System)
서보 모터의 축 또는 볼 스크루의 회전각도를 통하여 위치를 검출하는 방식으로 직선 운동을 회전 운동으로 바꾸어 검출한다. CNC 공작기계에 이 방식을 많이 사용한다.
③ 폐쇄회로 방식(Closed Loop System)
기계의 테이블에 직접적으로 스케일(Scale)을 부착하여 위치편차를 피드백 시키는 방식으로 반 폐쇄회로 제어방식과 제어방식은 같지만 정밀도가 높아 고정밀도의 공작기계나 대형 공작기계 등에 많이 사용한다.
④ 복합회로 방식(Hybrid Loop System)
반 폐쇄회로 제어방식과 폐쇄회로 제어방식을 결합한 제어 방식으로 반 폐쇄회로의 높은 게인(증폭기 등의 입력에 대한 출력의 비율)을 이용하여 제어하며 기계의 오차는 리니어 스케일에 의한 폐쇄회로로써 보정하여 정밀도를 향상시킨다. 대형 공작기계와 같이 강성을 충분히 높일 수 없는 기계에 적합한 방식이다.

48 다음 중 CNC공작기계의 점검시 매일 실시하여야 하는 사항과 가장 거리가 먼 것은?

① ATC 작동점검
② 주축의 회전점검
③ 기계정도검사
④ 습동유 공급 상태점검

해설 기계정도검사는 매년 점검사항이다.

49 다음 중 CNC공작기계에서 이송속도(Feed Speed)에 대한 설명으로 틀린 것은?

① CNC선반의 경우 가공물이 1회전할 때 공구의 가로방향 이송을 주로 사용한다.
② CNC선반의 경우 회전당 이송인 G98이 전원공급시 설정된다.
③ 날이 2개 이상인 공구를 사용하는 머시닝센터의 경우 분당이송을 주로 사용한다.
④ 머시닝센터의 경우 분당 이송거리는 "날당 이송거리×공구의 날수×회전수"로 계산된다.

해설 일반적으로는 전원을 공급할 때 CNC선반에서는 회전당 이송(G99)으로 머시닝센터에서는 분당 이송(G98)으로 초기에 설정하여 사용한다.

50 다음 머시닝센터 가공용 CNC 프로그램에서 G80의 의미는?

N10 G80 G40 G49

① 공구경 보정 취소
② 위치결정 취소
③ 공구길이 보정 취소
④ 고정사이클 취소

해설 G80 : 고정사이클 취소
G40 : 공구지름 보정 취소
G49 : 공구길이 보정 취소

답 47.③　48.③　49.②　50.④

51 다음 중 CNC공작기계 운전 중의 안전사항으로 틀린 것은?

① 가공 중에는 측정을 하지 않는다.
② 일감은 견고하게 고정시킨다.
③ 가공 중에 칩을 손으로 제거한다.
④ 옆 사람과 잡담을 하지 않는다.

해설 가공 중에 칩을 손으로 제거하지 않는다.

52 CNC선반에서 ∅52 부분을 가공하고, 측정한 결과 ∅51.97이었다. 기존의 X축 보정값이 0.002라면 보정값을 얼마로 수정해야 ∅52로 가공되는가?

① 0.002   ② 0.028
③ 0.03   ④ 0.032

해설 가공 시 X축 보정값=52−51.97=0.03mm
기존 X축 보정값 : 0.002mm
∴ 공구보정값=0.03+0.002=0.032mm

53 1대의 컴퓨터에서 여러 대의 CNC 공작기계에 데이터를 분배하여 전송함으로써 동시에 직접 제어, 운전할 수 있는 방식을 무엇이라 하는가?

① DNC   ② CAM
③ FA   ④ FMS

해설 DNC(Direct Numerical Control)
1대의 컴퓨터로 여러 대의 공작기계를 자동적으로 제어하면서 생산 관리적 요소를 생략한 시스템 단계

54 그림에서 단면절삭 고정사이클을 이용한 프로그램의 준비 기능은?

① G76   ② G90
③ G92   ④ G94

해설 ① G76 : 자동 나사 가공 Cycle
② G90 : 내외경 절삭 Cycle
③ G92 : 나사절삭 Cycle
④ G94 : 단면절삭 Cycle

55 다음 머시닝센터 프로그램 중에서 사용된 공구길이 보정을 나타내는 준비기능(G 코드)은 어느 것인가?

```
G17 G40 G49 G80 ;
G91 G28 Z0. ;
     G28 X0. Y0. ;
G90 G92 X400. Y250. Z500. ;
T01 M06 ;
G00 X-15. Y-15. S10000 M03 ;
G43 Z50. H01 ;
     Z3. ;
G01 Z-5. F100 M08 ;
G41 X0. D11 ;
```

① G40   ② G41
③ G43   ④ G91

해설 ① G40 : 공구경 보정 취소
② G41 : 공구경 좌측 보정
③ G43 : 공구길이 보정 '+'
④ G91 : 증분 지령

56 다음중 CNC공작기계 사용시 비경제적인 작업은?

① 작업이 단순하고, 수량이 1~2개인 수리용 부품
② 항공기 부품과 같이 정밀한 부품
③ 곡면이 많이 포함되어 있는 부품
④ 다품종이며 로트당 생산수량이 비교적 적은 부품

해설 작업이 복잡하고, 수량이 다품종에 적합하다.

답 51. ③ 52. ④ 53. ① 54. ④ 55. ③ 56. ①

57 그림은 CNC선반 프로그램에서 P1에서 P2로 진행하는 블록을 나타낸 것이다. ( ) 안에 알맞은 명령어는?

( ) X26. Z-10. R3. ;

① G01 ② G02
③ G03 ④ G04

해설
| G02 | 원호보간 CW(시계방향) |
| G03 | 원호보간 CWW(반시계 방향) |

58 다음 중 CNC선반에서 G96(주축속도일정제어)의 설명으로 옳은 것은?

① 공작물의 직경에 관계없이 회전수는 일정하다.
② 공작물 직경에 관계없이 가공 중 원주속도는 일정하다.
③ 절삭시 공구가 공작물 직경이 감소하는 방향으로 진행하면 주축의 회전수도 감소한다.
④ 나사가공이나 홈 가공시 많이 이용한다.

해설 ① RPM 일정제어 방법 - 머시닝센터에서 사용
[형식] G97 S1500 M03 ;
⇒ 1500rpm으로 정회전
② 주속 일정제어 방법 - 선반에서 사용
[형식] G96 S150 M03 ;
⇒ 절삭 속도가 150m/min로 정회전

59 다음 중 선반 작업에서 방호조치로 적합하지 않은 것은?

① 긴 일감 가공시 덮개를 부착한다.
② 작업 중 급정지를 위해 역회전 스위치를 설치한다.
③ 칩이 짧게 끊어지도록 칩브레이커를 둔 바이트를 사용한다.
④ 칩이나 절삭유등의 비산으로부터 보호를 위해 이동용 쉴드를 설치한다.

60 CNC선반에서 복합형 고정사이클 G76을 사용하여 나사가공을 하려고 한다. G76에 사용되는 X의 값은 무엇을 의미하는가?

① 골지름   ② 바깥지름
③ 안지름   ④ 유효지름

해설 ① X(U) : 나사가공 하는 X축 방향의 최종 골경 좌표치
② Z(W) : 나사가공 하는 Z축 방향의 최종 길이 좌표치
③ P p : 나사산 높이 지정(반지름으로 지령)
④ Q q : 최초 절입 깊이(반지름으로 지령)

답 57. ② 58. ② 59. ② 60. ①

2014년 7월 20일 제4회 컴퓨터응용선반기능사 기출문제

01 마텐자이트와 베이나이트의 혼합조직으로 Ms와 Mf점 사이의 열욕에 담금질하여 과냉 오스테나이트의 변태가 완료할 때까지 항온 유지한 후에 꺼내어 공랭하는 열처리는 무엇인가?
① 오스템퍼(Austemper)
② 마템퍼(Martemper)
③ 마퀜칭(Marquenching)
④ 패턴팅(Patenting)

해설 ① 오스템퍼(Austemper) : 오스테나이트 상태에서 Ar'와 Ar"(Ms점) 변태점 사이의 온도에서 염욕에 담금질한 후 과냉한 오스테나이트가 변태 완료할 때까지 항온으로 유지하여 베이나이트를 충분히 석출시킨 후 공랭하는 열처리로서 베이나이트 조직이 된다.
② 마템퍼(Martemper) : 담금질 온도로 가열한 강재를 Ms와 Mf점 사이의 열욕(100~200℃)에 담금질하여 과냉 오스테나이트의 변태가 거의 완료할 때까지 항온 유지한 후에 꺼내어 공랭하는 열처리로서 마텐자이트와 베이나이트의 혼합조직이며, 경도와 인성이 크다.
③ 마퀜칭(Marquenching) : 담금질 온도까지 가열된 강을 Ar"(Ms)점보다 다소 높은 온도의 열욕에 담금질한 후 마텐자이트로 변태를 시켜서 담금질 균열과 변형을 방지하는 방법으로 복잡하고, 변형이 많은 강재에 적합하다.
④ 패턴팅(Patenting) : 조직을 소르바이트 모양의 펄라이트 조직으로 만들어 인장 강도를 부여하기 위한 것으로서 냉간가공 전에 한다. 고탄소강의 경우에는 900~950℃의 오스테나이트 조직으로 만든 후 400~550℃의 염욕 속에 넣어 담금질한다.

02 내열용 알루미늄합금 중에 Y합금의 성분은?
① 구리, 납, 아연, 주석
② 구리, 니켈, 망간, 주석
③ 구리, 알루미늄, 납, 아연
④ 구리, 알루미늄, 니켈, 마그네슘

해설 Y합금 : Al - Cu - Ni - Mg의 합금으로 대표적인 내열용 합금이다. $Al_5Cu_2Mg_2$가 석출 경화되며 시효 처리한다.

03 항공기 재료로 가장 적합한 것은 무엇인가?
① 파인 세라믹   ② 복합 조직강
③ 고강도 저합금강 ④ 초두랄루민

해설 두랄루민(dralumin) : Al - Cu - Mg - Mn의 합금으로 시효경화 처리한 대표적인 합금, 이외에도 인장강도 186MPa 이상의 초두랄루민이 있으며 항공기 재료로 가장 적합하다.

04 초경공구와 비교한 세라믹 공구의 장점 중 옳지 않은 것은?
① 고속 절삭 가공성이 우수하다.
② 고온 경도가 높다.
③ 내마멸성이 높다.
④ 충격강도가 높다.

해설 세라믹 합금
① 산화알루미늄 가루(Al_2O_3) 분말에 규소 및 마그네슘 등의 산화물이나 다른 산화물의 첨가물을 넣고 소결한 것.
② 고속절삭, 고온에서 경도가 높고, 내마멸성이 좋다.
③ 경질합금보다 인성이 적고 취성이 있어 충격 및 진동에 약하다.
④ 고속절삭시 구성인선이 생기지 않아 가공면이 좋다.

답 01. ② 02. ④ 03. ④ 04. ④

05 탄소강에 함유된 5대 원소는?
① 황, 망간, 탄소, 규소, 인
② 탄소, 규소, 인, 망간, 니켈
③ 규소, 탄소, 니켈, 크롬, 인
④ 인, 규소, 황, 망간, 텅스텐

해설 철강 재료의 5대 원소
① C(강에 가장 큰 영향)
② S < 0.05%
③ P < 0.04%
④ Si < 0.1~0.4%
⑤ Mn < 0.2~0.8%

06 황이 함유된 탄소강의 적열취성을 감소시키기 위해 첨가하는 원소는?
① 망간 ② 규소
③ 구리 ④ 인

해설 망간(Mn) : 황과 화합하여 적열취성방지(MnS)하게 되어 황의 해를 제거하며, 고온 가공을 용이하게 한다. 강도, 경도, 인성을 증가시키며, 고온에 있어서는 결정 입자의 성장을 방해한다. 소성을 증가시키고 주조성을 좋게 한다. 담금질 효과를 크게 하며 탈산제로도 사용되며, 강중의 탄소함량은 0.20~0.80%이다.

07 내열성과 내마모성이 크고 온도가 600℃ 정도까지 열을 주어도 연화되지 않는 특징이 있으며, 대표적인 것으로 텅스텐(18%), 크롬(4%), 바나듐(1%)로 조성된 강은?
① 합금공구강 ② 다이스강
③ 고속도공구강 ④ 탄소공구강

해설 고속도 공구강(SKH)
① 재료 : W - Cr - V - Mo - Co
② 대표적인 것으로 W(18%) - Cr(4%) - V(1%)이 있다.

08 나사에 대한 설명으로 틀린 것은?
① 나사산의 모양에 따라 감각, 사각, 둥근 것 등으로 분류 한다.
② 체결용 나사는 기계 부품의 접합 또는 위치 조정에 사용된다.
③ 나사를 1회전하여 축 방향으로 이동한 거리를 "리드"라 한다.
④ 힘을 전달하거나 물체를 움직이게 할 목적으로 사용하는 나사는 주로 삼각나사이다.

해설 힘을 전달하거나 물체를 움직이게 할 목적으로 사용하는 나사는 주로 사각나사이고, 삼각나사는 체결용 나사이다.

09 스프링의 용도에 대한 설명 중 틀린 것은?
① 힘의 측정에 사용된다.
② 마찰력 증가에 이용한다.
③ 일정한 압력을 가할 때 사용한다.
④ 에너지를 저축하여 동력원으로 작동시킨다.

해설 스프링의 용도
① 완충용(충격 에너지 흡수, 방진) : 차량용 현가장치, 승강기 완충 스프링
② 에너지 축적 이용 : 계기용 스프링, 시계의 태엽, 완구용 스프링, 축음기, 총포의 격심용 스프링
③ 측정용 : 힘의 변형원리를 이용하여 압축력(또는 인장력)에 의한 변형 길이로 힘을 측정한다. 저울 등이 이에 해당한다.
④ 동력용 : 안전밸브, 조속기, 스프링 와셔

10 양쪽 끝 모두 수나사로 되어 있으며, 한쪽 끝에 상대쪽에 암나사를 만들어 미리 반영구적으로 나사 박음하고 다른 쪽 끝에 너트를 끼워 죄도록 하는 볼트는 무엇인가?
① 스테이 볼트 ② 아이 볼트
③ 탭 볼트 ④ 스터드 볼트

해설 ① 스테이 볼트 : 부품을 일정한 간격으로 유지하고, 구조자체를 보강하는데 사용한다.
② 아이 볼트 : 무거운 기계와 전동기 등을 들어올릴 때 로프, 체인 또는 훅을 거는데 사용한다.

답 05. ① 06. ① 07. ③ 08. ④ 09. ② 10. ④

③ 탭 볼트 : 체결하려는 부분이 두꺼워서 관통 구멍을 뚫을 수 없을 때, 또 긴 구멍을 뚫었더라도 구멍이 너무 길어 관통볼트의 머리가 숨겨져서 죄기 곤란할 때 너트를 사용하지 않고, 체결하는 상대쪽에 암나사를 내고 머리붙이 볼트를 나사 박음 하여 체결하는 볼트이다.
④ 스터드 볼트 : 막대의 양끝에 나사를 깎은 머리 없는 볼트로서 한 끝을 본체에 튼튼하게 박고 다른 끝에는 너트를 끼워서 죈다.

11 길이기 1m이고 지름이 30mm인 둥근 막대에 30000N의 인장하중을 작용하면 얼마 정도 늘어나는가? (단, 세로탄성계수는 2.1×10^5 N/mm²이다.)

① 0.102mm   ② 0.202mm
③ 0.302mm   ④ 0.402mm

해설 $\delta = \dfrac{P \times l}{A \times E} = \dfrac{30000 \times 1000}{\dfrac{\pi \times 30^2}{4} \times 2.1 \times 10^5} = 0.202$

12 하중의 작용 상태에 따른 분류에서 재료의 축선 방향으로 늘어나게 하려는 하중은?

① 굽힘하중   ② 전단하중
③ 인장하중   ④ 압축하중

해설 힘의 작용 상태에 따른 하중
① 인장하중(Tensile Load) : 재료를 잡아당겨 늘어나게 하려는 하중
② 압축하중(Compressive Load) : 재료를 누르는 하중
③ 전단하중(Shearing Load) : 재료를 자르려는 것과 같은 하중
④ 휨(굽힘)하중(Bending Load) : 재료를 구부려서 휘게 하려는 형태의 하중

13 유니버설 조인트의 허용 축 각도는 몇 도(°) 이내인가?

① 10°   ② 20°
③ 30°   ④ 60°

해설 유니버설 조인트(혹 조인트)
① 두 축이 동일 평면 내에 있고 그 중심

선이 α도(α ≤ 30°)로 교차하는 경우의 전동 장치
② 교각 α는 30도 이하에서 사용하고 특히 5도 이하가 바람직하며, 45도 이상은 사용이 불가능하다.

14 기어의 잇수가 40개이고, 피치원의 지름이 320mm일 때 모듈은 값은?

① 4   ② 6
③ 8   ④ 12

해설 $D = M \times Z$, $320 \div 40 = 8$

15 깊은 홈 볼베어링의 호칭번호가 6208일 때 안지름은 얼마인가?

① 10mm   ② 20mm
③ 30mm   ④ 40mm

해설 안지름 번호(내륜 안지름)
00 : 10mm, 01 : 12mm
02 : 15mm, 03 : 17mm
04×5=20mm~495mm까지
08×5=40mm

16 아래 도면에서 ㉮~㉳의 선의 명칭이 모두 올바르게 짝지어진 것은?

㉠ 가상선	㉡ 기준선	㉢ 파단선
㉣ 중심선	㉤ 숨은선	㉥ 수준면선
㉦ 지시선	㉧ 치수선	㉨ 치수보조선
㉩ 외형선	㉪ 해칭선	㉫ 절단선

① ㉮-㉨, ㉯-㉢, ㉰-㉠, ㉱-㉤, ㉲-㉣
② ㉮-㉨, ㉯-㉠, ㉰-㉢, ㉱-㉤, ㉲-㉣
③ ㉮-㉫, ㉯-㉢, ㉰-㉢, ㉱-㉤, ㉲-㉣
④ ㉮-㉢, ㉯-㉠, ㉰-㉣, ㉱-㉥, ㉲-㉤

답 11.② 12.③ 13.③ 14.③ 15.④ 16.②

제6편 최근 기출문제

17 인벌류트 치형을 가진 표준 스퍼기어의 전체의 높이는 다음 중 어떤 값이 되는가?
① "모듈"의 크기와 동일하다.
② "2.25×모듈"의 값이 된다.
③ "π×모듈"의 값이 된다.
④ "잇수×모듈"의 값이 된다.

18 다음 치수와 병용되는 기호 중 잘못된 것은?
① R5 ② C5
③ ◇5 ④ ∅5

해설 □5(정사각형의 변)

19 표면의 결 도시방법에서 어떤 제작공정 도면에 이미 제거 가공 또는 다른 방법으로 얻어진 전(前)가공의 상태를 그대로 남겨두는 것만을 지시하는 기호는?

①   ②
③   ④

해설 ∨ : 제거가공의 필요여부를 문제삼지 않는다.
∀ : 제거가공을 해서는 안 된다.
∇ : 제가가공을 필요로 한다.

20 다음과 같은 단면도를 나타내고 있는 절단선 위치가 가장 올바른 것은?

① 단면 A-B   ② 단면 C-D
③ 단면 E-F   ④ 단면 G-H

21 기하 공차 기호 중 동축도를 나타내는 기호는?
① ▱   ② ○
③ ⌭   ④ ◎

해설

기호	공차의 종류
▱	평면도 공차
○	진원도 공차
⌭	원통도 공차
◎	동축도 또는 동심도 공차

22 나사를 "M12"로만 표시하였을 경우 설명으로 틀린 것은?
① 2줄 나사인데 표시하지 않고 생략되었다.
② 오른나사인데 표시하지 않고 생략되었다.
③ 미터나사이고 피치는 생략되었다.
④ 나사의 등급이 생략되었다.

해설 1줄 나사인데 표시하지 않고 생략되었다.

23 다음 그림에서 화살표 방향을 정면도로 하였을 때 좌측면도로 맞는 것은?

24 다음 그림의 설명 중 맞는 것은?

① 지시선의 화살표로 나타낸 축선은 데이텀의 축 직선 A-B를 축선으로 하는 지

답 17.② 18.③ 19.③ 20.② 21.④ 22.① 23.④ 24.①

름 0.08mm인 원통 안에 있어야 한다.
② 지시선의 화살표로 나타내는 원통면의 반지름 방향의 흔들림은 데이텀 축직선 A-B에 관하여 1회전 시켰을 때, 데이텀 축직선에 수직한 임의의 측정면 위에서 0.08mm를 초과해서는 안 된다.
③ 지시선의 화살표로 나타내는 면은 데이텀 축직선 A-B에 대하여 평행하고 또한 화살표 방향으로 0.08mm만큼 떨어진 두 개의 평면 사이에 있어야 한다.
④ 대상으로 하고 있는 면은 동일 평면 위에서 0.08mm만큼 떨어진 2개의 동심원 사이에 있어야 한다.

25 재료가 최대 크기일 경우에 형태가 한계 크기가 되는 고려된 형태의 상태, 즉 구멍의 경우 최소 지름과 축의 경우 최대 지름이 되는 상태를 무엇이라고 하는가?
① 최대 재료 조건(MMC)
② 한계 재료 조건(UMC)
③ 최소 재료 조건(LMC)
④ 일반 재료 조건(NMC)

해설 최대 실체 공차 방식(MMC) : 기호 Ⓜ

26 화학밀링(화학절삭)의 일반적인 특징으로 거리가 먼 것은 무엇인가?
① 공구비가 절감된다.
② 가공속도가 빠르다.
③ 가공 깊이에 제한을 받는다.
④ 가공 변질층이 적다.

해설 화학밀링의 특징은 다량생산, 넓은 면 가공, 복잡한 형상 및 얇은 단면 가공이 가능하며, 공구비가 절감되고 가공면의 변질층이 적은 장점이 있지만, 가공 속도와 가공 깊이에 제한을 받고 부식성 및 다듬질면의 거칠기가 떨어지는 단점이 있다.

27 숫돌입자의 기호 중 경도가 가장 낮은 것은?
① A
② WA
③ C
④ GC

해설 숫돌입자의 기호 중 경도가 가장 낮은 순서는 A > WA > C > GC이며 공작물의 경도는 입자경도의 반대 순서이다.

28 공작기계를 가공능률에 따라 분류할 때 전용 공작 기계에 속하는 것은?
① 플레이너
② 드릴링 머신
③ 트랜스퍼 머신
④ 밀링 머신

해설 전용 공작기계에는 모방선반, 자동선반, 생산 밀링머신 등이 있으며 또한, 전용 공작기계를 여러 개 조합하여 자동화한 트랜스퍼머신(Transfer Machine) 등이 있어서 기계공작에 큰 역할을 한다.

29 보통선반의 이송 단위로 가장 올바른 것은?
① 1분당 이송(mm/min)
② 1회전당 이송(mm/rev)
③ 1왕복당 이송(mm/stroke)
④ 1회전당 왕복(stroke/rev)

해설 이송속도 : 이송운동의 속도를 말하며 선반, 드릴가공에서는 주축 1회전마다의 이송을 (mm/rev)으로 표시하며 평삭에서는 (mm/stroke)로 밀링에서는 (mm/min)로 표시한다.

30 밀링머신의 부속품이나 부속장치가 아닌 것은?
① 분할대
② 맨드릴
③ 회전 테이블
④ 슬로팅 장치

해설 맨드릴은 선반의 부속장치로 구멍이 있는 공작물을 고정, 가공시 심봉 자체는 양센터로 지지하거나 주축의 테이퍼 구멍에 끼워 사용하고, 구멍과 외경을 동심으로 가공시에 사용된다.

답 25. ① 26. ② 27. ① 28. ③ 29. ② 30. ②

제6편 최근 기출문제

31 기계가공에서 절삭유재의 사용목적이 아닌 것은?
① 공작물을 냉각시킨다.
② 절삭열에 의한 정밀도 저하를 방지한다.
③ 공작물의 부식을 증가시킨다.
④ 공구의 경도 저하를 방지한다.

해설 절삭유의 사용목적
① 절삭저항이 감소하고 공구의 수명을 연장한다.
② 다듬질면의 마찰을 적게 하므로 다듬질면을 좋게 한다.
③ 공작물의 열팽창 방지로 가공물의 치수정밀도를 높게 한다.
④ 칩의 흐름이 좋아지기 때문에 절삭가공을 쉽게 한다.
⑤ 공구인선을 냉각시켜 온도상승에 따른 경도 저하를 막는다.

32 센터, 척 등을 사용하지 않고 가공물의 표면을 조정하는 조정숫돌과 지지대를 이용하여 가공물을 연삭하는 기계는 무엇인가?
① 외경 연삭기 ② 내면 연삭기
③ 공구 연삭기 ④ 센터리스 연삭기

해설 센터리스 연삭기
센터, 척 등을 사용하지 않고 가공물의 표면을 조정하는 조정숫돌과 지지대를 이용하여 가공물을 연삭하는 기계이다.

33 선반의 주요 구성 부분에 해당되지 않은 것은?
① 주축대 ② 베드
③ 왕복대 ④ 테이블

해설 테이블은 밀링, 드릴 등에서 공작물을 설치하는 부분에 해당된다.

34 Al_2O_3 분말 약 70%에 TiC 또는 TiN 분말을 30% 정도 혼합하여 수소 분위기 속에서 소결하여 제작한 절삭 공구의 재료는 무엇인가?

① 다이아몬드 ② 서멧
③ 고속도강   ④ 초경합금

해설 ① 다이아몬드 : 가장 경도가 높고 1500m/min의 고속절삭이 가능하며 비철금속의 정밀 완성가공 및 경절삭의 초정밀 연속절삭에 적합하다.
② 서멧 : Al_2O_3 분말 70%에 탄질화 티탄 TiCN 분말을 30% 정도 혼합하여 수소 분위기에 소결하여 제작하며 초경합금에 비해 고속절삭이 가능하고 마모가 적으며 공구수명이 길다.
③ 고속도강 : 재료는 W - Cr - V - Mo - Co로 대표적인 것으로 W(18%) - Cr(4%) - V(1%)이 있다.
④ 초경합금 : W - Ti - Ta 등의 탄화물 분말을 Co 또는 Ni를 결합하여 1400℃ 이상에서 소결시킨 것.(주성분 : W, Ti, Co, C 등이다.)

35 드릴에 의해 뚫린 구멍은 보통 진원도 및 내면의 다듬질 정도가 양호하지 못하므로, 구멍의 내면을 정밀하게 다듬질하는 가공은 무엇인가?
① 줄 가공   ② 탭 가공
③ 리머 가공 ④ 다이스 가공

해설 ① 리머(Reaming) : 구멍의 정밀도를 높이기 위한 작업. 리머의 여유는 직경 10mm일 때 0.2mm 정도이며, 드릴작업 rpm의 2/3~3/4, 이송은 같거나 빠르게 한다.
② 탭핑(Tapping) : 공작물 내부에 암나사 가공, 태핑을 위한 드릴가공은 나사의 외경 - 피치로 한다.
③ 다이스 작업(dies working) : 둥근봉 또는 관 바깥지름 다이스(dies)를 사용하여 수나사를 내는 작업이다.

36 가공할 구멍이 드릴 작업할 수 있는 것에 비하여 훨씬 큰 포신 가공 등에 적합한 보링머신은 무엇인가?
① 보통 보링머신 ② 정밀 보링머신
③ 지그 보링머신 ④ 코어 보링머신

답 31. ③ 32. ④ 33. ④ 34. ② 35. ③ 36. ④

해설 코어 보링머신 : 가공할 구멍이 드릴 작업할 수 있는 것에 비하여 훨씬 큰 포신 가공 등에 적합한 보링머신이다.

37 밀링가공에서 생산성을 향상시키기 위한 절삭 속도의 선정방법으로 적합하지 않은 것은?

① 밀링커터의 수명을 길게 유지하기 위해서는 절삭속도를 약간 낮게 설정한다.
② 가공물의 경도, 강도, 인성 등의 기계적 성질을 고려한다.
③ 거친 가공에서는 절삭속도는 빠르게, 이송은 느리게, 절삭 깊이는 작게 한다.
④ 커터의 날이 빠르게 마모되거나 손상되는 현상이 발생하면, 절삭속도를 감소시킨다.

해설 거친 가공에서는 절삭속도는 느리게, 이송은 빠르게, 절삭 깊이는 크게 한다.

38 구성인선의 방지 방법이 아닌 것은?

① 절삭 깊이를 크게 한다.
② 경사각을 크게 한다.
③ 윤활성이 있는 절삭유제를 사용한다.
④ 절삭 속도를 크게 한다.

해설 절삭 깊이를 작게 한다.

39 지름이 작은 가공물이나 각 봉재를 가공할 때 편리하며, 보통선반에서는 주축 테이퍼 구멍에 슬리브를 끼우고 여기에 척을 끼워 사용하는 것은?

① 단동 척   ② 연동 척
③ 콜릿 척   ④ 마그네틱 척

해설 ① 단동 척 : 다소 불규칙한 외경의 공작물 가공과 중심을 편심시켜 가공할 수 있다. 4개의 조가 있다.

② 연동 척(만능척, 스크롤 척) : 규칙적인 외경을 가진 재료를 가공. 단동척보다 고정력이 약하다. 3개의 조를 크라운 기어를 사용, 동시에 이동시킨다.
③ 콜릿 척 : 가는 지름의 환봉 재료 고정. 탁상, 터릿 선반용으로 사용된다.
④ 마그네틱 척 : 전자석 설치, 얇은 공작물을 변형시키지 않고 가공된다.

40 마이크로미터에서 나사의 피치가 0.5mm, 딤블의 원주 눈금이 50등분 되어 있다면 최고 측정값은 얼마인가?

① 0.001mm   ② 0.01mm
③ 0.05mm   ④ 0.50mm

해설 $M = 0.5 \times \dfrac{1}{50} = \dfrac{1}{100} = 0.01\,\text{mm}$

41 수평 밀링머신의 플레인 커터 작업에서 상향 절삭의 특징으로 틀린 것은?

① 칩이 날의 절삭을 방해하지 않는다.
② 하향절삭에 비하여 커터의 수명이 짧다.
③ 절삭된 칩이 가공된 면 위에 쌓인다.
④ 이송기구의 백래시가 제거된다.

해설 상향절삭은 절삭된 칩이 가공된 면 위에 쌓이지 않는다.

42 사인 바(sine bar)에 의한 각도 측정에서 필요하지 않은 것은?

① 블록 게이지
② 다이얼 게이지
③ 버니어 캘리퍼스
④ 정반

해설 사인 바(sine bar)에 의한 각도 측정에서 필요한 것은 정반, 블록 게이지, 다이얼 게이지이다.

답 37. ③ 38. ① 39. ③ 40. ② 41. ③ 42. ③

43 다음 CNC선반 프로그램에서 바이트가 현재 외경을 20mm로 가공을 하고 있다면 이때의 주축회전수는 몇 rpm인가?

> G50 X150.0 Z250.0 S1500 T0100 ;
> G96 S150 M03 ;

① 250　② 1500
③ 2387　④ 2500

해설　G50 S1500 ;
⇒ 주축 최고회전수 1500rpm

44 CNC선반 작업시 공구를 0.5초 정지(Dwell) 시키려고 할 때의 지령 방법으로 옳은 것은?

① G04 X5.0 ;　② G04 U5.0 ;
③ G04 P500 ;　④ G04 W500 ;

해설　CNC선반에서 0.5초 휴지(dwell)하는 프로그래밍 : G04 X0.5, G04 U0.5, G04 P500

45 다음 중 CNC선반에 사용되는 각 워드에 대한 설명으로 틀린 것은?

① G00 - 위치 결정(급속 이송)
② G28 - 자동 원점 복귀
③ G42 - 공구 인선 반지름 보정 취소
④ G98 - 분당 이송속도 지정

해설　G42 : 인선 R보정 우측

46 CNC선반에서 지름을 50mm로 가공한 후 측정한 결과 지름이 49.98mm였다. 기존의 보정값이 0.004라면 수정해야 할 보정값은 얼마인가?

① 0.02　② 0.04
③ 0.024　④ 0.048

해설　가공시 X축 보정값=50-49.98=0.02mm
기존 X축 보정값 : 0.004mm
∴ 공구보정값=0.02+0.004=0.024mm

47 머시닝센터에서 "공구길이(-)보정"에 해당하는 것은?

① G41　② G42
③ G43　④ G44

해설　① G41 : 공구 왼쪽 보정
② G42 : 공구반지름 오른쪽 보정
③ G43 : 공구길이 (+)보정
④ G44 : 공구길이 (-)보정

48 다음 중 수치제어 가공에서 프로그래밍의 순서를 가장 올바르게 나열한 것은?

① 부품도면 → 가공순서 결정 → 프로세스시트 작성 → 프로그램 입력 및 확인
② 부품도면 → 프로세스시트 작성 → 프로그램 입력 → 가공순서 결정
③ 프로그램 입력 → 부품도면 → 가공순서 결정 → 프로세스시트 작성
④ 프로그램 입력 → 공정 설정 → 부품도면 → 프로세스시트 작성

해설　프로그래밍의 순서 : 부품도면 → 가공순서 결정 → 프로세스시트 작성 → 프로그램 입력 및 확인

49 CNC공작기계에서 공작물에 대한 공구의 위치를 그에 대응하는 수치정보로 지령하는 제어를 무엇이라 하는가?

① NC(Numerical Control)
② DNC(Direct Numerical Control)
③ FMS(Flexible Manufacturing System)
④ CIMS(Computer Integrated Manufacturing System)

해설　① NC(Numerical Control) : 공구의 위치를 수치정보로 지령하는 자동제어
② DNC(Direct Numerical Control) : 군관리 시스템
③ FMS(Flexible Manufacturing System) : 유연한 생산시스템
④ CIMS(Computer Integrated Manufacturing System) : 컴퓨터 통합가공

답　43. ②　44. ③　45. ③　46. ③　47. ④　48. ①　49. ①

50 2축 이상을 동시에 급속 이송시킬 경우 각 축이 독립적인 급송이송 속도로 위치결정되며, 지령된 위치까지 도달한 축부터 순서대로 정지하는 위치 결정 방법은 무엇인가?

① 보간형 위치결정
② 비보간형 위치결정
③ 직선형 위치결정
④ 비직선형 위치결정

해설 ① 비직선형 위치결정 : 2축 이상을 동시에 급속 이송시킬 경우 각 축이 독립적인 급송이송 속도로 위치결정되며, 지령된 위치까지 도달한 축부터 순서대로 정지하는 위치 결정 방법이다.
② 직선형 위치결정 : 각 축에 설정된 급속 이송속도를 넘지 않으면 시점부터 종점까지 직선으로 최단거리로 이동한다.

51 다음은 CNC선반의 1줄 나사가공 프로그램이다. 프로그램에 사용된 나사의 피치를 나타내는 것은?

```
G28 U0. W0. ;
G50 X150. Z150. T0700 ;
G97 S600 M03 ;
G00 X36. Z3. T0707 M08 ;
G92 X31.2 Z-20. F2. ;
X30.7 ;
```

① 31.2   ② 20.
③ 3.   ④ 2.

해설 F2(피드=피치)

52 다음 중 프로그램의 정지, 절삭유의 ON/OFF 등 기계 각 부위에 대한 지령을 수행하는 기능은?

① 공구기능   ② 보조기능
③ 준비기능   ④ 주축기능

해설 보조기능(M)
프로그램의 정지, 절삭유의 ON/OFF 등 기계 각 부위에 대한 지령을 수행한다.

53 다음과 같은 CNC선반 프로그램에 대한 설명으로 틀린 것은?

```
G74 R0.4 ;
G74 Z-60.0 Q15000 F0.2 ;
```

① F0.2는 이송속도이다.
② Q15000은 X방향의 이동량이다.
③ R0.4는 1스텝 가공 후 도피량이다.
④ G74는 팩 드릴링 사이클이다.

해설 팩 드릴링(Peck drilling), 단면 홈가공 사이클(G74) : 이 기능은 긴 칩이 발생하여 작업을 방해하는 경우 칩을 짧게 절단해야 할 필요가 있는 경우의 드릴작업, 단면 홈작업, 보링 작업 등에 주로 사용되는 기능이다.

• 지령방법

```
G74 R r ;
G74 X(U) Z(W) P p Q q R d F f ;
```

여기서
- R r : 도피량(Z축 방향의 1회 절입후 뒤쪽으로 이동하는 량)
- X(U) : 가공하고자 하는 X축 방향의 최종 지점 좌표
- Z(W) : 가공하고자 하는 Z축 방향의 최종 지점 좌표
- P p : X방향의 이동량(부호 무시하여 지정)
- Q q : Z방향의 이동량(부호 무시하여 지정)
- R d : 절삭이동 끝점에서의 공구 후퇴량 (R이 생략되면 0, 단면폭이 홈바이트와 같은 경우 생략하지 않으면 공구가 파손된다.)
- F f : 이송속도

54 CNC공작기계의 운전시 일상 점검사항이 아닌 것은?

① 각종 계기의 상태확인
② 가공할 재료의 성분분석
③ 공기압이나 유압상태 확인
④ 공구의 파손이나 마모상태 확인

해설

매일 점검	외관 점검
	유량 점검
	압력 점검
	각부의 작동 검사

답 50.④ 51.④ 52.② 53.② 54.②

55 다음 중 밀링 작업시 안전사항으로 잘못된 것은?

① 회전하는 커터에 손을 대지 않는다.
② 절삭 중에는 면장갑을 착용하지 않는다.
③ 칩을 제거할 때에는 장갑을 끼고 손으로 한다.
④ 가공을 할 때에는 보안경을 착용하여 눈을 보호한다.

해설 칩을 제거할 때에는 손으로 하지 말고 브러시로 제거한다.

56 다음은 머시닝센터에서 가공되는 프로그램의 일부이다. 가공에 사용되는 공구가 2날, ∅30엔드밀인 경우 이론적인 날당 이송속도(mm/날)는 약 얼마인가?

```
G43 Z-5.0 H03 S700 M03 ;
G01 X10.0 Y20.0 F150 M08 ;
```

① 0.09 ② 0.11
③ 0.43 ④ 2.33

해설 $Z=$2날, $F150 : f=150$mm/min,
$n=700$rpm에서 엔드밀의 날 하나당 이송속도 : f_Z(mm/tooth)
$f=f_Z \cdot Z \cdot n$ 에서
$f_Z = \dfrac{f}{Z \times n} = \dfrac{150}{2 \times 700} = 0.107$ mm/날

57 다음 중 CNC프로그램으로 틀린 지령 블록은?

① N20 G00 X20.0 Y30.0 ;
② N30 G01 X80.0 F200 ;
③ N40 G03 G42 X100.0 Y50.0 R20.0 ;
④ N50 G01 Y150.0 ;

해설 ③ N40 G03 X100.0 Y50.0 R20.0 ;

58 프로그램 작성자가 프로그램을 쉽게 작성하기 위하여 공작물 임의의 점을 원점으로 정해 명령의 기준점이 되도록 한 좌표계는?

① 절대 좌표계   ② 기계 좌표계
③ 상대 좌표계   ④ 잔여 좌표계

해설
① 절대 좌표계(WORK 좌표계, 프로그램 좌표계) : 공작물을 가공하기 위하여 프로그램 작성에 필요한 기준 좌표계로 공작물 좌표계라고도 한다. 일반적으로 공작물의 편리한 가공을 위하여 도면상의 임의의 점을 원점으로 하는 좌표계로써 G50을 이용하여 공작물마다 X0, Z0으로 설정한 좌표를 말하며 공작물 좌표계 원점은 작업자가 편리한 임의 위치로 할 수 있다.
② 기계 좌표계 : CNC공작기계의 좌표 원점은 기계의 기준점으로 기계제작사에 파라미터에 의하여 정하여진다. 기계원점은 사용자가 원점 위치를 변경할 수 없으며 기계의 기준점은 기준점 복귀지령에 의하여 공구대가 항상 일정한 위치로 복귀하는 고정점으로서, 공구가 원점에 복귀함으로써 기계좌표 원점이 설정되며, 기계원점을 좌표원점(X0, Z0)으로 해서 설정되는 좌표계를 기계 좌표계라 한다.
③ 상대 좌표계 : 각 축의 임의의 위치를 좌표 원점으로 설정할 수 있는 좌표계로서, 공구보정이나 공작물 좌표계를 설정할 때, 또는 수동으로 가공할 때 유용하게 사용한다. 즉 현재 서 있는 위치가 원점이 되는 좌표계를 말한다.(U, W를 사용)

59 머시닝센터에서 원호보간시 원호의 내각이 180°를 초과하면 지령할 수 없는 기능은?

① R   ② K
③ I   ④ J

해설 머시닝센터에서 I, J, K 지령에 의한 원호가공은 원호 반경 R 대신에 어드레스, I, J, K 좌표치로 나타내는 방법이다.

답 55. ③ 56. ② 57. ③ 58. ① 59. ①

60 다음 중 CNC선반 작업시 안전 및 유의사항으로 틀린 것은?

① 마이크로미터로 측정시 0점 조정을 확인한다.
② 원호 가공된 면의 측정은 반지름 게이지를 사용한다.
③ 절삭 칩의 제거는 브러시나 청소용 솔을 사용한다.
④ 원호 가공은 이송속도를 빠르게 하여 진동의 발생을 방지한다.

해설 원호 가공은 이송속도를 느리게 한다.

답 60. ④

2014년 10월 11일 제5회 컴퓨터응용선반기능사 기출문제

01 공구재료의 필요조건이 아닌 것은?
① 열처리가 쉬울 것
② 내마멸성이 작을 것
③ 강인성이 클 것
④ 고온 경도가 클 것

해설 인성, 강도와 내마모성이 커야 한다.

02 니켈강을 가공 후 공기 중에 방치하여도 담금질 효과를 나타내는 현상은 무엇인가?
① 질량 효과   ② 자경성
③ 시기 균열   ④ 가공 경화

해설 자경성 : 니켈강을 가공 후 공기 중에 방치하여도 담금질 효과를 나타내는 현상이다.

03 구리 4%, 마그네슘 0.5%, 망간 0.5%, 나머지가 알루미늄인 고강도 알루미늄 합금은?
① 실루민   ② 두랄루민
③ 라우탈   ④ 로우엑스

해설 두랄루민 : Al - Cu - Mg계로 Al - Cu - Mg - Mn의 합금으로 시효경화 처리한 대표적인 합금, 이외에도 인장강도 186MPa 이상의 초두랄루민이 있다.

04 주철의 성질을 가장 올바르게 설명한 것은?
① 탄소의 함유량이 2.0% 이하이다.
② 인장강도가 강에 비하여 크다.
③ 소성변형이 잘 된다.
④ 주조성이 우수하다.

해설 주철의 성질
① 탄소의 함유량이 2.11~6.68%(보통 2.5~4.5% 정도)
② 압축 강도가 인장강도에 비하여 3~4배 정도 좋고 인장강도, 휨 강도가 작고 충격에 대해 약하다.
③ 소성가공(고온가공)이 불가능하다.
④ 주조성이 우수하고 복잡한 부품의 성형이 가능하다.

05 킬드강에는 어떤 결함이 주로 생기는가?
① 편석 증가
② 내부에 기포
③ 외부에 기포
④ 상부 중앙에 수축공

해설 킬드강 : 페로실리콘(Fe-Si), 알루미늄(Al) 등의 강탈산제를 사용하여 완전히 탈산한 강으로 헤어크랙이 생기기 쉬우며 강괴의 중앙 상부에 큰 수축관이 생긴다.

06 합금주철에서 0.2~1.5% 첨가로 흑연화를 방지하고 탄화물을 안정시키는 원소는 무엇인가?
① Cr   ② Ti
③ Ni   ④ Mo

해설
① Cr : 흑연화를 방지하고 탄화물을 안정시킨다. 탄화물을 안정화시키며, 내식성, 내열성을 증대시고 내부식성이 좋아진다.
② Ti : 강탈산제이고, 흑연을 미세화 시켜 강도를 높인다.
③ Ni : 흑연화를 촉진하며, 내열, 내산화성이 증가한다. 내알칼리성을 갖게 하며, 내마모성도 좋아진다.
④ Mo : 강도, 경도, 내마모성을 증가시키며 0.25%~1.25% 정도 첨가시킨다. 두꺼운 주물의 조직을 균일하게 한다.

답 01.② 02.② 03.② 04.④ 05.④ 06.①

07 내식용 Al 합금이 아닌 것은?
① 알민(Almin)
② 알드레이(Aldrey)
③ 하이드로날륨(hydronalium)
④ 코비탈륨(cobitalium)

해설

내식용 Al 합금	Al-Mn계	알민(Almin)
	Al-Mg-Si계	알드레이(Aldrey)
	Al-Mg계	하이드로날륨 (hydronalium)

08 웜 기어의 특징으로 가장 거리가 먼 것은?
① 큰 감속비를 얻을 수 있다.
② 중심거리에 오차가 있을 때는 마멸이 심하다.
③ 소음이 작고 역회전 방지를 할 수 있다.
④ 웜 홀의 정밀측정이 쉽다.

해설 웜 홀은 정밀측정이 어렵다.

09 나사의 용어 중 리드에 대한 설명으로 맞는 것은?
① 1회전시 작용되는 토크
② 1회전시 이동한 거리
③ 나사산과 나사산의 거리
④ 1회전시 원주의 길이

해설 리드(lead) : 나사산이 원통을 한 바퀴 회전하여 축 방향으로 나아가는 거리
• 리드와 피치 사이의 관계 : $l = np$

10 한 변의 길이가 20mm인 정사각형 단면에 4kN의 압축하중이 작용할 때 내부에 발생하는 압축응력은 얼마인가?
① 10 N/mm²
② 20 N/mm²
③ 100 N/mm²
④ 200 N/mm²

해설 $\alpha = \dfrac{W}{A} = \dfrac{4000}{20 \times 20} = 10\text{N/mm}^2$

11 축의 설계시 고려해야 할 사항으로 거리가 먼 것은?
① 강도
② 제동장치
③ 부식
④ 변형

해설 축 설계상 고려 사항
① 강도(Strength)
② 응력집중(Stress concentration)
③ 강성도(Stiffness)
④ 변형
⑤ 진동(Vibration)
⑥ 부식(Corrosion)
⑦ 열응력(Thermal stress)
⑧ 열팽창(Thermal expansion)

12 3줄 나사에서 피치가 2mm일 때 나사를 6회전시키면 이동하는 거리는 몇 mm인가?
① 6
② 12
③ 18
④ 36

해설 $l = np = (3 \times 6) \times 2 = 36\text{mm}$

13 사용 기능에 따라 분류한 기계요소에서 직접 전동 기계요소는?
① 마찰차
② 로프
③ 체인
④ 벨트

해설 직접전동 기계요소는 마찰차이고 나머지는 간접전동 기계요소이다.

14 볼트와 볼트 구멍 사이에 틈새가 있어 전단응력과 휨 응력이 동시에 발생하는 현상을 방지하기 위한 가장 올바른 방법은?
① 와셔를 사용한다.
② 로크너트를 사용한다.
③ 멈춤 나사를 사용한다.
④ 링이나 봉을 끼워 사용한다.

해설 볼트와 볼트 구멍 사이에 틈새가 있어 전단응력과 휨 응력이 동시에 발생하는 현상을 방지하기 위해서 링이나 봉을 끼워 사용한다.

답 07.④ 08.④ 09.② 10.① 11.② 12.④ 13.① 14.④

15 볼트의 머리와 중간재 사이 또는 너트와 중간재 사이에 사용하여 충격을 흡수하는 작용을 하는 것은?

① 와셔 스프링
② 토션 바
③ 벌류트 스프링
④ 코일 스프링

해설 ① 와셔 스프링 : 볼트, 너트의 중간재 사이에 사용하여 충격을 흡수하는 역할을 한다.
② 토션 바 : 원형봉에 비틀림 모멘트를 가하면 비틀림 변형이 생기는 원리로 소형 승용차의 현가용에 사용된다.
③ 벌류트 스프링 : 태엽 스프링을 축 방향으로 감아올려 사용하는 것으로 압축용으로 사용한다. 오토바이 차체 완충용으로 사용된다.
④ 코일 스프링 : 인장용과 압축용이 있고, 제작비가 저렴하며 기능이 확실 유효하여 경량소형으로 제조할 수 있다.

16 치수공차의 범위가 가장 큰 치수는?

① $50^{+0.05}_{-0.03}$
② $60^{+0.03}_{+0.01}$
③ $70^{-0.02}_{-0.05}$
④ 80 ± 0.02

해설 ①항의 치수공차는 0.08
②항의 치수공차는 0.02
③항의 치수공차는 0.03
④항의 치수공차는 0.04

17 나사의 도시법에 대한 설명으로 틀린 것은?

① 수나사의 바깥지름, 암나사의 안지름은 굵은 실선으로 한다.
② 완전 나사부와 불완전 나사부의 경계선은 굵은 실선으로 한다.
③ 수나사, 암나사의 골 및 불완전 나사부의 골을 표시하는 선은 굵은 실선으로 한다.
④ 수나사와 암나사가 조립된 부분은 항상 수나사가 암나사를 감춘 상태에서 표시한다.

해설 수나사와 암나사의 골을 표시하는 선은 가는 실선으로 그린다. 완전 나사부와 불완전 나사부의 경계선은 굵은 실선으로 그린다.

18 기계제도에서 "C5" 기호를 나타내는 방법으로 옳은 것은?

①   ②

③   ④

19 주로 대칭인 물체의 중심선을 기준으로 내부 모양과 외부 모양을 동시에 표시하는 단면도는?

① 온 단면도
② 부분 단면도
③ 한쪽 단면도
④ 회전도시 단면도

해설 한쪽 단면도(반단면도)
상하 또는 좌우 대칭형의 물체는 기본 중심선을 경계로 1/2은 외형도로, 나머지 1/2은 단면도로 동시에 나타낸다. 대칭 중심선의 우측 또는 위쪽을 단면으로 한다.

20 그림과 같은 정면도와 우측면도에 가장 적합한 평면도는?

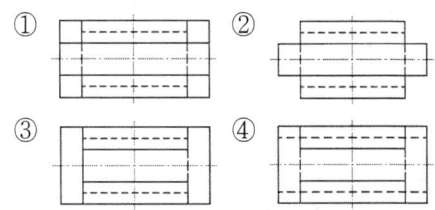

답 15.① 16.① 17.③ 18.③ 19.③ 20.④

21 기계가공 표면의 결 대상면을 지시하는 기호 중 제거가공을 허락하지 않는 것을 지시하고자 할 때 사용하는 기호는?

① ②
③ ④

해설　∀ : 제거가공의 필요 여부를 문제삼지 않는다.
　　　∀ : 제거가공을 해서는 안 된다.
　　　∀ : 제거가공을 필요로 한다.

22 KS 재료기호가 "STC"일 경우 이 재료는?
① 냉간 압연 강판
② 크롬 강재
③ 탄소 주강품
④ 탄소 공구강 강재

해설　① 냉간 압연 강판 : SCP
　　　② 크롬 강재 : SCr
　　　③ 탄소 주강품 : SC
　　　④ 탄소 공구강 강재 : STC

23 기하공차 기입 틀에서 B가 의미하는 것은?

| // | 0.008 | B |

① 데이텀　　② 공차 등급
③ 공차 기호　④ 기준 치수

해설　| // | 0.008 | B |
데이텀 B면에 대하여 평행도 공차가 0.08mm 이내이어야 한다.

24 스퍼기어를 그리는 방법에 대한 설명으로 올바른 것은?
① 잇봉우리원은 가는 실선으로 그린다.
② 피치원은 가는 2점 쇄선으로 그린다.
③ 이골원은 가는 파선으로 나타낸다.
④ 축에 직각인 방향에서 본 단면도일 경우 이골의 선은 굵은 실선으로 그린다.

해설　① 바깥지름(잇봉우리원)은 굵은실선으로 그린다.
　　　② 피치원은 가는 일점쇄선으로 그린다.
　　　③ 이골원은 가는 실선으로 그린다.
　　　④ 축에 직각인 방향에서 본 단면도일 경우 이골의 선은 굵은 실선으로 그린다.

25 도면에서 2종류 이상의 선이 같은 장소에 겹칠 때 다음 중 가장 우선하는 것은?
① 절단선　　② 숨은선
③ 중심선　　④ 무게 중심선

해설　겹치는 선의 우선순위
　　　① 외형선 ② 숨은선 ③ 절단선 ④ 중심선
　　　⑤ 무게중심선 ⑥ 치수보조선

26 일반적인 방법으로 밀링 머신에서 가공할 수 없는 것은?
① 테이퍼 축 가공
② 평면 가공
③ 홈 가공
④ 기어 가공

해설　테이퍼 축 가공은 선반에서 가공할 수 있다.

27 밀링 가공의 일감 고정 방법으로 적당하지 않은 것은?
① 바이스는 항상 평행도를 유지하도록 한다.
② 바이스를 고정할 때 테이블 윗면이 손상되지 않도록 주의한다.
③ 가공된 면을 직접 고정해서는 안 된다.
④ 바이스 핸들은 항상 바이스에 부착되어 있어야 한다.

해설　바이스 핸들은 바이스에 부착하지 않는다.

답　21. ②　22. ④　23. ①　24. ④　25. ②　26. ①　27. ④

28 각도를 측정할 수 없는 측정기는?

① 사인 바
② 수준기
③ 콤비네이션 세트
④ 와이어 게이지

해설 와이어 게이지는 선재의 지름이나 판재의 두께를 측정한다.

29 일반적인 버니어 캘리퍼스로 측정할 수 없는 것은?

① 나사의 유효지름
② 지름이 30mm인 둥근 봉의 바깥지름
③ 지름이 35mm인 파이프의 안지름
④ 두께가 10mm인 철판의 두께

해설 나사의 유효지름의 측정은 나사 마이크로미터, 삼선(침)법, 공구 현미경 등의 광학적 측정기로 하는 방법이 있다. 가장 정밀한 방법은 삼침법 측정이다.

30 테이퍼 자루 중 드릴에 사용되는 테이퍼는?

① 내셔널 테이퍼   ② 브라운 테이퍼
③ 모스 테이퍼   ④ 쟈콥스 테이퍼

해설 드릴에 사용되는 테이퍼는 모스 테이퍼로 지름이 14mm 이상이다.

31 레이저 가공은 가공물에 레이저 빛을 쏘이면 순간적으로 일부분이 가열되어 용해되거나, 증발되는 원리이다. 가공에 사용되는 레이저 종류가 아닌 것은?

① 기체 레이저   ② 반도체 레이저
③ 고체 레이저   ④ 지그 레이저

해설 레이저의 종류는 빔의 레이저광을 발진하는 발진 재료에 따라 고체 레이저, 기체 레이저, 액체 레이저, 반도체 레이저로 나누며, 많이 사용하는 것은 고체 레이저와 기체 레이저이다.

32 선반에서 새들과 에이프런으로 구성되어 있는 부분은?

① 베드   ② 주축대
③ 왕복대   ④ 심압대

해설 새들과 에이프런으로 구성되어 있는 부분은 왕복대이다.

33 연삭숫돌의 결합제의 구비조건이 아닌 것은?

① 입자 간에 기공이 없어야 한다.
② 균일한 조직으로 필요한 형상과 크기로 가공할 수 있어야 한다.
③ 고속회전에서도 파손되지 않아야 한다.
④ 연삭열과 연삭액에 대하여 안전성이 있어야 한다.

해설 연삭숫돌은 입자 간에 기공이 있어야 한다.

34 고속회전에 베어링의 냉각효과를 원할 때, 경제적인 방법으로 대형기계에 자동 급유되도록 순환펌프를 이용하여 급유하는 방법은?

① 강제 급유법
② 분무 급유법
③ 오일링 급유법
④ 적하 급유법

해설
① 강제 급유법 : 순환펌프를 이용하여 급유하는 방법으로 고속회전시 베어링의 냉각효과에 효과적이다.
② 분무 급유법 : 고속 내면 연삭기, 고속드릴, 초고속 베어링에 사용된다.
③ 오일링 급유법 : 고속 주축의 급유를 균등히 할 목적에 사용된다.
④ 적하 급유법 : 비교적 고속회전에 많이 사용. 기름통에 저장되어 일정한 양만큼씩 떨어지도록 한 방식이다.

답 28.④ 29.① 30.③ 31.④ 32.③ 33.① 34.①

35 점성이 큰 재질을 작은 경사각의 공구로 절삭할 때, 절삭 깊이가 클 때 생기기 쉬운 그림과 같은 칩의 형태는?

① 유동형 칩
② 전단형 칩
③ 경작형 칩
④ 균열형 칩

해설
① 유동형 칩 : 가공면이 깨끗하고 절삭작용이 원활하고, 신축성이 크고 소성변형이 쉬운 재료에 적합하다.
② 전단형 칩 : 가공면이 매끄럽지 못하다. 연한 재질의 공작물을 작은 경사각으로 저속 가공할 때 생긴다.
③ 경작형 칩 : 점성이 큰 재질을 작은 경사각의 공구로 절삭할 때 발생한다.
④ 균열형 칩 : 주철과 같은 메진(취성) 재료를 저속 가공할 때 발생한다.

36 절삭을 목적으로 하는 금속 공작기계에 해당하지 않는 것은?

① 밀링가공 ② 연삭가공
③ 프레스가공 ④ 선반가공

해설 프레스가공은 소성가공이다.

37 드릴을 재연삭할 경우 틀린 것은?

① 절삭날이 중심선과 이루는 날끝 반각을 같게 한다.
② 절삭날의 여유각을 일감의 재질에 맞게 한다.
③ 절삭날의 길이를 좌우 같게 한다.
④ 드릴의 날끝각 검사는 드릴 게이지를 사용한다.

해설 드릴 게이지(dill gauge)는 드릴의 지름을 측정한다.

38 방전가공에 대한 일반적인 특징으로 틀린 것은?

① 전기 도체이면 쉽게 가공할 수 있다.
② 전극은 구리나 흑연 등을 사용한다.
③ 방전가공시 양극보다 음극의 소모가 크다.
④ 공작물은 양극, 공구는 음극으로 한다.

해설 방전가공은 공구 전극이 필요하며 전극가공의 어려움과 공구의 소모가 크다.

39 센터리스 연삭의 장점 중 거리가 먼 것은?

① 숙련을 요구하지 않는다.
② 가늘고 긴 가공물의 연삭에 적합하다.
③ 중공의 가공물을 연삭할 때 편리하다.
④ 대형이나 중량물의 연삭이 가능하다.

해설 센터리스 연삭의 단점은 대형이나 중량물의 연삭이 어렵다.

40 CNC선반에 사용되는 세라믹 공구의 주성분은?

① 알루미나 ② 티타늄
③ 산화나트륨 ④ 서멧

해설 세라믹 합금 : 산화알루미늄(Al_2O_3) 가루 분말에 규소 및 마그네슘 등의 산화물이나 다른 산화물의 첨가물을 넣고 소결한 것이다.

41 선반 가공의 경우 절삭 속도가 100m/min이고, 공작물 지름이 50mm일 경우 회전수는 약 몇 rpm으로 하여야 하는가?

① 526 ② 534
③ 625 ④ 637

해설 $N = \dfrac{1000v}{\pi d} = \dfrac{1000 \times 100}{\pi \times 50} = 636.6 \text{rpm}$

42 선반 가공에서 기어, 벨트 풀리 등의 소재와 같이 구멍이 뚫린 일감의 바깥 원통면이나 옆면을 가공할 때 구멍에 조립하여 센터 작업으로 사용하는 부속품은?

① 맨드릴 ② 면판
③ 방진구 ④ 돌림판

답 35.③ 36.③ 37.④ 38.③ 39.④ 40.① 41.④ 42.①

해설 ① 맨드릴 : 구멍과 외경을 동심으로 가공 시에 사용된다.
② 면판 : 대형 공작물이나 복잡한 형상의 공작물 가공에 사용된다.
③ 방진구 : 가늘고 긴 공작물 가공시 휨이 생겨 균일한 직경을 가진 진원 단면의 절삭가공이 곤란할 때 사용된다.
④ 돌림판 : 주축 끝 나사 부에 고정되어 양 센터 작업시 사용된다.

43 다음 설명에 해당하는 좌표계는?

> 도면을 보고 프로그램을 작성할 때에 절대 좌표계의 기준이 되는 점으로서, 프로그램 원점이라고도 한다.

① 공작물 좌표계 ② 기계 좌표계
③ 극 좌표계 ④ 상대 좌표계

해설 절대좌표계(공작물 좌표계)
CNC기계는 수치제어에 의해서 움직이며 수치, 즉 좌표값은 대부분 절대좌표계에 의해서 움직이며 절대좌표계의 원점은 도면을 보고 기준을 쉽게 잡을 수 있는 곳의 한 점을 원점으로 정하는데, 이 점을 프로그램 원점이라고 하며, 이 점을 원점으로 한 좌표계를 절대 좌표계 또는 공작물 좌표계라고도 한다.

44 다음 CNC선반 프로그램에서 ∅15mm인 지점을 가공시 주축의 회전수는 몇 rpm인가?

> N10 G50 X150. Z200. S1500 T0500 ;
> N20 G96 S130 M03 ;

① 130 ② 759
③ 1500 ④ 2759

해설 G50 S1500 ; 주축 최고 회전수 : 1500rpm
G96 S130 M03 ; 주속 일정제어 :
$$v = 130\text{m/min}$$
$$n = \frac{1000v}{\pi d} = \frac{1000 \times 130}{\pi \times 15} = 2759 \text{rpm}$$
∴ 주축 최고 회전수를 넘을 수 없으므로 주축은 2000rpm으로 회전한다.

45 머시닝센터에서 공구길이 보정취소와 공구지름 보정취소를 의미하는 준비기능으로 옳은 것은?

① G49, G40 ② G41, G49
③ G40, G43 ④ G41, G80

해설 ① G40 : 공구경 보정 취소
② G41 : 공구경 보정 좌측
③ G43 : 공구길이보정 +방향
④ G49 : 공구길이보정 취소
⑤ G80 : 고정 사이클 취소

46 다음 중 좌표치의 지령방법에서 현재의 공구위치를 기준으로 움직일 방향의 좌표치를 입력하는 방식은?

① 증분지령 방식 ② 절대지령 방식
③ 혼합지령 방식 ④ 구역지령 방식

해설 좌표치의 지령방법
축을 좌표축에 대하여 움직이는 방식에는 절대지령방식과 증분지령방식이 있다. 절대(absolute)지령방식은 프로그램 원점을 기준으로 좌표축과 방향(-, +)을 입력하는 방식이고, 증분(incremental)지령방식은 현재의 위치를 기준으로 좌표축과 방향(-, +)을 입력하는 방식이다. 장비에 따라서 한 블록에 두 가지를 혼합하여 지령할 수도 있다.

47 머시닝센터에서 G84는 탭(Tap) 공구를 이용한 탭가공 고정 사이클이다. G99 G84 X10. Y10. Z-30. R3. F__ ; 에서 F는 몇 mm/min을 주어야 하는가? (단, 주축회전수는 240rpm이고, 피치는 1.5mm이다.)

① 160 ② 240
③ 360 ④ 480

해설 주축회전수 $N = \dfrac{\text{이송속도}}{\text{나사의 리이드}}$
이송속도 = 240 × 1.5 = 360

답 43.① 44.③ 45.① 46.① 47.③

48 CNC 공작기계에서 작업 전 일상적인 점검 사항과 가장 거리가 먼 것은?

① 적정 유압압력 확인
② 습동유 잔유량 확인
③ 파라미터 이상 유무 확인
④ 공작물 고정 및 공구 클램핑 확인

해설 매일 점검
① 외관 점검
② 유량 점검
③ 압력 점검
④ 각부의 작동 검사

49 다음 중 CNC 공작기계에서 사용하는 서보 기구의 제어방식이 아닌 것은?

① 개방회로 방식
② 스텝회로 방식
③ 폐쇄회로 방식
④ 반 폐쇄회로 방식

해설 서보기구의 제어방식
① 개방회로 방식 : 검출기와 피드백(feed back) 장치가 없으므로 정밀도가 떨어 져 CNC 공작기계에는 잘 사용하지 않 고 있다.
② 폐쇄회로 방식 : 고도의 정밀을 요구하 는 공작기계나 대형공작기계 등에 사용 된다.
③ 반 폐쇄회로 방식 : CNC 공작기계에 이 방식을 많이 사용한다.
④ 하이브리드 서보 방식 : 고강성 고정밀 도 NC 공작기계에 사용되고 있으며 정 밀도가 가장 높다.

50 다음 중 수치제어 공작기계에서 Z축에 덧붙 이는 축(부가축)의 이동 명령에 사용되는 주 소(address)는?

① M(축)   ② A(축)
③ B(축)   ④ C(축)

해설
주소	의미
X Y Z	각축의 이동 지령
U V W	각축의 이동 지령
A B C	부가축 이동지령
I J K	원호 중심의 위치 및 면취량

51 다음 중 도면의 점 B에서 점 A로 절삭하려 할 때의 프로그램 좌표값으로 틀린 것은?

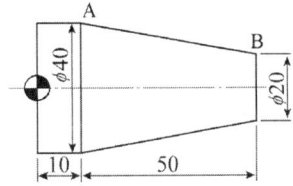

① G01 X40. Z50. F0.2 ;
② G01 U20. W-50. F0.2 ;
③ G01 U20. Z10. F0.2 ;
④ G01 X40. W-50. F0.2 ;

해설 도면의 점 B에서 점 A로 절삭하려 할 때
G01 X40. Z50. F0.2 ; (절대지령) 또는
G01 U20. W50. F0.2 ; (증분지령)

52 다음 프로그램의 지령이 뜻하는 것은?

G17 G02 X40. Y40. R40. Z20. F85 ;

① 위치 결정   ② 직선 보간
③ 원호 보간   ④ 헬리컬 보간

해설 ① G17/G18/G19 : 원호보간에서 평면선택
② G02/G03 : 가공 방향
③ X, Y, Z : 평면선택에 따라 결정된 두 축은 원호가공 목표지점 좌표를 지령하 고, 나머지 한 축은 직선 보간으로 목표 지점 좌표를 지령한다.
④ R : 원호 반지름
⑤ F : 이송속도(직선으로 움직이는 축의 속 도는 F×직선축의 길이/원호의 길이이다.)

답 48.③ 49.② 50.④ 51.① 52.④

53. 다음 중 연삭 작업할 때의 유의사항으로 가장 적절하지 않은 것은?

① 연삭숫돌은 사용하기 전에 반드시 결함 유무를 확인해야 한다.
② 연삭숫돌 드레싱은 한 달에 한 번씩 정기적으로 해야 한다.
③ 안전을 위하여 일정 시간 공회전을 한 뒤 작업을 한다.
④ 작업을 할 때에는 분진이 심하므로 마스크와 보안경을 착용한다.

해설 연삭숫돌에서 드레싱은 수시로 해야 한다.

54. CNC선반의 나사 가공 사이클 프로그램에서 [보기 1]의 "D", [보기 2] N51 블록의 "Q"가 의미하는 것은?

[보기 1]
  G76 X_ Z_ I_ K_ D_ F_ A_ P_ ;

[보기 2]
  N50 G76 P_ Q_ R_ ;
  N51 G76 X_ Z_ P_ Q_ R_ F_ ;

① 나사의 끝점
② 나사산의 높이
③ 첫 번째 절입 깊이
④ 나사의 시작점에서 끝점까지의 거리

해설 복합고정형 나사절삭 사이클(G76)

- 적용기계 : FANUC 0T
  G76 P(m)__ (r)__ (a)__ Q(Δdmin)__ R(d)__ ;
  G76 X(U)__ Z(W)__ P(k)__ Q(Δd)__ R(i)__ F__ ;

여기서, P(m) : 다듬질 횟수(01~99까지 입력가능)
  (r) : 면취량(00~99까지 입력가능)
  (a) : 나사의 각도
  C(Δd mm) : 최소 절입 깊이
  R(d) : 다듬절차 여유
  X(U), Z(W) : 나사 끝지점 좌표
  P(k) : 나사산 높이(반지름 지령)
  Q(Δd) : 첫 번째 절입 깊이(반지름 지령)
     - 소수점 사용 불가

R(i) : 테이퍼 나사에서 나사 끝지점 X값과 나사 시작점 X값의 거리
(반지름 지령)
※ I=0이면 평행나사이며, 생략할 수 있다.
F : 나사의 리드

- 적용기계 : FANUC 11T
  G76 X(U)__ Z(W)__ I__ K__ D__ (R__) F__ A__ P__ ;

여기서, X(U) Z(W) : 나사 끝지점 좌표
  I : 나사 절삭시 나사 끝지점 X값과 시작점 X값의 거리
(반지름 지령)
※ I=0이면 평행나사이며 생략할 수 있다.
K : 나사산 높이(반지름 지령)
D : 첫 번째 절입 깊이(반지름 지령)
  - 소수점 사용 불가
F : 나사의 리드
A : 나사의 각도
P : 절삭방법(생략하면 절삭량 일정, 한쪽 날 가공을 수행)
R : 면취량

55. 다음과 같은 CNC선반에서의 나사가공 프로그램에서 [ ] 안의 내용으로 알맞은 것은?

```
   ⋮
G76 P010060 Q50 R30 ;
G76 X13.62 Z-32.5 P1190 Q350 F[ ] ;
   ⋮
```

① 1.0 ② 1.5
③ 2.0 ④ 2.5

해설 복합 고정나사 사이클(G76)
리드=줄수×피치=1×2.0=3이므로 F2.0으로 지령해야 한다.

답 53. ② 54. ③ 55. ③

- P : 나사산 높이 지정(반지름으로 지령)
- Q : 최초 절입 깊이(반지름으로 지령)
- F : 나사의 리드

56 CNC선반의 나사 가공 프로그램에서 두 번째(2회째) 절입시 나사의 골지름은?

```
G28 U0. W0 ;
G50 X200. Z200. T0500 ;
G97 S500 M03 ;
G00 X37. Z3. T0505 M08 ;
G92 X34.3 Z-20. F1.5 ;
     X33.9 ;
     X33.62 ;
     ;
```

① X37. ② X34.3
③ X33.9 ④ X33.62

해설 단일고정형 나사절삭 사이클(G92)
- X : 절삭시 나사 끝지점 X좌표(지름 지령) 두 번째는 33.9이다.
- Z : 절삭시 나사 끝지점의 Z좌표
- F : 나사의 리드(나사의 줄수×나사의 피치)

57 다음 중 CNC선반 프로그램에서 이송과 관련된 준비기능과 그 단위가 올바르게 연결된 것은?

① G98 : mm/min, G99 : mm/rev
② G98 : mm/rev, G99 : mm/min
③ G98 : mm/rev, G99 : mm/rev
④ G98 : mm/min, G99 : mm/min

해설 이송기능(F) : 공작물에 대하여 공구를 이송시켜주는 기능을 말하며, G98 코드의 분당 이송(mm/min)과 G99 코드의 회전당 이송(mm/rev)으로 지령할 수 있는데, CNC선반에서는 G99코드를 사용한 회전당 이송으로 프로그램 한다.

58 다음 중 CNC 공작기계 운전 중 충돌위험이 발생할 때 가장 신속하게 취하여야 할 조치는?

① 전원반의 전기회로를 점검한다.
② 조작반의 비상스위치를 누른다.
③ 패널에 있는 메인 스위치를 차단한다.
④ CNC 공작기계의 전원스위치를 차단한다.

해설 충돌위험이 발생할 때 가장 신속한 조치는 조작반의 비상스위치를 누른다.

59 다음 중 보조 기능(M 기능)에 대한 설명으로 틀린 것은?

① M02 - 프로그램 종료
② M03 - 주축 정회전
③ M05 - 주축 정지
④ M09 - 절삭유 공급 시작

해설 • M08 - 절삭유 공급 시작
• M09 - 절삭유 공급 정지

60 CAD/CAM시스템용 입력장치에서 좌표를 지정하는 역할을 하는 장치를 무엇이라 하는가?

① 버튼(button)
② 로케이터(locator)
③ 셀렉터(selector)
④ 밸류에이터(valuator)

해설 로케이터(locator) : CAD/CAM시스템용 입력장치에서 좌표를 지정하는 역할을 하는 장치이다.

답 56. ③ 57. ① 58. ② 59. ④ 60. ②

2015

컴/퓨/터/응/용/선/반/기/능/사

기출문제

Craftsman Computer Aided Lathe

2015년 1월 25일 제1회 컴퓨터응용선반기능사 기출문제

01 고용체에서 공간격자의 종류가 아닌 것은?
① 치환형
② 침입형
③ 규칙 격자형
④ 면심 입방 격자형

해설 고용체 : 금속원자가 서로 녹아서 고체를 이룬 것으로서 용매금속의 결정 중에 용질금속의 원자나 분자가 녹아 들어가 응고된 고용체라 한다. 고체 A + 고체 B ↔ 고체 C (기계적 방법 구분 불가)
① 침입형 고용체 : Fe-C
② 치환형 고용체 : Ag-Cu, Cu-Zn
③ 규칙 격자형 : Ni_3-Fe, Cu_3-Au, Fe_3-Al

02 가단주철의 종류에 해당하지 않는 것은?
① 흑심 가단주철
② 백심 가단주철
③ 오스테나이트 가단주철
④ 펄라이트 가단주철

해설 가단주철 종류
① 백심 가단주철(WMC) : 백주철을 철광석 밀 스케일(mill scale)과 같은 산화철과 함께 풀림 상자 안에 넣고 약 950~1000℃로 가열하여 표면에서 상당한 깊이까지 탈탄시킨 것이다.
② 흑심 가단주철(BMC) : 저탄소, 저규소의 백주철을 풀림 처리하여 Fe_3C를 분해시켜 흑연을 입상으로 석출시킨 것이다.
③ 펄라이트 가단주철(Pearlite)(PMC) : 흑심 가단주철의 흑연화를 완전히 하지 않고 제2단의 흑연화를 막기 위하여 제1단의 흑연화가 끝난 후에 약 800℃에서 일정한 시간 동안 유지하고 급랭하면 펄라이트가 남게 되는데 이와 같은 처리를 한 것을 말한다.

03 주철의 여러 성질을 개선하기 위하여 합금주철을 첨가하는 특수원소 중 크롬(Cr)이 미치는 영향이 아닌 것은?
① 경도를 증가시킨다.
② 흑연화를 촉진시킨다.
③ 탄화물을 안정시킨다.
④ 내열성과 내식성을 향상시킨다.

해설 주철에서 Cr을 첨가하면 흑연화를 방지하고 탄화물을 안정시킨다. 탄화물을 안정화시키면, 내식성, 내열성을 증대시키고 내부식성이 좋아진다.

04 비자성체로서 Cr과 Ni을 함유하며 일반적으로 18-8 스테인리스강이라 부르는 것은?
① 페라이트계 스테인리스강
② 오스테나이트계 스테인리스강
③ 마텐자이트계 스테인리스강
④ 펄라이트계 스테인리스강

해설 스테인리스강 : Cr, Ni을 다량 첨가하여 내식성을 현저히 향상시킨 강으로서 녹이 슬지 않는다 하여 불수강이라고도 한다. 일반적으로 Cr의 함량이 12% 이상인 강을 스테인리스강이라 하고, 그 이하의 강은 그대로 내식성 강이라 하며, 금속 조직학상 마텐자이트계와 페라이트계 및 오스테나이트계로 분류되는데, 그 대표적인 것은 18-8형 스테인리스강인 오스테나이트계 스테인리스강이다.

05 탄소강의 경도를 높이기 위하여 실시하는 열처리는?
① 불림
② 풀림
③ 담금질
④ 뜨임

답 01.④ 02.③ 03.② 04.② 05.③

해설 ① 불림 : 조직의 표준화
② 풀림 : 내부응력제거, 재질을 연하고 균일
③ 담금질 : 경도증가
④ 뜨임 : 담금질 후 인성 부여

06 다이캐스팅 알루미늄 합금으로 요구되는 성질 중 틀린 것은?
① 유동성이 좋을 것
② 금형에 대한 점착성이 좋을 것
③ 열간 취성이 적을 것
④ 응고수축에 대한 용탕 보급성이 좋을 것

해설 다이캐스팅 알루미늄 합금은 유동성과 주조성이 좋아야 한다.

07 8~12% Sn에 1~2% Zn의 구리합금으로 밸브, 콕, 기어, 베어링, 부시 등에 사용되는 합금은?
① 코르손 합금   ② 베릴륨 합금
③ 포금   ④ 규소 청동

해설 포금(Gun metal) : 8~12% Sn, 1% Zn첨가, 내해수성이 좋고 수압, 증기압에도 잘 견딘다. 밸브, 콕, 기어, 베어링, 부시, 선박용 재료로 사용된다.

08 미터나사에 관한 설명으로 틀린 것은?
① 기호는 M으로 표기한다.
② 나사산의 각도는 55°이다.
③ 나사의 지름 및 피치를 mm로 표시한다.
④ 부품의 결합 및 위치의 조정 등에 사용된다.

해설 미터나사의 나사산의 각도는 60°이다.

09 브레이크 드럼에서 브레이크를 블록에 수직으로 밀어 붙이는 힘이 1000N이고 마찰계수가 0.45일 때 드럼의 접선방향 제동력은 몇 N인가?

① 150   ② 250
③ 350   ④ 450

해설 제동력$(f) = W \times \mu = 1000 \times 0.45 = 450$

10 축 방향으로 인장하중만을 받는 수나사의 바깥지름(d)과 볼트재료의 허용인장응력(σ_a) 및 인장하중(W)과의 관계가 옳은 것은? (단, 일반적으로 지름 3mm 이상인 미터나사이다.)

① $d = \sqrt{\dfrac{2W}{\sigma_a}}$ ② $d = \sqrt{\dfrac{3W}{8\sigma_a}}$

③ $d = \sqrt{\dfrac{8W}{3\sigma_a}}$ ④ $d = \sqrt{\dfrac{10W}{3\sigma_a}}$

해설 볼트의 설계
① 축 방향에 정하중을 받는 경우(아이 볼트, 훅 볼트, 턴 버클)
$$\therefore d = \sqrt{\dfrac{2W}{\sigma_a}}$$
② 축 방향에 하중을 받고 동시에 비틀림을 받는 경우(죔용 나사, 마찰 프레스)
$$\therefore d = \sqrt{\dfrac{8W}{3\sigma_a}}$$
③ 축에 직각으로 전단하중을 받는 경우
$$\therefore d = \sqrt{\dfrac{4W}{\pi\tau}}$$

11 전단하중에 대한 설명으로 옳은 것은?
① 재료를 축 방향으로 잡아당기도록 작용하는 하중이다.
② 재료를 축 방향으로 누르도록 작용하는 하중이다.
③ 재료를 가로 방향으로 자르도록 작용하는 하중이다.
④ 재료가 비틀어지도록 작용하는 하중이다.

해설 힘의 작용 상태에 따른 하중
① 인장하중(Tensile Load) : 재료를 잡아 당겨 늘어나게 하려는 하중
② 압축하중(Compressive Load) : 재료를 누르는 하중

답 06. ② 07. ③ 08. ② 09. ④ 10. ① 11. ③

③ 전단하중(Shearing Load) : 재료를 자르려는 것과 같은 하중
④ 비틀림하중(Torsional Load) : 재료를 비틀어지도록 하는 형태의 하중

12 기어 전동의 특징에 대한 설명으로 가장 거리가 먼 것은?
① 큰 동력을 전달한다.
② 큰 감속을 할 수 있다.
③ 넓은 설치장소가 필요하다.
④ 소음과 진동이 발생한다.

해설 기어 전동의 특징
① 전동이 확실하고 큰 동력을 일정한 속도비로 전달할 수 있다.
② 축압력이 작으며 사용 범위가 넓다.
③ 회전비가 정확하고. 전동 효율이 좋고 감속비가 크다.
④ 충격음을 흡수하는 성질이 약하고 소음과 진동이 발생한다.

13 지름 $D_1 = 200mm$, $D_2 = 300mm$의 내접 마찰차에서 그 중심 거리는 몇 mm인가?
① 50   ② 100
③ 125   ④ 250

해설 $C = \dfrac{D_A - D_B}{2} = \dfrac{300 - 200}{2} = 50$

14 베어링 번호가 6205인 레이디얼 볼 베어링의 안지름은?
① 5mm   ② 25mm
③ 62mm   ④ 205mm

해설 안지름 번호(내륜 안지름)
00 : 10mm, 01 : 12mm
02 : 15mm, 03 : 17mm
04×5＝20mm∼495mm까지

15 평 벨트의 이음방법 중 효율이 가장 높은 것은?

① 이음쇠 이음
② 가죽 끈 이음
③ 관자 볼트 이음
④ 접착제 이음

해설 평벨트는 접착제 이음방법이 효율이 가장 높다.

16 치수공차와 기하공차 사이의 호환성을 위한 규칙을 정한 것으로서 생산비용을 줄이는 데 유용한 공차 방식은?
① 형상 공차 방식
② 최대 허용공차 방식
③ 최대 한계공차 방식
④ 최대 실체공차 방식

해설 최대 실체공차 방식(Ⓜ) : 치수공차와 기하공차 사이의 호환성을 위한 규칙을 정한 것으로서 생산비용을 줄이는 데 유용한 공차 방식이다.

17 다음 그림의 물체에서 화살표 방향을 정면도로 정두상하였을 때 투상도의 명칭과 투상도가 바르게 연결된 것은?

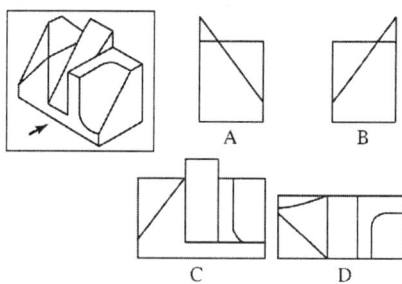

① (A) : 우측면도   ② (B) : 좌측면도
③ (C) : 정면도   ④ (D) : 저면도

18 기계가공 도면에서 기계가공 방법 기호 중 줄 다듬질 가공기호는?
① FJ   ② FP
③ FF   ④ JF

답 12.③ 13.① 14.② 15.④ 16.④ 17.③ 18.③

해설

래핑 다듬질	FL	래핑
줄 다듬질	FF	줄
스크레이퍼 다듬질	FS	스크레이퍼
리머 가공	FR	리머

19 기계제도에 사용하는 선의 분류에서 가는 실선의 용도가 아닌 것은?

① 치수선 ② 치수 보조선
③ 지시선 ④ 숨은선

해설 숨은선 : 가는 파선 또는 굵은 파선

20 조립한 상태에서의 치수의 허용한계 기입이 "85 H6/g5"인 경우 해석으로 틀린 것은?

① 축 기준식 끼워 맞춤이다.
② 85는 축과 구멍의 기준 치수이다.
③ 85H6의 구멍과 85g5의 축을 끼워 맞춤한 것이다.
④ H6과 g5의 6과 5는 구멍과 축의 IT 기본 공차의 등급을 말한다.

해설 H6/g5 : 구멍기준식 헐거운 끼워 맞춤

21 스퍼 기어의 도시법에서 잇봉우리원을 표시하는 선의 종류는?

① 가는 1점 쇄선 ② 가는 실선
③ 굵은 실선   ④ 굵은 2점 쇄선

해설 ① 이끝원(잇봉우리원)은 굵은 실선으로 그리고 피치원은 가는 1점 쇄선으로 그린다.
② 이뿌리원은 가는 실선으로 그린다.
③ 잇줄 방향은 보통 3개의 가는 실선으로 그린다.

22 그림과 같은 단면도의 명칭은?

① 온단면도
② 회전도시 단면도
③ 부분 단면도
④ 한쪽 단면도

해설 ① 온단면도
물체의 기본적인 모양을 가장 잘 나타낼 수 있도록 물체의 중심에서 반으로 절단하여 나타낸 것이다.
② 회전도시 단면도
핸들이나 바퀴 등의 암이나 리브, 훅, 축, 구조물의 부재 등의 절단면은 90° 회전하여 도시하거나 절단할 곳의 전후를 끊어서 그 사이에 그린다.
③ 부분 단면도
외형도에서 필요로 하는 일부분만을 부분 단면도로 도시할 수 있다. 파단선(가는실선)으로 단면의 경계를 표시하고 프리핸드로 외형선의 1/2굵기로 그린다.
④ 한쪽 단면도
상하 또는 좌우 대칭형의 물체는 기본 중심선을 경계로 1/2은 외형도로, 나머지 1/2은 단면도로 동시에 나타낸다.

23 다음 도면에서 "A" 치수는 얼마인가?

① 17.5 ② 23.5
③ 24   ④ 29

해설 35−6=29

답 19.④ 20.① 21.③ 22.② 23.④

24 다음의 기호는 어떤 밸브를 나타낸 것인가?

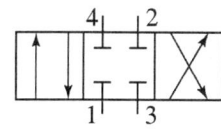

① 4포트 3위치 전환밸브
② 4포트 4위치 전환밸브
③ 3포트 3위치 전환밸브
④ 3포트 4위치 전환밸브

해설 위 그림은 4포트 3위치 전환밸브이다.

25 다음 중 각도 치수의 허용한계 기입 방법으로 잘못된 것은?

①

②

③

④

해설 각도의 치수수치는 일반적으로 도(°)의 단위로 기입하고, 필요한 경우에는 분(′) 및 초(″)를 병용할 수 있다. 또 각도의 치수 수치를 라디안의 단위로 기입하는 경우에는 그 단위 기호 rad를 기입한다.

26 밀링 머신에서 상향 절삭과 비교한 하향 절삭의 특징으로 옳은 것은?

① 이송 나사의 백래시는 큰 영향이 없다.
② 기계의 강성이 낮아도 무방하다.
③ 절삭 날에 마찰이 적어 수명이 길다.
④ 표면 거칠기가 상향 절삭보다 거칠다.

해설 상향 절삭과 하향 절삭의 비교

구 분	상향 절삭	하향 절삭
칩에 영향	절삭에 방해 없다.	절삭에 방해 있다.
백래시 제거	백래시 제거장치가 필요없다.	백래시 제거장치가 필요하다.
공작물 고정	불안하므로 확실히 고정해야 한다.	안정된 고정이 된다.
공구수명	수명이 짧다. 날 파손은 적으나 마멸이 심하다.	수명이 길다. 날 파손은 생길 수 있으나 마모가 적다.
소비동력	소비가 크다.	소비가 적다.
가공면	거칠다.	깨끗하다.

27 보링 작업에서 가장 많이 쓰이는 절삭 공구는?

① 바이트
② 리머
③ 정면 커터
④ 탭

해설 보링의 3대 부속 장치 : 보링 바이트, 보링 바, 보링 공구대이며 바이트가 가장 많이 사용된다.

28 선반 가공의 경우 절삭 속도가 120m/min 이고 공작물의 지름이 60mm일 경우, 회전수는 약 몇 rpm인가?

① 637   ② 1637
③ 64   ④ 164

해설 $N = \dfrac{1000V}{\pi D} = \dfrac{1000 \times 120}{\pi \times 60} = 637$

29 연삭조건에 따른 입도의 선정 방법에서 고운 입도의 연삭숫돌을 선정하는 경우는?

① 절삭 깊이와 이송량이 클 때
② 다듬질 연삭 및 공구를 연삭할 때
③ 숫돌과 가공물의 접촉 면적이 클 때
④ 연하고 연성이 있는 재료를 연삭할 때

답 24. ① 25. ② 26. ③ 27. ① 28. ① 29. ②

해설　가는(고운) 입도
　　　① 다듬 연삭, 공구연삭
　　　② 접촉 면적이 적을 때
　　　③ 공작물이 단단(경도가 높고)하고 취성(메진)인 재료

30 일반적으로 래핑유로 사용하지 않는 것은?
　① 경유　　　② 휘발유
　③ 올리브유　④ 물

해설　랩핑유
　　　① 랩제와 랩핑유의 혼합비는 보통 1:1
　　　② 입자 지지, 동시에 분리, 공작물에 상처 방지, 점도가 낮아야 함.
　　　③ 보통은 석유+기계유, 그 외에 올리브, 경유, 물(유리, 수정)

31 기차 바퀴와 같이 지름이 크고, 길이가 짧은 공작물을 절삭하기에 가장 적합한 공작기계는?
　① 탁상 선반　② 수직 선반
　③ 터릿 선반　④ 정면 선반

해설　① 탁상 선반 : 정밀 소형기계 및 시계부품 가공한다.
　　　② 수직 선반 : 중량이 큰 대형공작물, 직경이 크고, 폭이 좁으며 불균형한 공작물을 가공하며 공작물 고정이 쉽고 안정된 중절삭이 가능하고 비교적 정밀하다.
　　　③ 터릿 선반 : 터릿으로 불리는 선회 공구대를 가진 것으로 너트, 와셔, 나사, 핀 등 모양이 간단한 제품의 대량 생산용. 램형, 새들형, 드럼형 등이 있다.
　　　④ 정면 선반 : 직경이 크고 길이가 짧은 공작물 가공한다.

32 공기 마이크로미터를 원리에 따라 분류할 경우 이에 속하지 않는 것은?
　① 유량식　② 배압식
　③ 유속식　④ 전기식

해설　공기 마이크로미터의 종류
　　　① 배압식, ② 유량식
　　　③ 유속식, ④ 진공식

33 4개의 조가 각각 단독으로 움직일 수 있으므로 불규칙한 모양의 일감을 고정하는 데 편리한 척은?
　① 단동척　② 연동척
　③ 콜릿척　④ 마그네틱척

해설　① 단동척 : 다소 불규칙한 외경의 공작물 가공과 중심을 편심시켜 가공할 수 있다. 4개의 조(jaw)가 있다.
　　　② 연동척 : 규칙적인 외경을 가진 재료를 가공. 단동척보다 고정력이 약하다. 3개의 조(jaw)는 크라운 기어를 사용, 동시에 이동시킨다.
　　　③ 콜릿척 : 가는 지름의 환봉 재료 고정. 탁상, 터릿 선반용으로 사용된다.
　　　④ 마그네틱척 : 전자석 설치, 얇은 공작물을 변형시키지 않고 가공한다.

34 절삭공구의 옆면과 가공물의 마찰에 의하여 절삭공구의 옆면이 평행하게 마모되는 것은?
　① 크레이터 마모　② 치핑
　③ 클랭크 마모　　④ 온도 파손

해설　① 크레이터링(경사면 마모 : Cratering) : 칩에 의하여 공구의 경사면이 움푹 패이는 마모
　　　② 플랭크 마모(여유면 마모 : Flank wear) : 공구의 플랭크가 절삭면에 평행하게 마모
　　　③ 치핑(chipping) : 점성 강도가 적은 바이트를 사용하여 절삭할 경우 충격이나 진동에 의해 절삭저항의 변화가 커 공구 인선선단의 일부가 미세하게 파괴되어 탈락하는 현상
　　　④ 온도파손 : 절삭공구와 경도와 강도는 절삭온도에 따라 변화한다. 절삭속도가 증가하며 절삭온도가 상승하고 마모가 증가한다.

답　30. ② 31. ④ 32. ④ 33. ① 34. ③

35 가늘고 긴 공작물의 센터나 척을 사용하여 지지하지 않고, 원통형 공작물의 바깥지름 및 안지름을 연삭하는 것은?
① 척 연삭   ② 공구 연삭
③ 수직 평면 연삭   ④ 센터리스 연삭

해설 센터리스 연삭기는 가공물은 센터로 지지하지 않는다. 가공법은 외경 연삭, 단면 연삭, 나사 연삭, 내면 연삭 등. 특히 피스톤핀, 롤러 베어링의 외경 연삭 및 단 있는 가공물의 대량 생산에 적합하다.

36 다듬질의 평면도를 측정하는 데 사용되는 측정기는 무엇인가?
① 옵티컬 플랫
② 한계 게이지
③ 공기 마이크로미터
④ 사인 바

해설 ① 평면도 측정 : 옵티컬 플랫
② 평행도 측정 : 옵티컬 파라렐

37 공구 날 끝의 구성인선 발생을 방지하는 절삭조건으로 틀린 것은?
① 절삭 깊이를 작게 한다.
② 절삭 속도를 가능한 빠르게 한다.
③ 윤활성이 좋은 절삭 유제를 사용한다.
④ 경사각을 작게 한다.

해설 구성인선의 방지(억제)법
① 공구의 윗면 경사각을 크게 한다.
② 절삭 깊이를 작게 한다.
③ 절삭속도를 크게 한다.
④ 이송을 작게 한다.(저속회전일 때 이송을 크게 한다.)
⑤ 칩의 절삭저항을 작게 한다.

38 밀링 공작기계에서 스핀들의 회전 운동을 수직 왕복 운동으로 변환시켜주는 부속 장치는?
① 수직 밀링 장치   ② 슬로팅 장치
③ 만능 밀링 장치   ④ 레크 밀링 장치

해설 슬로팅(slotting) 장치
니형 밀링머신의 컬럼 앞면에 주축과 연결하여 사용하며, 주축의 회전운동을 공구대 램의 직선 왕복운동으로 변화시켜 주는 바이트로써 직선 절삭가능(키, 스플라인, 세레이션, 기어가공 등)

39 선반가공에서 이동식 방진구를 사용할 때 어느 부분에 설치하는가?
① 심압대   ② 에이프런
③ 왕복대의 새들   ④ 베드

해설 이동식 방진구는 왕복대의 새들에 고정, 방진구는 베드에 설치한다.

40 주철과 같이 메진 재료를 지속적으로 절삭할 때 발생하는 칩의 형태는 어느 것인가?
① 전단형 칩   ② 경작형 칩
③ 균열형 칩   ④ 유동형 칩

해설 ① 전단형 칩 : 연한 재질의 공작물을 작은 경사각으로 저속 가공할 때 생긴다.
② 경작형 칩 : 점성이 큰 재질을 작은 경사각의 공구로 절삭할 때
③ 균열형 칩 : 주철과 같은 메진(취성) 재료를 저속 가공할 때
④ 유동형 칩 : 공작물의 재질이 연하고 인성이 큰 재질일 때

41 일반적인 윤활방법의 종류가 아닌 것은?
① 유체 윤활   ② 경계 윤활
③ 극압 윤활   ④ 공기 윤활

해설 윤활방법의 종류에는 유체 윤활, 경계 윤활, 극압 윤활 등의 방법이 있다.

42 드릴로 뚫은 구멍의 내면을 매끈하고 정밀하게 다듬질하는 가공법은?
① 리머 가공   ② 탭 가공
③ 줄 가공   ④ 다이스 가공

답 35. ④ 36. ① 37. ④ 38. ② 39. ③ 40. ③ 41. ④ 42. ①

해설 리머 가공(reaming)
드릴로 뚫은 구멍은 보통 진원도 및 내면의 다듬질 정도가 양호하지 못하므로 리머를 사용하여 구멍의 내면을 매끈하고 정확하게 가공하는 작업을 리머작업 또는 리밍(reaming)이라고 한다. 리머의 여유는 0.2~0.3mm 정도가 주로 사용된다.

43 다음 중 밀링 가공시 작업안전에 대한 설명으로 틀린 것은?
① 작업 중에는 긴급 상황이라도 손으로 주축을 정지시키지 않는다.
② 안전화, 보안경 등 작업 안전에 필요한 보호구 등을 반드시 착용한다.
③ 스핀들이 저속 회전 중이라도 변속기어를 조작해서는 안 된다.
④ 가공물의 고정은 반드시 주축이 회전 중에 실시하여야 한다.

해설 가공물의 고정은 반드시 주축이 정지 상태에서 실시하여야 한다.

44 다음 중 머시닝센터의 드릴작업 프로그램에서 사용되지 않는 어드레스는? (단, G81을 사용하는 것으로 가정한다.)
① X   ② Z
③ Q   ④ F

해설 G81 G90 G99 X—. Y—. Z—. R—. F—. ;

45 다음 중 CNC 선반에서 증분지령 어드레스는?
① V, X   ② Z, W
③ X, Z   ④ U, W

해설 증분지령 방식 : 현재 공구 위치를 기준으로 다음 위치까지의 거리를 입력하는 방식
[예] • CNC선반의 경우 : G00 U35.0 W42.0 ;
• 머시닝센터의 경우 : G00 G91 X23.0 Y43.0 Z17.0 ;

46 다음 중 CNC 프로그램에서 보조기능에 대한 설명으로 틀린 것은?
① M02는 "프로그램의 정지"를 의미한다.
② M03은 "주축의 역회전"을 의미한다.
③ M05는 "주축의 정지"를 의미한다.
④ M08은 "절삭유 ON(공급)"을 의미한다.

해설 M03은 "주축의 정회전"을 의미한다.

47 다음 중 가상 날 끝(nose R) 방향을 결정하는 요소는?
① 공구의 출발 위치
② 공구의 형상이나 방향
③ 공구 날 끝 반지름 크기
④ 공구의 보정 방향과 정밀도

해설 가상 날 끝(가상인선)을 결정하는 요소는 공구의 형상이나 방향

48 다음 중 DNC의 장점으로 볼 수 없는 것은?
① 유연성과 높은 계산 능력을 가지고 있다.
② 천공테이프를 사용하므로 전송속도가 빠르다.
③ CNC 프로그램을 컴퓨터 파일로 저장할 수 있다.
④ 공장에서 생산성과 관련되는 데이터를 수집하고 일괄 처리할 수 있다.

해설 DNC는 기계 제어부분과 computer가 직접 RS232C 인터페이스로 연결되어 기계를 제어하는 방법이다.

49 다음 중 머시닝센터에서 "공작물 좌표계 설정과 선택"을 할 때 사용할 수 없는 준비기능은?
① G50   ② G54
③ G59   ④ G92

해설 G50은 CNC선반에서 좌표계설정, 주축최고 회전수지정이다.

답 43. ④ 44. ③ 45. ④ 46. ② 47. ② 48. ② 49. ①

50 다음 중 CNC 공작기계의 안전에 관한 사항으로 틀린 것은?

① 절삭 가공시 절삭 조건을 알맞게 설정한다.
② 공정도와 공구 세팅 시트를 작성 후 검토하고 입력한다.
③ 공구경로 확인은 보조기능(M기능)이 작동(ON)된 상태에서 한다.
④ 기계 가동 전에 비상 정지 버튼의 위치를 반드시 확인한다.

해설 공구경로 확인은 보조기능(M기능)이 OFF 된 상태에서 한다.

51 다음 중 간단한 프로그램을 편집과 동시에 시험적으로 실행할 때 사용하는 모드 선택 스위치로 가장 적합한 것은?

① 반자동 운전(MDI)
② 자동운전(AUTO)
③ 수동 이송(JOG)
④ 이송 정지(FEED HOLD)

해설 반자동 운전(MDI) : 간단한 프로그램을 편집과 동시에 시험적으로 실행할 때 사용하는 모드이다.

52 다음 중 머시닝센터 프로그램에서 G17 평면의 원호 보간에 대한 설명으로 틀린 것은?

① R은 원호 반지름 값이다.
② R과 I, J는 함께 명령할 수 있다.
③ I, J값이 0이라면 생략할 수 있다.
④ I는 원호 시작점에서 중심점까지의 X축 벡터값이다.

해설 G17 평면의 원호보간에서 R과 I, J는 함께 명령할 수 없다.

53 다음과 같은 선반 도면에서 지름지정으로 C점의 위치 데이터로 옳은 것은?

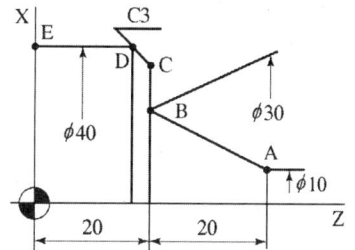

① X34. Z20.
② X37. Z20.
③ X36. Z20.
④ X33. Z20.

해설 ① A점 : X10. Z40.
② B점 : X30. Z20.
③ C점 : X34. Z20.
④ D점 : X40. K-3.0

54 다음 중 CNC 공작기계의 제어 방법이 아닌 것은?

① 직접 제어방식
② 개방회로 제어방식
③ 폐쇄회로 제어방식
④ 하이브리드 제어방식

해설 ②, ③, ④ 외 반폐쇄회로 제어방식이 있다.

55 다음 중 자동 모드(AUTO-MODE)와 반자동 모드(MDI MODE)에서 모두 실행 가능한 복합형 고정 사이클 준기기능(G-코드)으로 틀린 것은?

① G76
② G75
③ G74
④ G73

해설

G73	유형 반복가공 사이클(모방 절삭)
G74	단면 홈가공 사이클(드릴가공 사이클)
G75	내·외경 홈가공 사이클
G76	자동 나사가공 사이클

답 50. ③ 51. ① 52. ② 53. ① 54. ① 55. ④

56 공작물의 도면과 같이 가공되도록 프로그램 원점과 공작물의 한 점을 일치시킨 좌표계를 무엇이라 하는가?

① 구역 좌표계 ② 도면 좌표계
③ 공작물 좌표계 ④ 기계 좌표계

해설 공작물 좌표계 : CNC기계는 수치제어에 의해서 움직이며, 수치 즉, 좌표값은 대부분 절대좌표계에 의해서 움직이며, 절대좌표계의 원점은 도면을 보고 기준을 쉽게 잡을 수 있는 곳의 한 점을 원점으로 정하는데 이 점을 프로그램 원점이라고 하며, 이 점을 원점으로 한 좌표계를 절대 좌표계 또는 공작물 좌표계라고도 한다.

57 다음 중 머시닝센터에서 준비기능인 G44 공구길이 보정으로 옳은 것은? (단, 1번 공구길이는 64mm, 2번 공구길이는 127mm이며, 기준공구는 1번 공구이다.)

① 63 ② -63
③ 127 ④ -127

해설 64-127=-63

58 다음 중 FMC(Flexible Manufacturing Cell)에 관한 설명으로 틀린 것은?

① FMS의 특징을 살려 소규모화한 가공시스템이다.
② ATC(Automatic Tool Changer)가 장착되어 있다.
③ APC(Automatic Pallet Changer)가 장착되어 있다.
④ 여러 대의 CNC 공작기계를 무인 운전하기 위한 시스템이다.

해설 FMC : FMC는 하나의 CNC공작기계에 공작물을 자동으로 공급하는 장치 및 가공물을 탈착하는 장치(자동화된 치공구, 로봇 등), 가공된 제품을 자동 측정하고 감시하며 보정하는 장치 및 이들을 제어하는 장치를 갖추고 있어, 소수의 핵심 작업자만 있으면 무인 운전으로 수요자가 요구하는 부품을 당해 장치 안에서 가공할 수 있는 기계라고 할 수 있다.

59 CNC 선반에서 G32 코드를 사용하여 피치가 1.5mm인 2줄 나사를 가공할 때 이송 F의 값은?

① F1.5 ② F2.0
③ F3.0 ④ F4.5

해설 리드=줄수×피치=2×1.5=3이므로 G32 F3.0으로 지령해야 한다.

60 CNC 선반 프로그램에서 다음과 같은 내용이고 공작물의 직경이 50mm일 때 주축의 회전수는 약 얼마인가?

G96 S150 M03 ;

① 650rpm ② 800rpm
③ 955rpm ④ 1100rpm

해설 $n = \dfrac{1000\,V}{\pi d} = \dfrac{1000 \times 150}{\pi \times 50} = 955\,\mathrm{rpm}$

답 56.③ 57.② 58.④ 59.③ 60.③

2015년 4월 4일 제2회 컴퓨터응용선반기능사 기출문제

01 황동의 합금 원소는 무엇인가?
① Cu-Sn ② Cu-Zn
③ Cu-Al ④ Cu-Ni

> 해설 ① 황동 : Cu-Zn 합금으로 주조성, 가공성이 좋고 청동에 비하여 값이 저렴하고 판, 봉, 관, 선 등의 가공재, 주물에 이용된다.
> ② 청동 : Cu-Sn 합금으로 부식에 강한 밸브, 동상, 베어링 합금 등에 널리 사용된다.

02 초경합금에 대한 설명 중 틀린 것은?
① 경도가 HRC 50 이하로 낮다.
② 고온경도 및 강도가 양호하다.
③ 내마모성과 압축강도가 높다.
④ 사용목적, 용도에 따라 재질의 종류가 다양하다.

> 해설 초경합금
> ① W-Ti-Ta 등의 탄화물 분말을 Co 또는 Ni을 결합하여 1400℃ 이상에서 소결시킨 것(주성분 : W, Ti, Co, C 등)이다.
> ② 경도(HRC 90정도) 및 고온경도가 높다.
> ③ 내마모성과 취성이 크다.
> ④ 피복 초경합금은 내열성, 내마모성, 내용착성이 우수하며 일반 초경합금에 비해 2~5배의 공구수명이 증대되며, 고온, 고속절삭에서 우수한 성능을 갖는다.

03 특수강에 포함되는 특수원소의 주요 역할 중 틀린 것은?
① 변태속도의 변화
② 기계적, 물리적 성질의 개선
③ 소성 가공성의 개량
④ 탈산, 탈황의 방지

> 해설 특수강에서 망간은 탈산, 탈황의 효과가 있다.

04 다이캐스팅용 알루미늄(Al)합금이 갖추어야 할 성질로 틀린 것은?
① 유동성이 좋을 것
② 열간취성이 적을 것
③ 금형에 대한 점착성이 좋을 것
④ 응고수축에 대한 용탕 보급성이 좋을 것

> 해설 다이캐스팅용 알루미늄(Al)합금은 금형에 대한 점착성이 좋지 않을 것

05 열처리 방법 및 목적으로 틀린 것은?
① 불림 – 소재를 일정온도에 가열 후 공냉시킨다.
② 풀림 – 재질을 단단하고 균일하게 한다.
③ 담금질 – 급냉시켜 재질을 경화시킨다.
④ 뜨임 – 담금질된 것에 인성을 부여한다.

> 해설 풀림 : 내부응력을 제거하여 재질을 연하고 균일하게 한다.

06 금속의 결정구조에서 체심입방격자의 금속으로만 이루어진 것은?
① Au, Pb, Ni
② Zn, Ti, Mg
③ Sb, Ag, Sn
④ Ba, V, Mo

> 해설 ① 체심입방격자(BCC) : Cr, W, Mo, V, Li, Na, Ta, K, α-Fe, δ-Fe
> ② 면심입방격자(FCC) : Al, Ag, Au, Cu, Ni, Pb, Ca, Co, γ-Fe
> ③ 조밀 육방 격자(HCP) : Mg, Zn, Cd, Ti, Be, Zr, Ce

답 01. ② 02. ① 03. ④ 04. ③ 05. ② 06. ④

07 경질이고 내열성이 있는 열경화성 수지로서 전기기구, 기어 및 프로펠러 등에 사용되는 것은?

① 아크릴수지 ② 페놀수지
③ 스티렌수지 ④ 폴리에틸렌

해설 ① 아크릴수지 : 열가소성수지로서 강도가 크며, 투명도가 특히 좋고 방풍유리, 광학 렌즈에 사용
② 페놀수지 : 경질이고 내열성이 있는 열경화성 수지로서 전기기구, 기어 및 프로펠러 등에 사용
③ 스티렌수지 : 열가소성수지로서 성형이 용이하며, 투명도가 크고 고주파 절연재료, 잡화에 사용
④ 폴리에틸렌 : 열가소성수지로서 유연성 있으며 판, 필름에 사용

08 가장 널리 쓰이는 키(key)로 축과 보스 양쪽에 키 홈을 파서 동력을 전달하는 것은?

① 성크 키 ② 반달 키
③ 접선 키 ④ 원뿔 키

해설 ① 성크 키 : 축과 보스 양쪽에 모두 키 홈을 파서 비틀림 모멘트를 전달하는 키로서 가장 많이 사용한다.
② 반달 키 : 축과 키 홈의 가공이 쉽고, 키가 자동적으로 축과 보스 사이에 자리를 잡을 수 있어 자동차, 공작기계 등의 60mm 이하의 작은 축이나 테이퍼 축에 사용한다.
③ 접선 키 : 회전방향이 양 방향일 경우 중심각이 120° 되는 위치에 2조 설치한다. 아주 큰 회전력의 경우에 사용한다.
④ 원뿔 키 : 축과 보스에 키를 파지 않고 보스 구멍을 테이퍼 구멍으로 하여 속이 빈 원뿔을 끼워 마찰력만으로 밀착시키는 키로서 바퀴가 편심 되지 않고 축의 어느 위치에나 설치가 가능하다.

09 길이 100cm의 봉이 압축력을 받고 3mm 만큼 줄어들었다. 이때, 압축 변형률은 얼마인가?

① 0.001 ② 0.003
③ 0.005 ④ 0.007

해설 $\varepsilon = \dfrac{l-l'}{l} \Rightarrow \dfrac{100-99.7}{100} = 0.003$

10 물체의 일정 부분에 걸쳐 균일하게 분포하여 작용하는 하중은?

① 집중하중 ② 분포하중
③ 반복하중 ④ 교번하중

해설 ① 집중하중 : 재료의 한 점에 집중하여 작용하는 하중이다.
② 분포하중 : 재료의 어느 범위 내에 분포되어 작용하는 하중으로 분포 상태에 따라 균일 분포하중과 불균일 분포하중이 있다.
③ 반복하중 : 방향이 변하지 않고 계속하여 반복 작용하는 하중으로 진폭은 일정, 주기는 규칙적인 하중으로, 차축을 지지하는 압축 스프링에 작용하는 것과 같은 하중이다.
④ 교번하중 : 하중의 크기와 방향이 충격 없이 주기적으로 변화하는 하중으로, 피스톤 로드와 같이 인장과 압축을 교대로 반복하는 하중이다.

11 볼나사의 단점이 아닌 것은?

① 자동체결이 곤란하다.
② 피치를 작게 하는데 한계가 있다.
③ 너트의 크기가 크다.
④ 나사의 효율이 떨어진다.

해설 볼나사(Ball screw)의 장점
① 나사의 효율이 좋다.(약 90% 이상)
② 백래시를 작게 할 수 있다.
③ 윤활에 그다지 주의하지 않아도 좋다.
④ 먼지에 의한 마모가 적다.
⑤ 높은 정밀도를 오래 유지할 수가 있다.

12 각속도(ω, rad/s)를 구하는 식 중 옳은 것은? (단, N : 회전수(rpm), H : 전달마력(PS)이다.)

답 07. ② 08. ① 09. ② 10. ② 11. ④ 12. ①

① $\omega = (2\pi N)/60$
② $\omega = 60/(2\pi N)$
③ $\omega = (2\pi N)/(60H)$
④ $\omega = (60H)/(2\pi N)$

해설 $\omega[\text{rad/s}] = \dfrac{2\pi N[\text{rpm}]}{60}$

13 외접하고 있는 원통마찰차의 지름이 각각 240mm, 360mm일 때, 마찰차의 중심 거리는?

① 60mm ② 300mm
③ 400mm ④ 600mm

해설 $C = \dfrac{D_B + D_A}{2} = \dfrac{240 + 360}{2} = 300$

14 국제단위계(SI)의 기본단위에 해당되지 않는 것은?

① 길이 : m
② 질량 : kg
③ 광도 : mol
④ 열역학 온도 : K

해설 광도의 국제단위계는 칸델라(cd)를 기본단위로 하고, 유도단위로서 광속의 루멘(lm= cd/sr), 휘도의 칸델라 퍼제곱미터(cd/m²), 조명도의 룩스(lx=lm/m²)가 정해져 있다. 몰은 물질량의 단위로, 기호는 mol이다.

15 축을 설계할 때 고려하지 않아도 되는 것은?

① 축의 강도
② 피로 충격
③ 응력 집중의 영향
④ 축의 표면조도

해설 축 설계상 고려 사항
① 강도(Strength)
② 응력집중(Stress concentration)
③ 강성도(Stiffness)
④ 변형

⑤ 진동(Vibration)
⑥ 부식(Corrosion)
⑦ 열응력(Thermal stress)
⑧ 열팽창(Thermal expansion)

16 다음 중 표면의 결 도시 기호에서 각 항목이 설명하는 것으로 틀린 것은?

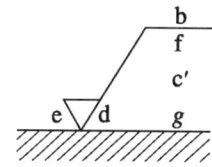

① d : 줄무늬 방향의 기호
② b : 컷 오프 값
③ c' : 기준길이 · 평가길이
④ g : 표면 파상도

해설 a : 산술 평균 거칠기 값
b : 가공 방법
c' : 기준 길이
d : 줄무늬 방향 기호
e : 다듬질 여유 기입
f : 산술 평균 거칠기 이외의 표면 거칠기 값
g : 표면 파상도

17 도면의 표제란에 제3각법 투상을 나타내는 기호로 옳은 것은?

①

②

③

④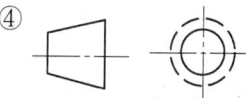

답 13. ② 14. ③ 15. ④ 16. ② 17. ③

해설

[3각법기호]　　　[1각법기호]

18 여러 개의 관련되는 치수에 허용 한계를 지시하는 경우로 틀린 것은?

① 누진 치수 기입은 간격 제한이 있거나 다른 산업 분야에서 특별히 필요한 경우에 사용해도 된다.
② 병렬 치수 기입 방법 또는 누진 치수 기입 방법에서 기입하는 치수 공차는 다른 치수 공차에 영향을 주지 않는다.
③ 직렬 치수 기입 방법으로 치수를 기입할 때에는 치수 공차가 누적된다.
④ 직렬 치수 기입 방법은 공차의 누적이 기능에 관계가 있을 경우에 사용하는 것이 좋다.

해설 직렬 치수 기입 방법은 공차의 누적이 기능에 관계가 없을 경우에 사용하는 것이 좋다.

19 3각법으로 정투상한 보기와 같은 정면도와 평면도에 적합한 우측면도는?

[보기]

20 기어의 도시 방법 중 선의 사용 방법으로 틀린 것은?

① 잇봉우리원(이끝원)은 굵은 실선으로 그린다.
② 피치원은 가는 2점 쇄선으로 그린다.
③ 이골원(이뿌리원)은 가는 실선으로 그린다.
④ 잇줄 방향은 통상 3개의 가는 실선으로 그린다.

해설 피치원은 가는 1점 쇄선으로 그린다.

21 ISO 규격에 있는 미터 사다리꼴 나사의 표시기호는?

① Tr　　② M
③ UNC　　④ R

해설 ① Tr : 미터 사다리꼴 나사
② M : 미터 보통 나사
③ UNC : 유니파이 보통 나사
④ R : 관용 테이퍼 수나사

22 기계가공 도면에 사용되는 가는 1점 쇄선의 용도가 아닌 것은?

① 중심선　　② 기준선
③ 피치선　　④ 해칭선

해설 해칭선은 가는실선이다.

23 데이텀을 지시하는 문자기호를 공차기입틀 안에 기입할 때의 설명으로 틀린 것은?

① 1개를 설정하는 데이텀은 1개의 문자기호로 나타낸다.
② 2개의 공통 데이텀을 설정할 때는 2개의 문자기호를 하이픈(-)으로 연결한다.
③ 여러 개의 데이텀을 지정할 때는 우선순위가 높은 것을 오른쪽에서 왼쪽으로 각각 다른 구획에 기입한다.
④ 2개 이상의 데이텀을 지정할 때, 우선순위가 없을 경우는 문자 기호를 같은 구획 내에 나란히 기입한다.

답 18. ④ 19. ① 20. ② 21. ① 22. ④ 23. ③

해설 여러 개의 데이텀을 지정할 때는 우선순위가 높은 것을 왼쪽에서 오른쪽으로 각각 다른 구획에 기입한다.

24 관용 테이퍼 나사 종류 중 테이퍼 수나사 R에 대하여만 사용하는 3/4인치 평행 암나사를 표시하는 KS 나사 표시 기호는?
① PT 3/4   ② RP 3/4
③ PF 3/4   ④ RC 3/4

해설 ① PT 3/4 : 관용 테이퍼 나사
② RP 3/4 : 관용 평행 암나사
③ PF 3/4 : 관용 평행 나사
④ RC 3/4 : 관용 테이퍼 암나사

25 축과 구멍의 끼워맞춤에서 축의 치수는 $\phi 50_{-0.028}^{-0.012}$, 구멍의 치수는 $\phi 50_0^{+0.025}$일 경우 최소 틈새는 몇 mm인가?
① 0.053   ② 0.037
③ 0.028   ④ 0.012

해설 ① 최소 틈새 = 구멍의 최소허용치수 − 축의 최대허용치수 = 50 − 49.988 = 0.012
② 최대 틈새 = 구멍의 최대허용치수 − 축의 최소허용치수

26 알루미나(Al_2O_3) 분말에 규소(Si) 및 마그네슘(Mg) 등의 산화물을 첨가하여 소결시킨 것으로, 고온에서 경도가 높고 내마멸성이 좋으나 충격에 약한 공구재료는?
① 초경합금   ② 주조경질합금
③ 합금공구강   ④ 세라믹

27 결합도가 높은 숫돌을 선정하는 기준으로 틀린 것은?
① 연질 가공물을 연삭 때
② 연삭 깊이가 작을 때
③ 접촉 면적이 적을 때
④ 가공면의 표면이 치밀할 때

28 센터리스 연삭의 장점에 대한 설명으로 거리가 먼 것은?
① 센터가 필요하지 않아 센터구멍을 가공할 필요가 없다.
② 연삭 여유가 작아도 된다.
③ 대형 공작물의 연삭에 적합하다.
④ 가늘고 긴 공작물의 연삭에 적합하다.

29 일반적으로 공구의 회전운동과 가공물의 직선운동에 의하여 가공하는 공작기계는?
① 선반   ② 셰이퍼
③ 슬로터   ④ 밀링머신

30 깊은 구멍가공에 가장 적합한 드릴링 머신은?
① 다두 드릴링 머신
② 레이디얼 드릴링 머신
③ 직립 드릴링 머신
④ 삼공 드릴링 머신

31 선반에서 테이퍼 가공을 하는 방법으로 틀린 것은?
① 심압대의 편위에 의한 방법
② 맨드릴을 편위시키는 방법
③ 복식 공구대를 선회시켜 가공하는 방법
④ 테이퍼 절삭장치에 의한 방법

32 다이얼 게이지에 대한 설명으로 틀린 것은?
① 소형이고 가벼워서 취급이 쉽다.
② 외경, 내경, 깊이 등의 측정이 가능하다.
③ 연속된 변위량의 측정이 가능하다.
④ 어태치먼트의 사용방법에 따라 측정 범위가 넓어진다.

답 24.② 25.④ 26.④ 27.④ 28.③ 29.④ 30.④ 31.② 32.②

33 절삭공구 재료의 구비조건으로 틀린 것은?
① 마찰계수가 클 것
② 고온경도가 클 것
③ 인성이 클 것
④ 내마모성이 클 것

34 다수의 절삭 날을 일직선상에 배치한 공구를 사용해서 공작물 구멍의 내면이나 표면을 여러 가지 모양으로 절삭하는 공작기계는?
① 브로칭 머신
② 슈퍼 피니싱
③ 호빙 머신
④ 슬로터

35 선반의 주요 구성 부분이 아닌 것은?
① 주축대 ② 회전 테이블
③ 심압대 ④ 왕복대

36 밀링머신에서 분할대를 이용하여 분할하는 방법이 아닌 것은?
① 직접 분할 방법
② 차동 분할 방법
③ 단식 분할 방법
④ 복합 분할 방법

37 이동식 방진구는 선반의 어느 부위에 설치하는가?
① 주축 ② 베드
③ 왕복대 ④ 심압대

38 줄의 크기 표시방법으로 가장 적합한 것은?
① 줄 눈의 크기를 호칭치수로 한다.
② 줄 폭의 크기를 호칭치수로 한다.
③ 줄 단면적의 크기를 호칭치수로 한다.
④ 자루 부분을 제외한 줄의 전체 길이를 호칭치수로 한다.

39 선반가공에서 외경을 절삭할 경우, 절삭가공 길이 100mm를 1회 가공하려고 한다. 회전수 1000rpm, 이송속도 0.15mm/rev이면 가공시간은 약 몇 분(min)인가?
① 0.5 ② 0.67
③ 1.33 ④ 1.48

40 그림에서 정반면과 사인바의 윗면이 이루는 각($\sin\theta$)을 구하는 식은?

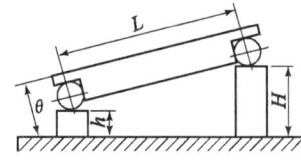

① $\sin\theta = \dfrac{H-h}{L}$ ② $\sin\theta = \dfrac{H+h}{L}$
③ $\sin\theta = \dfrac{L-h}{H}$ ④ $\sin\theta = \dfrac{L-H}{h}$

41 다음 재질 중 밀링커터의 절삭속도를 가장 빠르게 할 수 있는 것은?
① 주철 ② 황동
③ 저탄소강 ④ 고탄소강

42 선반가공에서 바이트를 구조에 따라 분류할 때 틀린 것은?
① 단체 바이트 ② 팁 바이트
③ 클램프 바이트 ④ 분리 바이트

43 머시닝센터의 고정 사이클 중 G코드와 그 용도가 잘못 연결된 것은?
① G76 - 정밀보링 사이클
② G81 - 드릴링 사이클
③ G83 - 보링 사이클
④ G84 - 태핑 사이클

해설 • G83 - 심공드릴 사이클
• G85~G89 - 보링 사이클

답 33.① 34.① 35.② 36.④ 37.③ 38.④ 39.② 40.① 41.② 42.④ 43.③

44 다음 중 CNC 선반에서 다음과 같은 공구 보정 화면에 관한 설명으로 틀린 것은?

공구 보정 번호	X축	Z축	R	T
01	0.000	0.000	0.8	3
02	0.457	1.321	0.2	2
03	2.765	2.987	0.4	3
04	1.256	−1.234	.	8
05	.	.	.	.

① X축 : X축 보정량
② R : 공구 날 끝 반경
③ Z축 : Z축 보정량
④ T : 사용 공구 번호

해설 T : 공구 선택 번호

45 다음 중 선반 작업 시 안전 사항으로 올바르지 못한 것은?
① 칩이나 절삭유의 비산 방지를 위하여 플라스틱 덮개를 부착한다.
② 절삭 가공을 할 때에는 반드시 보안경을 착용하여 눈을 보호한다.
③ 절삭 작업을 할 때에는 칩에 손을 베이지 않도록 장갑을 착용한다.
④ 척이 회전하는 도중에 소재가 튀어나오지 않도록 확실히 고정한다.

해설 선반 작업 시 장갑 착용을 금지한다.

46 CNC 선반은 크게 "기계본체 부분"과 "CNC 장치 부분"으로 구성되는데 다음 중 "CNC 장치 부분"에 해당하는 것은?
① 공구대
② 위치검출기
③ 척(chuck)
④ 헤드스톡

해설 CNC 장치 부분은 위치검출기이다.

47 다음 중 그림과 같은 원호보간 지령을 I, J를 사용하여 표현한 것으로 옳은 것은?

① G03 X20.0 Y20.0 I-20.0 ;
② G03 X20.0 Y20.0 I-20.0 J-20.0 ;
③ G03 X20.0 Y20.0 J-20.0 ;
④ G03 X20.0 Y20.0 I20.0 ;

해설 G03 X20.0 Y20.0 I-20.0 ;

48 다음 중 일반적으로 NC 가공계획에 포함되지 않는 것은?
① 사용 기계 선정
② 가공할 공구 선정
③ 프로그램의 수정 및 편집
④ 공작물 고정 방법 및 치공구 선정

해설 가공계획
 • CNC가공범위와 사용기계 선정
 • 가공물 척킹 방법 및 치공구 선정
 • 가공순서 결정
 • 가공할 공구 선정

49 CNC 선반의 준비기능 중 단일형 고정 사이클로만 짝지어진 것은?
① G28, G75   ② G90, G94
③ G50, G76   ④ G98, G74

해설

G90	내·외경 절삭 사이클	단일형 고정사이클
G92	나사 절삭 사이클	
G94	단면 절삭 사이클	

답 44. ④ 45. ③ 46. ② 47. ① 48. ③ 49. ②

50 다음 중 머시닝센터 프로그램에서 "F400"이 의미하는 것은?

> G94 G91 G01 X100. F400 ;

① 0.4mm/rev
② 400mm/min
③ 400mm/rev
④ 0.4mm/min

해설 CNC선반 G98=mm/min, G99=mm/rev(초기값), 머시닝 센터 G94=mm/min(초기값), G95=mm/rev이다. F400은 1분간 테이블 이송량 f=400mm/min이다.

51 다음 중 CNC 공작기계의 매일 점검 사항으로 볼 수 없는 것은?

① 각 부의 유량점검
② 각 부의 작동점검
③ 각 부의 압력점검
④ 각 부의 필터점검

해설 필터점검은 매월 점검이다.

52 홈 가공이나 드릴 가공을 할 때 일시적으로 공구를 정지시키는 기능(휴지기능)의 CNC 용어를 무엇이라 하는가?

① 드웰(Dwell)
② 드라이 런(Dry run)
③ 프로그램 정지(Program Stop)
④ 옵셔널 블록 스킵(Optional Block Skip)

해설 드웰(Dwell) : 일시 정지시키는 기능(휴지기능)

53 다음 중 CAD/CAM 시스템의 NC 인터페이스 과정으로 옳은 것은?

① 파트프로그램 → NC 데이터 → 포스트 프로세싱 → CL 데이터
② 파트프로그램 → CL 데이터 → 포스트 프로세싱 → NC 데이터
③ 포스트 프로세싱 → 파트프로그램 → CL 데이터 → NC 데이터
④ 포스트 프로세싱 → 파트프로그램 → NC 데이터 → CL 데이터

54 다음 중 CNC 공작기계에서 속도와 위치를 피드백하는 장치는?

① 서보 모터
② 컨트롤러
③ 주축 모터
④ 엔코더

해설
① 서보 모터 : 펄스에 의한 각각 지령에 의하여 대응하는 회전운동을 한다.
② 컨트롤러 : 천공테이프에 기록된 언어, 즉 정보를 받아서 펄스(pulse)화시킨다.
③ 스테핑모터 : 1개의 펄스가 주어지면 일정한 각도만 회전하는 모터
④ 엔코더 : 서보 모터 회전운동의 위치검출 및 이송속도를 검출하는 장치이고 서보 모터 뒤쪽에 부착되어 있다.

55 다음 중 CNC 선반 프로그램에서 기계원점 복귀 체크 기능은?

① G27
② G28
③ G29
④ G30

해설
① G27 : 기계원점 복귀 체크
② G28 : 제1원점 복귀기능(기계원점)
③ G29 : 원점으로부터 자동복귀
④ G30 : 제2원점 복귀

56 다음 중 CNC 선반 작업 시 안전 사항으로 옳지 않은 것은?

① 고정 사이클 가공시에 공구 경로에 유의한다.
② 칩이 공작물이나 척에 감기지 않도록 주의한다.
③ 가공 상태를 확인하기 위하여 안전문을 열어 놓고 조심하면서 가공한다.
④ 고정 사이클로 가공시 첫 번째 블록까지는 공작물과 충돌 예방을 위하여 Single Block으로 가공한다.

해설 안전문은 반드시 닫고 가공한다.

답 50. ② 51. ④ 52. ① 53. ② 54. ④ 55. ① 56. ③

57 다음 중 보조기능에서 선택적 프로그램정지(optional stop)에 해당 되는 것은?
① M00 ② M01
③ M05 ④ M06

해설 ① M00 : Program Stop(프로그램 정지)
② M01 : Optional Program Stop(선택적 프로그램 정지)
③ M05 : 주축 정지
④ M06 : 공구 교환

58 다음 중 CNC 공작기계에서 주축의 속도를 일정하게 제어하는 명령어는?
① G96 ② G97
③ G98 ④ G99

해설 ① G96 : 주축속도 일정제어
(절삭속도 : v =m/min)
② G97 : 주축속도 일정제어 취소
(주축회전수 : n =rpm)

59 다음 중 머시닝센터에서 공작물 좌표계 X, Y 원점을 찾는 방법이 아닌 것은?
① 엔드밀을 이용하는 방법
② 터치 센서를 이용하는 방법
③ 인디케이터를 이용하는 방법
④ 하이트 프리세터를 이용하는 방법

해설 하이트 프리세터를 이용하는 방법은 높이(Z 원점)를 찾는 방법이다.

60 다음 중 CNC 선반에서 M20×1.5의 암나사를 가공하고자 할 때 가공할 안지름(mm)으로 가장 적합한 것은?
① 23.0 ② 21.5
③ 18.5 ④ 17.0

해설 20-1.5=18.5

답 57. ② 58. ① 59. ④ 60. ③

2015년 7월 19일 제4회 컴퓨터응용선반기능사 기출문제

01 다음 중 알루미늄 합금이 아닌 것은?
① Y합금
② 실루민
③ 톰백(tombac)
④ 로엑스(Lo-Ex) 합금

해설
① Y합금 : 내열용 Al-Cu-Ni-Mg의 합금으로 대표적인 내열용 합금이다. $Al_5Cu_2Mg_2$가 석출 경화되며 시효 처리한다.
② 실루민 : 주조용 Al-Si계로 이 합금의 주조 조직의 Si는 육각판상의 거친 조직이므로 실용화할 수 있도록 개량(개질) 처리한다. 대표 합금으로 실루민(Silumin) 알펙스(Alpax) 등이 있다.
③ 톰백(tombac) : 5~20%의 저 아연합금으로 전연성이 좋고, 색깔이 금에 가까우므로 모조금박이나 금대용으로 사용한다.
④ 로엑스(Lo-Ex) 합금 : 내열용 합금으로 Al-Si계에 Cu, Mg, Ni을 첨가한 특수 실루민으로서 Na으로 개질처리한다.

02 공구용으로 사용되는 비금속 재료로 초내열성 재료, 내마멸성 및 내열성이 높은 세라믹과 강한 금속의 분말을 배열 소결하여 만든 것은?
① 다이아몬드   ② 고속도강
③ 서멧   ④ 석영

해설 서멧 공구 : Al_2O_3 분말 70%에 탄질화 티탄 TiC 또는 TiN분말을 30% 정도 혼합하여 수소 분위기에 소결하여 제작한다.

03 베어링으로 사용되는 구리계 합금으로 거리가 먼 것은?
① 켈밋(kelmet)
② 연청동(lead bronze)
③ 문쯔 메탈(muntz metal)
④ 알루미늄 청동(Al bronze)

해설
① 켈밋(kelmet)
  Cu계 베어링합금으로 켈밋(kelmet)은 내소착성이 좋고 고속, 고하중용으로 적합. 자동차, 항공기 등의 주 베어링용, 발전기, 전동기, 철도차량용 베어링에 사용된다.
② 연청동(lead bronze)
  청동에 3.0~26% Pb를 첨가한 것으로, 그 조직 중에 Pb이 거의 고용되지 않고 입계에 점재하여 윤활성이 좋아지므로 베어링, 패킹재료 등에 널리 쓰인다.
③ 문쯔메탈(muntz metal)
  6 : 4황동으로 500~600℃로 가열하면 연성이 회복되어 열간가공이 적합하며 인장강도도 최대이다. Zn 40% 내외의 것을 문쯔메탈이라 한다.
④ 알루미늄 청동(Al bronze)
  8~2%의 Al을 첨가하여 강도, 경도, 인성, 내마모성, 내식성, 내피로성이 황동, 청동보다 좋지만, 주조성, 가공성, 용접성이 나쁘다.

04 고속도 공구강 강재의 표준형으로 널리 사용되고 있는 18-4-1형에서 텅스텐 함유량은?
① 1%   ② 4%
③ 18%   ④ 23%

해설 고속도강(SKH) : 절삭 공구강의 대표적인 특수강으로서 W, Cr, V 이외의 Co, Mo 등을 다량 함유하고 있는 고 합금강으로 500~600℃까지 가열하여도 뜨임에 의해서 연화되지 않고 고온에서도 경도 감소가 적은 것이 특징이다. 대표적인 것으로는 W 18%, Cr 4%, V 1%를 함유한 18-4-1형이 있다.

답 01.③ 02.③ 03.③ 04.③

05 마우러 조직도에 대한 설명으로 옳은 것은?
① 탄소와 규소량에 따른 주철의 조직 관계를 표시한 것
② 탄소와 흑연량에 따른 주철의 조직 관계를 표시한 것
③ 탄소와 망간량에 따른 주철의 조직 관계를 표시한 것
④ 탄소와 Fe_3C량에 따른 주철의 조직 관계를 표시한 것

해설 마우러 조직도 : 탄소와 규소량에 따른 주철의 조직 관계를 표시

06 열처리의 방법 중 강을 경화시킬 목적으로 실시하는 열처리는?
① 담금질　② 뜨임
③ 불림　　④ 풀림

해설 ① 담금질 : 경도증가
② 뜨임 : 인성부여
③ 불림 : 재질의 표준화
④ 풀림 : 내부응력제거

07 탄소 공구강의 구비 조건으로 거리가 먼 것은?
① 내마모성이 클 것
② 저온에서의 경도가 클 것
③ 가공 및 열처리성이 양호할 것
④ 강인성 및 내충격성이 우수할 것

해설 탄소 공구강은 고온에서의 경도가 클 것

08 축에 키(key) 홈을 가공하지 않고 사용하는 것은?
① 묻힘(sunk) 키　② 안장(saddle) 키
③ 반달 키　　　　④ 스플라인

해설 ① 묻힘(sunk) 키 : 축과 보스 양쪽에 모두 키 홈을 파서 비틀림 모멘트를 전달하는 키로서 가장 많이 사용
② 안장(saddle) 키 : 축에는 홈을 파지 않고 축과 키 사이의 마찰력으로 회전력을 전달. 축의 강도를 감소시키지 않고 고정할 수 있으나, 큰 동력을 전달시킬 수 없으므로 경하중, 소직경에 사용
③ 반달 키 : 반월상의 키로서 축의 홈이 깊게 되어 축의 강도가 약하게 되기는 하나 축과 키 홈의 가공이 쉽고, 키가 자동적으로 축과 보스 사이에 자리를 잡을 수 있어 자동차, 공작기계 등의 60mm 이하의 작은 축이나 테이퍼 축에 사용한다.
④ 스플라인 : 축의 원주에 수많은 키를 깎은 것으로 큰 토크를 전달시키고, 내구력이 크며 축과 보스의 중심축을 정확하게 맞출 수 있고 축 방향으로 이동도 가능

09 피치 4mm인 3줄 나사를 1회전 시켰을 때의 리드는 얼마인가?
① 6mm　　② 12mm
③ 16mm　 ④ 18mm

해설 리드(L)=줄 수(N)×피치(P)
=4×3=12mm

10 볼트 너트의 풀림 방지 방법 중 틀린 것은?
① 로크 너트에 의한 방법
② 스프링 와셔에 의한 방법
③ 플라스틱 플러그에 의한 방법
④ 아이 볼트에 의한 방법

해설 나사의 풀림 방지법
① 와셔를 사용하는 방법
② 로크 너트를 사용하는 방법
③ 자동죔 너트에 의한 방법
④ 핀, 작은 나사, 멈춤 나사에 의한 방법
⑤ 철사에 의한 방법
⑥ 플라스틱 플러그에 의한 방법

11 전달마력 30kW, 회전수 200rpm인 전동축에서 토크 T는 약 몇 N·m인가?
① 107　　② 146
③ 1070　 ④ 1430

답 05.①　06.①　07.②　08.②　09.②　10.④　11.④

제6편 최근 기출문제

해설
$$T = 9549 \times 10^3 \times \frac{H'}{N} [\text{N} \cdot \text{mm}] [\text{kW}]$$
$$T = 9549 \times 10^3 \times \frac{30}{200} = \frac{1432350}{1000}$$
$$= 1432.4 \text{N} \cdot \text{m}$$

12 벨트전동에 관한 설명으로 틀린 것은?
① 벨트풀리에 벨트를 감는 방식은 크로스 벨트 방식과 오픈벨트 방식이 있다.
② 오픈벨트 방식에서는 양 벨트 풀리가 반대 방향으로 회전한다.
③ 벨트가 원동차에 들어가는 측을 인(긴) 장측이라 한다.
④ 벨트가 원동차로부터 풀려 나오는 측을 이완측이라 한다.

해설 벨트전동에서 오픈벨트 방식에서는 양 벨트 풀리가 같은 방향으로 회전한다.

13 표점거리 110mm, 지름 20mm의 인장시편에 최대하중 50kN이 작용하여 늘어난 길이 $\Delta l = 22$mm일 때, 연신율은?
① 10% ② 15%
③ 20% ④ 25%

해설 연신율(ε) : $\varepsilon = \frac{132-110}{110} \times 100(\%) = 20\%$

14 원주에 톱니형상의 이가 달려 있으며 폴(pawl)과 결합하여 한쪽 방향으로 간헐적인 회전운동을 주고 역회전을 방지하기 위하여 사용되는 것은?
① 래칫 휠
② 플라이 휠
③ 원심 브레이크
④ 자동하중 브레이크

해설 ① 래칫 휠 : 기계의 역전방지, 한 방향의 가동 클러치, 분할작업 등에 쓰인다.

② 플라이 휠 : 축에 토크 변동이 심할 경우 휠(wheel)을 부착하여 규칙적인 회전을 유지시킨다.

15 기어에서 이(tooth)의 간섭을 막는 방법으로 틀린 것은?
① 이의 높이를 높인다.
② 압력각을 증가시킨다.
③ 치형의 이끝면을 깎아낸다.
④ 피니언의 반경 방향의 이뿌리면을 파낸다.

해설 이의 간섭 : 서로 맞물린 래크와 피니언에서 큰 기어의 이끝이 피니언의 이뿌리에 닿아서 회전할 수 없게 되는 현상으로 이의 높이를 낮춘다.

16 구멍과 축의 기호에서 최대 허용치수가 기준치수와 일치하는 기호는?
① H ② h
③ G ④ g

해설 구멍 기호와 축 기호

구멍 기호	⇐ 지름이 커짐　　　　　지름이 작아짐 ⇒															
	최소허용치수와 기준치수 일치															
	A	B	C	D	E	F	G	H	Js	K	M	N	P	R	S	T U X
축 기호	⇐ 지름이 작아짐　　　　　지름이 커짐 ⇒															
	최대허용치수와 기준치수 일치															
	a	b	c	d	e	f	g	h	js	k	m	n	p	r	s	t u x

17 기하공차 기호에서 자세공차를 나타내는 것은?
① ─
② ○
③ ◎
④ ∠

해설
자세공차	//	평행도 공차
	⊥	직각도 공차
	∠	경사도 공차

답 12. ② 13. ③ 14. ① 15. ① 16. ② 17. ④

18 제도에 있어서 치수 기입 요소로 틀린 것은?

① 치수선　　② 치수 숫자
③ 가공 기호　④ 치수 보조선

해설　치수의 표시방법
치수는 치수선, 치수 보조선, 치수 보조 기호 등을 사용하여 치수 숫자(치수를 나타내는 수치를 말한다.)에 의하여 표시한다.

19 줄무늬 방향 기호 중에서 가공에 의한 커터의 줄무늬가 기호를 기입한 면의 중심에 대하여 대략 동심원 모양일 때 기입하는 기호는?

① =　　② X
③ M　　④ C

해설

기호	의미
=	가공으로 생긴 앞줄의 방향이 기호를 기입한 그림의 투영면에 평행
X	가공으로 생긴 선이 두 방향으로 교차
M	가공으로 생긴 선이 다방면으로 교차 또는 무방향
C	가공으로 생긴 선이 거의 동심원

20 스프링의 제도에 관한 설명으로 틀린 것은?

① 코일 스프링의 종류와 모양만을 간략도로 나타내는 경우에는 재료의 중심선만을 굵은 실선으로 도시한다.
② 코일 부분의 양 끝을 제외한 동일 모양 부분의 일부를 생략할 때는 생략한 부분의 선지름의 중심선을 굵은 2점 쇄선으로 도시한다.
③ 코일 스프링은 일반적으로 무하중인 상태로 그리고 겹판스프링은 일반적으로 스프링 판이 수평인 상태에서 그린다.
④ 그림 안에 기입하기 힘든 사항은 요목표에 표시한다.

해설　코일 부분의 중간 부분을 생략할 때에는 생략한 부분을 가는 1점 쇄선으로 표시하거나 또는 가는 2점 쇄선으로 표시해도 좋다.

21 보기 도면은 제3각 정투상도로 그려진 정면도와 평면도이다. 우측면도로 가장 적합한 것은?

22 KS의 부문별 기호로 옳은 것은?

① KS A – 기계　② KS B – 전기
③ KS C – 토건　④ KS D – 금속

해설　① KS A – 기본
② KS B – 기계
③ KS C – 전기
④ KS D – 금속

23 KS 나사 표시 방법에서 G 3/4 A로 기입된 기호의 올바른 해독은?

① 가스용 암나사로 인치 단위이다.
② 가스용 수나사로 인치 단위이다.
③ 관용 평행 수나사로 등급이 A급이다.
④ 관용 테이퍼 암나사로 등급이 A급이다.

해설　G 3/4 A : 관용 평행 수나사로 등급이 A급이다.

24 도면의 표현 방법 중에서 스머징(smudging)을 하는 이유는 어떤 경우인가?

① 물체의 표면이 거친 경우
② 물체의 단면을 나타내는 경우
③ 물체의 표면을 열처리하고자 하는 경우
④ 물체의 특정부위를 비파괴 검사하고자 하는 경우

해설　스머징(smudging) 또는 해칭 : 물체의 단면을 나타내는 경우

답 18. ③　19. ④　20. ②　21. ②　22. ④　23. ③　24. ②

25 기어의 제도에서 모듈(m)과 잇수(z)를 알고 있을 때, 피치원의 지름(d)을 구하는 식은?

① $d = \dfrac{m}{z}$ ② $d = \dfrac{z}{m}$

③ $d = \dfrac{1}{2}mz$ ④ $d = mz$

해설
- 지름 피치$(P) = \dfrac{\pi D}{Z}$
- 피치원 지름 $D = M \cdot Z$

26 비교측정에 사용되는 측정기기는?
① 투영기
② 마이크로미터
③ 다이얼 게이지
④ 버니어 캘리퍼스

해설 ① 투영기 : 윤곽측정
② 마이크로미터 : 길이측정
③ 다이얼 게이지 : 비교측정
④ 버니어 캘리퍼스 : 길이측정

27 밀링 분할대의 종류가 아닌 것은?
① 신시내티형
② 브라운 샤프트형
③ 모르스형
④ 밀워키형

해설 분할대의 형태 : 브라운 샤프형, 신시내티형, 밀워키형, 라이네켈형

28 주철과 같은 메진 재료를 저속으로 절삭할 때, 주로 생기는 칩으로서 가공면이 좋지 않은 것은?
① 유동형 칩 ② 전단형 칩
③ 열단형 칩 ④ 균열형 칩

해설 ① 유동형 칩 : 공작물의 재질이 연하고 인성이 큰 재질일 때
② 전단형 칩 : 가공재료가 비교적 연하면서 취약한 재료

③ 열단형 칩 : 점성이 큰 재질
④ 균열형 칩 : 메진(취성)이 있는 재료

29 밀링머신의 부속장치가 아닌 것은?
① 분할대
② 회전테이블
③ 슬로팅 장치
④ 면판

해설 면판은 선반의 부속장치이다.

30 200mm×200mm×40mm인 알루미늄 판을 ∅20mm인 밀링커터를 사용하여 가공하고자 한다. 이때, 절삭속도가 62.8m/min이면 밀링의 회전수는 약 몇 rpm인가?
① 1000 ② 1200
③ 1400 ④ 2000

해설 $N = \dfrac{1000V}{\pi D} = \dfrac{1000 \times 62.8}{\pi \times 20} = 999.5 \fallingdotseq 1000$

31 경유, 머신오일, 스핀들 오일, 석유 또는 혼합유로 윤활성은 좋으나 냉각성이 적어 경절삭에 주로 사용되는 절삭유제는?
① 수용성 절삭유 ② 지방질유
③ 광유 ④ 유화유

해설 ① 수용성 절삭유 : 점성이 낮고 비열이 높으며 냉각작용이 우수하여 고속절삭에 적합하다.
② 지방질유 : 점성이 높고, 저속 절삭에 사용되며 주로 다듬질가공에 사용한다.
③ 광유 : 경유, 머신유, 스핀들유, 석유 및 기타 광유 또는 혼합유로서 윤활작용은 좋으나 냉각작용은 비교적 약하다, 주로 경(輕)절삭에 사용한다.
④ 유화유 : 광유에 비눗물을 첨가하여 사용한 것으로, 냉각작용이 비교적 크고 윤활성이 좋으며 원액에 10~20배의 물을 희석해서 사용한다.

답 25.④ 26.③ 27.③ 28.④ 29.④ 30.① 31.③

32 센터리스 연삭기에 대한 설명으로 틀린 것은?
① 연속작업을 할 수 있어 대량생산에 적합하다.
② 중공의 원통을 연삭하는 데 편리하다.
③ 대형 중량물도 연삭할 수 있다.
④ 연삭 여유가 작아도 된다.

해설 센터리스 연삭기는 대형 중량물 연삭을 할 수 없다.

33 탭의 파손 원인에 대한 설명으로 거리가 먼 것은?
① 탭이 경사지게 들어간 경우
② 나사구멍이 너무 크게 가공된 경우
③ 막힌 구멍의 밑바닥에 탭의 선단이 닿았을 경우
④ 탭의 지름에 적합한 핸들을 사용하지 않는 경우

해설 탭 작업 시 탭이 부러지는 이유
① 구멍이 너무 작거나 구부러진 경우
② 탭이 경사지게 들어간 경우
③ 탭의 지름에 적합한 핸들을 사용하지 않는 경우
④ 너무 무리하게 힘을 가하거나 빨리 절삭할 경우
⑤ 막힌 구멍의 밑바닥에 탭의 선단이 닿았을 경우

34 일반적으로 나사의 피치 측정에 사용되는 측정기기는?
① 오토 콜리메이터 ② 옵티컬 플랫
③ 공구 현미경   ④ 사인 바

해설 공구 현미경 : 현미경에 의해 확대 관측하여 제품의 길이, 각도, 형상, 윤곽을 측정하는 측정기이다. 용도는 각종 정밀부품의 측정, 공작용 치공구류의 측정, 각종 게이지의 측정, 특히 나사게이지, 나사 피치 측정 등 다방면에 사용되고 있다.

35 보통 선반에서 왕복대의 구성 부분이 아닌 것은?
① 에이프런   ② 새들
③ 공구대   ④ 베드

해설 왕복대 구성 : 에이프런(Apren 내부 : 자동 이송장치 및 나사 절삭 장치), 새들(saddle), 공구대(Toal past)

36 선반 작업에서 칩이 연속적으로 흘러나오게 될 때, 칩을 짧게 끊어 주는 것은?
① 칩 컷터   ② 칩 셋팅
③ 칩 브레이커 ④ 칩 그라인딩

해설 칩 브레이커 : 공구, 공작물, 공작기계(척)가 서로 엉키는 것을 방지한다. 칩이 짧게 끊어지도록 바이트에 만든다.

37 미세하고 비교적 연한 숫돌입자를 공작물의 표면에 적은 압력으로 접촉시키면서, 매끈하고 고정밀도의 표면으로 일감을 다듬는 가공법은?
① 호닝   ② 래핑
③ 슈퍼 피니싱 ④ 전해 연삭

해설
① 호닝 : 마찰작업으로 보링, 리밍, 연삭가공 등에서 가공이 끝난 원통의 내면에 정밀도를 더욱 높이기 위하여 혼(hone)으로 구멍에 넣고 회전운동과 축방향의 운동을 동시에 시켜 정밀 다듬질하는 방법
② 래핑 : 랩이라는 공구와 공작물 사이에 랩제를 넣고, 공작물을 누르면서 상대 운동으로 공작물을 매끈하고 정밀하게 다듬질하는 마모(마멸)가공에 응용한 방법
③ 슈퍼 피니싱 : 미세하고 비교적 연한 숫돌입자를 공작물의 표면에 적은 압력으로 접촉시키면서, 매끈하고 고정밀도의 표면으로 일감을 다듬는 가공법
④ 전해 연삭 : 전해 연마에서 나타난 양극(+)의 생성물을 전해 작용으로 제거하는 작업

답 32.③ 33.② 34.③ 35.④ 36.③ 37.③

38 수평 밀링머신과 비교한 수직 밀링머신에 관한 설명으로 틀린 것은?
① 공구는 주로 정면 밀링커터와 엔드밀을 사용한다.
② 평면가공이나 홈 가공, T홈 가공, 더브테일 등을 주로 가공한다.
③ 주축헤드는 고정형, 상하 이동형, 경사형 등이 있다.
④ 공구는 아버를 이용하여 고정한다.

해설 수평 밀링머신에서 아버(arbor)는 스핀들 구멍에 고정하고 여기에 밀링커터를 고정하여 공작물을 가공한다.

39 절삭공구 수명에 영향을 주는 요소 중 고속도강의 경사각은 몇 도(°) 이상 되면 강도가 부족하여 치핑(chipping)의 원인이 되는가?
① 20° 이상 ② 25° 이상
③ 30° 이상 ④ 35° 이상

해설 고속도강의 경사각이 30° 이상이면 치핑(chipping)의 원인이 된다.

40 밀링 절삭방법에서 상향 절삭과 비교한 하향 절삭에 대한 설명으로 틀린 것은?
① 날 자리의 길이가 짧아 커터의 마모가 적다.
② 절삭된 칩이 이미 가공된 면 위에 쌓인다.
③ 이송기구의 백래시가 자연히 제거된다.
④ 커터 날이 공작물을 누르며 절삭하므로 공작물 고정이 용이하다.

해설 하향 절삭에서는 백래시 제거장치가 필요하다.

41 다음 공작기계 중에서 주로 기어를 가공하는 기계는?
① 선반 ② 플레이너
③ 슬로터 ④ 호빙머신

해설 ① 선반 : 주로 원통면 가공
② 플레이너 : 주로 넓은 평면 가공
③ 슬로터 : 주로 구멍의 키홈 가공
④ 호빙머신 : 주로 기어를 가공

42 주로 일감의 평면을 가공하며 기둥의 수에 따라 쌍주식과 단주식으로 구분하는 공작기계는?
① 셰이퍼 ② 슬로터
③ 플레이너 ④ 브로칭 머신

해설 플레이너 : 주로 대형 평면을 가공하며 기둥의 수에 따라 쌍주식과 단주식으로 구분한다.

43 다음 중 머시닝센터의 G코드 일람표에서 원점복귀 명령과 관련이 없는 코드는?
① G27 ② G28
③ G29 ④ G30

해설 ① G27 : 원점 복귀 Check
② G28 : 자동 원점복귀
③ G29 : 원점으로부터 자동복귀
④ G30 : 제2, 제3, 제4원점 복귀

44 CNC선반에서 1000rpm으로 회전하는 스핀들에서 2회전 드웰을 프로그래밍하려면 몇 초간 정지 지령을 사용하여야 하는가?
① 0.06초 ② 0.12초
③ 0.18초 ④ 0.24초

해설 정지시간(sec)
$= \dfrac{60}{\text{드릴회전수(rpm)}} \times \text{드웰회전수}$
$= \dfrac{60}{1000} \times 2 = 0.12 (\text{sec})$

45 NC기계의 테이블을 직선운동으로 만드는 나사로서 정밀도가 높고 백래시가 거의 없는 것은?

답 38.④ 39.③ 40.③ 41.④ 42.③ 43.③ 44.② 45.①

① 볼 스크루
② 사다리꼴 스크루
③ 삼각 스크루
④ 관용 평행 스크루

해설 볼 스크루(Ball screw)는 회전운동을 직선운동으로 바꿀 때 사용되며, 주로 NC공작기계에 적용하고 있으며 높은 정밀도를 얻을 수 있다. 볼 스크루는 마찰이 적고 또 너트를 조정함으로써 백래시(Backlash)를 "0"에 가깝도록 할 수 있다.

46 다음 중 CNC 기계가공 중에 지켜야 할 안전 및 유의사항으로 틀린 것은?

① CNC선반 작업 중에는 문을 닫는다.
② 항상 비상정지 버튼의 위치를 확인한다.
③ 머시닝센터에서 공작물은 가능한 깊게 고정한다.
④ 머시닝센터에서 엔드밀은 되도록 길게 나오도록 고정한다.

해설 머시닝센터에서 엔드밀은 되도록 짧게 나오도록 고정한다.

47 그림과 같이 프로그램의 원점이 주어져 있을 경우 A점의 좌표로 옳은 것은?

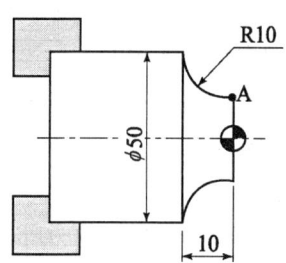

① X40. Z10.   ② X10. Z50.
③ X50. Z-10. ④ X30. Z0.

해설 A점의 좌표는 X30. Z0. 이다.

48 머시닝센터에서 프로그램 원점을 기준으로 직교좌표계의 좌표값을 입력하는 절대지령의 준비기능은?

① G90   ② G91
③ G92   ④ G89

해설 G91지령(증분지령)은 현재 위치에서 이동거리이고 G90지령(절대지령)은 공작물 좌표계 원점에서의 위치이므로 절대지령의 방식은 주의해야 한다.

49 CAM시스템에서 CL(Cutting location) 데이터를 공작기계가 이해할 수 있는 NC코드로 변환하는 작업을 무엇이라 하는가?

① 포스트 프로세싱
② 포스트 모델링
③ CAM 모델링
④ 인 프로세싱

해설 포스트 프로세싱
CAM시스템에서 CL(Cutting location) 데이터를 공작기계가 이해할 수 있는 NC코드로 변환하는 작업이다.

50 그림은 머시닝센터의 가공용 도면이다. 다음 중 절대명령에 의한 이동지령을 올바르게 나타낸 것은?

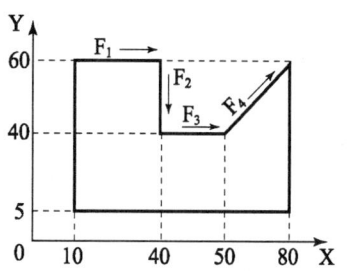

① F₁ : G90 G01 X40. Y60. F100 ;
② F₂ : G91 G01 X40. Y40. F100 ;
③ F₃ : G90 G01 X10. Y0 F100 ;
④ F₄ : G91 G01 X30. Y60. F100 ;

답 46.④ 47.④ 48.① 49.① 50.①

해설 절대지령
① F_1 : G90 G01 X40. Y60. F100 ;
② F_2 : G90 G01 X40. Y40. F100 ;
③ F_3 : G90 G01 X50. Y40. F100 ;
④ F_4 : G90 G01 X80. Y60. F100 ;

51 다음 중 선반에서 나사작업 시의 안전 및 유의사항으로 적절하지 않은 것은?

① 나사의 피치에 맞게 기어 변환 레버를 조정한다.
② 나사 절삭 중에 주축을 역회전시킬 때에는 바이트를 일감에서 일정거리를 떨어지게 한다.
③ 나사를 절삭할 때에는 절삭유를 충분히 공급해 준다.
④ 나사 절삭이 끝났을 때에는 반드시 하프너트를 고정시켜 놓아야 한다.

해설 나사 절삭이 끝났을 때에는 반드시 하프너트를 해제시켜 놓아야 한다.

52 다음 중 주 또는 보조 프로그램의 종료를 표시하는 보조기능이 아닌 것은?

① M02   ② M05
③ M30   ④ M99

해설 ① M02 : 프로그램 종료
② M05 : 주축정지
③ M30 : 프로그램 종료 및 재개
④ M99 : 서브(보조)프로그램 종료

53 다음 그림은 절대 좌표계를 사용하여 A(10, 20)에서 B(25, 5)으로 시계방향 270° 원호가공을 하려고 한다. 머시닝센터 가공 프로그램으로 올바르게 명령한 것은?

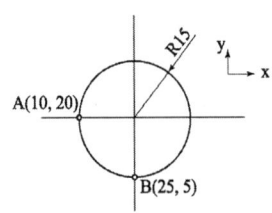

① G02 X25. Y5. R15. ;
② G03 X25. Y5. R15. ;
③ G02 X25. Y5. R-15. ;
④ G03 X25. Y5. R-15. ;

해설 시계방향으로 180°을 넘으므로 (−)를 기입한다.
G02 X25. Y5. R-15 ;

54 다음 중 공구 날끝 반경 보정에 관한 설명으로 틀린 것은?

① G41은 공구 날끝 좌측 보정이다.
② G40은 공구 날끝 반경 보정 취소이다.
③ 공구 날끝 반경 보정은 G02, G03 지령블록에서 하여야 한다.
④ 테이퍼 가공 및 원호 가공의 경우 공구 날끝 보정이 필요하다.

해설 인선보정

G40	인선 R보정 취소
G41	인선 R보정 좌측
G42	인선 R보정 우측

55 CNC선반에서 프로그램과 같이 가공을 할 때 주축의 최고회전수로 옳은 것은?

G50 X50. Z30. S1800 T0200 ;
G96 S314 M03 ;

① 314rpm   ② 1000rpm
③ 1800rpm   ④ 2000rpm

해설 G50 S1800 ;
⇒ 주축 최고회전수 1800rpm
G96 S314 M03 ;
⇒ 주축속도 일정제어 314m/min, 정회전

56 다음 중 머시닝센터의 부속장치에 해당하지 않는 것은?

① 칩 처리장치
② 자동공구교환장치

답 51. ④ 52. ② 53. ③ 54. ③ 55. ③ 56. ④

③ 자동일감 교환장치
④ 좌표계 자동설정장치

해설 머시닝센터의 부가장치는 칩 처리장치, 자동공구교환장치(ATC), 자동일감 교환장치(APC), 인덱스 테이블과 로타리 테이블 등이 있다.

57 다음 중 머시닝센터 프로그램에서 공구길이 보정 취소 G코드에 해당하는 것은?
① G43   ② G44
③ G49   ④ G30

해설 ① G43 : 공구길이 보정 '+'
② G44 : 공구길이 보정 '−'
③ G49 : 공구 길이 보정 취소
④ G30 : 제2원점 복귀

58 다음 중 CNC선반에서 도면의 P1에서 P2로 직선 절삭하는 프로그램의 지령이 잘못된 것은?

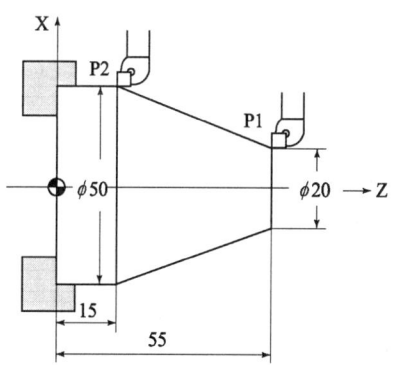

① G01 X50. Z15. F0.2 ;
② G01 U50. Z15. F0.2 ;
③ G01 X50. W-40. F0.2 ;
④ G01 U30. Z15. F0.2 ;

해설 절대 지령은 X, Z를, 상대지령은 U, W를 사용한다.

59 다음 중 CNC선반 프로그램에서 복합형 고정 사이클인 G71에 대한 설명으로 틀린 것은?
① G71 사이클을 시작하는 최초의 블록에서는 Z를 지정할 수 있다.
② G71은 황삭 사이클이지만 정삭 여유를 지령하지 않으면 완성치수로 가공할 수 있다.
③ 고정사이클 지령 최후의 블록에는 자동 면취 지령을 할 수 없다.
④ 고정사이클 실행 도중에 보조 프로그램 지령은 할 수 없다.

해설 내・외경 황삭 사이클(G71)
복합형 고정 Cycle로서 최종 정삭 프로그램 시 공구의 경로를 지정한 후 일정한 조건을 제시하면 자동적으로 황삭 가공을 실시한다. 또한 정삭 여유를 주면 정삭 여유를 남기고 초기점 위치로 되돌아간다.

G71 P__ Q__

N(P) : 정삭가공 프로그램의 처음 Block의 시퀀스번호
N(Q) : 정삭가공 프로그램의 최종 Block의 시퀀스번호

60 다음 중 CNC 공작기계가 자동운전 도중 충돌 또는 오작동이 발생하였을 경우의 조치사항으로 가장 적절하지 않은 것은?
① 화면상의 경보(alarm) 내용을 확인한 후 원인을 찾는다.
② 강제로 모터를 구동시켜 프로그램을 실행시킨다.
③ 프로그램의 이상 유무를 하나씩 확인하며 원인을 찾는다.
④ 비상정지 버튼을 누른 후 원인을 찾는다.

해설 강제로 모터를 구동시키지 않는다.

답 57. ③ 58. ② 59. ① 60. ②

2015년 10월 10일 제5회 컴퓨터응용선반기능사 기출문제

01 다음 중 청동의 합금 원소는?
① Cu+Fe ② Cu+Sn
③ Cu+Zn ④ Cu+Mg

해설 청동(bronze) : 넓은 의미에서 황동 이외의 구리합금을 모두 청동이라고 하지만 좁은 의미에선 Cu+Sn합금을 말한다.

02 탄소공구강의 단점을 보강하기 위해 Cr, W, Mn, Ni, V 등을 첨가하여 경도, 절삭성, 주조성을 개선한 강은?
① 주조경질합금 ② 초경합금
③ 합금공구강   ④ 스테인리스강

해설 합금공구강(STS) : 경도를 크게 하고 절삭성을 개선하기 위하여 탄소공구강에 Cr, W, V, Mo 등을 첨가한 강으로서 바이트(bite), 탭(tap), 드릴(drill), 절단기(cutter), 줄 등에 쓰인다.

03 수기가공에서 사용하는 줄, 쇠톱날, 정 등의 절삭가공용 공구에 가장 적합한 금속재료는?
① 주강   ② 스프링강
③ 탄소공구강 ④ 쾌삭강

해설 탄소공구강(STC)
① 탄소강 : 탄소량 0.6~1.5
  탄소공구강 : 탄소 함유량 0.9~1.3
② 200℃ 이상의 온도에서 뜨임효과 → 경도저하 → 고속절삭에 불리
  ※ 저온뜨임(100~200℃)
    고온뜨임(400~650℃)
③ 줄, 펀치, 정, 쇠톱날 등을 제작

04 일반적인 합성수지의 공통된 성질로 가장 거리가 먼 것은?

① 가볍다.
② 착색이 자유롭다.
③ 전기절연성이 좋다.
④ 열에 강하다.

해설 합성수지는 단단하나 열에는 약하다. 가열하면 연소되어 사용할 수 없고, 열전도율(熱傳導率)이 낮아 부분적으로 과열(過熱)되기 쉬우므로 주의해야 한다.

05 철-탄소계 상태도에서 공정 주철은?
① 4.3%C   ② 2.1%C
③ 1.3%C   ④ 0.86%C

해설
① 공정주철 : 4.3%C(레데뷰라이트)
② 아공정주철 : 2.0~4.3%C(오스테나이트＋레데뷰라이트)
③ 과공정주철 : 4.3~6.67%C(레데뷰라이트＋시멘타이트)

06 다음 비철 재료 중 비중이 가장 가벼운 것은?
① Cu   ② Ni
③ Al   ④ Mg

해설 비중
① Cu : 8.9   ② Ni : 8.9
③ Al : 2.7   ④ Mg : 1.74

07 탄소강에 첨가하는 합금원소와 특성과의 관계가 틀린 것은?
① Ni – 인성 증가
② Cr – 내식성 향상
③ Si – 전자기적 특성 개선
④ Mo – 뜨임취성 촉진

답 01.② 02.③ 03.③ 04.④ 05.① 06.④ 07.④

해설 몰리브덴(Mo) : 경도깊이 증가, 고온에서의 강도, 인성 증대, 뜨임취성 방지, 텅스텐 효과의 2배

08 나사의 피치가 일정할 때 리드(lead)가 가장 큰 것은?
① 4줄 나사 ② 3줄 나사
③ 2줄 나사 ④ 1줄 나사

해설 리드(lead) : 나사산이 원통을 한 바퀴 회전하여 축 방향으로 나아가는 거리
• 리드와 피치 사이의 관계 $l = n \times p$

09 직접전동 기계요소인 홈 마찰차에서 홈의 각도($2a$)는?
① $2a = 10 \sim 20°$ ② $2a = 20 \sim 30°$
③ $2a = 30 \sim 40°$ ④ $2a = 40 \sim 50°$

해설 홈 마찰차에서 홈의 각도 : $2\alpha = 30 \sim 40°$

10 2kN의 짐을 들어 올리는 데 필요한 볼트의 바깥지름은 몇 mm 이상이어야 하는가? (단, 볼트 재료의 허용인장응력은 400N/cm²이다.)
① 20.2 ② 31.6
③ 36.5 ④ 42.2

해설 $d = \sqrt{\dfrac{2W}{\sigma_a}} = \sqrt{\dfrac{2 \times 2000}{400}} = 3.16\text{cm} = 31.6\text{mm}$

11 나사의 기호 표시가 틀린 것은?
① 미터계 사다리꼴나사 : TM
② 인치계 사다리꼴나사 : WTC
③ 유니파이 보통 나사 : UNC
④ 유니파이 가는 나사 : UNF

해설
30° 사다리꼴 나사	TM
29° 사다리꼴 나사	TW
미터사다리꼴 나사	Tr

12 베어링의 호칭번호가 6308일 때 베어링의 안지름은 몇 mm인가?
① 35 ② 40
③ 45 ④ 50

해설 안지름 번호(내륜 안지름)
00 : 10mm 01 : 12mm
02 : 15mm 03 : 17mm
08×5=40mm

13 테이퍼 핀의 테이퍼 값과 호칭지름을 나타내는 부분은?
① 1/100, 큰 부분의 지름
② 1/100, 작은 부분의 지름
③ 1/50, 큰 부분의 지름
④ 1/50, 작은 부분의 지름

해설 테이퍼 핀(taper pin) : $T = \dfrac{1}{50}$
호칭지름은 작은 축지름으로 주축을 보스에 고정할 때 사용한다.

14 원통형 코일의 스프링 지수가 9이고, 코일의 평균 지름이 180mm이면 소선의 지름은 몇 mm인가?
① 9 ② 18
③ 20 ④ 27

해설 소선의 지름(d)
$d = \dfrac{D}{C} = \dfrac{180}{9} = 20$

15 간헐운동(intermittent motion)을 제공하기 위해서 사용되는 기어는?
① 베벨 기어 ② 헬리컬 기어
③ 웜 기어 ④ 제네바 기어

해설 제네바 기어
간헐운동(intermittent motion)을 제공하기 위해서 사용되는 기어이다.

답. 08. ① 09. ③ 10. ② 11. ①, ② 12. ② 13. ④ 14. ③ 15. ④

16 미터 가는 나사의 호칭 표시 "M8×1"에서 "1"이 뜻하는 것은?

① 나사산의 줄 수   ② 나사의 호칭지름
③ 나사의 피치   ④ 나사의 등급

해설 M8×1 : M8의 가는 나사를 의미하며, 여기서 1은 나사의 피치이다.

17 그림과 같은 도면에서 A, B, C, D 선과 선의 용도에 의한 명칭이 틀린 것은?

① A : 외형선   ② B : 중심선
③ C : 숨은선   ④ D : 치수 보조선

해설 D는 치수선이다.

18 기어 제도에 관한 설명으로 틀린 것은?

① 피치원은 가는 실선으로 그린다.
② 잇봉우리원은 굵은 실선으로 그린다.
③ 잇줄 방향은 통상 3개의 가는 실선으로 표시한다.
④ 축의 직각인 방향으로 단면 도시할 경우 이골의 선은 굵은 실선으로 그린다.

해설 이끝원은 굵은 실선으로 그리고 피치원은 가는 1점 쇄선으로 그린다.

19 다음 기하공차 도시기호에서 "Aⓜ"이 의미하는 것은?

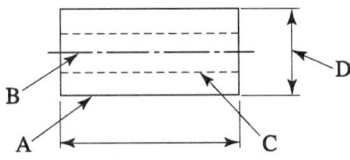

① 위치도에 최소 실체 공차방식을 적용한다.
② 데이텀 형체에 최대 실체 공차방식을 적용한다.
③ ⌀0.04mm의 공차 값에 최소 실체 공차방식을 적용한다.
④ ⌀0.04mm의 공차 값에 최대 실체 공차방식을 적용한다.

해설 Aⓜ : 데이텀 형체에 최대 실체 공차방식을 적용한다.

20 도면에서의 치수 배치 방법에 해당하지 않는 것은?

① 직렬 치수 기입법
② 누진 치수 기입법
③ 좌표 치수 기입법
④ 상대 치수 기입법

해설 치수의 배치
① 직렬치수 기입법 : 직렬로 나란히 연결된 개개의 치수에 주어진 치수공차가 차례로 누적되어도 상관없는 경우에 사용한다.
② 병렬치수 기입법 : 이 방법에 따르면 병렬로 기입하는 개개의 치수공차는 다른 치수의 공차에 영향을 미치지 않는다.
③ 누진치수 기입법 : 이 방법에 따르면 치수공차에 관하여 병렬 치수 기입법과 완전히 동등한 의미를 가지면서, 한 개의 연속된 치수선으로 간편하게 표시할 수 있다. 기점기호(○)와 치수선의 다른 끝은 화살표로 표시한다.

21 축의 치수가 ⌀$300^{-0.05}_{-0.20}$, 구멍의 치수가 ⌀$300^{+0.15}_{0}$인 끼워맞춤에서 최소틈새는?

① 0   ② 0.05
③ 0.15   ④ 0.20

해설

	구멍	축
최대허용치수	A=300.015mm	a=299.95mm
최소허용치수	B=300.000mm	b=299.80mm
최대틈새	A−b=0.215mm	
최소틈새	B−a=0.05mm	

답 16. ③ 17. ④ 18. ① 19. ② 20. ④ 21. ②

22 코일 스프링의 제도 방법으로 틀린 것은?

① 코일 스프링의 정면도에서 나선모양 부분은 직선으로 나타내서는 안 된다.
② 코일 스프링은 일반적으로 하중이 걸린 상태에서 도시하지는 않는다.
③ 스프링의 모양만을 간략도로 나타내는 경우에는 스프링 재료의 중심선만을 굵은 실선으로 그린다.
④ 코일 부분의 양끝을 제외한 동일 모양 부분의 일부를 생략할 때는 선 지름의 중심선을 가는 1점 쇄선으로 나타낸다.

해설 코일 스프링의 제도
① 스프링은 원칙적으로 무하중인 상태로 그린다. 만약, 하중이 걸린 상태에서 그릴 때에는 선도 또는 그 때의 치수와 하중을 기입한다.
② 하중과 높이(또는 길이) 또는 처짐과의 관계를 표시할 필요가 있을 때에는 선도 또는 항목 표에 나타낸다.
③ 특별한 단서가 없는 한 모두 오른쪽 감기로 도시하고, 왼쪽 감기로 도시할 때에는 '감긴 방향 왼쪽'이라고 표시한다.
④ 코일 부분의 중간 부분을 생략할 때에는 생략한 부분을 가는 1점 쇄선으로 표시하거나 또는 가는 2점 쇄선으로 표시해도 좋다.
⑤ 스프링의 종류와 모양만을 도시할 때에는 재료의 중심선만을 굵은 실선으로 그린다.
⑥ 조립도나 설명도 등에서 코일 스프링은 그 단면만으로 표시하여도 좋다.

23 그림과 같은 입체도에서 화살표 방향을 정면도로 하였을 때 우측면도로 올바른 것은?

①   ②

③   ④

24 정면, 평면, 측면을 하나의 투상면 위에서 동시에 볼 수 있도록 두 개의 옆면 모서리가 수평선에 30°가 되고 3개의 축간 각도가 120°가 되는 투상도는?

① 등각 투상도 ② 정면 투상도
③ 입체 투상도 ④ 부등각 투상도

해설 등각 투상도 : 정면, 평면, 측면을 하나의 투상면 위에서 동시에 볼 수 있도록 두 개의 옆면 모서리가 수평선에 30°가 되고 3개의 축간 각도가 120°가 된다.

25 표면의 결 도시방법에서 가공으로 생긴 커터의 줄무늬가 여러 방향일 때 사용하는 기호는?

① X ② R
③ C ④ M

해설
X	가공으로 생긴 선이 두 방향으로 교차
M	가공으로 생긴 선이 다방면으로 교차 또는 무방향
C	가공으로 생긴 선이 거의 동심원
R	가공으로 생긴 선이 거의 방사상(레이디얼형)

26 주로 수직 밀링에서 사용하는 커터로 바깥지름과 정면에 절삭 날이 있으며, 밀링커터 축에 수직인 평면을 가공할 때 편리한 커터는?

① 정면 밀링커터
② 슬래브 밀링커터
③ T홈 밀링커터
④ 측면 밀링커터

해설 정면 밀링커터 : 주로 수직 밀링에서 사용하는 커터로 바깥지름과 정면에 절삭 날이 있으며, 밀링커터 축에 수직인 평면을 가공할 때 편리한 커터이다.

답 22.① 23.③ 24.① 25.④ 26.①

27 그림과 같이 작은 나사나 볼트의 머리를 공작물에 묻히게 하기 위하여, 단이 있는 구멍 뚫기를 하는 작업은?

① 카운터 보링
② 카운터 싱킹
③ 스폿 페이싱
④ 리밍

해설
① 카운터 보링 : 작은 나사, 볼트의 머리부가 돌출되지 않도록 머리부가 들어갈 자리부분을 단이 있게 구멍 뚫는 작업
② 카운터 싱킹 : 접시머리 나사의 머리가 묻히게 하기 위해 원뿔자리를 만드는 작업
③ 스폿 페이싱 : 볼트 또는 너트 등의 구멍과 직각이 되게 머리부가 접촉되는 부분을 깎아서 만드는 작업
④ 리밍 : 구멍의 정밀도를 높이기 위한 작업

28 공구의 마멸형태 중에서 주철과 같이 메짐이 있는 재료를 절삭할 때 생기는 것은?

① 경사면 마멸
② 여유면 마멸
③ 치핑(chipping)
④ 확산 마멸

해설
① 경사면 마멸 : 절삭공구의 경사면에 칩이 슬라이드(side)할 때 마찰력에 의하여 오목하게 파진 모양의 형태이다.
② 여유면 마멸 : 절삭공구의 여유면과 절삭면과의 마찰에 의해서 절삭면에 평행하게 마모되는 형태이며, 주철과 같이 분말상 칩이 생길 때 주로 발생한다.
③ 치핑(chipping) : 공구인선의 일부가 파괴되어 탈락하는 것으로 단속절삭, 공작기계의 진동, 절삭 시 급냉 등으로 공구인선에 crack이 생기고 선단의 일부가 결손되는 현상이다.
④ 확산 마멸 : 공구재료의 용융온도 1/2 이상인 상태에서 절삭하면 칩과 경사면과의 마찰 사이에 금속성분이 상호 침투작용으로 중간 화합물이 생기면서 경도가 낮아져서 발생하는 마모이다.

29 가공물의 회전운동과 절삭공구의 직선운동에 의하여 내·외경 및 나사가공 등을 하는 가공방법은?

① 밀링작업   ② 연삭작업
③ 선반작업   ④ 드릴작업

30 선반 왕복대의 구성요소로 거리가 먼 것은?

① 공구대   ② 새들
③ 에이프런   ④ 베드

31 선반에서 가늘고 긴 공작물은 절삭력과 자중에 의하여 휘거나 처짐이 일어나기 쉬워 정확한 치수로 가공하기 어렵다. 이와 같은 처짐이나 휨을 방지하는 부속장치는?

① 면판   ② 돌림판과 돌리개
③ 맨드릴   ④ 방진구

해설 방진구 → 양 센터 가공 시 사용된다.
① 가늘고 긴 공작물 가공 시 자중과 절삭력으로 휨이 생겨 균일한 직경을 가진 진원단면의 절삭가공이 곤란하기 때문에 방진구가 사용된다.
② 보통 직경의 12배 이상의 길이는 불안전한 절삭조건일 때 사용하고 직경의 20배 이상의 길이일 때 방진구를 사용한다.

32 밀링 작업 시 공작물을 고정할 때 사용되는 부속 장치로 틀린 것은?

① 마그네트 척   ② 수평 바이스
③ 앵글 플레이트   ④ 공구대

해설 공구대는 선반에서 바이트를 설치하는 곳이다.

33 납, 주석, 알루미늄 등의 연한 금속이나 얇은 판금의 가장자리를 다듬질할 때, 가장 적합한 것은?

① 단목   ② 귀목
③ 복목   ④ 파목

답 27. ① 28. ② 29. ③ 30. ④ 31. ④ 32. ④ 33. ①

<해설> ① 단목 : 한쪽 방향(70~80°)으로만 눈을 만든 것으로, Pb, Sn, Al과 같이 연질재료 및 얇은 판금의 가장자리 절삭에 사용한다.
② 귀목 : 줄날이 돌기 형식이며 목재, 가죽, 베크라이트 등 비금속재료의 거친 절삭에 사용한다.
③ 복목 : 일반적으로 다듬질용이며 두 개의 상하 날이 교차하도록 만든 것으로 상날(절삭)은 70~80°로, 하부날(칩 배출)은 40~45°로 되어 있으며, 강과 주철과 같은 다듬 절삭에 사용하며 연한 금속, 일반 철공용으로 쓰인다.
④ 파목 : 줄 날이 곡선으로 칩 배출이 용이하고 절삭 능력이 강력해서 납, Al, 플라스틱, 목재 등과 같은 재질 절삭에 사용한다.

34 주축의 회전운동을 직선 왕복운동으로 변화시키고, 바이트를 사용하여 가공물의 안지름에 키(key)홈, 스플라인, 세레이션 등을 가공할 수 있는 밀링 부속장치는?
① 분할대
② 슬로팅 장치
③ 수직 밀링 장치
④ 래크 절삭 장치

<해설> 슬로팅 장치 : 주축의 회전운동을 직선 왕복 운동으로 변화시키고, 바이트를 사용하여 가공물의 안지름에 키(key)홈, 스플라인, 세레이션 등을 가공할 수 있는 밀링 부속장치이다.

35 구성인선의 방지대책으로 틀린 것은?
① 절삭 깊이를 적게 할 것
② 절삭 속도를 크게 할 것
③ 경사각을 작게 할 것
④ 절삭공구의 인선을 예리하게 할 것

<해설> 경사각을 크게 하면 구성인선의 발생을 방지할 수 있다.

36 시준기와 망원경을 조합한 것으로 미소 각도를 측정하는 광학적 측정기는?
① 오토 콜리메이터
② 콤비네이션 세트
③ 사인 바
④ 측장기

<해설> 오토 콜리메이터 : 시준기와 망원경을 조합한 것으로 미소 각도를 측정하는 광학적 측정기이다.

37 재질이 연한 금속을 연삭하였을 때, 숫돌 표면의 기공에 칩이 메워져서 생기는 현상은?
① 눈 메움   ② 무딤
③ 입자탈락   ④ 트루잉

<해설> ① 눈 메움 : 숫돌 입자의 표면이나 기공에 칩이 차 있는 상태
② 무딤 : 숫돌의 입자가 탈락되지 않고 마모에 의해서 납작하게 둔화된 상태
③ 입자탈락 : 결합제의 힘이 약해서 작은 절삭력이나 충격에 쉽게 입자가 탈락하는 것
④ 트루잉 : 연삭숫돌의 외형을 수정하여 규격에 맞는 제품을 만드는 과정

38 고속 주축에 균등하게 급유하기 위한 방법은?
① 핸드 급유
② 담금 급유
③ 오일링 급유
④ 분패드 급유

<해설> ① 핸드 급유 : 작업자가 급유 위치에 급유하는 방법으로, 급유가 불완전하고, 윤활유의 소비가 많다.
② 담금 급유 : 마찰 부분 전체가 윤활유 속에 잠기도록 하여 급유하는 방법이다.
③ 오일링 급유 : 고속 주축의 급유를 균등히 할 목적에 사용된다.
④ 패드 급유 : 무명이나 털 등을 섞어 만든 패드 일부를 오일 통에 담가 저널의 아랫면에 모세관 현상으로 급유하는 방법이다.

답 34. ② 35. ③ 36. ① 37. ① 38. ③

39 회전하는 통 속에 가공물, 숫돌입자, 가공액, 콤파운드 등을 함께 넣고 회전시켜 서로 부딪치며 가공되어 매끈한 가공면을 얻는 가공법은?

① 롤러 가공　② 배럴 가공
③ 숏피닝 가공　④ 버니싱 가공

해설　배럴 가공 : 전하는 통속에 가공물, 숫돌입자, 가공액, 콤파운드 등을 함께 넣고 회전시켜 서로 부딪치며 가공되어 매끈한 가공면을 얻는 가공법이다.

40 센터리스 연삭기에 대한 설명 중 틀린 것은?

① 가늘고 긴 가공물의 연삭에 적합하다.
② 가공물을 연속적으로 가공할 수 있다.
③ 조정숫돌과 지지대를 이용하여 가공물을 연삭한다.
④ 가공물 고정은 센터, 척, 자석척 등을 이용한다.

해설　센터리스 연삭기 - 가공물은 척으로 고정 및 센터로 지지하지 않는다.

41 측정의 종류에서 비교측정 방법을 이용한 측정기는?

① 전기 마이크로미터
② 버니어 캘리퍼스
③ 측장기
④ 사인 바

해설　전기 마이크로미터는 보통 측정자의 기계적인 변위를 전기량으로 변환하여 지시계의 지침의 움직임으로 나타내는 것이다.

42 테이퍼를 심압대 편위에 의한 방법으로 절삭할 때, 테이퍼 양 끝 지름 중 큰 지름이 12mm, 작은 지름이 8mm, 테이퍼 부분의 길이를 80mm, 공작물 전체 길이 200mm라 하면 심압대의 편위량 e[mm]는?

① 4　② 5
③ 6　④ 7

해설　$e = \dfrac{(D-d)L}{2\,l} = \dfrac{(12-8)\times 200}{2\times 80} = 5[\text{mm}]$

43 보조 프로그램을 호출하는 보조기능(M)으로 옳은 것은?

① M02　② M30
③ M98　④ M99

해설　① M02 : Program Stop
② M30 : Program End(Reset) & Rewind
③ M98 : 보조 프로그램 호출
④ M99 : 보조 프로그램 종료

44 보정화면에 X축 보정치가 0.1의 값이 입력된 상태에서 외경을 ∅60으로 모의가공을 한 후 측정을 한 결과, ∅59.54가 나왔을 경우 X축 보정치를 얼마로 입력해야 하는가?

① 0.56　② 0.46
③ 0.36　④ 0.3

해설　가공 시 X축 보정값 = 60 - 59.54 = 0.46mm
기존 X축 보정값 : 0.1mm
∴ 공구보정값 = 0.46 + 0.1 = 0.56mm

45 밀링작업 중에 지켜야 할 안전사항으로 틀린 것은?

① 기계 가동 중에 자리를 이탈하지 않는다.
② 테이블 위에 공구나 측정기 등을 올려놓지 않는다.
③ 가공물은 기계를 정지한 상태에서 견고하게 고정한다.
④ 주축속도를 변속시킬 때는 반드시 주축이 회전 중에 변환한다.

해설　주축속도 변속은 반드시 주축이 정지하고 변환한다.

답　39. ②　40. ④　41. ①　42. ②　43. ③　44. ①　45. ④

46 반 폐쇄회로 방식이 NC기계가 운동하는 과정에서 오는 운동손실(Lost motion)에 해당되지 않은 것은?

① 스크루의 백래시 오차
② 비틀림 및 처짐의 오차
③ 열변형에 의한 오차
④ 고강도에 의한 오차

해설 운동손실(Lost motion)
① 스크루의 백래시 오차
② 비틀림 및 처짐의 오차
③ 열변형에 의한 오차

47 CAD/CAM 시스템의 적용 시 장점에 대한 설명으로 가장 거리가 먼 것은?

① 생산성 향상
② 품질관리 용이
③ 관리비용의 증대
④ 설계 및 제조시간 단축

해설 관리비용의 감소이다.

48 다음 그림의 머시닝센터의 원호 가공 경로를 나타낸 것으로 옳은 것은?

① G90 G02 X70. Y55. R25.
② G90 G03 X70. Y55. R25.
③ G90 G02 X70. Y55. R-25.
④ G90 G03 X70. Y55. R-25.

해설 G90 G02 X70. Y55. R-25.
원호의 중심각이 180° 이상 360° 미만인 원호의 가공

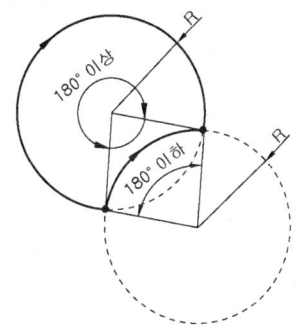

※ 원호의 중심각 180° 이하인 경우 : +R
　　　　　　　 180° 이상인 경우 : -R

49 CNC 선반 프로그램 G70 P20 Q200 F0.2 ; 에서 P20의 의미는?

① 정삭가공 지령절의 첫 번째 전개번호
② 황삭가공 지령절의 첫 번째 전개번호
③ 정삭가공 지령절의 마지막 전개번호
④ 황삭가공 지령절의 마지막 전개번호

해설 다듬절삭 사이클(G70) : 복합 반복 사이클

G70 P20 Q200 F0.2 ;

여기서, P20 : 다듬절삭가공 지령절의 첫 번째 전개번호
　　　　Q200 : 다듬절삭가공 지령절의 마지막 전개번호

50 머시닝센터에서 공구의 길이를 측정하고자 할 때, 가장 적합한 기구는?

① 다이얼 게이지
② 블록 게이지
③ 하이트 게이지
④ 툴 프리세터

해설 머시닝센터에서 공구의 길이를 측정은 툴 프리세터를 많이 사용한다.

답 46.④ 47.③ 48.③ 49.① 50.④

51 다음의 프로그램에서 절삭속도(m/min)를 일정하게 유지시켜 주는 기능을 나타낸 블록은?

```
N01 G50 X250.0 Z250.0 S2000 ;
N02 G96 S150 M03 ;
N03 G00 X70.0 Z0.0 ;
N04 G01 X-1.0 F0.2 ;
N05 G97 S700 ;
N06     X0.0 Z-10.0 ;
```

① N01 ② N02
③ N03 ④ N04

해설 G50, G96, G97을 이용하는 예
G50 X250.0 Z250.0 S2000 ; — 주축 최고 회전수 2000rpm을 지정
G96 S150 M03 ; ——— 절삭속도 150(m/min) 지정
↓
G97 S700 ; ——— 주축회전수 700rpm 지정

52 다음 중 NC의 어드레스와 그에 따른 기능을 설명한 것으로 틀린 것은?

① F : 이송기능
② G : 준비기능
③ M : 주축기능
④ T : 공구기능

해설 • M : 보조기능
• S : 주축기능

53 머시닝센터 작업 시 안전 및 유의사항으로 틀린 것은?

① 기계원점 복귀는 급속이송으로 한다.
② 가공하기 전에 공구경로 확인을 반드시 한다.
③ 공구 교환 시 ATC의 작동 영역에 접근하지 않는다.
④ 항상 비상정지 버튼을 작동시킬 수 있도록 준비한다.

해설 기계원점 복귀는 급속이송으로 하지 않는다.

54 CNC 공작기계에서 사용되는 좌표계 중 사용자가 임의로 변경해서는 안 되는 좌표계는?

① 공작물 좌표계 ② 기계 좌표계
③ 지역 좌표계   ④ 상대 좌표계

해설 기계 좌표계 : 기계원점, 즉 원점복귀가 되는 위치를 기준으로 기계 좌표계가 설정되며, 사용자가 임의로 변경할 수 없도록 되어 있다. 기계원점은 기계가 항상 동일한 위치로 되돌아가는 기준점으로 공작물 원점인 프로그램 원점과 기계원점을 알려줄 때 기준이 되는 점이며, 각종 파라미터의 값이나 설정치의 기준이 되며, 모든 연산의 기준이 되는 점이다.

55 다음 그림에서 B→A로 절삭할 때의 CNC선반 프로그램으로 옳은 것은?

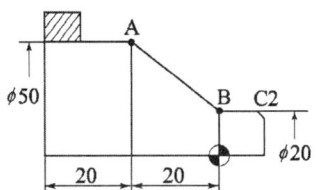

① G01 U30. W-20. ;
② G01 X50. Z20. ;
③ G01 U50. Z-20. ;
④ G01 U30. W20. ;

해설 B→A로 절삭할 때
G01 X50. Z-20. ; (절대)
G01 U30. W-20. ; (증분)
G01 X50. W-20. ; (혼용)

56 머시닝센터에서 기준공구(T01번)의 길이가 80mm이고, 또 다른 공구(T02번)의 길이는 120mm이다. G43을 사용하여 길이보정을 사용할 때 T02번 공구의 보정량은?

① 40   ② -40
③ 120   ④ -120

답 51.② 52.③ 53.① 54.② 55.① 56.①

해설
- 기준 공구보다 길이가 긴 경우 +방향 (G43)으로 한다.
- 기준 공구보다 길이가 짧은 경우 −방향 (G44)으로 한다.

57 1.5초 동안 일시정지(G04)기능의 명령으로 틀린 것은?

① G40 U1.5 ; ② G04 X1.5 ;
③ G04 P1.5 ; ④ G04 P1500 ;

해설 CNC선반에서 1.5초 휴지(dwell)하는 프로그래밍
① G04 X1.5, ;
② G04 U1.5, ;
③ G04 P1500 ;

58 CNC 선반에서 작업 안전사항이 아닌 것은?

① 문이 열린 상태에서 작업을 하면 경보가 발생하도록 한다.
② 척에 공작물을 클램핑할 경우에는 장갑을 끼고 작업하지 않는다.
③ 가공 상태를 볼 수 있도록 문(Door)에 일반 투명유리를 설치한다.
④ 작업 중 타인은 프로그램을 수정하지 못하도록 옵션을 건다.

해설 가공 상태를 볼 수 있도록 문(Door)에 방탄 투명유리를 설치한다.

59 CNC선반 단일 고정 사이클 프로그램에서 I(R)는 어떤 절삭기능인가?

G90_ X_ I(R)_ F_ ;

① 원호가공   ② 직선 절삭
③ 테이퍼 절삭 ④ 나사 가공

해설 안, 바깥지름 절삭 사이클(G90) : 단일 고정 사이클
I(R)__ : 테이퍼의 경우 절삭의 끝점과 절삭의 시작점의 상대 좌표값

60 다음 중 CNC선반에서 증분지령으로만 프로그래밍한 것은?

① G01 X20. Z−20. ;
② G01 U20. W−20. ;
③ G01 X20. W−20. ;
④ G01 U20. Z−20. ;

해설 ① 절대지령 방식
공작물원점을 기준으로 직교 좌표계의 좌표값을 입력하는 방식
- CNC선반의 경우
  : G01 X20.0 Z−20.0 ;
- 머시닝센터의 경우
  : G01 G90 X20.0 Y20.0 Z20.0 ;
② 증분지령 방식
현재 공구위치를 기준으로 다음 위치까지의 거리를 입력하는 방식
- CNC선반의 경우
  : G01 U20.0 W−20.0 ;
- 머시닝센터의 경우
  : G01 G91 X20.0 Y20.0 Z20.0 ;

답 57. ③ 58. ③ 59. ③ 60. ②

2016

컴/퓨/터/응/용/선/반/기/능/사

기출문제

2016년 1월 24일 제1회 컴퓨터응용선반기능사 기출문제

01 접착제, 껌, 전기 절연재료에 이용되는 플라스틱 종류는?
① 폴리초산비닐계
② 셀룰로오스계
③ 아크릴계
④ 불소계

해설 폴리초산비닐계 : 접착제, 껌, 전기 절연재료에 이용되는 플라스틱이다.

02 다음 중 표면 경화법의 종류가 아닌 것은?
① 침탄법
② 질화법
③ 고주파 경화법
④ 심냉 처리법

해설 심냉 처리법 : 담금질에 수반되는 잔류 오스테나이트의 변태를 촉진시키기 위한 냉각조작. 서브제로처리라고도 부른다. 강재의 담금질에 있어서 탄소, 니켈, 크롬, 망간 등의 함유량이 많을수록, 담금질 온도가 높을수록, 또한 담금질 가능한 한도 내에서 냉각 속도가 작을수록 잔류 오스테나이트가 많다. 이것이 상온에서 서서히 분해하기 때문에 치수의 경년 변화(經年變化)와 담금질 경도의 불균일을 초래한다. 따라서, 냉동 장치로 0℃ 이하로 냉각하여 마텐자이트 변태를 촉진시킨다.

03 금속이 탄성한계를 초과한 힘을 받고도 파괴되지 않고 늘어나서 소성변형이 되는 성질은?
① 연성
② 취성
③ 경도
④ 강도

해설 ① 연성 : 금속이 탄성한계를 초과한 힘을 받고도 파괴되지 않고 늘어나서 소성변형이 되는 성질
② 취성 : 재료가 외력에 의하여 영구 변형을 하지 않고 파괴되거나 극히 일부만 영구변형을 하고 파괴되는 성질. 인성(靭性)과 반대되는 성질로 항력이 크며 변형능이 적다.
③ 경도 : 어떤 물체를 다른 물체로 눌렀을 때 그 물체의 변형에 대한 저항력의 크기
④ 강도 : 물체의 강한 정도를 말하는 것으로, 재료에 하중이 걸린 경우 재료가 파괴되기까지의 변형 저항

04 주철의 결점인 여리고 약한 인성을 개선하기 위하여 먼저 백주철의 주물을 만들고, 이것을 장시간 열처리하여 탄소의 상태를 분해 또는 소실시켜 인성 또는 연성을 증가시킨 주철은?
① 보통 주철
② 합금 주철
③ 고급 주철
④ 가단 주철

해설 가단 주철 : 주철의 결점인 여리고 약한 인성을 개선하기 위하여 먼저 백주철의 주물을 만들고, 이것을 장시간 열처리하여 탄소의 상태를 분해 또는 소실시켜 인성 또는 연성을 증가시킨 주철이다.

05 주철의 특성에 대한 설명으로 틀린 것은?
① 주조성이 우수하다.
② 내마모성이 우수하다.
③ 강보다 인성이 크다.
④ 인장 강도보다 압축 강도가 크다.

해설 주철의 장점
① 주조성이 우수하고 복잡한 부품의 성형이 가능하다.
② 가격이 저렴하다.

답 01.① 02.④ 03.① 04.④ 05.③

③ 잘 녹슬지 않고 칠(도색)이 좋다.
④ 마찰저항이 우수하고 절삭가공이 쉽다.
⑤ 압축 강도가 인장 강도에 비하여 3~4배 정도 좋다.
⑤ 내마모성이 우수하고, 알칼리나 물에 대한 내식성(부식)이 우수하다.
⑥ 용융점이 낮고 유동성이 좋다.
⑦ 인장 강도, 휨 강도가 작고 충격에 대해 약하다.
⑧ 충격값, 연신율이 작고 취성이 크다.

06 Cu와 Pb 합금으로 항공기 및 자동차의 베어링 메탈로 사용되는 것은?

① 양은(nickel silver)
② 켈밋(kelmet)
③ 배빗 메탈(babbit metal)
④ 애드미럴티 포금(admiralty gun metal)

해설 켈밋(kelmet) : Cu와 Pb 합금으로 항공기나 자동차, 디젤 엔진 등의 베어링에 널리 사용되고 있다.

07 주조용 알루미늄 합금이 아닌 것은?

① Al−Cu계
② Al−Si계
③ Al−Zn−Mg계
④ Al−Cu−Si계

해설 주조용 알루미늄 합금
① Al−Cu계 : 담금질과 시효경화에 의해 강도 증가, 내열성, 연율, 절삭성이 좋으나 고온취성이 크며 수축균열이 있다. 실용합금으로는 4% Cu합금인 알코아 195(Alcoa)가 있다.
② Al−Si계 : 이 합금의 주조조직의 Si는 육각판상의 거친 조직이므로 실용화할 수 있도록 개량(개질) 처리한다. 대표적인 합금으로 실루민(Silumin), 알펙스(Alpax) 등이 있다.
③ Al−Cu−Si계 : Si에 의해 주조성 개선 Cu로 피삭성을 좋게 한 합금으로 대표적인 합금으로 라우탈이 있다.
④ Al−Mg합금 : 내식성이 크고 절삭성도

좋은 합금이지만 용해될 때 용탕 표면에 생기는 산화피막 때문에 주조가 곤란하고 내압 주물로서 부적당하다.
※ Al−Zn−Mg계(초강 두랄루민)
Al−Cu−Zn−Mg의 합금으로 인장 강도 227MPa 이상으로 알코아 75S 등이 이에 속한다.

08 교차하는 두 축의 운동을 전달하기 위하여 원추형으로 만든 기어는?

① 스퍼 기어
② 헬리컬 기어
③ 웜 기어
④ 베벨 기어

해설 베벨 기어 : 교차하는 두 축의 운동을 전달하기 위하여 원추형으로 만든 기어이다.

09 다음 중 전동용 기계요소에 해당하는 것은?

① 볼트와 너트
② 리벳
③ 체인
④ 핀

해설 볼트와 너트, 리벳, 핀은 결합용 기계요소이다.

10 나사의 피치와 리드가 같다면 몇 줄 나사에 해당이 되는가?

① 1줄 나사   ② 2줄 나사
③ 3줄 나사   ④ 4줄 나사

해설 나사의 피치와 리드가 같다면 1줄 나사이다.

11 나사가 축을 중심으로 한 바퀴 회전할 때 축 방향으로 이동한 거리는?

① 피치   ② 리드
③ 리드각   ④ 백 래쉬

해설 리드 : 나사가 축을 중심으로 한 바퀴 회전할 때 축 방향으로 이동한 거리이다.

답 06. ② 07. ③ 08. ④ 09. ③ 10. ① 11. ②

12 압축코일스프링에서 코일의 평균지름이 50 mm, 감김 수가 10회, 스프링 지수가 5일 때, 스프링 재료의 지름은 약 몇 mm인가?
① 5 ② 10
③ 15 ④ 20

해설 선재지름 = $\dfrac{평균지름}{스프링 지수} = \dfrac{50}{5} = 10\text{mm}$

13 축의 원주에 많은 키를 깎은 것으로 큰 토크를 전달시킬 수 있고, 내구력이 크며 보스와의 중심축을 정확하게 맞출 수 있는 것은?
① 성크 키 ② 반달 키
③ 접선 키 ④ 스플라인

해설 스플라인 : 축의 원주에 많은 키를 깎은 것으로 큰 토크를 전달시킬 수 있고, 내구력이 크며 보스와의 중심축을 정확하게 맞출 수 있다.

14 인장시험에서 시험편의 절단부 단면적이 14mm²이고, 시험 전 시험편의 초기 단면적이 20mm²일 때 단면수축률은?
① 70% ② 80%
③ 30% ④ 20%

해설 단면수축률 = $\dfrac{초기\ 단면적 - 시험\ 후\ 단면적}{초기\ 단면적}$
$= \dfrac{20 - 14}{20} = 0.3 = 30\%$

15 롤러 체인에 대한 설명으로 잘못된 것은?
① 롤러 링크와 판 링크를 서로 교대로 하여 연속적으로 연결한 것을 말한다.
② 링크의 수가 짝수이면 간단히 결합되지만, 홀수이면 오프셋 링크를 사용하여 연결한다.
③ 조립 시에는 체인에 초기장력을 가하여 스프로킷 휠과 조립한다.
④ 체인의 링크를 잇는 핀과 핀 사이의 거리를 피치라고 한다.

해설 롤러 체인을 감을 수 있도록 이가 달린 바퀴를 스프로킷 휠이라고 한다.

16 대칭형인 대상물을 외형도의 절반과 온단면도의 절반을 조합하여 나타낸 단면도는?
① 한쪽 단면도
② 계단 단면도
③ 부분 단면도
④ 회전 단면도

해설 한쪽 단면도
상하 또는 좌우 대칭형의 물체는 기본 중심선을 경계로 1/2은 외형도로, 나머지 1/2은 단면도로 동시에 나타낸다. 대칭 중심선의 우측 또는 위쪽을 단면으로 한다.

17 기어를 제도할 때 가는 1점 쇄선으로 나타내는 것은?2
① 이골원 ② 피치원
③ 잇봉우리원 ④ 잇줄 방향

해설 ① 이끝원은 굵은 실선으로 그린다.
② 피치원은 가는 1점 쇄선으로 그린다.
③ 이뿌리원은 가는 실선으로 그린다. 단, 축에 직각 방향으로 단면 투상할 경우에는 굵은 실선으로 그린다.

18 그림과 같이 축에 가공되어 있는 키 홈의 형상을 투상한 투상도의 명칭으로 가장 적합한 것은?

① 회전 투상도 ② 국부 투상도
③ 부분 확대도 ④ 대칭 투상도

해설 국부 투상도
물체의 구멍, 홈 등 특정 부분만의 모양을 도시하는 것을 목적으로 사용된다.

답 12.② 13.④ 14.③ 15.③ 16.① 17.② 18.②

제6편 최근 기출문제

19 감속기 하우징의 기름 주입구 나사가 PF 1/2-A로 표시되어 있을 때 이 나사는?
① 관용 평행나사, A급
② 관용 평행나사, 바깥지름 1/2인치
③ 관용 테이퍼나사, A급
④ 관용 테이퍼나사, 바깥지름 1/2인치

해설　PF 1/2-A : 관용 평행나사, A급

20 제3각법에 대한 설명 중 틀린 것은?
① 물체를 제3면각 공간에 놓고 투상하는 방법이다.
② 눈→물체→투상면의 순서로 투상도를 얻는다.
③ 정면도의 우측에는 우측면도가 위치한다.
④ KS에서는 특별한 경우를 제외하고는 제3각법으로 투상하는 것을 원칙으로 하고 있다.

해설　제3각법 : 물체를 제3각 안에 놓고 물체를 투상한 것을 말한다. 즉 물체의 앞의 유리판에 투영한다.
투상순서는 눈→투상→물체이다.

21 치수와 같이 사용될 수 없는 치수 보조 기호는?
① t　　② ∅
③ ⌾　　④ □

해설

구 분	기 호
지름	φ
반지름	R
구의 지름	Sφ
구의 반지름	SR
정사각형의 변	□
판의 두께	t

22 기하 공차의 종류 중 모양 공차에 해당하는 것은?
① 평행도 공차　② 동심도 공차
③ 원주 흔들림 공차　④ 원통도 공차

해설

구분	기호	공차의 종류
모양 공차	─	진직도 공차
	▱	평면도 공차
	○	진원도 공차
	⌭	원통도 공차
	⌒	선의 윤곽도 공차
	⌓	면의 윤곽도 공차

23 그림과 같은 정면도와 좌측면도에 가장 적합한 평면도는?

24 치수 $\varnothing 24^{+0.041}_{+0.020}$의 IT 공차 등급은? (단, 아래의 도표를 참고하시오.)

구분	등급	IT 5급	IT 6급	IT 7급	IT 8급
초과	이하	기본공차(μm)			
10	18	8	11	18	27
18	30	9	13	21	33
30	50	11	16	25	39

① 5급　② 6급
③ 7급　④ 8급

해설　0.041-0.020=0.021

답　19.①　20.②　21.③　22.④　23.④　24.③

25. 그림과 같은 표면 줄무늬 방향기호의 설명으로 옳은 것은?

① 가공으로 생긴 선이 방사상
② 가공으로 생긴 선이 거의 동심원
③ 가공으로 생긴 선이 두 방향으로 교차
④ 가공으로 생긴 선이 여러 방향

해설

X	가공으로 생긴 선이 두 방향으로 교차
M	가공으로 생긴 선이 다방면으로 교차 또는 무 방향
C	가공으로 생긴 선이 거의 동심원
R	가공으로 생긴 선이 거의 방사상(레이디얼형)

26. 탭 작업 중 탭의 파손 원인으로 거리가 먼 것은?

① 탭이 경사지게 들어간 경우
② 탭이 구멍 바닥에 부딪혔을 경우
③ 탭이 소재보다 경도가 높은 경우
④ 구멍이 너무 작거나 구부러진 경우

해설 탭 작업 시 탭이 부러지는 이유
① 구멍이 너무 작거나 구부러진 경우
② 탭이 경사지게 들어간 경우
③ 탭의 지름에 적합한 핸들을 사용하지 않는 경우
④ 너무 무리하게 힘을 가하거나 빨리 절삭할 경우
⑤ 막힌 구멍의 밑바닥에 탭의 선단이 닿았을 경우

27. 다음 중 진원도를 측정할 때 가장 적당한 측정기는?

① 게이지 블록   ② 한계 게이지
③ 다이얼 게이지   ④ 오토 콜리미터

해설 다이얼 게이지는 길이의 비교측정에 사용되며 평면이나 원통형의 평활도, 원통의 진원도, 축의 흔들림 정도 등의 검사나 측정에 쓰이고 시계형, 부채꼴형 등이 있다.

28. 선반의 주축에 대한 설명으로 틀린 것은?

① 합금강(Ni-Cr강)을 사용하여 제작한다.
② 무게를 감소시키기 위하여 속이 빈 축으로 한다.
③ 끝부분은 자콥스 테이퍼(jacobs taper) 구멍으로 되어 있다.
④ 주축 회전 속도의 변환은 보통 계단식 변속으로 등비급수 속도열을 이용한다.

해설 주축 끝부분은 모스테이퍼(약 $\frac{1}{20}$) 구멍으로 되어 있다.

29. 아래 그림은 절삭저항의 3분력을 나타내고 있다. P점에 해당되는 분력은?

① 배분력
② 주분력
③ 횡분력
④ 이송분력

해설

① 주분력(P1 : principal cutting force) : 절삭방향으로 작용하는 분력으로 일반적으로 절삭면적이 크면 증가하고, 절삭속도가 빨라지면 감소한다.
② 이송분력(P2 : feed force) : 절삭공구의 이송방향과 반대쪽으로 작용하는 분력이며, 바이트가 마모하거나 파손할 때 현저하게 증가한다.
③ 배분력(P3 : radial force) : 공구의 축 방향으로 작용하는 분력으로 날끝이 무디면 증가하고 채터링(chattering)이 생긴다.

답 25. ④ 26. ③ 27. ③ 28. ③ 29. ①

30 선반가공에서 방진구의 주된 사용목적으로 가장 적합한 것은?

① 소재의 중심을 잡기 위해 사용한다.
② 소재의 회전을 원활하게 하기위해 사용한다.
③ 척에 소재의 고정을 단단히 하기위해 사용한다.
④ 지름이 작고 길이가 긴 소재를 가공할 때 소재의 휨이나 떨림을 방지하기 위해 사용한다.

해설 방진구 → 양 센터 가공 시 사용된다.
① 가늘고 긴 공작물 가공시 자중과 절삭력으로 휨이 생겨 균일한 직경을 가진 진원단면의 절삭가공이 곤란하기 때문에 방진구 사용된다.
② 보통 직경의 12배 이상의 길이는 불안전한 절삭조건 일 때 사용하고 직경의 20배 이상의 길이일 때 방진구를 사용한다.

31 다음 중 나사의 유효지름을 측정할 때 가장 정밀도가 높은 직접측정법은?

① 삼침법에 의한 측정
② 투영기에 의한 측정
③ 공구현미경에 의한 측정
④ 나사 마이크로미터에 의한 측정

해설 유효지름의 측정
① 삼침법
나사 게이지 등과 같이 정밀도가 높은 나사의 유효지름 측정에 3침법(3선법)이 쓰이며, 유효지름을 측정하는 가장 정밀한 방법이다.
② 나사 마이크로미터에 의한 방법
엔빌 측에 V홈 측정자를 스핀들 측에 원뿔형 측정자를 사용하여 유효지름 값을 직접 읽을 수 있다.
③ 광학적인 방법
투영기, 공구현미경 등의 광학적 측정기에서 나사축 선과 직각으로 움직이는 전후이동 마이크로미터 헤드의 읽음 값으로 구할 수 있다.

32 절삭공구에 치핑이 발생하는 원인으로 가장 거리가 먼 것은?

① 충격에 약한 절삭공구를 사용할 때
② 절삭공구 인선에 강한 충격을 받을 경우
③ 절삭공구 인선에 절삭저항의 변화가 큰 경우
④ 고속도강 같이 점성이 큰 재질의 절삭공구를 사용할 경우

해설 치핑(chipping)
점성 강도가 적은 바이트를 사용하여 절삭할 경우 충격이나 진동에 의해 절삭저항의 변화가 커 공구 인선선단의 일부가 미세하게 파괴되어 탈락하는 현상으로 초경합금, 세라믹 공구와 같이 취성이 있는 공구 사용 시 발생한다.

33 빌트업 에지(built-up edge)의 발생을 감소시키기 위한 방법으로 옳은 것은?

① 날끝을 둔하게 한다.
② 절삭 깊이를 크게 한다.
③ 절삭 속도를 느리게 한다.
④ 공구의 경사각을 크게 한다.

해설 구성인선의 방지(억제)법
① 공구의 윗면 경사각을 크게 한다.
② 절삭 깊이를 작게 한다.
③ 절삭 속도를 크게 한다.
④ 이송을 작게 한다.(저속회전일 때 이송을 크게 한다.)
⑤ 칩의 절삭저항을 작게 한다.

34 다음 측정기 중 스크라이버 (scriber)를 사용하여 금긋기 작업을 할 수 있는 것은?

① 한계 게이지
② 마이크로미터
③ 다이얼 게이지
④ 하이트 게이지

해설 하이트 게이지 : 지그, 대형 부품, 복잡한 형상의 부품 등을 정반 위에 놓고 정반의 표면

답 30. ④ 31. ① 32. ④ 33. ④ 34. ④

을 기준으로 해서 높이를 측정하는 측정기이며, 또 스크라이버의 선단으로 금긋기 작업을 할 때 사용한다. 종류로는 HB형, HM형, HT형의 세 종류가 대표적이다.

35 가늘고 긴 일정한 단면 모양의 많은 날을 가진 절삭공구를 사용하여 키 홈, 스플라인 홈, 다각형의 구멍 등 외형과 내면형상을 가공하기에 적합한 절삭방법은?

① 브로칭　　　② 방전 가공
③ 호빙 가공　　④ 스퍼터 에칭

해설　브로칭 머신 : 가늘고 긴 일정한 단면 모양의 많은 날을 가진 절삭공구를 사용하여 키 홈, 스플라인 홈, 다각형의 구멍 등 외형과 내면형상을 가공하기에 적합하다.

36 공작물을 테이블에 고정하고, 절삭 공구를 회전 운동시키면서 적당한 이송을 주면서 평면을 가공하는 공작기계는?

① 선반　　　　② 밀링 머신
③ 보링 머신　　④ 드릴링 머신

해설　밀링 머신 : 공작물을 테이블에 고정하고, 절삭 공구를 회전 운동시키면서 적당한 이송을 주면서 평면 및 홈 등을 가공한다.

37 일반적으로 절삭온도를 측정하는 방법이 아닌 것은?

① 방사능에 의한 방법
② 열전대에 의한 방법
③ 칩의 색깔에 의한 방법
④ 칼로리미터에 의한 방법

해설　절삭온도 측정법
① 칩의 색깔에 의한 방법
② 칼로리미터(열량계)에 의한 방법
③ 공구에 열전대를 삽입하는 방법
④ 시온 도료를 사용하는 방법
⑤ 공구와 일감을 열전대로 사용하는 방법
⑥ 복사 고온계에 의한 방법

38 성형 연삭작업을 할 때 숫돌바퀴의 형상이 균일하지 못하거나 가공물의 영향을 받아 숫돌바퀴의 형상이 변화될 때, 연삭숫돌의 외형을 수정하여 정확한 형상으로 가공하는 작업은?

① 로딩　　　② 드레싱
③ 트루잉　　④ 그라인딩

해설
① 눈메움(loading) : 숫돌 입자의 표면이나 기공에 칩이 차 있는 상태
② 드레싱 : 숫돌 입자를 무딤이나 눈 메움으로 절삭성이 나빠진 숫돌 면에 날카로운 입자를 발생시켜주는 작업
③ 트루잉 : 연삭숫돌의 외형을 수정하여 규격에 맞는 제품을 만드는 과정
④ 무딤(glazing) : 숫돌의 입자가 탈락되지 않고 마모에 의해서 납작하게 둔화된 상태

39 여러 가지 부속장치를 사용하여 밀링커터, 엔드밀, 드릴, 바이트, 호브, 리머 등을 연삭할 수 있으며 연삭 정밀도가 높은 연삭기는?

① 만능 공구 연삭기
② 초경 공구 연삭기
③ 특수 공구 연삭기
④ CNC 만능 연삭기

해설　만능 공구 연삭기 : 여러 가지 부속장치를 사용하여 밀링 커터, 엔드밀, 드릴, 바이트, 호브, 리머 등을 연삭할 수 있다.

40 소재의 피로강도 및 기계적인 성질을 개선하기 위하여 금속으로 만든 작은 덩어리를 가공물 표면에 고속으로 분사하는 가공법은?

① 숏 피닝　　② 방전가공
③ 배럴가공　　④ 슈퍼 피니싱

해설　숏 피닝 : 소재의 피로강도 및 기계적인 성질을 개선하기 위하여 금속으로 만든 작은 덩어리를 가공물 표면에 고속으로 분사하는 가공법이다.

답 35. ① 36. ② 37. ① 38. ③ 39. ① 40. ①

41 상향절삭과 비교한 하향절삭의 특징으로 틀린 것은?

① 기계의 강성이 낮아도 무방하다.
② 상향절삭에 비하여 인선의 수명이 길다.
③ 이송나사의 백 래시를 완전히 제거하여야 한다.
④ 절삭력이 하향으로 작용하여 가공물 고정이 유리하다.

해설   하향절삭은 절삭동력이 크게 소비되므로 기계의 강성이 요구된다.

42 절삭속도 70m/min, 밀링 커터의 날 수 10, 커터의 지름 140mm, 1날당 이송 0.15mm로 밀링 가공할 때, 테이블의 이송속도는 약 얼마인가?

① 144m/min　　② 144mm/min
③ 239m/min　　④ 239mm/min

해설 $f = f_z \times Z \times N = 0.15 \times 10 \times \dfrac{1000 \times 70}{\pi \times 140}$
　　　$= 239 \text{mm/min}$

43 CNC선반에서 1초 동안 휴지(dwell)를 주는 지령으로 틀린 것은?

① G04 U1.0　　② G04 X1.0
③ G04 P1000　　④ G04 W1000

해설   G04기능(휴지 : Dwell)
프로그램에 지정된 시간 동안 공구의 이송을 잠시 중지시키는 기능
- 적용 : 드릴가공, 홈가공, 모서리 다듬질 가공 시 양호한 가공면을 얻기 위해 사용
- 단위는 X, U, P를 사용하는데 X, U는 소수점을, P는 0.001 단위를 사용
  (예 : G04 X1.0　G04 U1.0　G04 P1000)

44 CNC기계의 서보기구에서 기계적 운동 상태를 전기적 신호로 바꾸는 회전 피드백 장치는?

① 엔코더　　② 서미스터
③ 압력 센서　　④ 초음파 센서

해설   엔코더 : 서보기구에서 기계적 운동 상태를 전기적 신호로 바꾸는 회전 피드백 장치이다.

45 머시닝센터에서 사용되는 자동공구 교환장치로 옳은 것은?

① APC　　② AJC
③ ATC　　④ AVC

해설
① 자동공구 교환 장치(ATC)
자동공구 교환 장치는 공구 매거진(tool magazine), 공구 교환기(change arm), 서브 체인저(sub changer)로 구성되며 모든 기능은 전기모터와 공압 실린더에 의해 작동된다.
② 자동 팔레트 교환 장치(APC)
공작물의 장착 및 탈착 시간을 단축하기 위하여 2개 이상의 팔레트를 이용하여 1개가 기계 측에서 작업하는 도중에 다른 팔레트는 공작물을 장착 및 탈착한다.

46 머시닝센터 프로그램에서 공작물 좌표계를 설정하는 G코드가 아닌 것은?

① G57　　② G58
③ G59　　④ G60

해설   공작물 좌표계 선택(G54~G59)
이미 설정된 공작물 좌표계(워크보정 화면에 입력한다.)를 선택할 수 있다. 워크 보정 화면에 입력하는 값은 기계원점에서 공작물 좌표계 원점까지의 거리를 입력한다.

47 CNC선반 작업을 할 때 안전 및 유의사항으로 틀린 것은?

① 프로그램을 입력할 때 소수점에 유의한다.
② 가공 중에는 안전문을 반드시 닫아야 한다.

답   41. ①   42. ④   43. ④   44. ①   45. ③   46. ④   47. ④

③ 가공 중 위급한 상황에 대비하여 항상 비상정지 버튼을 누를 수 있도록 준비한다.
④ 공작물에 칩이 감길 때는 문을 열고 주축이 회전상태에 있을 때 갈고리를 이용하여 제거한다.

해설 주축이 정지상태에 있을 때 갈고리를 이용하여 제거한다.

48 아래 프로그램의 밑줄 친 부분의 의미로 맞는 것은?

G96 S1000 ;

① 1000m/sec   ② 1000m/min
③ 1000m/h   ④ 1000rpm

해설 절삭속도 일정제어(G96)
G96 S1000 ; → 절삭속도가 1000m/min가 되도록 공작물의 지름에 따라 주축회전수가 변한다. 그리고 G96에서 단면 절삭과 같이 공작물의 지름이 작아질 경우 주축의 회전수가 무리하게 높아지는 것을 방지하기 위하여 G50에서 최고 회전수를 지령하게 된다.

49 아래 그림에서 CNC선반 공구 인선을 보정할 때 우측 보정(G42)을 나타낸 것끼리 짝지어진 것은?

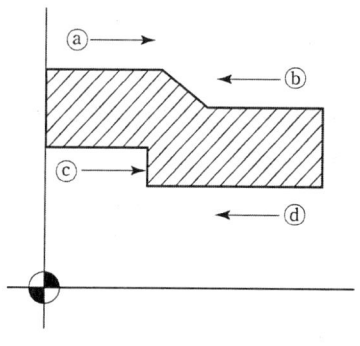

① ⓐ, ⓒ   ② ⓐ, ⓓ
③ ⓑ, ⓒ   ④ ⓑ, ⓓ

해설 공구 우측보정과 좌측보정

50 보호구를 사용할 때의 유의사항으로 틀린 것은?

① 작업에 적절한 보호구를 선정한다.
② 관리자에게만 사용방법을 알려준다.
③ 작업장에는 필요한 수량의 보호구를 비치한다.
④ 작업을 할 때에 필요한 보호구를 반드시 사용하도록 한다.

해설 보호구를 사용은 작업자에게 사용방법을 알려준다.

51 수치제어선반에서 변경되는 치수만 반복하여 명령하는 단일형 고정사이클 준비기능(G-코드)이 아닌 것은?

① G90   ② G92
③ G94   ④ G96

해설 단일형 고정 Cycle(G90, G92, G94)
황삭가공 시 절삭 여유가 많은 경우 여러 블럭으로 지령해서 가공하는것을 Cycle을 이용하여 블럭의 수를 줄여 간단하게 Program을 할 수 있으며, 반복할 경우 변경치만 입력한다. 황삭 시 반복 절삭가공에 매우 편리하며, Program를 간략화할 수 있다.

답 48.② 49.③ 50.② 51.④

52 아래와 같은 CNC선반 프로그래밍의 단일 고정형 나사절삭 사이클에서 1줄 나사를 가공할 때 F값이 의미하는 것은?

G92 X(U) Z(W) R F ;

① 리드(lead)   ② 바깥지름
③ 테이퍼 값   ④ Z축 좌표값

해설 X(U), Z(W) : 나사가공의 종점 좌표치
R : 테이퍼 나사가공 시의 기울기량
F : 나사의 리드 값(리드(L)=나사의 피치(P)×나사의 줄수)

53 아래 NC 프로그램에서 N20블록을 수행할 때 주축 회전수는 몇 rpm인가?

N10 G96 S100 ;
N20 G00 X60. Z 20. ;

① 361   ② 451
③ 531   ④ 601

해설 $n = \dfrac{1000v}{\pi d} = \dfrac{1000 \times 100}{\pi \times 60} = 531\, rpm$

54 선과 점을 이어 단순히 면을 표현하며 뼈대로만 구성되는 모델링 기법은?

① 솔리드   ② 서피스
③ 프랙털   ④ 와이어프레임

해설 와이어프레임 : 선과 점을 이어 단순히 면을 표현하며 뼈대로만 구성되는 모델링 기법이다.

55 머시닝센터에서 공구교환을 지령하는 보조 기능은?

① G기능   ② S기능
③ F기능   ④ M기능

해설 ① G기능 : 준비 기능
② S기능 : 주축 기능
③ F기능 : 이송 기능
④ M기능 : 보조 기능

56 CNC선반의 공구기능 T0304의 내용이 아닌 것은?

① 공구번호 03번을 지령한다.
② 공구보정번호 04번을 지령한다.
③ 공구 보정량이 X3mm이고, Z4mm이다.
④ 공구번호와 보정번호를 다르게 지령해도 관계없다.

해설 T03 : 공구번호
04 : 보정번호

57 CNC선반에서 A에서 B로 이동할 때의 프로그램으로 맞는 것은?

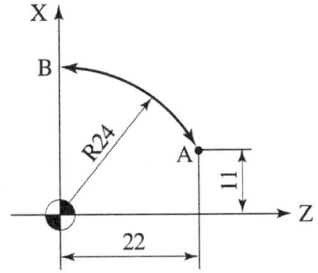

① G02 X0. Z24. 1−11. K11. F0.1 ;
② G02 X0. Z24. 1−22. K−11. F0.1 ;
③ G03 X48. Z0. 1−11. K−22. F0.1 ;
④ G03 X48. Z0. 1−22. K−22. F0.1 ;

해설 시계 반대 방향이므로
① G03 X48. Z0. 1−11. K−22. F0.1 ;
② G03 U26. W−22. R24. F0.1 ;

58 머시닝센터 프로그래밍에서 공구지름 우측 보정 G-코드는?

① G40   ② G41
③ G42   ④ G43

해설 ① G40 : 공구경 보정 취소
② G41 : 공구경 좌측 보정
③ G42 : 공구경 우측 보정
④ G43 : +방향 공구길이 보정

답 52. ① 53. ③ 54. ④ 55. ④ 56. ③ 57. ③ 58. ③

59 준비기능의 모달(modal) G코드 설명 중 틀린 것은?

① 모달 G코드는 그룹별로 나누어져 있다.
② 모달 G코드 G02가 반복 지령되면 다음 블록의 G02는 생략할 수 있다.
③ 같은 그룹의 모달 G코드를 한 블록에 지령하여 동시에 실행시킬 수 있다.
④ 모달 G코드는 같은 그룹의 다른 G코드가 나올 때까지 다음 블록에 영향을 준다.

해설 같은 그룹의 모달 G코드를 한 블록에 지령하여 동시에 실행시킬 수 없다.

60 머시닝센터를 이용하여 SM30C를 절삭속도 70m/min으로 가공하고자 한다. 공구는 2날-ϕ20 엔드밀을 사용하고 절삭 폭과 절삭 깊이를 각각 7mm씩 주었을 때, 칩 배출량은 약 몇 cm³/min인가? (단, 날당 이송은 0.1mm이다.)

① 5.5 ② 11
③ 16.5 ④ 20

해설 칩 체적
  단위 시간에 절삭되는 칩(매분 절삭량)
  $Q = b \cdot t \cdot f \,(\text{mm}^3/\text{min}) = \dfrac{b\,t\,f}{1000}$
  $= \dfrac{7 \times 7 \times 223}{1000} = 11(\text{cm}^3/\text{min})$
  $f = f_z \times Z \times N = 0.1 \times 2 \times \dfrac{1000 \times 70}{\pi \times 20}$
  $= 223\text{mm/min}$

답 59. ③ 60. ②

2016년 4월 2일 제2회 컴퓨터응용선반기능사 기출문제

01 다음 중 표면을 경화시키기 위한 열처리 방법이 아닌 것은?
① 풀림 ② 침탄법
③ 질화법 ④ 고주파 경화법

해설 풀림(annealing)
재료를 단조, 주조 및 기계 가공을 하면 조직이 불균일하며 거칠어지고 가공경화나 내부응력이 생기게 되는데 이를 제거하기 위해 변태점 이상의 적당한 온도로 가열하여 서서히 냉각시키는 작업을 풀림이라 한다.

02 다음 중 합금공구강의 KS 재료기호는?
① SKH ② SPS
③ STS ④ GC

해설 ① SKH : 고속도강
② SPS : 일반구조용 탄소강관
③ STS : 합금공구강
④ GC : 회주철품

03 소결 초경합금 공구강을 구성하는 탄화물이 아닌 것은?
① WC ② TiC
③ TaC ④ TMo

해설 초경합금
W-Ti-Ta 등의 탄화물 분말을 Co 또는 Ni을 결합하여 1400℃ 이상에서 소결시킨 것.(주성분 : W, Ti, Co, C 등이다.)

04 구리에 아연이 5~20% 첨가되어 전연성이 좋고 색깔이 아름다워 장식품에 많이 쓰이는 황동은?
① 포금 ② 톰백
③ 문쯔메탈 ④ 7 : 3 황동

해설 톰백 : 구리에 아연이 5~20% 첨가되어 전연성이 좋고 색깔이 아름다워 장식품에 많이 쓰이는 황동이다.

05 구리에 니켈 40~50% 정도를 함유하는 합금으로서 통신기, 전열선 등의 전기저항 재료로 이용되는 것은?
① 인바 ② 엘린바
③ 콘스탄탄 ④ 모넬메탈

해설 콘스탄탄 : 구리에 니켈 40~50% 정도를 함유하는 합금으로서 통신기, 전열선 등의 전기저항 재료로 사용된다.

06 강재의 크기에 따라 표면이 급랭되어 경화하기 쉬우나 중심부에 갈수록 냉각속도가 늦어져 경화량이 적어지는 현상은?
① 경화능 ② 잔류응력
③ 질량효과 ④ 노치효과

해설 질량효과
강재의 크기에 따라 표면이 급랭되어 경화하기 쉬우나 중심부에 갈수록 냉각속도가 늦어져 경화량이 적어지는 현상이다.

07 Fe-C 상태도에서 온도가 낮은 것부터 일어나는 순서가 옳은 것은?
① 포정점 → A_2변태점 → 공석점 → 공정점
② 공석점 → A_2변태점 → 공정점 → 포정점
③ 공석점 → 공정점 → A_2변태점 → 포정점
④ 공정점 → 공석점 → A_2변태점 → 포정점

해설 Fe-C 상태도에서 온도가 낮은 것부터 일어나는 순서 : 공석점 → A_2변태점(자기변태점) → 공정점 → 포정점

답 01.① 02.③ 03.④ 04.② 05.③ 06.③ 07.②

08 모듈이 2이고 잇수가 각각 36, 74개인 두 기어가 맞물려 있을 때 축 간 거리는 약 몇 mm인가?

① 100mm   ② 110mm
③ 120mm   ④ 130mm

해설 $C = \dfrac{M(Z_1 + Z_2)}{2} = \dfrac{2 \times (36 + 74)}{2} = 110\,mm$

09 축에 작용하는 비틀림 토크가 2.5kN이고 축의 허용전단응력이 49MPa일 때 축 지름은 약 몇 mm 이상이어야 하는가?

① 2.4   ② 3.6
③ 4.8   ④ 6.4

해설 $d = \sqrt[3]{\dfrac{5.1T}{\tau_a}} = \sqrt[3]{\dfrac{5.1 \times 2500}{49}} = 6.4$

10 외부 이물질이 나사의 접촉면 사이의 틈새나 볼트의 구멍으로 흘러나오는 것을 방지할 필요가 있을 때 사용하는 너트는?

① 홈붙이 너트   ② 플랜지 너트
③ 슬리브 너트   ④ 캡 너트

해설 캡 너트 : 외부 이물질이 나사의 접촉면 사이의 틈새나 볼트의 구멍으로 흘러나오는 것을 방지할 필요가 있을 때 사용한다.

11 나사에서 리드(lead)의 정의를 가장 옳게 설명한 것은?

① 나사가 1회전 했을 때 축 방향으로 이동한 거리
② 나사가 1회전 했을 때 나사산상의 1점이 이동한 원주거리
③ 암나사가 2회전 했을 때 축 방향으로 이동한 거리
④ 나사가 1회전 했을 때 나사산상의 1점이 이동한 원주각

해설 리드(lead) : 나사가 1회전 했을 때 축 방향으로 이동한 거리

12 다음 중 하중의 크기 및 방향이 주기적으로 변화하는 하중으로서 양진하중을 말하는 것은?

① 집중하중   ② 분포하중
③ 교번하중   ④ 반복하중

해설 교번하중 : 하중의 크기 및 방향이 주기적으로 변화하는 하중으로서 양진하중을 의미한다.

13 리베팅이 끝난 뒤에 리벳머리의 주위 또는 강판의 가장자리를 정으로 때려 그 부분을 밀착시켜 틈을 없애는 작업은?

① 시밍   ② 코킹
③ 커플링   ④ 해머링

해설 코킹 : 리베팅이 끝난 뒤에 리벳머리의 주위 또는 강판의 가장자리를 정으로 때려 그 부분을 밀착시켜 틈을 없애는 작업이다.

14 다음 중 축 중심에 직각 방향으로 하중이 작용하는 베어링을 말하는 것은?

① 레이디얼 베어링(radial bearing)
② 스러스트 베어링(thrust bearing)
③ 원뿔 베어링(cone bearing)
④ 피벗 베어링(pivot bearing)

해설 레이디얼 베어링(radial bearing) : 축 중심에 직각 방향으로 하중이 작용하는 베어링이다.

15 다음 중 자동하중 브레이크에 속하지 않는 것은?

① 원추 브레이크   ② 웜 브레이크
③ 캠 브레이크   ④ 원심 브레이크

해설 원추 브레이크는 축 방향 브레이크이다.

답 08. ② 09. ④ 10. ④ 11. ① 12. ③ 13. ② 14. ① 15. ①

제6편 최근 기출문제

16 다음 중 밑면에서 수직한 중심선을 포함하는 평면으로 절단했을 때 단면이 사각형인 것은?
① 원뿔 ② 원기둥
③ 정사면체 ④ 사각뿔

해설 원기둥 : 밑면에서 수직한 중심선을 포함하는 평면으로 절단했을 때 단면이 사각형이다.

17 기계제도에서 사용하는 다음 선 중 가는 실선으로 표시되는 선은?
① 물체의 보이지 않는 부분의 형상을 나타내는 선
② 물체의 특수한 표면처리 부분을 나타내는 선
③ 단면도를 그릴 경우에 그 절단 위치를 나타내는 선
④ 절단된 단면임을 명시하기 위한 해칭선

해설 ① 물체의 보이지 않는 부분의 형상을 나타내는 선 : 가는 파선 또는 굵은 파선
② 물체의 특수한 표면처리 부분을 나타내는 선 : 굵은 1점 쇄선
③ 단면도를 그릴 경우에 그 절단 위치를 나타내는 선 : 가는 1점 쇄선
④ 절단된 단면임을 명시하기 위한 해칭선 : 가는 실선

18 헐거운 끼워 맞춤에서 구멍의 최소 허용치수와 축의 최대 허용치수와의 차를 무엇이라 하는가?
① 최대 틈새 ② 최소 죔새
③ 최소 틈새 ④ 최대 죔새

해설

구분	용어	해 설
틈새	최소 틈새	구멍의 최소 허용치수 − 축의 최대 허용치수
	최대 틈새	구멍의 최대 허용치수 − 축의 최소 허용치수
죔새	최소 죔새	구멍의 최대 허용치수 − 축의 최소 허용치수
	최대 죔새	구멍의 최소 허용치수 − 축의 최대 허용치수

19 다음 중 센터구멍의 간략도시 기호로서 옳지 않은 것은?

20 그림과 같은 입체의 투상도를 제3각법으로 나타낸다면 정면도로 옳은 것은?

21 나사의 도시법에서 나사 각 부를 표시하는 선의 종류로 틀린 것은?
① 수나사의 바깥지름은 굵은 실선으로 그린다.
② 암나사의 안지름은 굵은 실선으로 그린다.
③ 가려서 보이지 않는 나사부는 가는 실선으로 그린다.
④ 완전 나사부와 불완전 나사부의 경계선은 굵은 실선으로 그린다.

해설 보이지 않는 나사부의 산마루는 보통의 파선으로 골을 가는 파선으로 그린다.

답 16.② 17.④ 18.③ 19.④ 20.① 21.③

22 치수기입 시 사용되는 기호와 그 설명으로 틀린 것은?
① C : 45° 모떼기 ② ∅ : 지름
③ SR : 구의 반지름 ④ ◇ : 정사각형

해설 □ : 정사각형

23 표면거칠기와 관련하여 표면 조직의 파라미터 용어와 그 기호가 잘못 연결된 것은?
① Ra : 평가된 프로파일의 산술 평균 높이
② Rq : 평가된 프로파일의 제곱 평균 평방근 높이
③ Rc : 프로파일의 평균 높이
④ Rz : 프로파일의 총 높이

해설 Rz : 평가된 프로파일의 10점 평균 높이

24 도면에서 ∅50H7/g6로 표기된 끼워맞춤에 관한 내용의 설명으로 틀린 것은?
① 억지 끼워 맞춤이다.
② 구멍의 치수 허용차 등급이 H7이다.
③ 축의 치수 허용차 등급이 g6이다.
④ 구멍 기준식 끼워 맞춤이다.

해설 ∅50H7/g6 : 헐거움 끼워 맞춤이다.

25 KS 기하 공차기호 중 진원도 공차기호는?
① ⌭ ② ○
③ ◎ ④ ⌖

해설

기호	명칭
⌭	원통도
○	진원도
◎	동축도, 동심도
⌖	위치도

26 다음 중 구성인선의 임계속도에 대한 설명으로 가장 적합한 것은?
① 구성인선이 발생하기 쉬운 속도를 의미한다.
② 구성인선이 최대로 성장할 수 있는 속도를 의미한다.
③ 고속도강 절삭공구를 사용하여 저탄소강재를 120m/min으로 절삭하는 속도이다.
④ 고속도강 절삭공구를 사용하여 저탄소강재를 10~25m/min으로 절삭하는 속도이다.

해설 구성인선의 임계속도는 고속도강 절삭공구를 사용하여 저탄소강재를 120m/min으로 절삭하는 속도이다.

27 선반에서 테이퍼를 절삭하는 방법이 아닌 것은?
① 복식 공구대에 의한 방법
② 분할대 사용에 의한 방법
③ 심압대 편위에 의한 방법
④ 테이퍼 절삭장치에 의한 방법

해설 테이퍼 절삭작업
① 복식 공구대를 경사시키는 방법 : 길이가 짧고 테이퍼 값이 클 때 사용된다.
② 심압대를 편위시키는 방법(Set over) : 비교적 길이가 길고 테이퍼 값이 작을 때 사용된다.
③ 테이퍼 절삭 장치를 사용하는 방법
④ 가로, 세로 이송핸들 사용하는 방법
⑤ 총형 공구를 사용하는 방법

28 연삭가공의 특징에 대한 설명으로 거리가 먼 것은?
① 가공면의 치수 정밀도가 매우 우수하다.
② 부품 생산의 첫 공정에 많이 이용되고 있다.
③ 재료가 열처리되어 단단해진 공작물의 가공에 적합하다.
④ 높은 치수 정밀도가 요구되는 부품의 가공에 적합하다.

해설 연삭기의 특징
① 경화된 강과 같은 굳은 재료를 절삭할 수 있다.

답 22. ④ 23. ④ 24. ① 25. ② 26. ③ 27. ② 28. ②

② 칩이 작으므로 가공 표면이 매우 매끈하다.
③ 연삭 압력 및 저항은 작게 작용하고, 마그네틱 척을 사용 공작물을 고정한다.
④ 단시간에 정확한 치수를 가공할 수 있다.
⑤ 절삭날은 자생작용(마모→파쇄→탈락→생성)을 반복한다.

29 다음 중 연삭숫돌이 결합하고 있는 결합도의 세기가 가장 큰 것은?
① F   ② H
③ M   ④ U

_{해설} 연삭숫돌의 결합도

결합도 번호	호 칭
E, F, G	매우 연한 것
H, I, J, K	연한 것
L, M, N, O	중간 것
P, Q, R, S	단단한 것
T, U, V, W, X, Y, Z	매우 단단한 것

30 절삭온도를 측정하는 방법에 해당하지 않는 것은?
① 열전대에 의한 방법
② 칩의 색깔에 의한 방법
③ 칼로리미터에 의한 방법
④ 초음파 탐지에 의한 방법

_{해설} 절삭온도 측정법
① 칩의 색깔에 의한 방법
② 칼로리미터(열량계)에 의한 방법
③ 공구에 열전대를 삽입하는 방법
④ 시온 도료를 사용하는 방법
⑤ 공구와 일감을 열전대로 사용하는 방법
⑥ 복사 고온계에 의한 방법

31 오차의 종류에서 계기오차에 대한 설명으로 옳은 것은?
① 측정자의 눈의 위치에 따른 눈금의 읽음값에 의해 생기는 오차
② 기계에서 발생하는 소음이나 진동 등과 같은 주위 환경에서 오는 오차
③ 측정기의 구조, 측정 압력, 측정 온도, 측정기의 마모 등에 따른 오차
④ 가늘고 긴 모양의 측정기 또는 피측정물을 정반 위에 놓으면 접촉하는 면의 형상 때문에 생기는 오차

_{해설} 계기오차 : 측정기의 구조, 측정 압력, 측정 온도, 측정기의 마모 등에 따른 오차이다.

32 직경이 크고 길이가 짧은 공작물을 가공할 때, 사용하는 선반은?
① 보통 선반   ② 정면 선반
③ 탁상 선반   ④ 터릿 선반

_{해설} ① 보통 선반 : 가장 많이 사용
② 정면 선반 : 직경이 크고 길이가 짧은 공작물 가공(대형 풀리, 플라이휠)
③ 탁상 선반 : 정밀 소형기계 및 시계부품 가공
④ 터릿 선반 : 터릿으로 불리는 선회 공구대를 가진 것으로 너트, 와셔, 나사, 핀 등 모양이 간단한 제품의 대량 생산용. 램형, 새들형, 드럼형 등이 있다.

33 인공합성 절삭 공구재료로 고속작업이 가능하며, 난삭재료, 고속도강, 담금질강, 내열강 등의 절삭에 적합한 공구재료는?
① 서멧
② 세라믹
③ 초경합금
④ 입방정 질화붕소

_{해설} CBN 공구(Cubic Boron Nitride tool)
① CBN(육방정 질화붕소)의 미소분말을 초고온, 고압(약 2000℃, 7만 기압)으로 소결한 공구이다.
② 초경합금보다 1.5~2배의 경도를 가지며 열전도율이 높고 열팽창이 작다.
③ 담금질강, 고속도강, 내열강 등의 난삭제의 절삭, 연삭에 우수한 성능을 갖는다.
④ 철과의 반응성이 작다.

답 29. ④ 30. ④ 31. ③ 32. ② 33. ④

34 다음 중 각도측정에 적합하지 않은 측정기는?
① 사인 바
② 수준기
③ 오토 콜리메이터
④ 삼점식 마이크로미터

해설 　삼점식 마이크로미터 : 나사의 유효지름 측정에 사용

35 수작업으로 암나사 가공을 할 수 있는 공구는?
① 정　　　　　　② 탭
③ 다이스　　　　④ 스크레이퍼

해설 　탭은 암나사 작업, 다이스는 수나사 작업

36 밀링작업에서 하향절삭과 비교한 상향절삭의 특징으로 옳은 것은?
① 백 래시를 제거하여야 한다.
② 절삭날의 마멸이 적고 공구수명이 길다.
③ 가공할 때 충격이 있어 높은 강성이 필요하다.
④ 절삭력이 상향으로 작용하여 고정이 불리하다.

해설 　상향절삭은 커터가 공작물을 올리는 작용을 하므로 공작물을 견고히 고정해야 한다.

37 전극과 가공물 사이에 전기를 통전시켜, 열에너지를 이용하여 가공물을 용융 증발시켜 가공하는 것은?
① 방전 가공　　　② 초음파 가공
③ 화학적 가공　　④ 숏 피닝 가공

해설 　방전 가공 : 전극과 가공물 사이에 전기를 통전시켜, 열에너지를 이용하여 가공물을 용융 증발시켜 가공한다.

38 밀링에서 커터의 지름이 100mm, 한 날 당 이송이 0.2mm, 커터의 날수 10개, 회전수가 478rpm일 때, 절삭속도는 약 m/min인가?
① 100　　　　　② 150
③ 200　　　　　④ 250

해설 　$V = \dfrac{\pi DN}{1000} = \dfrac{\pi \times 100 \times 478}{1000} = 150 \text{m/min}$

39 공작기계의 기본운동에 속하지 않는 것은?
① 이송운동
② 절삭운동
③ 급송회전운동
④ 위치조정운동

해설 　공작기계의 기본운동
① 절삭운동 : 절삭할 때 칩이 길이 방향으로 절삭 공구가 길이 방향으로 움직이는 운동
② 이송운동 : 공작물과 절삭 공구가 절삭 방향으로 이송하는 운동
③ 위치조정운동 : 공구와 공작물 간의 절삭 조건에 따른 절삭 깊이 조정 및 일감, 공구의 설치 및 제거

40 주조된 구멍이나 이미 뚫은 구멍을 필요한 크기나 정밀한 치수로 넓히는 가공법은?
① 보링(boring)
② 태핑(tapping)
③ 스폿 페이싱(spot facing)
④ 카운터 보링(counter boring)

해설 　① 보링(boring) : 뚫린 구멍을 다시 절삭, 구멍을 넓히고 다듬질하는 것. 보링 바에 바이트를 사용한다.
② 태핑(tapping) : 공작물 내부에 암나사 가공, 태핑을 위한 드릴 가공은 나사의 외경－피치로 한다.
③ 스폿 페이싱(spot facing) : 볼트 또는 너트 등의 구멍과 직각이 되게 머리부가 접촉되는 부분을 깎아서 만드는 작업
④ 카운터 보링(counter boring) : 작은 나사, 볼트의 머리부가 돌출되지 않도록 머리부가 들어갈 자리 부분을 단이 있게 구멍 뚫는 작업

답　34. ④　35. ②　36. ④　37. ①　38. ②　39. ③　40. ①

41 드릴, 탭, 호브 등의 날 여유면을 절삭할 수 있는 선반의 부속장치는?

① 이송 장치
② 릴리빙 장치
③ 총형 바이트 장치
④ 테이퍼 절삭 장치

해설 릴리빙 장치 : 드릴, 탭, 호브 등의 날 여유면을 절삭할 수 있는 선반의 부속장치이다.

42 연마제를 가공액과 혼합하여 가공물 표면에 압축공기로 고압과 고속으로 분사해 가공물 표면과 충돌시켜 표면을 가공하는 방법은?

① 래핑(lapping)
② 버니싱(burnishing)
③ 액체 호닝(liquid honing)
④ 슈퍼 피니싱(super finishing)

해설 액체 호닝(liquid honing) : 연마제를 가공액과 혼합하여 가공물 표면에 압축공기로 고압과 고속으로 분사해 가공물 표면과 충돌시켜 표면을 가공한다.

43 다음 중 수치제어 공작기계의 일상점검 내용으로 가장 적절하지 않은 것은?

① 습동유의 양 점검
② 주축의 정도 점검
③ 조작판의 작동 점검
④ 비상정지 스위치의 작동 점검

해설 기계정도 검사는 매년점검이다.

44 다음 CNC선반 프로그램에서 가공해야 될 부분의 지름이 80mm일 때, 주축의 회전수는 약 얼마인가?

```
G50 S1000 ;
G96 S120 ;
```

① 209.5rpm   ② 477.5rpm
③ 786.8rpm   ④ 1000.8rpm

해설 G50 S1000 ; 주축 최고 회전수 : 1000rpm
G96 S120 ; 주속일정제어 $v=120\text{m/min}$
$$n = \frac{1000v}{\pi d} = \frac{1000 \times 120}{\pi \times 80} = 477.5\text{rpm}$$

45 다음 CNC선반 프로그램의 설명으로 틀린 것은?

```
G50 X150.0 Z200.0 S1300 T0100 ;
```

① G50 – 좌표계 설정
② X150.0 – X축 좌표값
③ S1300 – 주축 최고 회전수
④ T0100 – 공구 보정번호 01번

해설 T0100 – 공구 보정번호 0번, 공구선택 1번

46 CNC선반에서 주축의 최고 회전수를 지정해 주는 프로그램으로 옳은 것은?

① G30 S700 ;   ② G40 S1500 ;
③ G42 S1500 ;   ④ G50 S1500 ;

해설 주축 최고 회전수 설정(G50)
G50에서 S로 지정한 수치는 최고 회전수를 나타내며 좌표계 설정에서 최고 회전수를 지정하게 되면 전체 프로그램을 통하여 주축의 회전수는 최고 회전수를 넘지 않게 된다. 또한 G96에서 최고 회전수보다 높은 회전수를 요구하더라도 주축에서는 최고 회전수로 대체하게 된다.
(예) G50 S1500 ; … 주축의 최고 회전수는 1500rpm이다.

47 다음 그림의 A→B→C 이동지령 머시닝센터 프로그램에서 ㉠, ㉡, ㉢에 들어갈 내용으로 옳은 것은?

```
A→B : N01 G01 G91 ㉠ Y10. F120 ;
B→C : N02 G90 ㉡ ㉢ ;
```

답 41. ② 42. ③ 43. ② 44. ② 45. ④ 46. ④ 47. ④

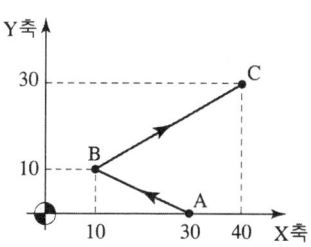

① ㉠ X10. ㉡ X30. ㉢ Y20.
② ㉠ X20. ㉡ X30. ㉢ Y30.
③ ㉠ X-20. ㉡ X30. ㉢ Y20.
④ ㉠ X-20. ㉡ X40. ㉢ Y30.

해설 A→B : N01 G01 G91 X-20. Y10. F120 ;
       B→C : N02 G90 X40. Y30. ;

48 CNC선반의 원호 절삭에서 가공 방향이 시계 방향(CW)일 경우에 올바른 기능은?

① G00 ② G01
③ G02 ④ G03

해설 ① G00 : 급속 위치결정(급속 이송)
       ② G01 : 직선보간(직선절삭)
       ③ G02 : 원호보간 CW(시계 방향)
       ④ G03 : 원호보간 CWW(반시계 방향)

49 다음 중 CNC선반 가공 시 연속형 또는 불연속형 칩이 발생하는 황동이나 주철과 같이 절삭저항이 적은 재료류를 가공하기에 가장 적합한 초경공구 재질의 종류는?

① P ② M
③ K ④ S

해설 초경 팁의 표시
       P(푸른색) : 일반강, 절삭 시
       M(노란색) : 스테인레스강, 주강 절삭 시
       K(붉은색) : 비철금속, 주철 절삭 시

       'P10 - 01 - 3'

       P : 팁 재종, 10 : 인성, 01 : 형태, 3 : 크기
       (P01-고속절삭, P10-나사절삭, P20, P30-황삭)

50 다음 그림에서 절삭조건 "G96 S157"로 가공할 때 A점에서의 회전수는 약 얼마인가? (단, π는 3.14로 한다.)

① 200rpm ② 250rpm
③ 1250rpm ④ 1500rpm

해설 $n = \dfrac{1000v}{\pi d} = \dfrac{1000 \times 157}{\pi \times 40} = 1250 rpm$

51 와이어 컷 방전 가공기의 사용 시 주의사항으로 틀린 것은?

① 운전 중에는 전극을 만지지 않는다.
② 가공액이 바깥으로 튀어나오지 않도록 안전 커버를 설치한다.
③ 와이어의 지름이 매우 작아서 공구경의 보정을 필요로 하지 않는다.
④ 가공물의 낙하 방지를 위하여 프로그램 끝부분에 정지기능(M00)을 사용한다.

해설 와이어 지름의 공구경 보정을 해야 한다.

52 머시닝센터에서 공구 길이 보정 시 보정번호를 나타낼 때 사용하는 것은?

① A ② C
③ D ④ H

해설 D : 공구경 보정 시
       H : 공구 길이 보정 시

53 서보 기구의 위치 검출 제어 방식이 아닌 것은?

① 폐쇄회로(closed loop)방식
② 패리티 체크(parity check)방식
③ 복합회로 서보(hybrid servo)방식
④ 반 폐쇄회로(semi-closed loop)방식

답 48. ③ 49. ③ 50. ③ 51. ③ 52. ④ 53. ②

※해설 서보기구 종류
① 개방회로 제어방식(open loop system)
   구동 모터로는 스태핑 모터(stepping motor)가 사용되며, 검출기나 피드백 회로를 가지지 않기 때문에 정밀도가 낮아 오늘날 NC 기계에는 거의 사용하지 않는다.
② 반 폐쇄회로방식(semi-closed loop system)
   서보 모터의 축 또는 볼 스크루의 회전각도를 통하여 위치를 검출하는 방식으로 직선운동을 회전운동으로 바꾸어 검출한다. CNC 공작기계에 이 방식을 많이 사용한다.
③ 폐쇄회로방식(closed loop system)
   기계의 테이블에 직접적으로 스케일(scale)을 부착하여 위치편차를 피드백시키는 방식으로 반 폐쇄회로 제어방식과 제어방식은 같지만 정밀도가 높아 고정밀도의 공작기계나 대형 공작기계 등에 많이 사용한다.
④ 복합회로 제어방식(hybrid loop system)
   반 폐쇄회로 제어방식과 폐쇄회로 제어방식을 결합한 제어방식으로 반 폐쇄회로의 높은 게인(증폭기 등의 입력에 대한 출력의 비율)을 이용하여 제어하며 기계의 오차는 리니어 스케일에 의한 폐쇄회로로써 보정하여 정밀도를 향상시킨다. 대형 공작기계와 같이 강성을 충분히 높일 수 없는 기계에 적합한 방식이다.

54 CNC공작기계의 정보처리회로에서 서보 모터를 구동하기 위하여 출력하는 신호의 형태는?
① 문자신호   ② 위상신호
③ 펄스신호   ④ 형상신호

※해설 펄스신호 : CNC공작기계의 정보처리회로에서 서보 모터를 구동하기 위하여 출력하는 신호의 형태이다.

55 CNC선반에서 그림과 같이 공작물 원점을 설정할 때 좌표계 설정으로 옳은 것은? (단, 지름지령이다.)

① G50 X100. Z100. ;
② G50 X100. Z200. ;
③ G50 X200. Z100. ;
④ G50 X200. Z200. ;

※해설 좌표계 설정
G50 X200. Z200. ;

56 다음 머시닝센터의 고정 사이클 지령에서 P의 의미는?

G90 G99 G82 X_ Y_ Z_ R_ P_ F_ ;

① 매 절입량을 지정
② 탭 가공의 피치를 지정
③ 고정 사이클 반복횟수 지정
④ 구멍 바닥에서 드웰시간을 지정

※해설
- X, Y : 구멍 가공의 위치
- Z : 구멍 가공의 깊이
- R : R점의 좌표값
- P : 드웰 지령(지정 시간만큼 구멍 가공 종점에서 프로그램의 진행을 정지)
- F : 절삭이송속도

57 다음 중 반드시 장갑을 착용하고 작업해야 하는 것은?
① 드릴 작업   ② 밀링 작업
③ 선반 작업   ④ 용접 작업

※해설 절삭 가공은 장갑 착용을 금지한다. 단, 용접은 가죽장갑을 반드시 착용한다.

58 DNC(Direct Numerical Control) 시스템의 구성요소가 아닌 것은?
① 컴퓨터와 메모리 장치
② 공작물 장·탈착용 로봇

답 54.③ 55.④ 56.④ 57.④ 58.②

③ 데이터 송수신용 통신선
④ 실제 작업용 CNC 공작기계

해설 DNC시스템의 4가지 기본요소
① 중앙 컴퓨터
② NC프로그램을 저장하는 기억장치
③ 통신선
④ 공작기계

59 CNC 프로그램에서 보조 프로그램(sub program)을 호출하는 보조기능은?
① M00　　② M09
③ M98　　④ M99

해설 ① M00 : program stop
② M09 : 절삭유 정지
③ M98 : 보조 프로그램 호출
④ M99 : 보조 프로그램 종료

60 CNC선반에서 나사절삭 시 이송기능(F)에 사용되는 숫자의 의미는?
① 리드　　　② 절입각도
③ 감긴 방향　④ 호칭 지름

해설 나사절삭 시 이송기능(F)은 리드이다.

답 59. ③　60. ①

2016년 7월 10일 제4회 컴퓨터응용선반기능사 기출문제

01 탄소강에 함유된 원소 중 백점이나 헤어크랙의 원인이 되는 원소는?
① 황   ② 인
③ 수소 ④ 구리

해설 가스(O_2, N_2, H_2) : 산소는 적열 메짐성의 원인이 되며, 질소는 경도와 강도를 증가시키고, 수소는 백점(flake)이나 헤어크랙(hair crack)의 원인이 된다.

02 상온이나 고온에서 단조성이 좋아지므로 고온가공이 용이하며 강도를 요하는 부분에 사용하는 황동은?
① 톰백   ② 6-4황동
③ 7-3황동 ④ 함석황동

해설 6-4황동 : 상온이나 고온에서 단조성이 좋아지므로 고온가공이 용이하며 강도를 요하는 부분에 사용하는 황동이다.

03 6-4황동에 철 1~2%를 첨가함으로써 강도와 내식성이 향상되어 광산기계, 선박용 기계, 화학기계 등에 사용되는 특수 황동은?
① 쾌삭 메탈   ② 델타 메탈
③ 네이벌 황동 ④ 애드머럴티 황동

해설 델타 메탈 : 6-4황동에 철 1~2%를 첨가함으로써 강도와 내식성이 향상되어 광산기계, 선박용 기계, 화학기계 등에 사용되는 특수 황동이다.

04 냉간 가공된 황동제품들이 공기 중의 암모니아 및 염류로 인하여 입간부식에 의한 균열이 생기는 것은?
① 저장균열 ② 냉간균열
③ 자연균열 ④ 열간균열

해설 자연균열 : 냉간 가공된 황동제품들이 공기 중의 암모니아 및 염류로 인하여 입간부식에 의한 균열이 생기는 것이다.

05 철강의 열처리 목적으로 틀린 것은?
① 내부의 응력과 변형을 증가시킨다.
② 강도, 연성, 내마모성 등을 향상시킨다.
③ 표면을 경화시키는 등의 성질을 변화시킨다.
④ 조직을 미세화하고 기계적 특성을 향상시킨다.

해설 철강의 열처리 목적은 내부의 응력제거와 변형을 감소시킨다.

06 탄소강에 함유되는 원소 중 강도, 연신율, 충격치를 감소시키며 적열취성의 원인이 되는 것은?
① Mn ② Si
③ P   ④ S

해설 황(S) : 적열 상태에서는 메짐성이 커 적열 취성의 원인이 되며, 인장강도, 연신율, 충격값을 감소시킨다. 강의 용접성을 나쁘게 하며, 강의 유동성을 해치고 기포를 발생시킨다. 망간과 화합하여 절삭성이 좋아진다.

07 절삭 공구로 사용되는 재료가 아닌 것은?
① 페놀   ② 서멧
③ 세라믹 ④ 초경합금

해설 페놀은 합성수지 계통이다.

답 01. ③ 02. ② 03. ② 04. ③ 05. ① 06. ④ 07. ①

08 미끄럼 베어링의 윤활 방법이 아닌 것은?
① 적하 급유법 ② 패드 급유법
③ 오일링 급유법 ④ 충격 급유법

해설 ① 적하 급유법 : 마찰면이 넓거나 시동되는 횟수가 많을 때, 저속 및 중속 축의 급유에 사용된다.
② 패드 급유법 : 무명이나 털 등을 섞어 만든 패드 일부를 오일 통에 담가 저널의 아랫면에 모세관 현상으로 급유하는 방법이다.
③ 오일링 급유법 : 고속 주축에 급유를 균등하게 할 목적으로 사용한다. 축보다 큰 링이 축에 걸쳐져 회전하며 오일 통에서 링으로 급유한다.
④ 강제 급유법 : 순환펌프를 이용하여 급유하는 방법으로 고속회전 시 베어링의 냉각효과에 효과적이다.

09 기계의 운동에너지를 흡수하여 운동속도를 감속 또는 정지시키는 장치는?
① 기어 ② 커플링
③ 마찰차 ④ 브레이크

해설 브레이크 : 기계의 운동에너지를 흡수하여 운동속도를 감속 또는 정지시키는 장치이다.

10 체인 전동의 일반적인 특징으로 거리가 먼 것은?
① 속도비가 일정하다.
② 유지 및 보수가 용이하다.
③ 내열, 내유, 내습성이 강하다.
④ 진동과 소음이 없다.

해설 체인 전동의 일반적인 특징
① 큰 동력 전달 효율이 95% 이상이다.
② 체인의 탄성으로 어느 정도 충격하중을 흡수한다.
③ 진동, 소음이 생기기 쉽다.
④ 고속회전에 부적당하고 저속, 대마력에 적당하며, 윤활이 필요하다.

11 회전체의 균형을 좋게 하거나 너트를 외부에 돌출시키지 않으려고 할 때 주로 사용하는 너트는?
① 캡 너트
② 둥근 너트
③ 육각 너트
④ 와셔붙이 너트

해설 둥근 너트 : 회전체의 균형을 좋게 하거나 너트를 외부에 돌출시키지 않으려고 할 때 주로 사용한다.

12 핀(pin)의 종류에 대한 설명으로 틀린 것은?
① 테이퍼 핀은 보통 1/50 정도의 테이퍼를 가지며, 축에 보스를 고정시킬 때 사용할 수 있다.
② 평행핀은 분해·조립하는 부품의 맞춤면의 관계 위치를 일정하게 할 필요가 있을 때 주로 사용된다.
③ 분할핀은 한쪽 끝이 2가닥으로 갈라진 핀으로 축에 끼워진 부품이 빠지는 것을 막는데 사용할 수 있다.
④ 스프링 핀은 2개의 봉을 연결하기 위해 구멍에 수직으로 핀을 끼워 2개의 봉이 상대 각운동을 할 수 있도록 연결한 것이다.

해설 스프링 핀 : 탄성을 이용하여 물체를 고정시키는 데 사용되며, 해머로 때려 박을 수 있는 핀이다.

13 일반 스퍼 기어와 비교한 헬리컬 기어의 특징에 대한 설명으로 틀린 것은?
① 임의의 비틀림 각을 선택할 수 있어서 축 중심거리의 조절이 용이하다.
② 물림 길이가 길고 물림률이 크다.
③ 최소 잇수가 적어서 회전비를 크게 할 수가 있다.
④ 추력이 발생하지 않아서 진동과 소음이 적다.

답 08. ④ 09. ④ 10. ④ 11. ② 12. ④ 13. ④

해설 헬리컬 기어는 스퍼기어보다 접촉선이 길어서 큰 힘을 전달할 수 있고, 진동과 소음이 적다. 반면에 제작하기가 어렵고 톱니가 경사져 있어서 축 방향으로 추력이 발생한다.

14 한쪽은 오른나사, 다른 한쪽은 왼나사로 되어 양끝을 서로 당기거나 밀거나 할 때 사용하는 기계요소는?

① 아이 볼트
② 세트 스크류
③ 플레이트 너트
④ 턴 버클

해설 턴 버클 : 한쪽은 오른나사, 다른 한쪽은 왼나사로 되어 있다.

15 8kN의 인장하중을 받는 정사각봉의 단면에 발생하는 인장응력이 5MPa이다. 이 정사각봉의 한 변의 길이는 약 몇 mm인가?

① 40 ② 60
③ 80 ④ 100

해설 $a = \sqrt{\dfrac{W}{\sigma_a}} = \sqrt{\dfrac{8000}{5}} = 40\text{mm}$

16 도면과 같이 위치도를 규제하기 위하여 B치수에 이론적으로 정확한 치수를 기입한 것은?

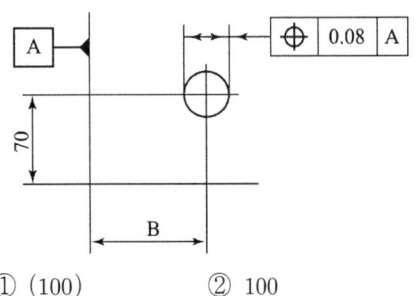

① (100) ② 100
③ ~~100~~ ④ 100

해설 ① (100) : 참고치수
② 100 : 비례척이 아님
③ ~~100~~ : 도면치수 수정
④ 100 : 이론적으로 정확한 치수

17 그림과 같은 입체도를 화살표 방향에서 본 투상도로 가장 옳은 것은? (단, 해당 입체는 화살표 방향으로 볼 때 좌우 대칭 구조이다.)

18 단면도의 표시 방법에서 그림과 같이 도시하는 단면도의 종류 명칭은?

① 온 단면도
② 한쪽 단면도
③ 부분 단면도
④ 회전 도시 단면도

해설
① 온 단면도 : 물체의 기본적인 모양을 가장 잘 나타낼 수 있도록 물체의 중심에서 반으로 절단하여 나타낸 것이다.
② 한쪽 단면도 : 상하 또는 좌우 대칭형의 물체는 기본 중심선을 경계로 1/2은 외형도로, 나머지 1/2은 단면도로 동시에 나타낸다.
③ 부분 단면도 : 외형도에서 필요로 하는 일부분만을 부분 단면도로 도시할 수 있다.
④ 회전 도시 단면도 : 핸들이나 바퀴 등의 암이나 리브, 훅, 축, 구조물의 부재 등의 절단면은 90° 회전하여 도시하거나 절단할 곳의 전후를 끊어서 그 사이에 그린다.

답 14. ④ 15. ① 16. ④ 17. ③ 18. ④

19 다음 치수 기입 방법 중 호의 길이로 옳은 것은?

해설

(a) 변의 길이치수 (b) 현의 길이치수
(c) 호의 길이치수 (d) 각도치수

20 가공에 의한 줄무늬 방향의 기호 중 대략 동심원 모양을 나타내는 것은?

해설

X	가공으로 생긴 선이 두 방향으로 교차	
M	가공으로 생긴 선이 다방면으로 교차 또는 무방향	
C	가공으로 생긴 선이 거의 동심원	
R	가공으로 생긴 선이 거의 방사상	

21 다음과 같이 지시된 기하공차 기입 틀의 해독으로 옳은 것은?

| // | 0.07/100 | B |

① 평행도가 데이텀 B를 기준으로 지정길이 100mm에 대하여 0.07mm의 허용값을 가지는 것
② 평행도가 데이텀 B를 기준으로 지정길이 0.07mm에 대하여 100mm의 허용값을 가지는 것
③ 평행도가 데이텀 B를 기준으로 0.0007mm의 허용값을 가지는 것
④ 평행도가 데이텀 B를 기준으로 0.07~100mm의 허용값을 가지는 것

해설

| // | 0.07/100 | B |

평행도가 데이텀 B를 기준으로 지정길이 100mm에 대하여 0.07mm의 허용값을 가지는 것

22 축의 도시 방법에 관한 설명으로 옳은 것은?

① 축은 길이방향으로 온단면 도시한다.
② 길이가 긴 축은 중간을 파단하여 짧게 그릴 수 있다.
③ 축의 끝에는 모떼기를 하지 않는다.
④ 축의 키 홈을 나타낼 경우 국부 투상도로 나타내어서는 안 된다.

답 19.③ 20.① 21.① 22.②

해설 축의 도시 방법
① 축은 길이방향으로 단면도시를 하지 않는다. 단, 부분단면은 허용한다.
② 긴 축은 중간을 파단하여 짧게 그릴 수 있으며 실제치수를 기입한다.
③ 축 끝에는 모따기 및 라운딩을 할 수 있다.
④ 축에 있는 널링(knurling)의 도시는 빗줄인 경우는 축선에 대하여 30°로 엇갈리게 그린다.

23 헐거운 끼워맞춤에서 구멍의 최대 허용치수와 축의 최소 허용치수의 차를 의미하는 용어는?
① 최소 틈새 ② 최대 틈새
③ 최소 죔새 ④ 최대 죔새

해설 ① 최소 틈새 : 구멍의 최소 허용치수−축의 최대 허용치수
② 최대 틈새 : 구멍의 최대 허용치수−축의 최소 허용치수
③ 최소 죔새 : 축의 최대 허용치수−구멍의 최소 허용치수
④ 최대 죔새 : 축의 최소 허용치수−구멍의 최대 허용치수

24 가는 1점 쇄선의 용도로 적합하지 않은 것은?
① 도형의 중심을 표시하는데 사용
② 중심이 이동한 중심궤적을 표시하는데 사용
③ 위치 결정의 근거가 된다는 것을 명시할 때 사용
④ 단면의 무게 중심을 연결한 선을 표시하는데 사용

해설 무게 중심선 : 가는 2점 쇄선

25 도면에 표시된 3/8 - 16 UNC - 2A의 해석으로 옳은 것은?
① 피치는 3/8 인치이다.
② 산의 수는 1인치당 16개이다.
③ 유니파이 가는 나사이다.
④ 나사부의 길이는 2인치다.

해설 3/8 : 외경
−16 : 피치
UNC : 유니파이 보통나사
−2A : 나사급수 2A

26 연삭숫돌의 표시방법 순서로 옳은 것은?
① 숫돌입자의 종류 → 입도 → 결합제 → 조직 → 결합도
② 숫돌입자의 종류 → 입도 → 결합도 → 조직 → 결합제
③ 숫돌입자의 종류 → 조직 → 결합도 → 입도 → 결합제
④ 숫돌입자의 종류 → 입도 → 조직 → 결합도 → 결합제

해설 연삭숫돌의 표시
(예시) WA - 60 - K - 7 - V
        ↓   ↓   ↓   ↓   ↓
       입자 입도 결합도 조직 결합제

27 직접 분할법으로 6등분을 할 때, 직접 분할판의 크랭크 회전수는?
① 1회전 ② 2회전
③ 3회전 ④ 4회전

해설 $\dfrac{24}{N} = \dfrac{24}{6} = 4$회전

28 바깥지름 연삭기의 이송방법에 해당하지 않는 것은?
① 플런지 컷형
② 테이블 왕복형
③ 연삭 숫돌대 왕복형
④ 공작물 고정 유성형 연삭

해설 공작물 고정 유성형 연삭은 내경작업에 해당된다.

답 23.② 24.④ 25.② 26.② 27.④ 28.④

29 밀링머신의 규격을 나타내는 방법으로 옳은 것은?
① 밀링 본체의 크기
② 전동 마력의 크기
③ 테이블의 이송거리
④ 스핀들의 RPM크기

해설 밀링머신의 규격 : 보통의 크기 표시
① 테이블의 이동량(좌우×전후×상하)
② 테이블의 작업면의 크기(길이×폭)

30 다음 설명에 해당하는 칩(chip)은?

> 공구가 진행함에 따라 일감이 미세한 간격으로 계속적으로 미끄럼 변형을 하여 칩이 생기며, 연속적으로 공구 윗면을 흘러 나가는 모양의 칩이다.

① 균열형 칩(crack type chip)
② 유동형 칩(flow type chip)
③ 열단형 칩(tear type chip)
④ 전단형 칩(shear type chip)

해설 유동형 칩(flow type chip)
① 공작물의 재질이 연하고 인성이 큰 재질일 때
② 윗면 경사각이 클 때
③ 절삭 깊이가 작을 때
④ 고속 절삭할 때(절삭속도가 높을 때)
⑤ 절삭제를 사용할 때

31 선반 주축대에 대한 설명으로 틀린 것은?
① 주축과 변속장치를 내장하고 있다.
② 주축 내부는 모스 테이퍼로 되어 있다.
③ 절삭저항이나 진동에 견딜 수 있는 특수강을 사용한다.
④ 주축은 강도와 경도를 높이기 위하여 중실축으로 만든다.

해설 선반 주축은 강도와 경도를 높이기 위하여 중공축으로 만든다.

32 줄 작업 시 줄눈의 거친 순서에 따라 작업하는 순서로 옳은 것은?
① 세목 → 황목 → 중목
② 중목 → 세목 → 황목
③ 황목 → 세목 → 중목
④ 황목 → 중목 → 세목

해설 줄눈의 거친 순서에 따라 작업하는 순서
: 황목 → 중목 → 세목

33 수평 밀링머신에서 밀링커터를 고정하는 곳은?
① 아버   ② 컬럼
③ 바이스 ④ 테이블

해설 아버 : 수평 밀링머신에서 밀링커터를 고정하는 곳이다.

34 선반에서 테이퍼 절삭 방법이 아닌 것은?
① 리드 스크루에 의한 방법
② 복식 공구대에 의한 방법
③ 심압대 편위에 의한 방법
④ 테이퍼 절삭장치에 의한 방법

해설 테이퍼 절삭 작업
① 복식 공구대를 경사시키는 방법
② 심압대를 편위시키는 방법(set over)
③ 테이퍼 절삭장치를 사용하는 방법
④ 가로, 세로 이송핸들 사용하는 방법
⑤ 총형 공구를 사용하는 방법

35 측정자의 직선운동을 지침의 회전 운동으로 변화시켜 눈금으로 읽을 수 있는 길이 측정기는?
① 드릴 게이지   ② 마이크로미터
③ 다이얼 게이지 ④ 와이어 게이지

해설 다이얼 게이지 : 측정자의 직선운동을 지침의 회전 운동으로 변화시켜 눈금으로 읽을 수 있는 길이 측정기다.

답 29. ③ 30. ② 31. ④ 32. ④ 33. ① 34. ① 35. ③

36 가공 방법에 따른 공구와 공작물의 상호 운동 관계에서 공구와 공작물이 모두 직선 운동을 하는 공작 기계로 바르게 짝지어진 것은?

① 셰이퍼, 연삭기
② 밀링머신, 선반
③ 셰이퍼, 플레이너
④ 호닝머신, 래핑머신

해설 공구와 공작물이 모두 직선 운동 : 셰이퍼, 플레이너

37 윤활제의 구비조건으로 틀린 것은?

① 열에 대해 안정성이 높아야 한다.
② 산화에 대한 안정성이 높아야 한다.
③ 온도변화에 따른 점도변화가 커야 한다.
④ 화학적으로 불활성이며 깨끗하고 균질해야 한다.

해설 윤활제는 온도변화에 따른 점도변화가 작아야 한다.

38 드릴링 머신에서 할 수 없는 작업은?

① 리밍   ② 태핑
③ 카운터 싱킹   ④ 슈퍼 피니싱

해설 ① 리밍 : 구멍의 정밀도를 높이기 위한 작업
② 태핑 : 공작물 내부에 암나사 가공
③ 카운터 싱킹 : 접시머리 나사의 머리가 묻히게 하기 위해 원뿔자리를 만드는 작업
④ 스폿 페이싱 : 볼트 또는 너트 등의 구멍과 직각이 되게 머리부가 접촉되는 부분을 깎아서 만드는 작업

39 절삭 공구의 구비조건에 대한 설명으로 틀린 것은?

① 성형성이 좋고 가격이 저렴할 것
② 내마모성이 작고 마찰계수가 높을 것
③ 높은 온도에서 경도가 떨어지지 않을 것
④ 공작물보다 단단하고 적당한 인성이 있을 것

해설 절삭 공구는 내마모성이 크고 마찰계수가 적을 것

40 블록게이지, 한계게이지 등의 게이지류, 렌즈, 광학용 유리 기구 등을 다듬질하는 가공법은?

① 래핑   ② 호닝
③ 액체호닝   ④ 평면 그라인딩

해설 래핑 : 블록게이지, 한계게이지 등의 게이지류, 렌즈, 광학용 유리 기구 등을 다듬질하는 가공법이다.

41 구동 방법에 의한 3차원 측정기의 분류가 아닌 것은?

① 래핑형   ② 수동형
③ 자동형   ④ 조이스틱형

해설 구동 방법에 의한 3차원 측정기의 분류 : 수동형, 자동형, 조이스틱형이 있다.

42 다음 바이트의 각도를 나타낸 그림에서 C는?

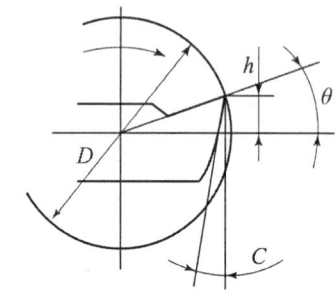

① 경사각   ② 날끝각
③ 여유각   ④ 중립각

해설 C : 전방 여유각, θ : 상부 경사각이다.

43 CNC선반에서 900rpm으로 회전하는 스핀들에 3회전 동안 이송정지를 하고자 한다. 올바른 지령으로만 짝지어진 것은?

답 36.③ 37.③ 38.④ 39.② 40.① 41.① 42.③ 43.①

① G04 X0.2 ; G04 U0.2 : G04 P200 ;
② G04 X1.5 ; G04 U1.5 ; G04 P1500 ;
③ G04 X2.0 ; G04 U20 ; G04 P2000 ;
④ G04 X2.7 ; G04 U2.7 ; G04 P2700 ;

해설 G04기능(휴지 : Dwell)
① 프로그램에 지정된 시간동안 공구의 이송을 잠시 중지시키는 기능(적용 : 드릴가공, 홈가공, 모서리 다듬질 가공 시 양호한 가공면을 얻기 위해 사용)
② 단위는 X, U, P를 사용하는 데 X, U는 소수점을, P는 0.001 단위를 사용

$\dfrac{60 \times 3}{900} = 0.2 \sec$

따라서, G04 X0.2 ; G04 U0.2 : G04 P200 ;

44 다음 그림에서 자동코너 R가공을 할 때 A점에서 C점까지의 가공 프로그램으로 옳은 것은?

① G01 X10. R5. F0.1 ;
② G01 X20. R5. F0.1 ;
③ G01 X10. G-5. F0.1 ;
④ G01 X20. R-5. F0.1 ;

해설 G01 X20. R-5. F0.1 ;

45 CNC선반 가공에서 기준 공구 인선의 좌표와 해당 공구 인선의 좌표 차이를 무엇이라 하는가?

① 공구 간섭 ② 공구 보정
③ 공구 벡터 ④ 공구 운동

해설 공구 보정 : CNC선반 가공에서 기준 공구 인선의 좌표와 해당 공구 인선의 좌표 차이를 말한다.

46 머시닝센터 프로그램에서 G코드의 기능이 틀린 것은?

① G90 - 절대 명령
② G91 - 증분 명령
③ G99 - 회전당 이송
④ G98 - 고정 사이클 초기점 복귀

해설 • G99 : 고정 사이클 R점 복귀
• G95 : 회전당 이송

47 드릴작업에 있어 안전사항에 관한 설명으로 틀린 것은?

① 장갑을 끼고 작업하지 않는다.
② 드릴을 회전시킨 후에는 테이블을 조정하지 않도록 한다.
③ 얇은 판에 구멍을 뚫을 때에는 나무판을 밑에 받치고 구멍을 뚫도록 해야 한다.
④ 가공 중 드릴 끝이 마모되어 이상한 소리가 나면 공구의 이송속도를 더욱 빠르게 한다.

해설 가공 중 드릴 끝이 마모되어 이상한 소리가 나면 공구를 재연삭 한다.

48 CNC선반에서 G92를 이용하여 나사가공 할 때, 그림에서 나사를 절삭하는 부분에 해당하는 것은?

① ⓐ ② ⓑ
③ ⓒ ④ ⓓ

답 44. ④ 45. ② 46. ③ 47. ④ 48. ③

해설 G92 : 단일고정형 나사절삭 사이클
나사를 가공하기 위한 Cycle이며, 나사를 가공할 때는 G97 주축회전수 일정제어를 사용해야 하며, 절입 횟수에 따라서 변화된 좌표 값만 지령한다.

49 도면을 보고 프로그램을 작성할 때 절대 좌표계의 기준이 되는 점으로서 프로그램 원점 또는 공작물 원점이라고도 하는 좌표계는?

① 기계 좌표계 ② 상대 좌표계
③ 공작물 좌표계 ④ 공구보정 좌표계

해설 공작물 좌표계 : 도면을 보고 프로그램을 작성할 때 절대 좌표계의 기준이 되는 점으로서 프로그램 원점 또는 공작물 원점이라고도 한다.

50 CNC선반 가공 프로그램에서 반드시 전개번호를 사용해야 하는 G-코드는?

① G30 ② G32
③ G70 ④ G90

해설 다듬절삭 사이클(G70) : 복합 반복 사이클
G70 P(ns) Q(nf);
여기서, ┌ P(ns) : 다듬절삭 가공 지령절의 첫 번째 전개번호
└ Q(nf) : 다듬절삭 가공 지령절의 마지막 전개번호

51 공작기계의 핸들 대신에 구동모터를 장치하여 임의의 위치에 필요한 속도로 테이블을 이동시켜 주는 기구의 명칭은?

① 검출기구 ② 서보기구
③ 펀칭기구 ④ 인터페이스 회로

해설 서보기구 : 공작기계의 핸들 대신에 구동모터를 장치하여 임의의 위치에 필요한 속도로 테이블을 이동시켜 주는 기구이다.

52 안전한 작업자의 행동으로 볼 수 없는 것은?

① 기계 위에 공구나 재료를 올려놓지 않는다.
② 기계의 회전을 손이나 공구로 멈추지 않는다.
③ 절삭공구는 길게 장착하여 절삭 시 접촉면을 크게 한다.
④ 칩을 제거할 때는 장갑을 끼고 브러시나 칩클리너를 사용한다.

해설 절삭공구는 짧게 장착하여 절삭 시 접촉면을 작게 한다.

53 CNC선반에서 날끝 반지름 보정을 하지 않으면 가공치수에 영향을 주는 가공은?

① 나사 가공 ② 단면 가공
③ 드릴 가공 ④ 테이퍼 가공

해설 테이퍼 가공 : CNC선반에서 날끝 반지름 보정을 하지 않으면 가공치수에 영향을 준다.

54 보조기능(M-기능)에 대한 설명으로 틀린 것은?

① M00 : 프로그램 정지
② M03 : 주축 정회전
③ M08 : 절삭유 ON
④ M99 : 보조프로그램 호출

해설 • M99 : 보조프로그램 종료
• M98 : 보조프로그램 호출

답 49. ③ 50. ③ 51. ② 52. ③ 53. ④ 54. ④

55 머시닝센터 이송에 관련된 준비기능의 설명으로 옳은 것은?
① G95는 1분당 이송량이다.
② G94는 1회전당 이송량이다.
③ G95의 값을 변화시키면 가공시간이 변한다.
④ G94의 값을 변화시키면 주축회전수가 변한다.

해설 ① G95는 1회전당 이송량이다.
② G94는 1분당 이송량이다.

56 CNC선반에서 현재의 위치에서 다른 점을 경유하지 않고 X축만 기계원점으로 복귀하는 것은?
① G28 X0;
② G28 U0;
③ G28 W0;
④ G28 U100.0;

해설 G28 U0;
CNC선반에서 현재의 위치에서 다른 점을 경유하지 않고 X축만 기계원점으로 복귀한다.

57 여러 대의 CNC 공작기계를 한 대의 컴퓨터에 연결해 데이터를 분배하여 전송함으로써 동시에 운전할 수 있는 방식은?
① NC
② CAD
③ CNC
④ DNC

해설 DNC : 여러 대의 CNC 공작기계를 한 대의 컴퓨터에 연결해 데이터를 분배하여 전송함으로써 동시에 운전할 수 있는 방식이다.

58 CNC장비에서 공구장착 및 교환 시 안전을 위하여 필수적으로 점검할 사항이 아닌 것은?
① 공구 길이보정 상태를 확인하고 보정값을 삭제한다.
② 윤활유 및 공기의 압력이 규정에 적합한지 확인한다.
③ 툴홀더의 공구 고정볼트가 견고히 고정되어 있는지 확인한다.
④ 기계의 회전부위나 작동부위에 신체접촉이 생기지 않도록 한다.

해설 공구 길이보정 상태를 확인하고 보정값을 유지한다.

59 다음 CNC선반 프로그램에서 N50 블록에 해당되는 주축 회전수는 약 몇 rpm인가?

N10 G50 X150. S1800 ;
N20 T0100 ;
N30 G96 S170 M03 ;
N40 G00 X40. Z3. T0101 M08 ;
N50 G01 X35. F0.2 ;

① 1546
② 1719
③ 1800
④ 1865

해설 ① N10 G50 X150. S1800;
주축 최고회전수 : 1800rpm
② N30 G96 S170 M03;
주속일정제어 $V=170$m/min, 정회전
③ $n = \dfrac{1000v}{\pi d} = \dfrac{1000 \times 170}{\pi \times 35} = 1546$rpm

60 머시닝센터에서 여러 개의 공작물을 한 번에 가공할 때 사용하는 좌표계 설정 준비기능 코드가 아닌 것은?
① G54
② G56
③ G59
④ G92

해설 공작물 좌표계 : 머시닝센터에서 여러 개의 공작물을 한 번에 가공할 때 사용하는 좌표계 설정 준비기능(G54~G59까지)

답 55.③ 56.② 57.④ 58.① 59.① 60.④

CBT

컴/퓨/터/응/용/선/반/기/능/사/

모의고사

컴퓨터응용선반기능사

제1회 CBT 모의고사

01 연강재 볼트에 8000N의 하중이 축방향으로 작용할 때, 볼트의 골지름은 몇 mm 이상이어야 하는가? (단, 허용압축응력은 40N/mm² 이다.)

① 6.63　　② 20.02
③ 12.85　　④ 15.96

해설 $d = \sqrt{\dfrac{4 \times 8000}{\pi \times 40}} = 15.96\text{mm}$

02 길이가 100mm인 스프링의 한 끝을 고정하고, 다른 끝에 무게 40N의 추를 달았더니 스프링의 전체 길이가 120mm로 늘어났다. 이때의 스프링 상수 N/mm는?

① 0.5　　② 1
③ 2　　④ 4

해설 변형량(δ) = 120 - 100 = 20mm
스프링 상수(k) = $\dfrac{\text{하중}}{\text{변위량}} = \dfrac{W}{\delta}$
$= \dfrac{40}{20} = 2\text{N/mm}$

03 탄소강의 기계적 성질 중 상온, 아공석강(C < 0.77%) 영역에서 탄소(C)량의 증가에 따라 저하하는 성질은?

① 인장강도
② 항복점
③ 경도
④ 연신율

해설 탄소함유량이 많아지면 인장강도와 경도는 증가하고 연신율은 감소한다.

04 평벨트와 비교한 V벨트 전동장치의 특징이 아닌 것은?

① 고속운전이 가능하다.
② 미끄럼이 적고 속도비가 크다.
③ 엇걸기로 사용 가능하다.
④ 동력 전달 상태가 정숙하고 충격을 잘 흡수한다.

해설 V벨트의 특징
① 바로걸기로 사용한다.
② 미끄럼이 적고 전동 회전비가 크다.
③ 속도비는 1 : 7이며 수명이 길다.
④ 축간 거리가 5m 이하로 짧은 데 사용한다.

05 뜨임은 보통 어떤 강재에 하는가?

① 가공 경화된 강
② 담금질하여 경화된 강
③ 용접 응력이 생긴 강
④ 풀림하여 연화된 강

해설 뜨임은 담금질로 인한 취성을 제거하고 강도를 떨어뜨려 인성을 증가시키기 위한 열처리

06 베어링의 호칭 번호 6304에서 6은 무엇인가?

① 형식기호　　② 치수기호
③ 지름번호　　④ 등급기준

해설

6	형식번호
3	치수기호
04	안지름번호

답 01.④　02.③　03.④　04.③　05.②　06.①

07 다음 중 Cr 또는 Ni을 다량 첨가하여 내식성을 현저히 향상시킨 강으로서 조직상 페라이트계, 마텐자이트계, 오스테나이트계 등으로 분류되는 합금강은?

① 규소강　　　② 스테인리스강
③ 쾌삭강　　　④ 자석강

해설　스테인리스강의 기호는 STS이며 강에 Cr, Ni 등을 첨가하여 내식성을 갖게 한 강이다.

08 브레이크슈를 바깥쪽으로 확장하여 밀어 붙이는 데 캠이나 유압장치를 사용하는 브레이크는?

① 드럼 브레이크　　② 원판 브레이크
③ 원추 브레이크　　④ 밴드 브레이크

해설
① 드럼 브레이크 : 브레이크슈를 바깥쪽으로 확장하여 밀어 붙이는 데 사용되며 캠이나 유압장치에 사용된다.
② 원판 브레이크 : 축과 동시에 회전하는 원판을 브레이크 패드로 눌러 접촉면 사이의 마찰력에 의하여 제동하는 브레이크로 승용차에 사용된다.
③ 원추 브레이크 : 원추 클러치와 같은 구조로 레버에 가한 조작력에 의해 축 방향에 힘이 생겨 원추면에 작용하는 마찰력에 의해 제동 작용을 한다.
④ 밴드 브레이크 : 브레이크 드럼의 둘레에 강철 밴드를 감아 놓고 레버로 밴드를 잡아당겼을 때 생기는 접촉면 사이의 마찰력에 의하여 제동하는 장치

09 6 : 4 황동에 철 1~2%를 첨가한 동합금으로 강도가 크고 내식성도 좋아 광산 기계, 선반용 기계에 사용되는 것은?

① 톰백　　　② 문츠메탈
③ 네이벌황동　　④ 델타메탈

해설
① 델타메탈 : 6-4 황동에 철 1~2%를 첨가한 동합금으로 강도가 크고 내식성이 좋아 광산 기계, 선반용 기계에 사용
② 톰백 : 색깔이 아름답고 장식품에 사용

③ 문츠메탈 : 6-4 황동
④ 네이벌황동 : 6-4 황동에 Sn 1% 첨가
⑤ 애드미럴티황동 : 7-3 황동에 Sn 1% 첨가

10 다음 중 스프링 상수의 단위로 옳은 것은?

① $N \cdot mm$　　　② N/mm
③ $N \cdot mm^2$　　　④ N/mm^2

해설　스프링 상수의 단위 : N/mm

11 재료의 안전성을 고려하여 안전할 것이라고 허용되는 최대의 응력을 무슨 응력이라 하는가?

① 허용응력　　　② 주응력
③ 사용응력　　　④ 수직응력

해설　허용응력 : 사용응력에 대하여 안전성을 생각하여 재료에 허용되는 최대응력
사용응력(σ_w) ≤ 허용응력(σ_a)

12 알루미늄합금은 가공용과 주조용으로 나누어진다. 다음 중 가공용 알루미늄합금에 해당되는 것은?

① 알루미늄 - 구리계 합금
② 다이캐스팅용 알루미늄합금
③ 알루미늄 - 규소계 합금
④ 내식성 알루미늄합금

해설

내식용 Al 합금	Al-Mn계	알민(Almin)
	Al-Mg-Si계	알드레이(Aldrey)
	Al-Mg계	하이드로날륨 (hydronalium)

13 다음 중 동력 전달용 기계요소가 아닌 것은?

① 기어　　　② 마찰차
③ 체인　　　④ 유압 댐퍼

해설　유압 댐퍼는 유압을 이용하여 통풍량을 조절하는 장치로서 기계요소가 아니다.

답　07. ②　08. ①　09. ④　10. ②　11. ①　12. ④　13. ④

14 주조 시 주형에 냉금을 삽입하여 주물 표면을 급냉시킴으로써 백선화하고 표면경도를 증가시킨 내마모성 주철은?
① 가단주철 ② 고급주철
③ 칠드주철 ④ 합금주철

해설 칠드주철 : 응용상태에서 금형에 주입하여 표면은 백주철(백선화)로 하고, 내부는 연한 회주철로 만든 것으로 압연용 칠드 롤러, 차륜 등과 같은 것에 사용된다.

15 모듈 3, 잇수 30과 60을 갖는 한 쌍의 표준 평기어 중심거리는 얼마인가?
① 114mm ② 126mm
③ 135mm ④ 148mm

해설 $d = \dfrac{(Z_1 + Z_2)}{2} \times m = \dfrac{30+60}{2} \times 3 = 135$

16 보기와 같은 정투상도의 평면도로 가장 적합한 형상은?

[보기]

①   ②
③   ④

17 평행도가 기준(데이텀) B에 대하여 지정길이 100mm에 대한 0.05mm의 허용 값을 가지는 것을 나타낸 것은?

① | // | 0.05/100 | B |
② | // | 100/0.05 | B |
③ | B | 0.05/100 | // |
④ | B | 100/0.05 | // |

해설

공차종류의 기호	공차값	데이텀 문자기호
//	0.05/100	B

18 헐거운 끼워 맞춤인 경우 구멍의 최소 허용 치수에서 축의 최대 허용치수를 뺀 값은?
① 최소 틈새 ② 최대 틈새
③ 최소 죔새 ④ 최대 죔새

해설 최소 틈새 : 구멍의 최소 허용치수−축의 최대 허용치수

19 보기와 같이 축에 가공되어 있는 키 홈의 형상을 투상한 투상도의 명칭으로 가장 적합한 것은?

[보기]

① 회전 투상도 ② 국부 투상도
③ 부분 확대도 ④ 대칭 투상도

해설 국부투상도 : 물체의 구멍이나 홈 등의 한 국부만의 모양을 도시하는 것으로 충분한 경우에는 필요한 부분을 국부투상도로 나낸다. 투상관계를 나타내기 위해서는 원칙적으로 주된 그림에 중심선, 기준선, 치수보조선 등을 연결한다.

20 보기 도면에서 괄호 안에 들어갈 치수는?

[보기]

① 74 ② 70
③ 62 ④ 60

답 14. ③ 15. ③ 16. ② 17. ① 18. ① 19. ② 20. ①

해설 86-12=74

21 가공에 의한 커터의 줄무늬가 여러 방향으로 교차 또는 무방향으로 나타나는 가공 모양의 기호는?
① C　　② M
③ R　　④ X

해설

=	가공으로 생긴 앞줄의 방향이 기호를 기입한 그림의 투영면에 평행
⊥	가공으로 생긴 앞줄의 방향이 기호를 기입한 그림의 투영면에 수직
X	가공으로 생긴 선이 두 방향으로 교차
M	가공으로 생긴 선이 다방면으로 교차 또는 무방향
C	가공으로 생긴 선이 거의 동심원
R	가공으로 생긴 선이 거의 방사상(레이디얼형)

22 절단면을 사용하여 대상물을 절단하였다고 가정하고 절단면의 앞부분을 제거하고 그리는 도형은?
① 전개도　　② 입체도
③ 단면도　　④ 투시도

해설 ① 전개도 : 입체도형을 표면을 적당하게 잘라서 평면 위에 펼쳐 놓은 도형
② 입체도 : 실제 물체의 형상을 그린 도형
③ 단면도 : 절단면을 사용하여 대상물을 절단하였다고 가정하고 절단면의 앞부분을 제거하고 그리는 도형
④ 투시도 : 물체를 눈에 보이는 형상을 그대로 그린 도형

23 KS 나사 표시 방법에서 G 1/2 A로 기입된 기호의 올바른 해독은?
① 가스용 암나사로 인치 단위이다.
② 관용 평행 암나사로 등급이 A급이다.
③ 관용 평행 수나사로 등급이 A급이다.
④ 가스용 수나사로 인치 단위이다.

해설

G	관용 평행 나사
1/2	외경 1/2인치
A	A급

24 굵은 1점 쇄선을 사용하는 선으로 가장 적합한 것은?
① 도형의 대칭선
② 수면, 유면 등의 위치를 표시하는 선
③ 표면처리 부분을 표시하는 특수지정선
④ 치수선을 긋기 위하여 도형에서 인출해 낸 선

해설 굵은 1점 쇄선 : 특수한 가공을 하는 부분 등 특별한 요구사항을 적용할 수 있는 범위를 표시하는 데 사용

25 기하 공차의 종류 구분에서 자세 공차인 것은?
① 위치도 공차　　② 직각도 공차
③ 동심도 공차　　④ 대칭도 공차

해설

자세 공차	//	평행도 공차
	⊥	직각도 공차
	∠	경사도 공차

26 모형이나 형판을 따라 바이트를 안내하며 테이퍼나 곡면 등을 절삭하여 유압식, 전기식, 전기 유압식 등의 종류를 갖는 선반은?
① 공구 선반　　② 자동 선반
③ 모방 선반　　④ 터릿 선반

해설 ① 터릿 선반 : 터릿으로 불리는 선회 공구대를 가진 것으로 너트, 와셔, 나사, 핀 등 모양이 간단한 제품의 대량 생산용. 램형, 새들형, 드럼형 등이 있다.
② 공구 선반 : 릴리빙 장치(=Back off 장치)를 가진 것으로 절삭공구(호브, 커터, 탭 등)의 여유각을 가공한다.

답 21. ② 22. ③ 23. ③ 24. ③ 25. ② 26. ③

③ 자동 선반 : 캠이나 유압기구를 사용하여 자동화한 것으로 핀, 볼트, 시계, 자동차 생산에 사용된다.
④ 모방 선반 : 형상이 복잡하거나 곡선형 외경만을 가진 일감을 많이 가공할 때 편리하며 트레이서를 접촉시켜 형판 모양으로 공작물을 가공한다. 자동모방 장치 이용, 테이퍼 및 곡면 등을 모방 절삭. 유압식, 전기식, 전기 유압식이 있다.

27 가공 능률을 향상시키기 위하여 특정한 모양이나 치수의 제품을 대량 생산하는 데 적합하도록 만든 공작 기계는?
① 범용 공작 기계   ② 전용 공작 기계
③ 단능 공작 기계   ④ 만능 공작 기계

해설 전용 공작 기계 : 특정한 모양, 치수의 제품을 양산하기에 적합하도록 만든 공작 기계이며, 사용 범위에는 좁고, 소량 생산에는 적합하지 않는 공작 기계로, 전용 공작 기계에는 모방 선반, 자동 선반, 생산 밀링 머신 등이 있으며, 또한 전용 공작 기계를 여러 개 조합하여 자동화한 트랜스퍼 머신(Transfer Machine) 등이 있어서 기계공작에 큰 역할을 한다.

28 다음 중 정밀 입자 가공으로만 바르게 짝지어진 내용은?
① 방전 가공 – CNC 와이어 컷 방전 가공
② 액체 호닝 – 슈퍼 피니싱
③ 이온 가공 – 레이저 가공
④ 전해 가공 – 전주 가공

해설 정밀 입자 가공은 호닝, 액체 호닝, 슈퍼 피니싱, 래핑 작업 등이다.

29 다음 중 리머 작업에 대한 설명으로 틀린 것은?
① 리밍(Reaming)이란 드릴로 뚫은 구멍의 내면을 매끈하고 정확하게 가공하는 작업을 말한다.
② 일반적인 리머의 가공여유는 0.5~0.8mm 정도를 준다.
③ 리머는 모양에 따라 솔리드 리머, 셀 리머, 조정 리머, 팽창 리머로 분류한다.
④ 리머의 재질은 보통 고속도강이다.

해설 일반적인 리머의 가공 여유는 0.2~0.5mm 정도를 준다.

30 측정기 선택 조건으로 가장 적합하지 않은 것은?
① 제품 공차   ② 제품 수량
③ 측정 범위   ④ 제작 회사

해설 측정기 선택 조건 : 제품 공차, 제품 수량, 측정 범위, 측정 환경, 측정 대상 등이다.

31 수평 밀링 머신의 플레인 커터 작업에서 상향 절삭에 대한 하향 절삭의 장점은?
① 날의 마멸이 적고 수명이 길다.
② 기계에 무리를 주지 않는다.
③ 절삭열에 의한 치수정밀도의 변화가 작다.
④ 이송기구의 백래시가 자연히 제거된다.

해설 하향 절삭
① 커터가 공작물을 아래로 누르는 것과 같은 작용을 하므로 공작물 고정이 간단하다.
② 커터의 마모가 적고 또한 동력 소비가 적다.
③ 가공면이 깨끗하다.
④ 절단, 홈 가공 등 난점이 있는 대량 생산에 유리하고 가공면을 잘 볼 수 있고, 절삭량을 크게 할 수 있다.
⑤ 커터의 절삭방향과 이송방향이 같으므로 절삭날 하나하나의 날자리 간격이 짧다.

32 절삭공구를 사용하여 공작물을 가공할 때 불연속형 칩이 나올 절삭 조건은?
① 절삭속도가 빠를 때
② 공구의 윗면 경사각이 작을 때
③ 재질이 연한 공작물을 가공할 때
④ 칩 두께가 얇을 때

답 27. ② 28. ② 29. ② 30. ④ 31. ① 32. ②

해설 전단형 칩(shear type chip)
칩이 원활히 흐르지 못하고, 칩을 밀어내는 압축력이 축적되어야 분자 사이에 전단이 일어나기 때문에 미끄럼 간격이 커진다. 불연속적인 미끄럼에 의하여 나타나므로 유동형과 균열형의 중간에 속하는 형태이며, 절삭저항은 한 개의 칩이 발생할 때마다 변동하여 가공면이 매끄럽지 못하다. 연한 재질의 공작물을 작은 경사각으로 저속 가공할 때 생긴다.

33 다음 중 플레이너에서 가공하기 부적합한 작업은?
① 원통면 절삭   ② 수평면 절삭
③ 수직면 절삭   ④ 홈 절삭

해설 원통면 절삭은 일반적으로 선반가공이다.

34 금속으로 만든 작은 덩어리를 공작물 표면에 고속도로 분사하여 피로강도를 증가시키기 위한 냉간 가공법으로 반복하중을 받는 스프링, 기어, 축과 대형 공작물 등을 성형하는 방법으로 사용되는 가공법은?
① 쇼트 피닝   ② 버니싱
③ 배럴 다듬질 ④ 슈퍼 피니싱

해설 쇼트 피닝 : 표면을 타격하는 일종의 냉간가공. 철강의 작은 볼(shot)을 공작물 표면에 분사하여 강재의 화학조성을 변화시키지 않고 표면을 매끈하게 하여 피로강도 기계적 성질 향상이 된다. 공작물의 표면경화 및 피로한도 증가

35 가공물의 표면 거칠기를 나쁘게 하고 공구의 수명을 단축시키며 진동 등의 원인이 되는 구성인선 발생을 억제할 수 있는 것은?
① 절삭 깊이를 크게 한다.
② 윤활성이 좋은 절삭 유제를 사용한다.
③ 절삭 속도를 작게 한다.
④ 공구의 윗면 경사각을 작게 한다.

해설 구성인선 방지책
① 절삭 깊이를 적게 한다.
② 상면 경사각을 크게 한다.
③ 절삭 속도를 크게 한다.(고속도강인 경우, 임계속도 120~150m/min)
④ 윤활성이 있는 절삭유를 사용한다.

36 밀링 머신 중 새들 위에 회전대가 있어 수평면 상에서 필요한 각도로 테이블을 회전시켜 이송함으로써 트위스트드릴의 비틀림 홈 등을 가공할 수 있는 것은?
① 수직 밀링 머신
② 만능 밀링 머신
③ 회전 밀러
④ 플래노 밀러

해설 만능 밀링 머신은 테이블의 평면상 45°를 선회한다.

37 W, Ti, Ta 등의 탄화물분말을 Co나 Ni 분말과 혼합하여 프레스로 성형한 다음 1400℃ 이상의 고온에서 소결하여 만든 공구 재료는?
① 주조 합금   ② 초경합금
③ 시효 경화 합금 ④ 고속도강

해설 초경합금은 W, Ti, Ta 등의 탄화물분말을 Co나 Ni 분말과 혼합하여 프레스로 성형한 다음 1400℃ 이상의 고온에서 소결하여 만든 합금이다.

38 피측정물을 양 센터에 지지하고, 360° 회전시켜 다이얼게이지의 최대값과 최소값의 차이로서 진원도를 측정하는 것은?
① 직경법   ② 반경법
③ 3점법   ④ 센터법

해설 반경법 : 피측정물을 양 센터에 지지하고, 360° 회전시켜 다이얼게이지의 최대값과 최소값의 차이로서 진원도를 측정한다.

답 33.① 34.① 35.② 36.② 37.② 38.②

39 한 대의 드릴링 머신에 다수의 스핀들을 설치하고 한 개의 구동축으로 유니버설 조인트를 이용하여 여러 개의 드릴을 동시에 구동시키는 드릴링 머신은?

① 레이디얼 드릴링 머신
② 다축 드릴링 머신
③ 다두 드릴링 머신
④ 탁상 드릴링 머신

해설 ① 레이디얼 드릴링 머신 : 비교적 큰 공작물의 구멍을 뚫을 때 사용된다.
② 다두 드릴링 머신 : 나란히 있는 여러 개의 스핀들에 여러 가지 공구를 꽂아 드릴링, 리밍, 태핑 등을 연속적으로 가공한다.
③ 다축 드릴링 머신 : 한 대의 드릴링 머신에 다수의 스핀들을 설치하고 여러 개의 드릴을 동시에 드릴링 가공한다.

40 밀링 작업에서 절삭 속도와 이송을 결정하는 경우 고려할 사항으로 올바른 것은?

① 고운 가공면을 얻기 위해서는 절삭 속도를 크게 하고 이송을 적게 한다.
② 고운 가공면을 얻기 위해서는 절삭 속도를 크게 하고 절삭 깊이를 크게 한다.
③ 커터의 수명을 연장하기 위해서는 절삭 속도를 크게 한다.
④ 커터의 지름과 폭이 작은 경우에는 저속으로 절삭한다.

해설 절삭가공 시 표면조도를 좋게 하려면 절삭 속도를 크게 하고 이송을 적게 한다.

41 센터리스 연삭기의 장점을 잘못 설명한 것은?

① 대형 중량물의 연삭이 가능하다.
② 연속 작업을 할 수 있어 대량 생산에 적합하다.
③ 연삭 여유가 작아도 된다.
④ 긴 축 재료의 연삭이 가능하다.

해설 • 센터리스 연삭기의 장점
① 가늘고 긴 핀, 원통, 중공축 등을 연삭하기 쉽다.
② 연속 작업할 수 있으며, 대량 생산에 적합하다.
③ 기계의 조정이 끝나면 초보자도 작업을 할 수 있다.
④ 고정에 따른 변형이 없고 연삭 여유가 작아도 된다
⑤ 연삭숫돌의 나비가 크므로 지름의 마멸이 적고 수명이 길다.
• 센터리스 연삭기의 단점
① 긴 홈이 있는 공작물은 연삭할 수 없다.
② 대형 중량물은 연삭할 수 없다.
③ 연삭숫돌의 나비보다 긴 공작물은 전후 이송법으로 연삭할 수 없다.

42 빌트업 에지(built up edge)의 발생을 감소시키기 위한 내용 중 틀린 것은?

① 경사각을 크게 한다.
② 절삭 속도를 크게 한다.
③ 절삭 깊이를 크게 한다.
④ 윤활성이 좋은 절삭유제를 사용한다.

해설 구성인선 방지책
① 절삭 깊이를 적게 한다.
② 상면 경사각을 크게 한다.
③ 절삭 속도를 크게 한다.
④ 윤활성이 있는 절삭유를 사용한다.

43 M10×1.5 탭 가공을 하기 위한 다음 프로그램에서 이송속도는?

```
G43 Z50. H03 S300 M03 ;
G84 G99 Z-10. R5. F_ ;
```

① 150mm/min ② 300mm/min
③ 450mm/min ④ 600mm/min

해설 $F = n \times P = 300 \times 1.5 = 450$mm/min

답 39. ② 40. ① 41. ① 42. ③ 43. ③

44 NC의 서보(servo)기구를 위치 검출방식에 따라 분류할 때 해당하지 않는 것은?

① 폐쇄회로 방식(closed loop system)
② 반폐쇄회로 방식(semi-closed loop system)
③ 반개방회로 방식(semi-open loop system)
④ 하이브리드 방식(hybrid servo system)

해설 서보(servo)기구는 사람의 손과 발에 해당되는 부분으로 위치검출 방법에 따라 개방회로(open loop) 방식, 반폐쇄회로(semi-closed) 방식, 폐쇄회로(close loop) 방식, 하이브리드 서보(hybrid servo) 방식이 있다.

45 CNC 선반에서 피치가 1mm인 2줄 나사를 가공할 때 이송속도 F는?

① F 1.0
② F 2.0
③ F 3.0
④ F 4.0

해설 피치가 1mm×2줄 나사=F 2.0

46 CNC 공작기계로 가공할 때 안전사항으로 틀린 것은?

① 기계가공하기 전에 일상점검에 유의하고 윤활유의 양이 적으면 보충한다.
② 일감의 재질과 공구의 재종에 따라 회전수와 절삭속도를 결정하여 프로그램을 작성한다.
③ 절삭공구, 바이스 및 공작물은 정확하게 고정하고 확인한다.
④ 절삭 중 가공 상태를 확인하기 위해 앞쪽에 있는 문을 열고 작업한다.

해설 절삭 중 가공에는 문을 항상 닫고 작업한다.

47 다음 중 기계 원점으로 자동 복귀하는 기능은?

① G27
② G28
③ G29
④ G30

해설 ① G27 : 원점 복귀 체크
② G28 : 자동 원점 복귀(제1원점)
③ G29 : 원점으로부터 복귀
④ G30 : 제2, 제3, 제4원점 복귀

48 CNC 선반에서 절삭속도가 130m/min으로 일정제어되면서 주축이 정회전하도록 지령된 것은?

① G97 S130 M03 ;
② G96 S130 M03 ;
③ G97 S130 M04 ;
④ G96 S130 M04 ;

해설 절삭속도라는 것은 공구와 공작물의 상대속도라 하고 공구와 공작물이 정해지면 항상 그 속도가 나오는 것이 정상이므로 선반에서 거의 G96으로 지령하나 나사가공 시 즉, 가공할 때 X축이 변하지 않는 가공에는 G97(주축회전수 일정제어)지령한다. 나사가공시에는 X축이 변하는데도 G97로 지령하는 것은 G96지령이 되면 매가공 시 나사의 리드 값이 변하므로 할 수 없이 G97로 지령한다.

49 다음 그림은 머시닝센터의 가공용 도면이다. 절대 명령에 의한 이동지령을 바르게 나타낸 것은?

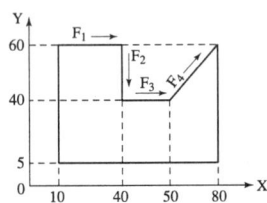

① F1 : G90 G01 X40. Y60. F100 ;
② F2 : G91 G01 X40. Y40. F100 ;
③ F3 : G90 G01 X10. Y0. F100 ;
④ F4 : G91 G01 X30. Y60. F100 ;

해설 절대지령이므로
F1 : G90 G01 X40. Y60. F100 ; 이다.

답 44. ③ 45. ② 46. ④ 47. ② 48. ② 49. ①

50 CNC 선반에서 안지름과 바깥지름의 거친 가공 사이클을 나타내는 준비기능은?

① G70　② G71
③ G74　④ G76

해설　① G70 : 정삭 사이클
② G71 : 황삭 사이클
③ G74 : 단면 홈 가공(펙 드릴링) 사이클
④ G76 : 나사가공 사이클

51 그림은 CNC 선반의 도면이다. P점에서 원호 R3을 가공하는 프로그램으로 맞는 것은?

① G02 X44. Z25. R3. F0.2 ;
② G03 X50. Z25. R3. F0.2 ;
③ G02 X47. Z22. R3. F0.2 ;
④ G03 X50. Z22. R3. F0.2 ;

해설　반시계방향 원호가공이므로 도면에서
G03 X50. Z22. R3. F0.2 ;

52 C S K P R 25 25 M 12는 선반용 툴 홀더의 ISO규격이다. 두 번째의 S는 무엇을 의미하는가?

① 클램핑 방식
② 인서트의 형상
③ 인서트의 여유각
④ 섕크의 넓이

해설

C	S	K	P	R	25	25	M	12
①	②	③	④	⑤	⑥	⑦	⑧	⑨

ISO 홀더의 규격 표시
① C : 클램프
② S : 인서트 형상
③ K : 홀더 유형
④ P : 인서트 여유각
⑤ R : 공구 방향
⑥ 25 : 섕크 높이
⑦ 25 : 섕크 폭
⑧ M : 공구 길이
⑨ 12 : 절삭날 길이

53 CNC 선반의 복합형 고정 사이클(예 : G71~G76 등)에 있어서 사이클 가공의 종료 시 공구가 복귀하는 위치는?

① 프로그램의 원점
② 제2원점
③ 기계 원점
④ 사이클 가공 시작점

해설　복합형 고정 사이클 기능이 종료되면 공구는 사이클 가공 시작점으로 복귀한다.

54 CNC 선반에서 드릴을 고정하여 사용하는 곳은?

① 주축대　② 새들
③ 공구대　④ 베드

해설　CNC 선반에서 드릴을 고정하여 사용하는 곳은 공구대이다.

55 CAD/CAM 시스템의 적용 시 장점과 거리가 가장 먼 것은?

① 생산성 향상
② 품질 관리의 강화
③ 비효율적인 생산 체계
④ 설계·제조 시간의 단축

해설　CAD/CAM 시스템을 적용하면 설계·제조 시간 단축에 따른 생산성 향상은 물론 품질 관리에도 기여한다.

답　50. ②　51. ④　52. ②　53. ④　54. ③　55. ③

56 머시닝센터 프로그램에서 주축회전수를 1000 rpm으로 설정하고 4날 엔드밀을 사용하였을 때 테이블의 이송속도는 몇 mm/min인가? (단, 1날당 이송은 0.05mm이다.)

① 100   ② 160
③ 200   ④ 240

해설 $f = f_z \times Z \times n = 0.05 \times 4 \times 1000 = 200mm$

57 CNC 공작기계에서 전원 투입 후 기계운전의 안전을 위하여 첫 번째로 해야 하는 조작은?

① 기계 원점 복귀
② 공구 보정 값 설정
③ 공구 교환
④ 공작물 좌표계 설정

해설 CNC 공작기계에서 전원 투입 후 반드시 기계 원점 복귀한다.

58 다음 머시닝센터 프로그램에서 공구지름 보정에 사용된 보정번호는?

```
G17 G40 G49 G80 ;
G91 G28 X0. Y0. Z0. ;
G90 G92 X400. Y250. Z500. ;
T01 M06 ;
G00 X-15. Y-15. S1000 M02 ;
G43 Z50. H01 ;
Z3. ;
G01 Z-5. F100 M08 ;
G41 X0. D11 ;
```

① D11   ② T01
③ M06   ④ H01

해설

D11	공구지름 보정번호
H01	공구길이 보정번호

59 다음 중 소수점 입력이 가능한 어드레스로 구성된 것은?

① X, I, R, F   ② Y, J, G, F
③ Z, K, T, S   ④ X, Y, Z, M

해설 소수점 입력이 가능한 어드레스는 X, Y, Z, I, J, K, R, F 등이 있다.

60 다음 그림에서 A에서 B까지의 경로를 가공할 때 공구지름 보정 준비기능으로 맞는 것은?

① G40   ② G41
③ G42   ④ G43

해설 공구지름 우측 보정이므로 G42이다.

제 2 회 CBT 모의고사

컴퓨터응용선반기능사

01 60% Cu-40% Zn 합금으로 상온조직이 α+β상이고 탈아연 부식을 일으키기 쉬우나 강도를 요하는 볼트, 너트, 열간 단조품 등에 쓰이며, 상온에서 전연성이 낮은 합금은?

① 켈밋　　② 문쯔 메탈
③ 톰백　　④ 하이드로날륨

해설
① 문쯔 메탈 : 60% Cu - 40% Zn 합금으로 상온조직이 α+β상이고 탈아연 부식을 일으키기 쉬우나 강도를 요하는 볼트, 너트, 열간 단조품 등에 사용
② 켈밋 : Cu+Pb 합금으로 고속 고하중 베어링에 사용
③ 톰백(tombac) : 5~20%의 저 아연합금으로 전연성이 좋고 색이 금에 가까우므로 모조금박으로 금대용으로 사용
④ 하이드로날륨 : Al-Mg계로 대표적인 내식성 합금

02 다음 중 주물용 알루미늄 합금과 가장 거리가 먼 것은?

① 라우탈(lautal)
② 실루민(silumin)
③ 알팍스(alpax)
④ 델파메탈(delta metal)

해설
• 주조용 알루미늄 합금
① Al-Cu계 : 실용합금으로는 4% Cu합금인 알코아 195(Alcoa)가 있다.
② Al-Si계 : 대표합금으로 실루민(Silumin), 알팍스(Alpax) 등이 있다.
③ Al-Cu-Si계 : 대표적인 합금으로 라우탈이 있다.
④ Al-Mg 합금 : 하이드로날륨(hydronalium)
• 델타 메탈(delta metal)
6-4황동에 1~2% Fe함유 강도, 내식성 증가, 광산기계, 선박, 화학기계용으로 사용된다.

03 "밀링에 사용하는 엔드밀의 재료는 일반적으로 SKH2를 사용한다."에서 SKH는 어떤 재료를 나타내는 KS기호인가?

① 일반구조용 압연강재
② 고속도공구강 강재
③ 기계구조용 탄소강재
④ 탄소공구강재

해설
• SKH : 고속도공구강 강재
• SS : 일반구조용 압연강재
• SM : 기계구조용 탄소강재
• STC : 탄소공구강재

04 다음 KS규격에 의한 구름 베어링의 호칭번호 중 기본 기호에 해당하지 않는 것은?

① 봉입 그리스 기호
② 형식 기호
③ 치수 계열 기호
④ 안지름 번호

해설 구름 베어링의 호칭법
① 기본 기호 : 베어링 계열 번호, 안지름 번호, 접촉각 기호
② 보조 기호 : 리테이너 기호, 시일드 기호, 틈새 기호, 등급 기호

05 다음 중 하물을 감아올릴 때는 제동 작용을 하지 않고 클러치 작용을 하며, 내릴 때는 하물 자중에 의해 브레이크 작용을 하는 것은?

① 블록 브레이크
② 밴드 브레이크
③ 자동하중 브레이크
④ 축압 브레이크

답 01. ② 02. ④ 03. ② 04. ① 05. ③

> **해설** 자동하중 브레이크 : 하물을 감아올릴 때는 제동 작용은 하지 않고 클러치 작용을 하며, 내릴 때는 하물 자중에 의해 브레이크 작용을 한다.

06 둥근 축 또는 원뿔 축과 보스의 둘레에 같은 간격으로 가공된 나사산 모양을 갖는 수많은 작은 삼각형의 스플라인을 무엇이라 하는가?
① 각형 스플라인 ② 반달 키
③ 묻힘 키 ④ 세레이션

> **해설** 세레이션 : 축과 보스의 상대 각 위치를 되도록 가늘게 조절해서 고정하려 할 때 사용되며 같은 지름의 스플라인 축보다 큰 회전력을 전달하며 자동차의 핸들 등에 사용

07 피치 3mm인 3줄 나사의 리드는 몇 mm인가?
① 1 ② 2.87
③ 3.14 ④ 9

> **해설** 3mm×3줄=9mm

08 다음 중 강에 S, Pb 등의 특수원소를 첨가하여 절삭할 때 칩을 잘게 하고 피삭성을 좋게 만든 특수강은?
① 내열강 ② 내식강
③ 쾌삭강 ④ 내마모강

> **해설** 쾌삭강 : S, Pb 등의 특수원소를 첨가하여 절삭할 때 칩을 잘게 하고 피삭성을 좋게 만든 특수강

09 다음 중 하중이 작용하는 방향이 단면(斷面)에 평행한 하중은?
① 인장 하중 ② 압축 하중
③ 전단 하중 ④ 휨 하중

> **해설** 전단 하중 : 하중이 작용하는 방향이 단면(斷面)에 평행한 하중

10 다음 중 섬유강화 플라스틱으로 불리며 항공기, 선박, 자동차 등에 쓰이는 복합재료는?
① Optical Fiber ② 세라믹
③ FRP ④ 초전도체

> **해설** FRP : 섬유강화 플라스틱으로 불리며 항공기, 선박, 자동차 등에 쓰이는 복합재료

11 치직각 방식에서 모듈이 $m=4$, 잇수 $Z=72$인 헬리컬 기어의 피치원 지름은 약 몇 mm 인가? (단, 비틀림 각은 30°이다.)
① 132 ② 233
③ 333 ④ 432

> **해설** 헬리컬 기어 피치원 지름
> $$\frac{m \times Z}{\cos\beta} = \frac{4 \times 72}{\cos 30} = 332.5$$

12 브레이크 블록의 길이와 나비가 60mm×20mm이고 브레이크 블록을 미는 힘이 900N일 때 제동압력은?
① $0.75\,N/mm^2$ ② $7.5\,N/mm^2$
③ $75\,N/mm^2$ ④ $750\,N/mm^2$

> **해설** 제동압력 = 힘/면적
> $$q = \frac{Q}{bt} = \frac{900}{60 \times 20} = 0.75$$

13 강을 Ac3(아공석강) 또는 Ac1(가공석강) 이상의 고온에서 가열하여 이것을 노(爐) 중에서 서서히 냉각하는 열처리는?
① 담금질 ② 풀림
③ 퀜칭 ④ 저온뜨임

> **해설** 재료를 단조, 주조 및 기계 가공을 하면 조직이 불균일하며 거칠어지고 가공경화나 내부응력이 생기게 되는데, 이를 제거하기 위해 변태점 이상의 적당한 온도로 가열하여 서서히 냉각시키는 작업을 풀림이라 한다.

답 06. ④ 07. ④ 08. ③ 09. ③ 10. ③ 11. ③ 12. ① 13. ②

14 다음 중 평벨트와 비교한 V벨트 전동의 특성으로 틀린 것은?

① 설치면적이 넓어 큰 공간이 필요하다.
② 비교적 작은 장력으로 큰 회전력을 전달할 수 있다.
③ 운전이 조용하다.
④ 마찰력이 크고 미끄럼이 적다.

해설 설치면적이 적어 큰 공간이 필요하지 않다.

15 주철의 일반적 설명으로 적당하지 않은 것은?

① 강에 비하여 취성이 크고 강도가 비교적 높다.
② 고온에서도 소성변형이 곤란하나 주조성이 우수하여 복잡한 형상을 쉽게 생산할 수 있다.
③ 주철은 파면상으로 분류하면 회주철, 백주철, 반주철로 구분할 수 있다.
④ 주철 중의 탄소를 흑연화시키기 위한 인자로서는 전(全) 탄소량 및 규소의 함량이 중요하다.

해설 강에 비하여 취성이 크고 강도가 작다.

16 보기 도면과 같은 제품을 드릴 지름 18mm로 구멍을 뚫을 때, 관통 구멍부인 플랜지의 두께 치수는?

[보기]

① 8　　② 9
③ 10　④ 18

해설 보기 도면에서 보는 바와 같이 플랜지의 두께는 10mm이다.

17 기계제도에 사용되는 기호와 의미가 틀리게 설명된 것은?

① SR : 구의 지름　② R : 반지름
③ C : 45° 모따기　④ ϕ : 지름

해설

ϕ	지름 치수의 수치 앞에 붙인다.
R	반지름 치수의 수치 앞에 붙인다.
Sϕ	구의 지름 치수 수치 앞에 붙인다.
SR	구의 반지름 치수 수치 앞에 붙인다.
□	정사각형의 한 변의 치수 수치 앞에 붙인다.

18 보기와 같은 나사가공 도면의 M12×16/ϕ10.2×20으로 표시된 치수 기입의 도면해독으로 올바른 것은?

[보기]

① 암나사 가공하기 위한 구멍가공 드릴지름은 12mm
② 암나사 가공하기 위한 구멍가공 드릴지름은 16mm
③ 암나사 가공하기 위한 구멍가공 드릴지름은 10.2mm
④ 암나사 가공하기 위한 구멍가공 드릴지름은 20mm

해설

M12	16	ϕ10.2	20
암나사의 골지름	나사의 깊이	암나사 가공용 드릴 지름	드릴 깊이

답 14. ①　15. ①　16. ③　17. ①　18. ③

19 관용 테이퍼 나사 종류 중 테이퍼 수나사 R에 대하여만 사용하는 3/4인치 평행 암나사를 표시하는 KS 나사 표시기호는?

① PT 3/4 ② Rp 3/4
③ PF 3/4 ④ Rc 3/4

※해설

관용 테이퍼 나사	테이퍼 수나사	R
	테이퍼 암나사	Rc
	평행 암나사	Rp

20 보기 도면에서 ϕ34mm 부분의 외경가공은 표면 거칠기 값을 얼마로 해야 하는가?

[보기]

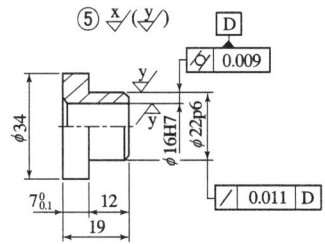

① 부품번호 옆에는 없는 ᵂ/급
② 부품번호 옆에 ( ) 밖에 있는 ˣ/급
③ 부품번호 옆에 ( )에 있는 ʸ/급
④ 가공하지 않은 상태 그대로

※해설 지시되지 않은 곳은 ˣ/, 나머지는 지시한 그대로 가공한다는 의미

21 KS 기계제도의 치수 표시법에서 이론적으로 정확한 치수의 표시방법으로 옳은 것은?

① |⟵ 50 ⟶| ② |⟵ 50 ⟶|
③ |⟵ △30 ⟶| ④ |⟵ (30) ⟶|

※해설 ①항은 이론적으로 정확한 치수
②항은 비례척이 아님.

22 기계제도에서 도형에 나타나지 않으나 공작 시의 이해를 돕기 위하여 가공 전이나, 공구의 위치 등을 나타내는 데 사용하는 선은?

① 파단선 ② 숨은선
③ 중심선 ④ 가상선

※해설
① 숨은선 : 대상물의 보이지 않는 부분의 모양을 표시하는 데 사용
② 파단선 : 대상물의 일부를 파단한 경계 또는 일부를 떼어낸 경계를 표시하는 데 사용
③ 가상선 : 가공 전이나, 공구의 위치 등을 나타내는 데 사용

23 보기 입체도의 화살표 방향이 정면일 때, 우측면도로 적합한 것은?

[보기]

①   ②
③   ④

24 기계 부품도에서 ϕ50H7g6로 표기된 끼워 맞춤의 설명이 틀린 것은?

① 억지 끼워 맞춤이다.
② 끼워 맞춤 구멍이 H7 등급이다.
③ 끼워 맞춤 축이 g6 등급이다.
④ 구멍 기준식 끼워 맞춤이다.

※해설

ϕ50	H7	g6	형식
구멍 지름	구멍의 허용 공차	축의 허용 공차	구멍 기준식 헐거운 끼워 맞춤

답 19.② 20.② 21.① 22.④ 23.② 24.①

25 다음은 베어링 커버의 도면이다. 거칠기가 가장 거친 부분은?

① A
② B
③ C
④ D

해설 A부분은 커버의 상면이므로 표면 거칠기를 고려하지 않아도 된다.

26 선반의 부속장치 중 3개의 조가 방사형으로 같은 거리를 동시에 움직이므로 원형, 정삼각형, 정육각형의 단면을 가진 공작물을 고정하는 데 편리한 척은?

① 단동척   ② 마그네틱척
③ 연동척   ④ 콜릿척

해설 척 : 바깥지름으로 크기를 나타낸다.
① 연동척(만능척, 스크롤척) : 규칙적인 외경을 가진 재료를 가공. 단동척보다 고정력이 약하다. 3개의 조를 크라운 기어를 사용, 동시에 이동시킨다.
② 단동척 : 다소 불규칙한 외경의 공작물 가공과 중심을 편심시켜 가공할 수 있다. 4개의 조가 있다.
③ 마그네틱척 : 전자석 설치, 얇은 공작물을 변형시키지 않고 가공된다.
④ 콜릿척 : 가는 지름의 환봉 재료 고정. 탁상, 터릿 선반용으로 사용된다.

27 진원도를 측정할 때 가장 적당한 측정기는?

① 게이지 블록
② 한계 게이지
③ 다이얼 게이지
④ 오토 콜리메이터

해설 ① 게이지 블록 : 비교측정
② 다이얼 게이지 : 진원도 측정
③ 오토 콜리메이터 : 미소각도 측정, 진직도 측정, 평면도 측정 등
④ 한계 게이지 : 최대 허용치수, 최소 허용치수의 한계 차이

28 밀링 공작 기계에서 스핀들의 회전운동을 수직왕복운동으로 변환시켜 주는 부속장치는?

① 수직 밀링 장치
② 슬로팅 장치
③ 만능 밀링 장치
④ 래크 밀링 장치

해설 슬로팅(slotting) 장치
니형 밀링 머신의 컬럼 앞면에 주축과 연결하여 사용하며 주축의 회전 운동을 공구대 램의 직선왕복 운동으로 변화시켜 바이트로써 직선 절삭 가능(키이, 스플라인, 세레이션, 기어가공 등)

29 절삭유제의 구비 조건이 아닌 것은?

① 냉각성이 우수해야 한다.
② 유동성이 좋아야 한다.
③ 윤활성이 좋아야 한다.
④ 인화점이 낮아야 한다.

해설 인화점이 높아야 한다.

30 선반 작업용 부속품 중 구멍이 뚫린 일감의 원통면을 양 센터로 지지하여 가공할 때 사용되는 것은?

① 면판   ② 방진구
③ 돌리개   ④ 맨드릴

해설 ① 심봉(mandrel) : 구멍이 있는 공작물을 고정, 가공 시 심봉 자체는 양 센터로 지지하거나 주축의 테이퍼 구멍에 끼워 사용하고, 구멍과 외경을 동심으로 가공 시에 사용
② 방진구 : 가늘고 긴 일감이 휘는 것을 방지
③ 면판 : 대형 공작물이나 복잡한 형상의 공작물 가공에 사용된다.
④ 돌림판, 돌리개 : 센터 작업 시 주축의 회전을 공작물에 전달하기 위해 함께 사용한다. 돌림판은 곧은 돌림판과 곡형 돌림판이 있으며 주축끝단 나사부에 고정하여 사용한다. 돌리개는 곧은 돌리개, 굽은 돌리개, 평행 돌리개 등이 있다.

답 25. ① 26. ③ 27. ③ 28. ② 29. ④ 30. ④

제 6 편   최근 기출문제

31 합금 공구강을 설명한 내용 중 옳지 않은 것은?

① 탄소 공구강에 Cr, W, Ni, V 등의 성분을 첨가하여 만든다.
② 탄소 공구강보다 절삭 성능이 좋고 내마열성과 고온경도가 높다.
③ 450℃ 정도까지는 경도를 유지할 수 있다.
④ 합금 공구강의 대표적인 것은 스텔라이트이다.

해설 스텔라이트는 주로 경질 합금의 대표적인 것이다.

32 연삭숫돌의 결합도는 숫돌입자의 결합상태를 나타내는데 결합도 P, Q, R, S와 관련이 있는 것은?

① 연한 것
② 매우 단단한 것
③ 단단한 것
④ 매우 연한 것

해설

E~G	극히 연함
H~K	연함
L~O	보통
P~S	단단함
T~Z	극히 단단함

33 축 지름의 치수를 직접 측정할 수는 없으나 기계 부품이 허용 공차 안에 들어 있는지를 검사하는 데 가장 적합한 측정기기는?

① 한계 게이지
② 버니어 캘리퍼스
③ 외경 마이크로미터
④ 사인바

해설 한계 게이지 : 통과 축과 정지 축이 있는데 정지 축으로는 제품이 들어가지 않고 통과 축으로 제품이 들어가는 경우 제품은 주어진 공차 내에 있음을 나타내는 것이다.

34 길이가 짧고 지름이 큰 일감을 깎는 데 가장 적당한 선반은?

① 터릿 선반   ② 모방 선반
③ 공구 선반   ④ 정면 선반

해설
① 정면 선반 : 직경이 크고 길이가 짧은 공작물 가공(대형 풀리, 플라이휠)
② 터릿 선반 : 보통 선반의 심압대 대신 여러 개의 공구를 방사상으로 설치하여 공정 순서대로 공구의 차례대로 사용할 수 있도록 되어 있는 선반
③ 모방 선반 : 제품과 동일한 모양의 형판에 의해 공구대가 자동으로 이동하며 형판과 같은 윤곽으로 절삭하는 선반
④ 공구 선반 : 릴리빙 장치(=Back off 장치)를 가진 것으로 절삭공구(호브, 커터, 탭 등)의 여유각을 가공한다.

35 주철과 같은 메진 재료를 저속으로 절삭할 때 주로 생기는 칩으로서 가공면이 좋지 않은 것은?

① 유동형 칩   ② 전단형 칩
③ 열단형 칩   ④ 균열형 칩

해설
① 유동형 칩(flow type chip) : 칩이 공구의 경사면 위를 유동하는 것과 같이 원활하게 연속적으로 흘러 나가는 형태로서 가공면이 깨끗하다.
② 전단형 칩(shear type chip) : 연한 재질의 공작물을 작은 경사각으로 저속 가공할 때 생긴다.
③ 열단형 칩(tear type chip) : 점성이 큰 재질을 작은 경사각의 공구로 절삭할 때
④ 균열형 칩(Crack type chip) : 주철과 같은 메진(취성) 재료를 저속 가공할 때

36 선반작업에서 테이퍼 부분의 길이가 짧고 경사각이 큰 일감의 테이퍼 가공에 사용되는 방법은?

① 심압대 편위에 의한 방법
② 복식 공구대에 의한 방법
③ 체이싱 다이얼에 의한 방법
④ 방진구에 의한 방법

답 31. ④ 32. ③ 33. ① 34. ④ 35. ④ 36. ②

해설   테이퍼 절삭 방법
① 복식 공구대 회전 방법 : 길이가 짧고 테이퍼 값이 클 때 $\theta = \tan^{-1} \dfrac{D-d}{2l}$
② 심압대(tail stock)를 편위시키는 방법 : 테이퍼 길이가 길 때 외경 테이퍼에서만 적용
 - 전체 길이에 대한 심압대 편위량
 $x = \dfrac{(D-d)L}{2l}$ (mm)
 - 테이퍼 길이에 대한 편위량
 $x = \dfrac{D-d}{2}$ (mm)
③ 테이퍼 절삭 장치를 이용하는 방법
④ 가로 이송과 세로 이송을 동시에 작업하는 방법
⑤ 총형바이트에 의한 방법

37 대표적인 것으로 스텔라이트가 있으며, 단조나 열처리가 되지 않으면서도 경도가 매우 높은 공구 재료는?
① 탄소공구강   ② 고속도강
③ 초경합금   ④ 주조경질합금

해설   주조경질합금
① 대표적인 것. 스텔라이트가 있으며 주조로 성형한 것을 연삭으로 다듬질하여 사용하며, 금속절삭에 널리 사용되지 않는다.
② 재료 : W-Cr-Co-C
③ 초경합금과 고속도강의 중간 성능을 갖는다.
④ 단조나 열처리가 되지 않으므로 매우 단단하다.

38 밀링 커터의 지름이 100mm, 회전수가 200rpm일 때 절삭속도는 약 몇 m/min인가?
① 62.8   ② 125.6
③ 263.7   ④ 636.8

해설 $V = \dfrac{\pi \times 100 \times 200}{1000} = 62.8 \text{m/min}$

39 숫돌바퀴는 균질하지 못하거나 공작물의 영향을 받아 모양이 점차 변한다. 이렇게 변형된 숫돌바퀴를 정확한 모양으로 가공하는 것을 무엇이라 하는가?
① 트루잉(truing)
② 드레싱(dressing)
③ 무딤(glazing)
④ 눈메움(loading)

해설   ① 드레싱(재생작업)
숫돌입자를 무딤이나 눈 메움으로 절삭성이 나빠진 숫돌 면에 날카로운 입자를 발생시켜주는 작업
② 트루잉(성형, 모양 고치기)
연삭숫돌의 외형을 수정하여 규격에 맞는 제품을 만드는 과정

40 센터리스 연삭기의 장점으로 볼 수 없는 것은?
① 중공물의 원통연삭에 편리하다.
② 가늘고 긴 공작물의 연삭에 알맞다.
③ 숫돌의 마모가 적고 수명이 길다.
④ 연삭에 상당한 숙련이 요구된다.

해설   • 센터리스 연삭기의 장점
① 가늘고 긴 핀, 원통, 중공축 등을 연삭하기 쉽다.
② 연속 작업할 수 있으며, 대량 생산에 적합하다.
③ 기계의 조정이 끝나면 초보자도 작업을 할 수 있다.
④ 고정에 따른 변형이 없고 연삭 여유가 작아도 된다.
⑤ 연삭숫돌의 나비가 크므로 지름의 마멸이 적고 수명이 길다.
• 센터리스 연삭기의 단점
① 긴 홈이 있는 공작물은 연삭할 수 없다.
② 대형 중량물은 연삭할 수 없다.
③ 연삭숫돌의 나비보다 긴 공작물은 전후 이송법으로 연삭할 수 없다.

답 37. ④ 38. ① 39. ① 40. ④

41 선반의 종류별 용도에 대한 설명 중 틀린 것은?
① 정면 선반 - 길이가 짧고 지름이 큰 공작물 절삭에 사용
② 보통 선반 - 공작기계 중에서 가장 많이 사용되는 범용선반
③ 탁상 선반 - 대형 공작물의 절삭에 사용
④ 수직 선반 - 주축이 수직으로 되어 있으며 중량이 큰 공작물 가공에 사용

해설 탁상 선반 : 정밀 소형기계 및 시계부품 가공

42 공작기계의 절삭운동 중 일감을 회전시켜 가공하는 공작기계는?
① 셰이퍼 ② 밀링머신
③ 호닝머신 ④ 선반

해설 절삭운동 중 일감을 회전시켜 가공하는 공작기계는 선반이다.

43 다음은 CAD/CAM 정보 처리 흐름도이다. ( ) 안에 알맞은 것은?

도면 → 모델링 → ( ) → 전송 및 가공

① 도형 정의 ② 가공 데이터 생성
③ 곡선 정의 ④ CNC 가공

해설 도면 → 모델링 → 가공 데이터 생성 → 전송 및 가공

44 다음은 CNC 공작기계와 범용 공작기계에 의한 절삭가공의 특징을 비교한 것이다. 틀린 것은?
① CNC 공작기계는 공정관리, 공구관리 등 작업의 표준화에 대응이 용이하다.
② 범용 공작기계는 정밀가공을 위해 오랜 경험이 필요하다.
③ 범용 공작기계에서는 가공 노하우의 축적과 전승이 쉽다.
④ CNC 공작기계는 비교적 단기간에, 기계 조작이나 가공이 가능하다.

해설 범용 공작기계에서는 가공 노하우의 축적과 전승이 어렵다.

45 다음 CNC 선반 프로그램에서 주축이 4회전 일시정지(dwell)하도록 프로그램하려면 괄호 안에 적당한 것은?

G97 S120 M03 ;
G01 X50. F0.1 ;
G04 U(   ) ;

① 1.8 ② 2.0
③ 3.0 ④ 4.0

해설 정지시간=4회전×60/120=2초가 됨.

46 머시닝센터에서 공구 보정에 대한 설명 중 틀린 것은?
① 툴 프리세터는 공구 길이의 측정 시 사용한다.
② 공구 길이 및 공구 지름 보정 취소는 G40이다.
③ 공구 길이 (+) 보정은 G43이다.
④ 공구 보정량의 신장, 축소가 가능하다.

해설 ① G40 : 공구 지름 보정 취소
② G41 : 공구 지름 보정 좌측
③ G42 : 공구 지름 보정 우측
④ G43 : 공구 길이 보정 +
⑤ G49 : 공구 길이 보정 무시

47 CNC 기계 가공 중 충돌 사고가 발생할 위험이 있을 때, 응급 처리 내용으로 가장 알맞은 것은?
① 선택적 정지(optional stop) 버튼을 누른다.
② 원상 복귀(reset) 버튼을 누른다.
③ 가공 시작(cycle start) 버튼을 누른다.

답 41.③ 42.④ 43.② 44.③ 45.② 46.② 47.④

④ 비상 정지(emergency stop) 버튼을 누른다.

해설 비상 정지 버튼을 누르면 전원이 차단되어 기계가 정지한다.

48 다음 중 CNC 선반에서 가공하기 어려운 것은?
① 나사 가공   ② 래크 가공
③ 홈 가공   ④ 드릴 가공

49 머시닝센터 고정 사이클 기능에서 보링 작업용 코드만으로 바른 것은?
① G73, G81   ② G74, G84
③ G76, G85   ④ G83, G84

해설

G73	고속 팩 드릴링 사이클
G74	역 태핑 사이클
G76	정밀 보링 (고정 사이클)
G80	고정 사이클 취소
G81	드릴링 사이클 (스폿 드릴링)
G82	드릴링 사이클 (카운터보링 사이클)
G83	팩 드릴링 사이클
G84	태핑 사이클
G85	보링 사이클
G86	보링 사이클
G87	보링 사이클 백보링 사이클
G88	보링 사이클
G89	보링 사이클

50 CNC 선반에서 1초 동안 일시 정지(dwell) 명령으로 틀린 것은?
① G04 X1.0;   ② G04 W1.0;
③ G04 U1.0;   ④ G04 P1000;

해설 드웰 기능은 X, U, P로 지령하는데 X, U는 소수점 지령, P는 정수로만 지령한다.

51 드릴링 머신의 작업 시 안전 사항 중 틀린 것은?
① 드릴을 회전시킨 후에는 테이블을 조정하지 않는다.
② 드릴을 고정하거나 풀 때는 주축이 완전히 정지한 후에 작업을 한다.
③ 드릴이나 드릴 소켓 등으로 뽑을 때는 해머 등으로 가볍게 두드려 뽑는다.
④ 얇은 판의 구멍 뚫기에는 밑에 보조 판나무를 사용하는 것이 좋다.

해설 해머로 드릴이나 드릴 소켓을 두드리면 안 된다.

52 CNC 프로그램에서 보조 프로그램에 대한 설명으로 틀린 것은?
① 보조 프로그램의 마지막에는 M99가 필요하다.
② 보조 프로그램은 다른 보조 프로그램을 가질 수 있다.
③ 보조 프로그램을 호출할 때는 M98을 사용한다.
④ 주프로그램은 오직 하나의 보조 프로그램만 가질 수 있다.

해설 주 프로그램에서 보조 프로그램을 지정하는 개수는 제한이 없다.

53 CNC 공작기계에서 사용되고 있는 서보 기구 시스템에 해당하지 않는 것은?
① 개방회로 방식
② 반폐쇄회로 방식
③ 하이브리드 서보 방식
④ 반개방회로 방식

해설 서보 기구의 종류
① 개방회로(open loop system) 피드 백 장치가 없고 정밀도가 낮아 NC에서 거의 사용하지 않는 방식

답 48.② 49.③ 50.② 51.③ 52.④ 53.④

② 폐쇄회로(closed loop system)
기계의 테이블로부터 위치검출을 행하여 피드백을 행하는 방식
③ 반폐쇄회로(semi closed loop system)
위치 검출하여 지령한 펄스와 비교하여 그 편차량을 보정해주는 시스템으로 CNC 공작기계에서 가장 널리 사용된다. 단점은 볼스크루의 피치 오차나 백래시가 있으면 정확히 제어되지 않는다.
④ 하이브리드 서보 방식(hybrid servo system)
폐쇄회로와 반폐쇄회로의 장점을 살린 시스템으로 고강성 정밀도가 높은 NC 공작기계에 사용된다.

54 다음과 같은 CNC 선반 프로그램에서 2회전의 휴지(Dwell)시간을 주려고 할 때 ( ) 속에 적합한 단어(Word)는?

```
G50 S1500 T0100 ;
G96 S80 M03 ;
G00 X60. Z50. T0101 ;
G01 X30. F0.1 ;
G04 (    ) ;
```

① X 0.14   ② P 0.14
③ X 1.5   ④ P 1.5

해설 $N = \dfrac{1000V}{\pi D} = \dfrac{1000 \times 80}{\pi \times 30} = 849$

$x = \dfrac{60 \times 2}{849} = 0.14$초

지령방법 : G04 X0.14(U0.14, P140) ;
여기서, X, U : 정지시간(초) 소숫점 사용 가능
P : 정지시간(초) 소수점을 사용할 수 없다.

55 프로그램의 종료를 표시하는 보조기능이 아닌 것은?

① M02   ② M30
③ M05   ④ M99

해설
M02	프로그램 종료
M30	프로그램 종료+Rewind
M99	보조 프로그램 종료(주 프로그램 호출)
M05	주축 정지

56 선반 작업 시 안전수칙 중 잘못된 것은?

① 작업 중 일감이 튀어나오지 않도록 확실히 고정한다.
② 작업 중 회전하는 공작물에 말려들지 않도록 복장을 단정히 한다.
③ 절삭가공을 할 때는 반드시 보안경을 착용하여 눈을 보호한다.
④ 바이트는 가공시간의 절약을 위해 가공 중에 교환한다.

해설 바이트는 가공 정지 후에 교환한다.

57 서보 기구에서 위치와 속도의 검출을 서보모터에 내장된 엔코더(encoder)에 의해서 검출하는 방식은?

① 반폐쇄 회로 방식
② 개방 회로 방식
③ 폐쇄 회로 방식
④ 반개방 회로 방식

해설 ① 개방 회로 방식(open loop system)
스태핑 모터를 사용하고 피드백 장치가 없는 방식으로 현재는 정밀도가 낮아 CNC 공작기계에서는 거의 사용하지 않는다.
② 반폐쇄 회로 방식(semi-closed loop system)
AC서보모터에 내장된 디지털형 검출기인 로터리 엔코더에서 위치검출을 행하기 때문에 정밀도는 다소 폐쇄회로 방식보다 떨어지나 고정도의 볼 스크루 등에 의해 실용상으로 정밀도 문제가 거의 해결되므로 CNC공작기계에서 가장 많이 사용된다.
③ 폐쇄 회로 방식
기계의 테이블에 직선 방향 위치를 검출하여 제어하는 방식이다. 이 방식은 볼 스크루의 피치오차나 백래시에 의한 오차도 보정할 수 있어 정밀도를 향상시킬 수 있으므로 고정밀도를 필요한 공작기계나 대형공작기계 등에 많이 사용된다.
④ 하이브리드 서보 방식(hybrid servo system)
반폐쇄회로 방식과 폐쇄회로 방식을 혼합한 방식이다. 만약 반폐쇄회로 방식으로 움직인 결과 오차가 있으면 그 오차를 폐쇄

답 54. ① 55. ③ 56. ④ 57. ①

회로 방식으로 검출하여 보정을 행하는 방식으로 가격이 고가이므로 고정밀도를 필요로 할 때 사용된다.

58 다음 설명 중 틀린 것은?

① G코드가 다른 그룹(group)이면 몇 개라도 동일 블록에 지령하여 실행시킬 수 있다.
② 동일 그룹에 속하는 G코드는 동일 블록에 2개 이상 지령하면 나중에 지령한 G코드만 유효하다.
③ 00그룹의 G코드는 연속 유효(Modal) G코드이다.
④ G코드 일람표에 없는 G코드를 지령하면 경보가 발생한다.

해설 G코드의 분류

구 분	의 미	구 별
one shot G-code	지령된 블록에 한해서 유효한 기능	00 group
modal G-code	동일 group의 다른 G-code가 나올 때까지 유효한 기능	00 이외의 group

59 머시닝센터에서 2날~φ20 엔드밀로 가공할 때 분당 이송량은 얼마인가? (단, 절삭 속도는 120m/min, 회전수는 2000rpm, 날당 이송은 0.08mm/tooth이다.)

① 104mm/min ② 160mm/min
③ 320mm/min ④ 380mm/min

해설 $F(\text{mm/min})$
$= N(\text{rpm}) \times 커터의 날 수 \times f(\text{mm/teeth})$
$= 2000 \times 2 \times 0.08 = 320 \text{mm/min}$

60 CNC 공작기계에서 비상정지(Emergency stop)에 관한 내용 중 틀린 것은?

① 비상정지 스위치는 비상시 주축의 회전을 정지시킬 용도로만 사용한다.
② 비상정지 스위치를 누르면 전류가 차단되어 기계가 정지한다.
③ 비상정지를 해제하기 전에 이상 원인을 찾아서 제거한다.
④ 비상정지를 해제 후 수동이나 G28로 기계원점 복귀를 한 후 가공한다.

해설 비상정지 스위치(emergency stop)는 위급시에 누르는 스위치로 이것으로 전류가 차단되어 기계가 정지한다. 비상정지를 해제하기 전에 이상 원인을 찾아서 제거하여야 하며, 비상정지 해제 후 수동이나 G28로 자동 원점 복귀를 한 후 가공한다.

답 58. ③ 59. ③ 60. ①

컴퓨터응용선반기능사

제3회 CBT 모의고사

01 평 벨트의 이음 방법 중 이음 효율이 가장 좋은 것은?
① 이음쇠 이음   ② 가죽끈 이음
③ 철사 이음   ④ 접착제 이음

해설   평 벨트는 고무 접착제를 붙여 사용한다.

02 미터 나사에 관한 설명으로 잘못된 것은?
① 기호는 M으로 표기한다.
② 나사산의 각은 60°이다.
③ 호칭 지름을 인치(inch)로 나타낸다.
④ 부품의 결합 및 위치의 조정 등에 사용된다.

해설   호칭 지름을 밀리미터(mm)로 나타낸다.

03 비중이 약 2.7이며 가볍고 내식성과 가공성이 좋으며 전기 및 열전도도가 높은 재료는?
① 금(Au)   ② 알루미늄(Al)
③ 철(Fe)   ④ 은(Ag)

해설   알루미늄 합금의 성질
① 마그네슘, 베릴륨 다음으로 가벼운 금속으로 비중이 2.7, 용융점 660℃, 변태점이 없다.
② 열 및 전기의 양도체이다.(구리 다음)
③ 대기 중에서 산소와 화학 작용을 하여 산화알루미늄이라는 얇은 보호 피막을 형성하여 내식성이 우수하고, 전연성이 풍부하며, 400~500℃에서 연신율이 최대이다.
④ 표면이 산화막이 형성되어 있어 내식성이 우수하다.

04 내열강의 구비 조건으로 틀린 것은?
① 기계적 성질이 우수할 것
② 화학적으로 안정할 것
③ 열팽창계수가 클 것
④ 조직이 안정할 것

해설   내열 재료의 구비 조건
① 고온에서 화학적으로 안정해야 한다.
② 고온에서 기계적 성질이 우수해야 한다. (경도, 크리프한도, 전연성)
③ 고온에서 조직이 변하지 않아야 한다.
④ 열팽창 및 열변형이 적어야 한다.
⑤ 소성 가공, 절삭 가공, 용접 등이 쉬워야 한다.

05 다음 중 분할 핀에 관한 설명으로 틀린 것은?
① 핀 한쪽 끝이 두 갈래로 되어 있다.
② 너트의 풀림 방지에 사용된다.
③ 축에 끼워진 부품이 빠지는 것을 방지하는 데 사용된다.
④ 테이퍼 핀의 일종이다.

해설   테이퍼 핀은 1/50의 테이퍼가 있으며, 호칭 지름은 작은 쪽의 지름으로 표시한다. 테이퍼 핀은 맞춤 핀의 일종이다.

06 베어링의 재료는 다음과 같은 성질을 갖고 있어야 한다. 이 중 틀린 것은?
① 눌러 붙지 않는 내열성을 가져야 한다.
② 마찰계수가 적어야 한다.
③ 피로 강도가 높아야 한다.
④ 압축 강도가 낮아야 한다.

해설   베어링 재료는 압축 강도가 높아야 한다.

07 다음 중 특히 심랭처리(Sub-Zero treatment) 해야 하는 강은 어느 것인가?

답   01.④ 02.③ 03.② 04.③ 05.④ 06.④ 07.③

① 스테인리스강   ② 내열강
③ 게이지강   ④ 구조용강

> 해설 심랭처리 : 담금질 후 경도 증가, 시효변형 방지하기 위하여 0℃ 이하의 온도로 냉각하면 잔류 오스테나이트를 마텐자이트로 만드는 처리를 심랭처리라 한다. 특히, 스테인리스강에서의 기계적 성질 개선과 조직 안정화와 게이지강에서의 자연시효 및 경도 증대를 위해 실시하며 게이지강에 주로 적용

08 금속 탄화물의 분말형 금속 원소를 프레스로 성형한 다음 이것을 소결하여 만든 합금으로 절삭 공구와 내열, 내마열성이 요구되는 부품에 많이 사용되는 금속은?

① 초경합금   ② 주조 경질 합금
③ 합금 공구강   ④ 세라믹

> 해설 초경합금 : Co, W, C 등의 분말형 탄화물을 프레스로 성형하여 소결시킨 것으로 소결 경질 합금이라고도 한다.

09 백심가단 주철에서 사용하는 탈탄제는?

① 알루미나, 탄소가루
② 알루미나, 철광석
③ 철광석, 밀 스케일의 산화철
④ 유리탄소, 알루미나

> 해설 백심가단 주철은 백주철을 풀림 열처리하여 탈탄시켜 제조한 것으로 탈탄제는 철광석, 밀 스케일의 산화철 등이다.

10 기계재료에 반복 하중이 작용하여도 영구히 파괴되지 않는 최대 응력을 무엇이라 하는가?

① 탄성한계   ② 크리프한계
③ 피로 한도   ④ 인장 강도

> 해설 기계재료에 반복 하중이 작용하여도 영구히 파괴되지 않는 최대 응력을 피로 한도라 한다.

11 인장 코일 스프링에 3kgf의 하중을 걸었을 때 변위가 30mm이었다면, 이 스프링의 상수는 얼마인가?

① 0.1 kgf/mm   ② 0.2 kgf/mm
③ 5 kgf/mm   ④ 10 kgf/mm

> 해설 스프링 상수 = $\frac{작용하중(N)}{변위량(mm)} = \frac{3}{30} = 0.1$

12 고강도 알루미늄 합금인 초두랄루민의 주성분은?

① Al - Cu - Mg - Zn
② Al - Cu - Mg - Mn
③ Al - Cu - Si - Mn
④ Al - Cu - Si - Zn

> 해설 초두랄루민은 두랄루민과 주성분은 같으나 Mg을 증가시키고 Si를 감소시킨 것으로 인장강도가 크다.

13 축에 키 홈을 가공하지 않고 사용하는 키(key)는?

① 성크 키   ② 새들 키
③ 반달 키   ④ 스플라인

> 해설 ① 안장 키(Saddle Key) : 축에는 홈을 파지 않고 축과 키 사이의 마찰력으로 회전력을 전달. 축의 강도를 감소시키지 않고 고정할 수 있으나, 큰 동력을 전달시킬 수 없으므로 경하중소직경에 사용된다.
> ② 성크 키(Sunk Key) : 축과 보스 양쪽에 모두 키 홈을 파서 비틀림 모멘트를 전달하는 키

14 구리(Cu)에 관한 다음 사항 중 틀린 것은?

① 비중이 1.7이다.
② 용융점이 1083℃ 정도이다.
③ 비자성이 내식성이 철강보다 우수하다.
④ 전기 및 열의 양도체이다.

> 해설 구리의 비중은 8.96이며 변태점이 없다.

답 08. ① 09. ③ 10. ③ 11. ① 12. ② 13. ② 14. ①

15 다음 원소 중 고속도강의 주요 성분이 아닌 것은?

① 니켈　　② 텅스텐
③ 바나듐　④ 크롬

해설　고속도강(SKH) : 절삭 공구강의 대표적인 특수강으로서 W, Cr, V 이외의 Co, Mo 등을 다량 함유하고 있는 고 합금강으로 500~600℃까지 가열하여도 뜨임에 의해서 연화되지 않고 고온에서도 경도 감소가 적은 것이 특징이다. 표준 고속도강은 W(18%) - Cr(4%) - V(1%)이다.

16 도면의 표현방법 중에서 스머징(smudging)을 하는 이유는 어떤 경우인가?

① 물체의 표면이 거친 경우
② 물체의 표면을 열처리 하고자 하는 경우
③ 물체의 단면을 나타내는 경우
④ 물체의 특정부위를 비파괴 검사 하고자 하는 경우

해설　스머징 : 단면 주위를 색연필로 엷게 칠하는 방법이고 해칭(hatching)은 단면 부분에 가는 실선으로 빗금 선을 긋는 방법이다.

17 보기와 같은 도면은 무슨 기어의 맞물리는 기어 간략도인가?

[보기]

① 헬리컬 기어
② 베벨 기어
③ 웜 기어
④ 스파이럴 베벨 기어

해설　기어의 이 모양이 직선인 경우에는 스파이럴 베벨 기어이다.

18 보기와 같은 치수선은 원호나 현의 치수 또는 각도치수 중 어느 것을 표시하는가?

[보기]
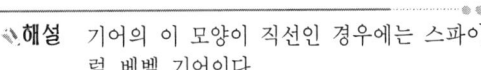

① 원호의 치수　② 현의 치수
③ 원호의 각도　④ 현의 각도

19 보기 도면과 같이 나타내는 단면도의 명칭은?

[보기]

① 온 단면도　　② 한쪽 단면도
③ 부분 단면도　④ 회전 단면도

해설　부분 단면도 : 외형도에서 필요한 일부분만 단면으로 도시한다.

20 KS 기하 공차기호 중 진원도 공차기호는?

① 　②
③ 　④

해설　①항은 원통도 공차, ②항은 진원도 공차, ③항은 동축도 공차 또는 동심도 공차, ④항은 위치도 공차

21 보기 입체도의 화살표 방향 투상도로 가장 적합한 것은?

[보기]

① ② ③ ④

답　15. ①　16. ③　17. ④　18. ①　19. ③　20. ②　21. ③

22 보기와 같은 기계가공 도면에서 대각선 방향으로 가는 실선으로 교차하여 표시된 X부분의 설명으로 가장 적합한 것은?

[보기]

① 현장 끼워맞춤 표시한 곳
② 정밀하게 가공해야 할 곳
③ 평면으로 가공해야 할 곳
④ 사각구멍을 뚫어야 할 곳

해설 보기 그림의 사각표시는 평면을 뜻한다.

23 구름베어링의 호칭 번호가 6420 C2 P6으로 표시된 경우 베어링 내경은 몇 mm인가?
① 42   ② 64
③ 100   ④ 420

해설

64	20	C2	P6
계열 번호	안지름 번호	접촉틈새 기호	보조기호

안지름 번호가 20번이므로 04번부터는 ×5가 되므로 20×5=100이다.

24 다음 기하 공차기호 중 동축도를 나타내는 기호는?
① ▱   ② ○
③ ⌭   ④ ◎

해설 ①항은 평면도 공차, ②항은 진원도 공차, ③항은 원통도 공차, ④항은 동축도를 나타낸다.

25 축과 구멍의 끼워 맞춤에서 축의 치수는 $\phi 50^{-0.012}_{-0.028}$, 구멍의 치수는 $\phi 50^{+0.025}_{0}$일 경우 최대 틈새는 몇 mm인가?
① 0.053mm   ② 0.037mm
③ 0.028mm   ④ 0.025mm

해설
- 최소 틈새=구멍의 최소 허용치수−축의 최대 허용치수
  =50−49.972=0.028
- 최대 틈새=구멍의 최대 허용치수−축의 최소 허용치수
  =50.025−49.972=0.053

26 다음 재질 중 밀링 커터의 절삭 속도를 가장 빠르게 할 수 있는 것은?
① 주철   ② 황동
③ 저탄소강   ④ 고탄소강

해설 황동이 재질이 무르고 잘 부서지므로 절삭 속도를 빠르게 가공할 수 있다.

27 주조된 구멍이나 이미 뚫은 구멍을 필요한 크기나 정밀한 치수로 넓히는 가공법은?
① 태핑(tapping)
② 보링(boring)
③ 카운터 보링(counter boring)
④ 스폿 페이싱(spot facing)

해설
① 태핑 : 드릴로 뚫은 구멍에 탭과 탭핸들을 이용하여 암나사를 내는 작업
② 카운터 보링 : 드릴 구멍의 입구에 볼트 머리가 들어갈 수 있도록 하는 작업
③ 스폿 페이싱 : 너트가 닿는 부분을 절삭하여 자리를 만드는 작업
④ 보링(boring) : 보링 바(boring bar)에 보링 공구를 고정하고 회전시켜서 주조할 때 뚫린 구멍이나 드릴로 뚫은 구멍을 크게 하거나 정밀도를 높게 하기 위한 가공이다.

28 수평 밀링 머신의 플레인 커터 작업에서 하향 절삭과 비교한 상향 절삭의 특징이 아닌 것은?
① 커터의 수명이 짧다.
② 절삭된 칩이 이미 가공된 면 위에 쌓인다.
③ 절삭열에 의한 치수 정밀도의 변화가 적다.
④ 가공면이 거칠다.

답 22. ③ 23. ③ 24. ④ 25. ① 26. ② 27. ② 28. ②

해설

구 분	상향 절삭
칩에 영향	절삭에 방해 없다.
백래시 제거	백래시 제거장치 필요 없다.
공작물 고정	불안으로 확실히 고정해야 한다.
공구수명	· 수명이 짧다. · 날 파손은 적으나 마멸이 심하다.
소비동력	소비가 크다.
가공면	거칠다.

구 분	하향 절삭
칩에 영향	절삭에 방해 있다.
백래시 제거	백래시 제거장치 필요하다.
공작물 고정	안정된 고정이 된다.
공구수명	· 수명이 길다. · 날 파손은 생길 수 있으나 마모가 적다.
소비동력	소비가 적다.
가공면	깨끗하다.

29 다음과 같은 테이퍼를 절삭하고자 할 때 심압대의 편위량으로 적당한 것은?

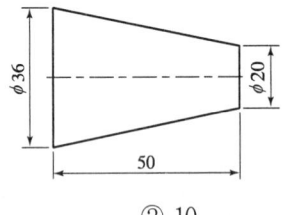

① 8 ② 10
③ 16 ④ 18

해설 심압대 편위량 $= \dfrac{D-d}{2} = \dfrac{36-20}{2} = 8$

30 측정의 종류에서 피측정물을 측정한 후 그 측정량을 기준게이지와 비교해서 차이값을 계산하여 실제 치수를 인식할 수 있는 측정법은?

① 직접 측정 ② 간접 측정
③ 비교 측정 ④ 한계 측정

해설 ① 비교 측정 : 기준이 되는 일정한 치수와 피측정물을 비교하여 그 측정치의 차이를 읽는 방법으로 비교 측정은 다이얼게이지, 미니미터, 공기마이크로미터(공기의 흐름을 확대 기구를 이용하여 길이를 측정하는 방식), 전기마이크로미터 등이 있다.

② 간접 측정 : 피측정물의 모양이 기하학적으로 간단하지 않는 경우 측정부의 치수를 수학적이나 기하학적인 관계에서 얻을 수 있는 경우에 이용되며, 간접 측정은 사인 바에 의한 각도측정, 롤러와 블록 게이지에 의한 테이퍼 측정, 삼침법에 의한 나사의 유효지름 측정 등이 있다.

31 지름이 다른 여러 종류의 환봉에 중심을 긋고자 한다. 다음 중 가장 적합한 공구는?

① 하이트 게이지 ② 직각자
③ 조절 각도기 ④ 콤비네이션 세트

해설 ① 하이트 게이지 : 높은 측정이나 금 긋기
② 직각자 : 직각도 측정
③ 조절 각도기 : 각도 측정
④ 콤비네이션 세트 : 각도 및 원형의 센터를 표시할 때 사용

32 절삭 저항을 증대시키는 요소에 해당하는 것은?

① 절삭 속도의 감소
② 절삭 면적의 감소
③ 경사각의 증가
④ 절삭 깊이의 감소

해설 절삭 속도가 크면 절삭량은 증가한다. 그리고 절삭 깊이와 절삭 속도는 반비례한다.

33 센터리스 연삭기의 장점 중 틀린 것은?

① 연속 작업으로 대량 생산에 적합하다.
② 가늘고 긴 공작물의 연삭은 불가능하다.
③ 작업자의 숙력을 요구하지 않는다.
④ 연삭 여유가 작아도 연삭이 가능하다.

해설 센터리스 연삭기의 장점
① 연속 작업이 가능하다.

답 29. ① 30. ③ 31. ④ 32. ① 33. ②

② 공작물의 해체, 고정이 필요 없다.
③ 대량 생산에 적합하다.
④ 기계의 조정이 끝나면 초보자도 작업을 할 수 있다.
⑤ 고정에 따른 변형이 적고 연삭 여유가 작아도 된다.
⑥ 가늘고 긴 핀, 원통, 중공 등을 연삭하기 쉽다.
⑦ 양 센터 척에 고정하기 힘든 것을 쉽게 연삭할 수 있다.

34 수평 밀링 머신의 플레인 커터 작업에서 상향 절삭과 비교한 하향 절삭의 장점이 아닌 것은?
① 날의 마멸이 적고 수명이 길다.
② 일감의 고정이 간편하다.
③ 절삭열에 의한 치수정밀도의 변화가 적다.
④ 가공면이 깨끗하다.

해설 하향 절삭
① 커터가 공작물을 아래로 누르는 것과 같은 작용을 하므로 공작물 고정이 간단하다.
② 커터의 마모가 적고 또한 동력 소비가 적다.
③ 가공면이 깨끗하다.
④ 절단, 홈 가공 등 난점이 있는 대량 생산에 유리하고 가공면을 잘 볼 수 있고, 절삭량을 크게 할 수 있다.
⑤ 커터의 절삭 방향과 이송 방향이 같으므로 절삭날 하나하나의 날자리 간격이 짧다.

35 연마제를 가공액과 혼합하여 가공물 표면에 압축 공기로 고압과 고속으로 분사시켜 가공물 표면과 충돌시켜 표면을 가공하는 방법은?
① 래핑(lapping)
② 버니싱(burnishing)
③ 슈퍼 피니싱(super finishing)
④ 액체 호닝(liquid honing)

해설 액체 호닝은 압축공기를 사용하여 연마제를 가공액과 함께 노즐을 통해 고속 분사시켜 일감 표면을 다듬는 가공법이다.

36 줄의 작업 방법이 아닌 것은?
① 직진법   ② 사진법
③ 후진법   ④ 병진법

해설 줄 작업의 종류
① 직진법 : 줄을 길이 방향으로 직진시켜 절삭하는 방법으로 황삭 및 최종 다듬질 작업에 사용한다.
② 사진법 : 넓은 면 절삭에 적합하며, 절삭량이 많아 황삭 및 모따기에 적합하다.
③ 횡진법(병진법) : 줄을 길이 방향과 직각 방향으로 움직여 절삭하는 방법으로 폭이 좁고 길이가 긴 공작물의 줄 작업에 좋다.

37 공구와 일감의 상대적인 운동이 직선과 직선 운동의 결합으로 이루어지는 공작 기계는?
① 선반   ② 셰이퍼
③ 밀링   ④ 원통 연삭

해설 공작물과 공구가 직선 운동을 하는 기계는 셰이퍼이다.

38 선반 가공에서 외경을 절삭할 경우, 절삭가공 길이 200mm, 회전수 1000rpm, 이송 속도 0.15mm/rev이면 가공 시간은 약 몇 분인가?
① 0.5   ② 0.91
③ 1.33   ④ 1.48

해설 $t = \dfrac{l}{nf} = \dfrac{200}{1000 \times 0.15} = 1.33분$

39 지름이 같은 3개의 와이어를 나사산에 대고 와이어의 바깥쪽을 마이크로미터로 측정하여 계산식에 의해 나사의 유효지름을 구하는 측정 방법은?
① 나사 마이크로미터에 의한 방법
② 삼선법에 의한 방법
③ 공구 현미경에 의한 방법
④ 3차원 측정기에 의한 방법

답 34. ③ 35. ④ 36. ③ 37. ② 38. ③ 39. ②

해설 삼침법 : 나사 게이지 등과 같이 정밀도가 높은 나사의 유효지름 측정에 3침법(3선법)이 쓰이며, 지름이 같은 3개의 핀 게이지를 나사산의 골에 끼운 상태에서 바깥지름을 마이크로미터 등으로 측정하여 계산하며, 유효지름을 측정하는 가장 정밀한 방법이다.

40 밀링 머신에서 일감을 테이블 위에 고정할 때 사용하는 것이 아닌 것은?
① 바이스
② 평행대
③ V블록
④ 콜릿

해설 콜릿은 공구를 고정하는 것이다.

41 바이트 이외에 선반에서 사용할 수 있는 일반적인 절삭공구는?
① 호브
② 방전 전극
③ 드릴
④ 브로우치

해설 선반 심압축에 드릴을 고정하여 구멍 가공을 할 수 있다.

42 다음은 연삭숫돌의 표시법이다. 각 항에 대한 설명 중 틀린 것은?

WA 46 H 8 V

① WA : 연삭숫돌 입자
② 46 : 조직
③ H : 결합도
④ V : 결합제

해설

WA	입자
46	입도
H	결합도
8	조직
V	결합제

43 다음 그림에서 공구 날끝 보정을 할 때 맞는 준비기능은?
① G40
② G41
③ G42
④ G43

해설

자 령	가공 위치	공구 경로
G40	취소	프로그램 경로 위에서 공구 이동
G41	오른쪽	프로그램 경로의 왼쪽에서 공구 이동
G42	왼쪽	프로그램 경로의 오른쪽에서 공구 이동

44 그림과 같이 ㉠→㉡으로 평면 원호 가공하는 머시닝센터 프로그램으로 맞는 것은?

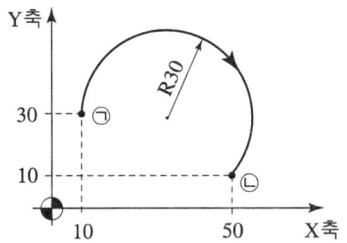

① G17 G03 G90 X50. Y10. R30. F80 ;
② G18 G03 G90 X50. Y10. R-30. F80 ;
③ G17 G02 G90 X50. Y10. R-30. F80 ;
④ G18 G02 G90 X50. Y10. R30. F80 ;

해설 X-Y 평면이므로 G17이고, 원호가 180° 이상이므로 R-30.0이다.

45 다음 CAD/CAM 장치 중 출력에 사용되는 것은?
① 키보드(key board)
② 라이트 펜(Light pen)
③ 디지타이저(Digitizer)
④ 플로터(Plotter)

답 40. ④ 41. ③ 42. ② 43. ② 44. ③ 45. ④

※해설
- 입력 장치 : 키보드, 라이트 펜, 디지타이져, 마우스
- 출력 장치 : 플로터, 프린터, 모니터, 하드카피

46 CNC 선반 프로그램의 설명으로 틀린 것은?

① 동일 블록에서 절대 지령과 증분 지령을 혼합하여 지령할 수 있다.
② M01 기능은 자동 운전 시 선택적으로 정지시킨다.
③ 급속 위치 결정(G00)은 프로그램에서 지령된 이송속도로 이동한다.
④ 머신 록 스위치를 ON하면 자동 운전을 실행해도 축이 움직이지 않는다.

47 CNC 공작기계가 자동 운전 도중에 갑자기 멈추었을 때의 조치사항으로 잘못된 것은?

① 비상 정지 버튼을 누른 후 원인을 찾는다.
② 프로그램의 이상 유무를 하나씩 확인하며 원인을 찾는다.
③ 강제로 모터를 구동시켜 프로그램을 실행시킨다.
④ 화면상의 경보(alarm) 내용을 확인한 후 원인을 찾는다.

※해설 강제로 모터를 구동시키면 매우 위험하므로 절대로 하면 안 된다.

48 다음은 CNC 선반 프로그램과 설명이다. ( ) 안에 들어갈 준비 기능은?

( ) X160.0 Z160.0 S1500 T0100 ;
　　- 좌표계 설정
( ) S150 M03 ;
　　- 절삭속도 150m/min로 주축 정회전

① G03, G97　　② G50, G96
③ G50, G98　　④ G30, G96

※해설　① G50 : 좌표계 설정
　　　　② G96 : 주속일정 제어

49 CNC 선반에 사용되는 각 워드에 대한 설명으로 틀린 것은?

① G00 - 위치 결정(급속 이송)
② G28 - 자동 원점 복귀
③ G42 - 공구 인선 반지름 보정 취소
④ G98 - 분당 이송속도 지정

※해설 G42 - 인선 R보정 우측

50 머시닝센터 프로그래밍에서 G코드의 기능이 틀린 것은?

① G90 - 절대 명령
② G91 - 증분 명령
③ G94 - 회전당 이송
④ G99 - 고정 사이클 초기점 복귀

※해설 G94 - 분당이송, G95 - 회전당 이송

51 드릴 작업 시 주의할 사항을 잘못 설명한 것은?

① 얇은 일감의 드릴 작업 시 일감 밑에 나무 등을 놓고 작업한다.
② 드릴 작업 시 장갑을 끼지 않는다.
③ 회전을 정지시킨 후 드릴을 고정한다.
④ 작은 일감은 손으로 단단히 붙잡고 작업한다.

※해설 작은 일감도 고정 장치에 의하여 작업한다.

52 다음 프로그램에서 지름이 30cm인 지점에서의 주축 회전수는 몇 rpm인가?

G50 X100. Z100. S1500 T0100 ;
G96 S160 M03 ;
G00 X30. Z3. T0303 ;

① 1698　　② 1500
③ 1000　　④ 160

답　46. ③　47. ③　48. ②　49. ③　50. ③　51. ④　52. ②

해설 $N = \dfrac{1000N}{\pi D} = \dfrac{1000 \times 160}{3.14 \times 30} = 1698.5$rpm이다.
그러나 G50에서 주축 최고 회전수를 1500 rpm으로 했기 때문에 1500rpm이다.

53 다음 중 보조 프로그램을 호출하는 보조 기능(M)으로 옳은 것은?

① M02 ② M30
③ M98 ④ M99

해설

M02	프로그램 종료
M30	프로그램 끝 및 rewind
M98	보조 프로그램 호출
M99	주프로그램 호출

54 다음 [보기]에서 기능 취소를 나타내는 준비 기능을 모두 고른 것은?

[보기]
(A) G40 (B) G70 (C) G90
(D) G28 (E) G49 (F) G80

① (B)(C)(D) ② (A)(C)(E)
③ (B)(D)(F) ④ (A)(E)(F)

해설

G40	공구지름 보정 취소
G49	공구길이 보정 취소
G80	고정 사이클 취소

55 머시닝센터 작업 중 칩이 공구나 일감에 부착되는 경우 해결 방법으로 잘못된 것은?

① 많은 양의 절삭유를 공급하여 칩이 흘러내리게 한다.
② 고압의 압축 공기를 이용하여 불어 낸다.
③ 장갑을 끼고 수시로 제거한다.
④ 칩이 가루로 배출되는 경우는 집진기로 흡입한다.

해설 절삭작업 시에는 절대로 장갑을 끼고 작업하지 않는다.

56 CNC 선반 프로그램 중 G96 S120 M03 ; 이 의미하는 것은?

① 절삭 속도 120rpm, 주축 정회전
② 절삭 속도 120rpm, 주축 역회전
③ 절삭 속도 120m/min, 주축 정회전
④ 절삭 속도 120m/min, 주축 역회전

해설

| G96 | 주축 속도 일정 제어 |
| G97 | 회전수 일정 제어 |

57 다음 CNC 선반의 나사 절삭 사이클 프로그램을 보고 기술한 내용 설명 중 가장 옳은 것은?

G92 X25. Z-19. F2.0 ;

① 무조건 1줄 나사로서 피치가 2임을 알 수 있다.
② 1줄 나사인지 2줄 나사인지는 알 수는 없으나 피치가 모두 2임을 알 수 있다.
③ 1줄 나사인 경우 피치가 2이며, 2줄 나사인 경우 피치는 4이다.
④ 1줄 나사의 경우 피치는 2이며, 2줄 나사의 경우 리드는 2이다.

해설 G92는 나사 절삭 사이클이며 F로 지령된 값은 나사의 리드이며, 나사의 리드=피치×줄 수이다.

58 CNC 프로그래밍에서 시계방향 원호 보간 지령을 하고자 할 때의 준비(G) 기능은?

① G01 ② G02
③ G03 ④ G04

해설 ① G01 : 직선절삭
② G02 : 원호 보간(시계 방향)

답 53. ③ 54. ④ 55. ③ 56. ③ 57. ④ 58. ②

③ G03 : 원호 보간(반시계 방향)
④ G04 : 휴지시간(정지시간 지령)

59 다음 설명은 무엇에 대한 좌표계인가?

> 도면을 보고 프로그램을 작성할 때에 절대 좌표계의 기준이 되는 점으로서, 프로그램 원점이라고도 한다.

① 공작물 좌표계　② 기계 좌표계
③ 극 좌표계　　　 ④ 상대 좌표계

해설
① 공작물 좌표계 : 절대 좌표계의 기준인 프로그램 원점
② 기계 좌표계 : 기계의 기준점으로 메이커에서 파라미터에 의해 정하며 기계원점에서 제로원점
③ 극 좌표계 : 이동거리와 각도로 주어진 좌표
④ 상대 좌표계 : 상대값을 가지는 좌표

60 머시닝센터의 G코드 일람표에서 원점 복귀 명령과 관련이 없는 코드는?

① G27　　② G28
③ G30　　④ G40

해설

G27	원점 복귀 점검
G28	자동 원점 복귀
G29	원점으로부터의 자동 복귀
G30	제2원점 복귀

답 59.① 60.④

컴/퓨/터/응/용/선/반/기/능/사

제 **7** 편

국가기술자격
[실기] 시험문제

자격종목	컴퓨터응용선반기능사	과제명	도면참조

【시험시간 : 3시간 30분】

　CNC 선반가공 : 2시간 15분(프로그램 1시간, CNC선반가공 1시간 15분)
　범용선반가공　 : 1시간 15분

1. 요구사항(일부 요구사항은 변경될 수 있음)

※ 지급된 재료 및 시설을 사용하여 아래 작업을 완성하시오.

　가. 지급된 재료를 이용하여 도면과 같은 부품 ①과 ②를 가공하여 조립한 후 제출하시오.
　나. 지급된 도면과 같이 작업할 수 있도록 CNC프로그램 입력장치에서 수동으로 프로그램하여 저장장치에 저장하여 제출하시오.
　※ 치수가 명시되지 않는 개소는 도면크기에 유사하게 완성하시오.

[범용선반가공]
　1) 부품 ②(캡)는 범용선반에서 가공하여야 합니다.

[CNC선반가공]
　1) 공구 및 공작물을 장착하고 좌표계 설정을 수행하시오.
　※ 공구 장착, 공작물 장착 순서는 관계없습니다.

　① 공구 장착
　　1) 가공에 사용될 공구를 홀더에 장착 후, 작성한 NC프로그램에 맞도록 기계에 장착하시오.
　　2) 작성한 NC프로그램에 맞도록 사용할 공구의 공작물 좌표계를 설정하시오.
　　※ 공구장착과정은 <u>감독위원 입회</u>하에 진행이 되어야 하고, 완료 후 확인을 받으시오.

　② 공작물 장착
　　1) 공작물을 기계에 장착하시오.
　　2) 장착된 공작물의 좌표계를 설정하시오.
　　※ 공작물장착과정은 <u>감독위원 입회</u>하에 진행이 되어야 하고, 완료 후 확인을 받으시오.

[본 가공]
1) 부품 ①(축)은 CNC선반에서 가공하여야 합니다.
2) 저장매체에 저장된 프로그램을 CNC선반에 입력시켜 제품을 가공합니다.
3) 척에 고정되는 부분(Ø49 등)은 핸들운전(MPG), 반자동, 프로그램에 의한 자동운전 중에서 수험자가 원하는 방법으로 가공할 수 있습니다.
4) 공구세팅, 공작물세팅, 척 고정부분을 제외하고는 프로그램에 의한 자동운전으로 가공해야 합니다.

※ CNC선반 나사 절삭 데이터(참고용)

절입 횟수	피치	1회	2회	3회	4회	5회	6회	7회	8회	계	비고
매회 절삭 깊이	1.5	0.35	0.20	0.14	0.10	0.05	0.05			0.89	반경
	2.0	0.35	0.25	0.19	0.12	0.10	0.08	0.05	0.05	1.19	

2. 수험자 유의사항

※ 다음의 유의사항을 고려하여 요구사항을 완성하시오.

[범용선반가공]
1) 시험시간을 초과할 수 없고, 남는 시간을 CNC가공 시간에 사용할 수 없습니다.

[CNC선반가공]
1) 시험시간을 초과할 수 없고, 남는 시간을 범용선반가공 시간에 더하여 활용할 수 없습니다.
2) 프로그램을 기계에 입력 후 수험자 본인이 직접 공작물을 장착하고 공작물 좌표계 설정, 공구보정 등을 합니다.(단, 감독위원에게 확인을 받아야 다음 단계로 넘어갈 수 있습니다.)
3) 작업완료 시 제품은 기계에서 분리하여 제출한 후, 프로그램 및 공구보정값을 반드시 삭제한 후, 다음 수험자가 사용하도록 하여야 합니다.
4) 프로그래밍
   가) 시험시간안에 문제도면을 가공하기 위한 CNC프로그램을 작성하고 지급된 저장매체에 저장 후 도면과 같이 제출합니다.
5) 기계 가공
   가) 감독위원으로부터 수험자 본인의 저장장치(또는 프로그램)를 받습니다.

나) 가공 경로를 통해 프로그램의 이상 유무를 감독위원으로부터 확인을 받은 후 가공을 시작합니다.(단, 감독위원의 공구 경로 확인 과정은 시험시간에서 제외합니다.)
다) 가공 시 프로그램 수정은 수험자 본인이 직접 할 수 있으며, 좌표계 설정 및 절삭조건으로 제한합니다.(단, 프로그램 수정 시 감독위원 확인 후 진행합니다.)
라) 프로그램이 저장된 저장장치는 작업이 완료된 후, 작품과 동시에 제출합니다.
마) 가공은 감독위원 입회 하에 자동운전으로 합니다.
바) 가공이 끝난 후 작품을 기계에서 분리하여 제출하고, 수험자 본인의 프로그램 및 공구 보정값은 반드시 삭제하고 감독위원에게 확인을 받습니다.

[공통사항]

1) 본인이 지참한 공구와 지정된 시설을 사용하여 안전에 유의하며 작업합니다.
2) 부품 ①과 ②의 작업순서는 자유이며, 가공 후 제출하여 보관 중인 부품은 조립작업 시 재 지급받아 끼워맞춤 작업에 활용할 수 있습니다.(단, 범용선반가공을 먼저 수행한 경우에 한하여 남은 시험시간 내에 1회의 재작업을 허용합니다.)
3) 지급된 재료는 교환할 수 없습니다.(단, 지급된 재료에 이상이 있다고 감독위원이 판단할 경우 교환이 가능합니다.)
4) 문제지를 포함한 모든 제출 자료는 반드시 비번호를 작성한 후 제출합니다.
5) 가공작업 중 안전과 관련된 복장상태, 안전보호구(안전화, 보안경 등) 착용여부 및 사용법, 안전수칙 준수 여부에 대하여 점검하여 채점합니다.
6) 고가의 장비이므로 파손의 위험이 없도록 각별히 주의해야 하며, 파손 시 수험자가 책임을 집니다.
7) 다음 사항에 대해서는 채점 대상에서 제외하니 특히 유의하시기 바랍니다.
   ○ 기권
      (1) 수험자 본인이 수험 도중 시험에 대한 포기의사를 표하는 경우
      (2) 실기시험 과정 중 1개 과정이라도 불참한 경우
   ○ 실격
      (1) 기계조작이 미숙하여 가공이 불가능한 경우나 기계파손 위험 등으로 위해를 일으킬 것으로 감독위원 전원이 합의하여 판단한 경우
      (2) 감독위원의 정당한 지시에 불응한 경우
      (3) 지급된 재료 이외의 재료를 사용한 경우
      (4) 공단에서 지급한 날인이 누락된 작품을 제출한 경우
      (5) 공구 및 공작물세팅을 수행하지 못한 경우

○ 미완성
  (1) 시험시간 내에 요구사항을 완성하지 못한 경우
  (2) 범용선반을 이용하여 1시간 15분 안에 작품을 제출하지 못한 경우
  (3) 프로그램 입력장치를 이용하여 1시간 안에 프로그램을 제출하지 못한 경우
  (4) CNC선반을 이용하여 1시간 15분 안에 작품을 제출하지 못한 경우
  (5) 제출된 가공 프로그램이 미완성 프로그램으로 가공이 불가능한 경우
○ 오작
  (1) 주어진 도면과 상이하게 가공되거나 치수가 ± 2 mm 이상인 부분이 1개소라도 있는 경우
  (2) 과다한 절삭 깊이로 인하여 작품의 일부분이 파손된 경우
  (3) 라운드, 모떼기, 널링 등 주어진 도면과 형상이 상이하게 가공되거나 누락된 경우
  (4) 분해 조립이 불가능한 작품
  (5) 시험장에 설치되어 있는 장비에 사용할 수 없는 기능으로 프로그램을 한 경우

제 7 편 국가기술자격시험 [실기] 시험문제

3. 도면

자격종목	컴퓨터응용선반기능사	과제명	축과 캡	척도	NS

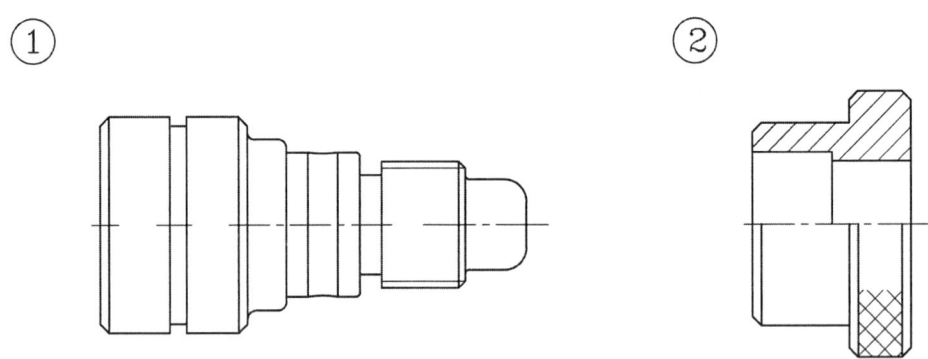

※도면은 문제마다 상이할 수 있습니다.

주 서

1. 도시되고 지시되지 않은 라운드 R1
2. 도시되고 지시없는 모따기 C1

구분	공차	M28 X 2.0 - 보통급
수나사	외 경	27.968 $_{-0.236}^{0}$
	유효경	26.701 $_{-0.150}^{0}$

4. 지급재료 목록

일련 번호	재 료 명	규 격	단위	수량	비 고
1	연강(SM20C)	∅50×100(±1)	개	1	1인당
2	연강(SM20C)	∅60(±1)×50	개	1	1인당
3	인서트 팁 (외경 홈 절삭용)	바이트 폭 3~4mm (검정장 시설에 맞는 것)	개	1	2인당
4	인서트 팁 (외경정삭 절삭용)	VBMT60404(코팅) (검정장 시설에 맞는 것)	개	1	4인당
5	인서트 팁 (외경황삭 절삭용)	CNMG120408(코팅) (검정장 시설에 맞는 것)	개	1	1인당
6	인서트 팁 (외경나사절 삭용)	피치 1.5~2.0mm (검정장 시설에 맞는 것)	개	1	3인당
7	USB 메모리	16GB 이상	개	2	4인당
8	절삭유	수용성 그린절삭유2종1호	통	1	

※ 국가기술자격 실기시험 지급재료는 시험종료 후(기권, 결시자 포함) 수험자에게 지급하지 않습니다.

1 컴퓨터응용선반기능사 과제: CNC선반 따라하기

▶ CNC선반 따라하기

- 도시되고 지시되지 않은 라운드 R2
- 도시되고 지시 없는 C2

공차	M28×1.5-보통급	
수나사	외경	$\varnothing 27.962_{-0.280}$
	유효경	$\varnothing 27.663_{-0.170}$

공구번호	T01(황삭)	T03(정삭)	T05(홈)	T07(나사)
절삭속도	130	150	550rpm	500rpm
이 송	0.2	0.15	0.08	1.5

▶ CNC선반 가공도면 프로그램 답안

```
%
O0003
G28 U0 W0
G50 X300. Z387. S1800 T0100
G96 S130 M03
G00 X53. Z5. T0101 M08
G71 U1.5 R0.5
G71 P1 Q2 U0 W0 F0.2
N1 G00 X-1.
G01 Z0
X45.
X49. Z-2.
Z-40.
N2 X53.
G00 X150. Z150. T0100 M09
M05
M00

O0004
G28 U0 W0
G50 X300. Z388. S1800 T0100
G96 S130 M03
G00 X53. Z3. T0101 M08
G71 U1.5 R0.5
G71 P3 Q4 U0.4 W0.2 F0.2
N3 G00 G42 X-1.
G01 Z0
G01 X12.
G03 X18. Z-10. R25.
G01 Z-19.
G01 X23.
X26. Z-20.5
Z-37.
X27.
G03 X31. Z-39. R2.
G01 Z-42.
G02 Z-52. R25.
G01 Z-57.
X36.
X40. Z-59.
Z-66.
X45.
G03 X49. Z-68. R2.
N4 G01 X53.
G00 G40 X150. Z150. T0100 M09
M05
M01
G50 S2000 T0300
G96 S150 M03
G00 X53. Z3. T0303 M08
G70 P3 Q4 F0.15
G00 G40 X150. Z150. T0300 M09
M05
M01
T0500
G97 S550 M03
G00 X45. Z-37. T0505 M08
G01 X21. F0.08
G04 P1000
G01 X35.
Z-36.
X21.
G04 P1000
X35.
G00 X150. Z150. T0500 M09
M05
M01
T0700
G97 S500 M03
G00 X26. Z-14. T0707 M08
G76 P021060 Q50 R20
G76 X24.22 Z-34. P890 Q350 F1.5
G00 X150. Z150. T0700 M09
M05
M02
%
```

컴퓨터응용선반기능사 필기 · 실기　　정가 20,000원

- 공 저 자　　정연택 · 조영배 · 유판열 · 정병길
　　　　　　　김석운 · 최영호 · 서동원 · 고강호
　　　　　　　이현철 · 오원석

- 발 행 인　　차　　승　　녀

- 2020년　1월　15일　　제1판　제1인쇄
- 2020년　1월　20일　　제1판　제1발행

도서출판 건기원

(등록 : 제11-162호, 1998. 11. 24)

경기도 파주시 연다산길 244 (연다산동)
TEL : (02)2662-1874~5　　FAX : (02)2665-8281

★ 건기원은 여러분을 책의 주인공으로 만들어 드리며 출판 윤리 강령을 준수합니다.
★ 본서에 게재된 내용일체의 무단복제 · 복사를 금하며 잘못된 책은 교환해 드립니다.

ISBN　979-11-5767-470-1　　13550